U0934430

【北京社科名家文库】

哲学的科学化

BEIJING SHEKE MINGJIA WENKU

黄枬森自选集

黄枬森◎著

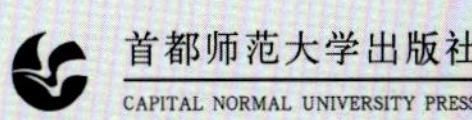

图书在版编目(CIP)数据

哲学的科学化：黄枬森自选集/黄枬森著．—北京：首都师范大学出版社，2008.6
(北京社科名家文库)
ISBN 978-7-81119-208-7

Ⅰ.哲… Ⅱ.黄… Ⅲ.科学哲学—研究 Ⅳ.N02

中国版本图书馆CIP数据核字(2008)第078757号

北京社科名家文库
ZHEXUE DE KEXUEHUA
哲学的科学化
黄枬森自选集
黄枬森　著

项目统筹：杨小兵　　责任编辑：陈　欣　杨林玉
责任设计：王征发　　封面绘画：王征发
责任校对：王亚利　　责任印制：胡晓旭

首都师范大学出版社出版发行
地　址　北京西三环北路105号
邮　编　100037
电　话　68418523(总编室)　68982468(发行部)
网　址　cnuph.com.cn
E-mail　master@cnuph.com.cn
北京嘉实印刷有限公司印刷
全国新华书店发行
版　次　2008年6月第1版
印　次　2008年6月第1次印刷
开　本　787mm×1 092mm　1/16
印　张　40
字　数　473千
定　价　83.00元

《北京社科名家文库》编委会

黄枬森先生

目录

北京社科
名家文库

学术自序

观念转换是我国理论界近年来颇为流行的说法，如果固守从前的观念，就会被视为僵化、落后。现在哲学正经历着一场观念转换。过去认为哲学是一种知识，一门学科，哲学应该成为一门科学，在各种哲学中，马克思主义哲学即辩证唯物主义和历史唯物主义，就是一门科学的哲学。现在在多数人心目中这种观念已经陈旧过时了，他们认为没有什么科学的哲学，哲学只是自己的哲学，各人有各人的哲学，没有什么公认的科学的哲学。这诚然是一种观念转换，但令人困惑的是：这种转换是前进还是倒退呢？一般说来，观念转换，应该是从旧的转到新的，从落后的转到进步的，而从哲学是科学的观念转到哲学不是科学的观念，能说是前进吗？

当然，提倡和鼓吹这种观念转换的人坚持认为它是前进，不是倒退，甚至大加赞美，认为这是新世纪的新风尚、新潮流。然而作为过来人的我，根据自己的亲身经历，却认为这不是前进，而是倒退；不是开新，而是返旧。

我是上世纪40年代的哲学系学生，那时学了一门叫作《哲学概论》的课程。大家知道，叫作“某某学概论”的课程很多，如物理学概论、化学概论、经济学概论、政治学概论等等，讲的都是关于这门学问的基本内容，唯独哲学概论不是这样，而是讲的哲学史。老师告诉我们，哲学与众不同，哲学就是哲学史，是多种哲学的更替，就像改朝换代一样，哲学不是一门学问。我开头感到困惑，后来就习惯了，并形成了这种观念：哲学就是哲学史。大家都接受了这种观念。全国解放后我学习了马克思主义哲学，经历了一次观念转换：哲学不等于哲学史，它同其他学科一样，是一门学问，有一套一般性理论，应该成为一门科学，这门科学已经出现了，它就是辩证唯物主义和历史唯物主义。人们不一定承认辩证唯物主义和历史唯物主义就是科学的哲学，但都承认哲学不能等于哲学史，哲学应该成为一门科学，也就是说，新中国建立前后哲学的确发生了一次观念转换，哲学不是科学的旧观念转换成了哲学是科学的新观念。

现在的观念转换与此正好相反：哲学是科学的观念向哲学不是科学的观念转换。这种观念转换是怎样发生的呢？

西方哲学仍然一直处于各流派此起彼伏的状态，改革开放之后国内有些人逐渐认同这种状态，特别是在苏联解体以后，慢慢地出现了一次观念转换：哲学就是哲学史的观念大有取代哲学是一门科学的观念的趋势。在许多人的思想中，改革开放前的新观念成了旧观念，半个世纪甚至一个多世纪前的旧观念成了新观念。辩证唯物主义与历史唯物主义不再是科学，而成了一家之言。

我认为这种观念转换不是前进，而是后退。哲学从知识总汇演变为一门学科，又从一门学科演变为一门科学，是与人类认识史、科学史一致的，无论如何是一种进步，不是倒退。如果说辩证唯物主义与历史唯物主义没有资格称为科学的哲学，那么，我们就应该研究究竟谁有资格称为科学的哲学，或者，它应该怎样改造才能成为科学的哲学，而不应根本否定哲学成为科学的可能，退回到哲学就是哲学史的落后状态。近30年来，我始终坚持认为辩证唯物主义和历史唯物主义是在哲学史上终于出现的唯一的科学的哲学，但是它有缺点有问题，应该加以适当的改造，才能成为名副其实的科学的哲学。因此我一直在从事这种研究——怎样把辩证唯物主义和历史唯物主义改造成为完整严密的科学的哲学，其具体措施就是构建一个完整严密的科学的哲学体系。我不敢奢望我能够完成这个任务，这个任务不是一个人在一生中能够完成的，它是集体的事业，是几代人的事业。我只是对这个任务做出了自己的努力。事实上，我在改革开放以前已在不知不觉间开始了这种努力，而在改革开放以后逐渐自觉地做了这种努力。

今年《北京社科名家文库》向我约稿，为我出版一本“展现20世纪80年代以来的理论创新，能够反映作者学术探索历程”的文集，我遂以《哲学的科学化》为书名，选择了相关论文，编成这个文集。我不敢说我的努力已有多少积极的效果，只希望我的努力能引起更多的“友声”。这些文章的内容大致能够反映我做此努力的历程。

这个文集可分为5部分：第1篇文章为第一部分，综合介绍近30年来关于我研究得比较多的4门学科的基本观点，可以说是全书的导论；第2～9篇文章为第二部分，是关于马克思主义哲学史的一组文章，其中前2篇是对马克思主义哲学史的综论，后6篇是对问题或人物的专论；第10～14篇文章为第三部分，是关于马克思主义哲学体系的一组文章；第15～18篇为第四部分，是关于人学的一组文章；第19篇为第五部分，是关于文化理论的一篇文章。近30年来我之所以研究人学和文化理论，固然与我国理论界的人学热与文化热有关，也是由于它们应是马克思主义哲学体系中必要的组成部分而为过去马克思主义哲学体系研究所忽视之故。这些部分对于构建完整的马克思主义哲学体系至关重要。

人类认识史告诉我们，任何一门科学都有一个从学科转变成为科学的过程，哲学是一门学科，哲学终将转变成为科学。我不敢断言哲学何时能转变成为科学，我也不知道我的这些文章能为哲学的科学体系的出现起多大作用，但我将继续为哲学的科学体系的出现而奔走呼号！

黄枬森

2007年10月27日

北京大学朗润园

我的哲学思想*

马克思主义哲学成为我的终身事业，大致经过了这样一个过程：

我在小时候，也就是从六七岁到十四五岁，除了两年上小学以外，大部分时间都在学习中国古代的典籍，16 岁才上初中，18 岁才上高中。在蜀光中学上高中的时候，我读了一些马克思主义哲学的著作，如艾思奇的《大众哲学》、潘梓年的《逻辑学与逻辑术》，还有一些苏联哲学家的著作，所以我在高中对马克思主义哲学就有了一定的兴趣。后来上大学，开始学的是物理，一年后我转到哲学系，在哲学系主要学的是西方哲学，这时候很少接触到马克思主义哲学。再度接触到马克思主义哲学，是 1947 年到北京

---

* 本文系统介绍了我自改革开放以来在马克思主义哲学研究中涉及的 4 个主要问题以及我对这些问题的看法。本文是一篇记录稿，由我口述，由我的女儿黄萱录音整理，写于 1998 年，曾在《黄枬森自选集》（重庆出版社 1999 年版）中刊载，这次发表做了少量修改、补充。本书内容和文章顺序就是按这 4 个问题选编的。

* 为保留本书作品发表时的原貌，对文中的体例文字未做大的修正。

大学复学以后。北京大学民主运动已经红红火火开展起来了。那时民主运动是在党的领导下进行的，地下党宣传工作的一个主要方式就是读书会。我 1947 年参加了北大“腊月读书会”，在读书会里再度学习了马克思主义哲学著作，特别是学习了马克思、恩格斯、列宁、斯大林、毛泽东的著作。《反杜林论》、《唯物主义和经验批判主义》都是那个时候学习的。解放以后，我作为哲学系的研究生，被学校调去从事政治课的工作。我从此开始以马克思主义理论作为自己的专业工作。1951 年～1952 年，我在人大进修了一年，学习了很多马列著作，其中也包括哲学著作。后来做了北大苏联哲学专家的助手，帮助他培养马克思主义研究生。这样，马克思主义哲学就逐渐成了我的终身事业。

我从事马克思主义哲学专业工作大致可以分为两个阶段：一个阶段是 1978 年改革开放以前，另一个是改革开放以后。改革开放以前我主要是向学生讲授马克思主义哲学原理和马列哲学著作，同时自己也作些研究。但这种研究现在来看是不深入的，不系统的。我真正对马克思主义哲学进行比较深入系统的研究，而且对于马列的哲学思想有所发挥，也就是说提出自己的一些观点，是 1978 年真理标准讨论以后的事情。

把我一生从事马克思主义哲学的工作综合起来看，我觉得我在四个方面作了一些研究，也提出了一些经过我的独立思考而提出的见解。下面就这四个方面，谈一些我的基本看法。这四个方面是：马克思主义哲学史、马克思主义哲学原理、人学和文化理论。

一、谈谈马克思主义哲学史

大家知道，我国在改革开放以前，除了极个别的学校开设过马克思主义哲学史这门课程以外，一般来讲是没有这个课程的。北京大学也只是苏联专家在50年代讲过一遍，以后就再没有开设过这个课程了。那时候形成了一种观念，认为马克思主义哲学就是马列原著。原著是怎么讲的，马克思主义哲学就是怎样。所以我们只有学习、领会的任务，不能加以研究，不能加以评价，当然更不能加以批评。那时的观点是，经典作家的言论句句是真理，马克思主义哲学的发展，就是真理加真理的过程，没有什么功过是非可言。

这种观念实际上是违反马克思主义的。马克思主义认为，思想是存在的反映，存在发展了思想当然要发展，社会发展了，哲学当然要发展，马克思主义当然不能例外。马克思主义哲学作为一门科学，其思想是在一定历史条件下提出来的，总有功过是非的问题，总有一个修正过去的观点，丰富过去的观点的问题，就是发展的问题。因此，应该把马克思主义哲学看作一个历史过程。马列原著是历史的产物，应该有一门科学叫作马克思主义哲学史，来清理这些思想的发展，来评价在历史上所提出来的哲学思想的功过是非。

由于改革开放，由于真正贯彻了百花齐放、百家争鸣的方针，由于真正把马克思主义哲学作为科学来对待，马克思主义哲学史这样一门科学或课程，就较快地得到了大家的认同，逐渐在各高等院校开展起来了。我一直参加马克思主义哲学史这门学科和这门课程的建设和研究的工作，自己也做了一些工作，发表了一些看法，起了一些作用。在马哲史方面，我觉得我在两个问题上的观点可以谈一谈，一个是对马克思的人道主义思想的评价问题，二是对列宁《哲学笔记》的研究和理解问题。

80年代初，由于西方的影响，也由于改革开放，特别是对“文化大革命”中反人道行为的反思，学术界提出了重新评价人道主义的问题，批评过去对人道主义全盘否定的态度。提出这个问题是很自然的，是应该的，应该给予人道主义一个公正的评价，不能完全否定。但是，在那个时候，也出现了一种观点，认为马克思本人就是一个人道主义者，或者说马克思主义就是人道主义，就是现实的、科学的人道主义。马克思主义以人作为它的出发点、核心和归宿。这种观点的根据主要是马克思的《1844年哲学经济学手稿》，它认为这部手稿是马克思的成熟的著作。理论界就此开展了一些争论，我也发表了一些看法，写了些文章。我认为这部手稿并不是马克思的成熟的著作，而是过渡性的，是马克思从人道主义者向唯物主义者过渡的著作，包含了人道主义的因素、空想社会主义的因素，同时也包含了唯物史观的因素、科学社会主义的因素。更确切一点说，它是马克思从空想社会主义者向科学社会主义者、从人道主义历史观向唯物主义历史观过渡的一本著作。马克思确实在这部书里面肯定了人道主义，以人道主义来解释人类社会的历史，认为人类社会是一个人的异化和异化的扬弃的过程。在他看来，资本主义制度是人的劳动的异化，社会主义就是把这个异化加以扬弃。他用这个观点论证社会主义的历史必然性。这个观点没有摆脱空想社会主义的基本思路。在空想社会主义者看来，资本主义之所以必须消灭，就因为它是违反人道的，即人道的异化，而社会主义是最人道的，是人道的恢复。马克思接受了这个公式。但马克思对人的看法，跟空想社会主义者或人道主义者有所不同。他们所说的人的本质或人性，就是理性，所以人类社会的发展就是理性异化了或丧失了，又加以恢复的过程。而马克思则认为，人的本质不是理性，而是实践，是劳动。所以他就提出了“劳动异化理论”，认为人类社会历史是“劳动异化—消除劳动异化”的过程。他讲劳动，讲实践，也就是讲人的经济生活，这里面就包含了这样的思想，人的经济生活是最根本的。后来他从这个思想出发，对人的生产，人的劳动，人的实践，进行深入的研究，发现了生产运动的规律，也就是生产力和生产关系的矛盾运动的规律。于是他就彻底抛弃了人道主义的历史观，而实现了从人道主义的历史观向唯物史观的飞跃。这是在《德意志意识形态》、《关于费尔巴哈的提纲》两个论著里面完成的，所以我认为，不能把马克思主义归结为人道主义，人道主义作为历史观是错误的，是一种唯心主义的历史观，同唯物史观对立的。人道主义作为处理人与人之间关系的最基本的原则，是应该肯定的。马克思并没有扬弃作为处理人与人之间关系的原则的人道主义思想，只是抛弃了人道主义历史观。

《哲学笔记》不是一本普通的著作，它是由列宁的许多笔记编纂而成的。《哲学笔记》的大部分内容是摘录过去哲学家的言论，他只是在这些摘录的旁边作了些批注，多数是三言两语，但包含有很多很重要也很精彩的思想，虽然这些思想都没有展开，更没有加以系统化。因此对列宁《哲学笔记》的研究，甚至读懂，都是比较困难的。20 世纪 50 年代，这本书就已经翻译出全译本，但是大家都感到难读，主要的困难是列宁所作的大量的摘录，而这些摘录如果不懂，也很难深刻理解列宁的批注。那时大家都有这样一个想法，如果要把《哲学笔记》读懂，就得先把列宁所作的摘录读懂，但是苏联也没有做这样的工作。1960 年左右，哲学系资料编译室的一些同志组织起来，从事《哲学笔记》的注释工作，专门注释那些不容易懂的地方。我们先把列宁的摘录的原文找出来，对原文进行一番注解，然后再注释列宁的思想。60 年代初就完成了这个工作，并在内部铅印交流，80 年代初公开出版。这个注释对于哲学专业的学生和哲学工作者读懂并进一步研究列宁的《哲学笔记》，起了很好的作用。

我还想提的是，我在跟同志们一道从事《哲学笔记》注释工作的时候，对列宁所提出来的辩证法要素16条，提出了我自己的独特的看法。这16条是很著名的，过去有不少哲学家认为16条就是列宁的辩证法体系，并一条一条地加以发挥。我经过研究，特别是研究了16条的手稿，发现16条按照原有的形式不是一个完整的体系，只有前7条有一定的顺序，而后9条则是零散的，它们实际上是分别从属于前7条，只有分别插入前7条里边，才能形成一个体系。后来我发现苏联的哲学家凯德罗夫也有这样的观点，可说是不谋而合。我这个观点60年代初曾经在《北京大学学报》上发表过，凯德罗夫的类似观点晚些时候才公开发表。

近20年来，我在马哲史方面还做了更多工作。我国正式出版的第一本马哲史，是人民出版社1980年出版的《马克思主义哲学史稿》，我参加了此书的撰写和统稿工作。后来又同北京大学哲学系的施德福、宋一秀共同主编了《马克思主义哲学史》教材（三卷本），大致有100万字，得到了国家教委的优秀教材奖。另外，我还同人民大学的庄福龄、中央党校的林利共同主编了《马克思主义哲学史》（八卷本），这是国家哲学社会科学基金项目，最初是“六五”的重点项目，后来又是“七五”的重点项目。1983年立项，一直到1996年才出齐。八卷共400万字，获得了1997年“五个一工程”奖和吴玉章奖，1999年又获得首届国家哲学社会科学基金一等奖。几年前，我还受国家教委的委托，主编了一本马哲史教材，于1998年由高等教育出版社出版。

二、谈谈马克思主义哲学原理

在这方面，最近20年来我也做了一些工作。我没有参加很多关于原理的教材的编写，只是参加了一本由肖前同志主编的《马克思主义哲学原理》的编写，但对马克思主义哲学原理，我也有自己的一些看法。大家知道，马克思主义哲学原理在经典作家那儿，还没有形成一个完整的体系。第一个完整体系是苏联专业哲学家在二三十年代提出来的，后来斯大林在《联共党史》的四章二节里提出来的那个体系，也是把苏联20世纪二三十年代哲学体系简化和改造的结果。这个体系在30年代初已传到中国。这个体系主要是把马克思主义哲学分成两大块。一块叫作辩证唯物主义，一块叫作历史唯物主义。辩证唯物主义主要是三个部分：唯物主义、辩证法和认识论。这个体系一直是世界公认的马克思主义哲学体系。中国出版的马克思主义哲学教材，对这个体系作了若干改变，主要是在里面贯穿了一些毛泽东的哲学思想，但是框架仍然是那个框架，可以说今天也还没有完全突破。这个体系20年来受到许多人的批评。许多人也作了很大努力，想突破这个框架。现在势力很大的一种观点，就是要用实践唯物主义来取代辩证唯物主义和历史唯物主义，当然，究竟什么是实践唯物主义，意见也存在非常大的分歧，还没有达到什么共识。对马克思主义哲学体系，我有几点看法：

第一，对旧的马克思主义哲学体系，我认为不能根本否定，而应该抱一种坚持和发展的态度，即一方面要肯定它的科学性，一方面也要认识它的局限性。

具体讲来，旧的马克思主义哲学体系有几点是科学的，是应该肯定的：

1. 无论如何马克思主义哲学是把哲学作为一门科学来研究，来建设，也就是说哲学知识应该是一种客观的知识，应该力求同客观世界相一致，就像我们对于一般的科学所了解的那样。

2. 因此，它认为哲学应该随着社会实践的发展而发展，随着自然科学和社会科学的发展而发展。

3. 主张哲学应该有一个体系，而且按照一定的原则来建构哲学体系。这个原则最主要的就是从抽象到具体、从简单到复杂。

4. 旧的哲学体系里有许多内容都是正确的，是经过实践的无数次检验而被证明了的。

5. 旧的哲学体系强调哲学的应用价值，认为哲学有改造世界的功能，哲学应该指导我们认识世界和改造世界的活动。

旧的体系也有它的局限性，或者说它的不足之处，其缺陷大致有三点：

1. 从内容上讲，旧的哲学体系有许多空白，或者说有许多薄弱环节。譬如人的问题、主体性的问题、价值的问题，这些都是不足甚至是空缺的地方。

2. 它没有充分吸收20世纪以来时代的发展、科学的发展所提供的新的内容。它的内容同20世纪的整个的世界形势的发展以及20世纪科学的新的发展不相适应。

20世纪特别是“二战”以来，资本主义与社会主义各国及其关系和格局有了很大的变化。以高科技为龙头的社会生产力有了突飞猛进的发展，苏联、东欧社会主义失败了，中国和其他社会主义国家在改革中有了巨大发展，资本主义世界各国两极分化日益严重。经济全球化、政治多极化、文化多元化、信息交流网络化，使世纪之交的地球日新月异。20世纪前半叶，相对论、量子力学有了很大的发展，后半叶系统科学也有了很大的发展。社会科学方面也有了很大的发展，特别是西方国家在社会研究和哲学方面也提供了许多新的问题和新的成就。对这些，旧的哲学体系都没能够充分吸收。

3. 即使按照它原来的建构体系的原则来说，旧的体系也没有能够充分地加以贯彻。旧的体系对于哲学的研究对象究竟是什么，哲学体系怎样体现从抽象到具体，从简单到复杂这个原则，没有讲清楚，存在的问题是很多的。

所以我认为，对旧的哲学体系应坚持它的基本的、正确的东西，而对它的失误和不足的地方，加以修正，加以丰富，加以发展。

第二，我想提出对于马克思主义哲学体系应该怎样来建设的想法。

我认为应该首先明确马克思主义哲学研究的对象究竟是什么，然后根据对象来确定马克思主义哲学的内容以及它的体系。我认为马克思主义哲学作为一门科学只有一个对象，那就是作为一个整体的宇宙，或者说宇宙的整体和一般。但按照马克思主义哲学的原有内容及其重要性，它的对象不是非常单纯的，它的对象有三个层次，或者说是三个具有一定重叠性的对象，因而哲学有三个基本组成部分。按照一般表述方式，我们如果把宇宙观叫作哲学，其他层次的哲学可以叫作部门哲学。

第一个对象，或者说最大的、最高层次的对象，是作为整体的客观世界，就是我们眼前看得见、摸得着的客观世界，当然还要包括它的过去与它的将来，它的那些看不见、摸不着的部分。因此，哲学的第一部分就是宇宙观，即把客观世界作为整体来研究，也叫世界观，过去曾经叫作形而上学，或本体论，它所研究的是这个世界的整体，是这个世界的最一般的东西，即对这个世界的任何一个领域都起作用的普遍的东西。世界观里面应该包括自然观，一般理解的自然界是排除社会的，好像是社会以外的东西，实际上自然界是无所不包的，自然界包括社会在内。当然可以建立和发展一门学科专门研究社会以外的自然界，但是在一个体系里要把世界观同自然观区别开来讲，是非常困难的，必然会有大量的重复，所以世界观应该包括自然观。

第二个对象是人类社会历史，因而哲学的第二部分是历史观，也就是经常讲的唯物史观。由于这个历史是人类社会的历史，所以人类社会历史观也就是一般的社会论，或叫作一般社会学。在这里面还可以包含一个小的部分叫做实践论。实践论近年来谈得很多，几乎有代替整个哲学的趋势。我认为，实践论包含在历史观里面，因为实践是一种人类社会的现象，是人类社会的基础，但它不等于整个人类社会，更不等于整个宇宙。所以，像旧的体系那样对实践没有作专门的研究，是不对的，但是把实践论摆在历史观以外，甚至用它来代替马克思主义哲学，这就过分了。应该对实践作专门的研究，即实践论，并把实践论包含在历史观里面。我们还可以把人学作为这一层次的一门部门哲学，下面将对人学作些介绍。

第三个对象是意识，因而哲学的第三部分就是意识论，或者叫作精神论。精神、意识都是一种社会现象，意识论应该包含在历史观里边，但由于意识的相对独立性和重要性，意识论可以作为单独一部分加以论述。在意识论里边，还可以包含几个小的部分，就是经常谈到的认识论、价值论、方法论。过去把认识论包含在辩证唯物主义世界观里边，我认为是不妥当的，因为认识是一种社会现象，应该是讲清楚了历史观以后再来讲认识论。认识是意识的一部分，而且是基础性的一部分，当然是非常重要的。旧体系里面没有价值论，虽然谈到许多价值问题，但是对价值没有进行专门的研究。近 20 年来，开展了这方面的研究，这是很好的。作为马克思主义哲学体系的一部分，价值论应该包含在这个体系里边。方法论过去我们是经常谈的，认为马克思主义哲学就是方法论，既是世界观，也是方法论。这样讲当然没有什么错，但是是不确切的。准确地讲，马克思主义哲学既是世界观，又是方法。“方法论”应该是以方法为对象来进行研究的一门学问，可以作为一个组成部分包含在意识论或者精神论里边。方法不等于方法论。

马克思主义哲学体系就是由世界观、历史观、意识论三部分组成。世界观可以简单地叫做辩证唯物主义，说得确切一点就是辩证唯物主义世界观，第二部分是辩证唯物主义历史观，第三部分是辩证唯物主义意识论。所以辩证唯物主义是其总的称呼。而由于世界观在这里面居于最高的地位，所以可以用辩证唯物主义来指称辩证唯物主义世界观。

第三，我认为应该按照一定的原则来安排这些哲学问题和哲学原理或范畴。

根据矛盾规律是辩证法的核心的原理，哲学范畴应该是成对的，这一点过去没有做到。黑格尔认为否定之否定是哲学的核心，他的哲学体系做到了一分为三，整个体系按正反合运转。我们不必搞一分为三，但范畴应该是成对的。哲学体系应该从存在开始，存在是最抽象的，最一般的。从抽象逐渐走向具体，整个体系应按照这个原则来安排。这个原则包含从简单到复杂，从静到动，从表到里，从客观的东西到主观的东西等内容。这样就可形成一个对立统一的哲学范畴体系。我从前曾经根据列宁《哲学笔记》关于构造体系的思想，构造了一个马克思主义哲学体系，提出了36对范畴。但这仅仅是一个尝试，而且没有包括20世纪以来世界形势的发展、科学研究的成果和世界哲学新的进展。所以我并不想用这个体系来取代旧的马克思主义哲学体系。

三、谈谈我对人学的看法

第一，我认为建立人学学科是非常必要的。唯物史观里有些关于人的论述，但是谈得比较多的是杰出人物的贡献和作用，对于一般的人没有进行专门的论述。仅仅从基础学科的完善来讲，建立一门人学的学科是必要的。"人"是一个非常明确、非常清楚的研究对象，但是奇怪，我们过去没有建立起一门学科来对人作整体的研究。现实生活也非常需要，因为现实生活接触到人、人的学科、人的知识、人的理论、人的观点太多了，例如我们谈要提高人的素质，要发挥人才的作用，要教育人、培养人、发挥人的积极性、主动性、创造性等等。所有这些，都需要由一门学科来对人进行整体的研究。特别是西方马克思主义对马克思主义提出了挑战，认为传统的马克思主义缺乏人学，是忽视人，不要人，甚至是敌视人的，认为唯物主义就是不要人的哲学，忽视人的哲学，而真正的马克思主义就是人道主义。这是对马克思主义的一种挑战，要求马克思主义对究竟什么是人，什么是人学，做出正面的回答。

第二，我认为人学有明确的对象。一个明确的对象是任何一门科学或者学科的首要前提，没有明确的对象，这门学科无从建立。有了明确的对象，即使现在还没有建立，只要有需要，通过我们的研究，也可以把一门学科建立起来。人学的对象应该说是非常明确的。我们都是人，活生生的人，成天都在接触人，接触现实的人。完全可以以人为研究对象，形成一门严格的科学。

人学是把人作为整体来研究，不是研究人的某一个方面。人学同人的科学有区别。人学当然是人的科学，但是它只研究作为整体的人，而人的科学包括研究人的任何一个方面的科学。我不同意近年来颇为流行的一种观点，认为哲学的研究对象就是人，哲学就是人学。这种观点对哲学的发展和人学的发展都是不利的，从我们前面的论述可以看得出来，哲学的概念是比较含糊的，实际上哲学是一个科学群，是多门科学。如前面所理解的，它包括宇宙观、历史观、意识论等等。如果你说它的对象是人，那么你指的究竟是什么哲学呢？如果你说宇宙观的对象就是人，那就把宇宙观过分地缩小了，因为宇宙观的研究对象是作为整体的宇宙，人在宇宙里是微乎其微的，微不足道的，怎么能把宇宙等同于人呢？有人说宇宙观研究的宇宙是人的宇宙，不是客观的宇宙。这样来理解宇宙观，就把宇宙的客观性取消了，哲学就不可能成为科学，不仅哲学不能成为科学，一切科学都不能成为科学了——物理学不是研究客观的物理世界，而是研究人的物理世界，或者说人所了解的物理世界，那么物理学就不成其为科学了。人对于客观世界的认识是有局限的，人对于客观世界的认识同客观世界本身是有区别的，但是人的认识总是在不断地接近客观世界，也就是我们的认识、整个的科学史总是同客观世界愈来愈接近。如果你认为科学根本不能反映客观世界，而只是反映人头脑里面的东西，或人的什么东西，那么，科学的客观性，以至它的科学性也就被否定了。人学和哲学的研究对象是不同的，把它们混为一谈，不是妨碍了哲学的发展，就是妨碍了人学的发展。

第三，我想谈一下人的属性。我认为它可以分为三个层次。人的属性是最低一个层次，其范围是最人的，包括人的任何属性在内，即包括人的自然属性、社会属性和精神属性。在人的属性里边，有个区域可以叫作人性。人性是人同动物相区别的那些属性。有很多属性都可以把人同动物区别开来。中国哲学史上和西方哲学史上谈的人性，各式各样，但都可以把人和动物区别开来。过去哲学家往往把人性限于一种，这是不对的，实际上他们谈的都是人性，都能把人和动物区别开来。西方历史上有人说人是“政治的动物”，有人说是“社会的动物”，有人说是“能够制造工具的动物”，有人说是“有理性的动物”。中国哲学家喜欢讲“人性善”，或者“人性恶”，有人说思维是人性，或审美是人性，等等。其实这些都是人性，都能把人和动物区别开来。说人性只是善的，或者说人性只是恶的，都是不对的。人性就是善恶性或道德性，即人有善恶问题，动物没有善恶问题。但是，在所有能把人和动物区别开来的、带有根本性的属性里面，有没有一个是最根本的？我认为有，我们就把它叫作人的本质。人的本质是什么呢？是劳动，即生产活动，宽泛一点讲就是实践活动。人的实践活动是离不开社会的，所以人的本质就是人的社会实践活动。

于是就有了三个层次：最深的是人的本质，人的本质产生了人性，决定了人性，这就是第二个层次，它比人的本质更宽泛。最宽的是人的属性，包括人的动物性等一切属性，它是第三个层次。

第四，我提出人的发展规律问题。人学不仅仅要研究作为整体的人，而且要研究作为整体的人的发展规律。这是任何一门科学所要求的。科学不能停留在对于事实的叙述，而必须深入它的本质，去挖掘它的发展规律。人学也应该如此。我在陈志尚教授主编的《人学原理》（北京出版社 2005 年版）里边曾经提到了 7 条人的发展的规律。由于篇幅的限制，这里就不详细说明了。

四、谈谈我对文化的看法

对文化的研究是近 20 年来形成的一个热潮。对文化我们谈得很多，但是关于文化的一些理论问题，甚至文化的一些基本概念，大家的理解却存在很大分歧。我近年来发表了一些关于文化的文章，提出了一些看法。我认为可以谈一下的大致有以下几点：

第一，文化的概念。文化的概念一般认为有三种理解，一种是广义的，一种是狭义的，一种是更狭义的。广义的文化包括人类社会里的一切东西。狭义的专指精神文化，确切说就是精神活动及其产品。最狭义的就是文化部所管的文化，包括文学、艺术等。还有一般所说的文化水平的文化，即教育水平、知识水平。我认为，作为一个科学概念，对文化应作第二种理解，即精神文化。因为这种理解符合一种总的趋势，即把文化同经济、政治并列起来理解。把三者并列，意思是说，文化不是经济，不是政治。经济、政治、文化三者包括了全部社会现象。这种把文化同经济、政治并列起来使用，几乎已经在全世界得到了公认。

第二，文化同经济、政治的关系。我认为应按照唯物史观的观点来理解三者的关系，就是毛泽东所说的，文化是经济、政治的反映，文化具有相对的独立性，对经济、政治具有强大的反作用。这样理解的文化就不仅仅是观念上层建筑，而是包括许多非上层建筑的东西。上层建筑是经济制度所决定的，而文化不仅仅是经济制度所决定的那些东西，还包括生产活动，就是经济生活所决定的东西，如科学技术，还包括在各方面都起作用的东西，如语言、文字、与语言相一致的思维形式。总而言之，整个精神领域以及精神产品，都属于文化范围。

第三，怎样为文化定性，怎样区分文化的种类。文化可以用空间来分类，也可以用时间来分类。如东方文化、西方文化，亚洲文化、欧洲文化、非洲文化，古代文化、中世纪文化、现代文化，等等。更细一点还可以有中国文化、印度文化、英国文化、美国文化，仰韶文化、山顶洞文化，等等。

这种用空间或时间分类，说不清楚文化的性质。根据文化同经济、政治的关系，我认为要弄清楚一种文化的本质，弄清楚它的特点，是要根据它的经济、政治的状况，从它的经济、政治状况定性。譬如欧美文化，可以说它是工业资本主义文化；中国的传统文化，可以给它定性为农业封建主义文化。现代中国的文化是什么？我们的工业化水平还不高，但应该说基本上已经工业化了，能不能说我们的文化已经是工业社会主义文化？

中国的问题比较复杂，特别是辛亥革命以来，经济、政治一直处在不断的变化发展当中，文化也在不断变化发展。社会主义改造完成以后，经济、政治制度都没有发生根本的变化，但是生产水平发生了很大变化。最初形成社会主义的时候，还没有工业化，但工业水平一直在不断提高。经济体制也有了质的变化。中国现代文化实际是一种向工业社会主义文化过渡的过渡性文化。

第四，究竟文化包括哪些组成部分，即文化的外延是什么。我认为应该包括12个方面：1. 科学技术；2. 经济思想和经济理论；3. 政治法律思想和理论；4. 语言文字；5. 道德伦理观念、善恶标准、道德伦理理论；6. 宗教现象；7. 文学艺术；8. 哲学和社会学说；9. 教育和教育思想；10. 新闻出版事业；11. 公共文化设施及其活动；12. 民间文化。

另外还有两个部门，一个是卫生，一个是体育，他们是属于哪个范畴呢？是不是属于文化呢？还可以研究。这两个部门是综合性的，既有物质的方面、自然的方面，也有文化的方面，把它们摆在文化范围之内是可以的。

第五，中国传统文化与现代文化的关系。中国传统文化以什么时候划界，怎么定性，是目前还有争论的问题。我认为中国传统文化是农业封建主义文化。这个文化，辛亥革命动摇了它的政治基础，而新文化运动使它遭到了带根本性的打击。随着中国经济的发展，随着政治革命的发展，传统文化已经土崩瓦解，而在中国土地上逐渐形成了一种新的文化。因此，不存在中国传统文化的现代化问题，只存在中国文化的现代化问题。

中国传统文化是农业封建主义文化，这个文化作为一个整体，已经成为历史，但是它的许多因素保留下来了。中国现时代的文化绝不仅仅是传统文化，除传统文化因素而外，它还包括五四运动以来科学技术的发展和从国外传入的文化因素，特别是中国人民在反对半封建半殖民地经济政治制度的斗争中创造的各种文化因素。当然，中国现阶段的文化还绝不是高水平的工业文化，因此中国的现代文化还有一个现代化的问题。这就是把它真正形成为一个高水平的工业社会主义文化的问题。现在建设中国文化，也就是使中国文化成为现代化的文化，即高水平的工业社会主义文化。这个文化也就是江泽民同志在十五大报告里所谈到的有中国特色的社会主义文化。关于文化方面问题还很多，我还谈到过许多观点，以上几点可以说是包含了我自己的独特的见解。

我认为我自己并没有自己的什么哲学思想体系。这不是自谦，更不是自卑。我认为马克思主义哲学同西方哲学和传统的中国哲学，都是很不相同的。那些哲学可以说都是个人的哲学，几乎一个人一个哲学体系，而马克思主义哲学是一门科学，它和任何其他科学一样，是集体的事业，是全人类的事业。因此我根本不想提出我自己的什么哲学思想，我是把哲学作为一门科学来研究，来讨论，来建设，在这个事业里面做出我个人的贡献。我的一些哲学思想，也就是我对马克思主义哲学的一些理解，或者说我所理解的马克思主义哲学。马克思主义哲学，作为一门科学还没有得到全世界的认同，像其他科学那样，但是我认为终究会有那一天的。这一天也许在 21 世纪就会到来，在那个时候，可以把马克思主义这五个字取消，正如我们不把生物学叫做达尔文主义或其他主义一样，达尔文和其他生物学家的观点已经融入到生物学这一门科学之中。当马克思主义哲学形成为一门世界公认的科学的时候，也就融入到科学的哲学里面了，因此“马克思主义”这样的称号也就不必要了，那时得到世界公认的、真正科学的哲学，也就形成了。我相信这一天终究会到来的。

关于马克思主义哲学史的几个问题*

把马克思主义哲学史作为一门科学来研究和建设，在中国实际上开始于20世纪70年代末，但短短十多年，它的成绩已斐然可观。当然，任何事业都不可能是在风平浪静中前进的，马克思主义哲学史的研究自然也不能例外。近十多年来，围绕着马克思主义哲学的理论和历史发生了频繁的针锋相对的争论，其中有认真的严肃的理论探讨中的意见分歧，也有两条哲学路线、两种意识形态的斗争。不少问题是直接涉及马哲史的重大问题，例如马哲史是马克思主义哲学的前进的历史还是倒退的历史？马克思主义哲学创立和形成的具体过程怎样？怎样评价恩格斯和列宁

---

* 本文是作者为《马克思主义哲学史》（8卷本）写的“导言”，载于该书第1卷，先期发表于《中国社会科学》1991年第6期。本文从马克思主义哲学史（以下简称马哲史）的对象和分期、马克思主义哲学的形成和发展、时代的挑战和马克思主义哲学的命运以及马哲史的历史和研究马哲史的意义等方面，对马哲史的一般问题作了原则说明。文中还在国内外哲学理论研究的广阔背景下概述了我国十多年来在马克思主义哲学领域取得的成就、提出的重大问题以及研究中的薄弱环节。

在马克思主义哲学发展中的作用和地位？如何评价斯大林的哲学思想？如何评价毛泽东的哲学思想？马克思主义哲学是否过时了？它的历史命运怎样？此外还有一些比较具体的争论热点，例如怎样评价《1844年经济学哲学手稿》？怎样正确理解实践唯物主义？怎样正确理解马克思主义哲学与人道主义的关系？怎样评价《唯物主义和经验批判主义》？等等。一部科学的马哲史应该在系统地全面地阐明马克思主义哲学的创立和发展的同时，根据确凿的思想材料，实事求是地回答这些问题。在这篇文章中，我们将对马哲史的一般问题作初步的原则性说明，并对上述重大问题表明我们的基本态度。

一、马克思主义哲学史的对象

马哲史，同任何历史一样，都具有两方面的含义：客观的历史和书写的历史。书写的历史以客观的历史为对象，作为科学的马哲史无疑要以马克思主义哲学创立和发展的客观过程作为自己研究的对象。因此，这里首先要明确的是历史上最初创立的马克思主义哲学有些什么内容，包含哪些组成部分。

对于这个问题，不同的观点有不同的回答，意见分歧，莫衷一是。但是，如果我们抱着客观的实事求是的态度，以马克思主义创始人的原著为依据，经过系统的研究，多数人还是可以达到比较一致的结论的。经过十多年的广泛研究和深入讨论，中国多数学者认为马克思主义哲学就是马克思和恩格斯所创立的马克思主义的世界观、自然观、历史观和认识论以及其他哲学观点的理论体系，但其中最早作为思想体系阐述的是历史观，即唯物史观，后来称作历史唯物主义。世界观、自然观和认识论是以后才陆续作为思想体系阐述的，至于伦理学、美学等组成部分则是更后的事情。由马克思主义的世界观、自然观、历史观和认识论等主要组成部分形成的理论体系，后来被称为辩证唯物主义和历史唯物主义。因此，马哲史的对象就是辩证唯物主义和历史唯物主义及其各个组成部分的形成、建设和发展的历史，其他组成部分如政治哲学、伦理学、美学等等的历史无疑也应包括在内，而由于这些组成部分已有专门史，它们在综合的马哲史中往往语焉不详，而在简明的马哲史中甚至略而不谈。

应该特别指出，世界观，或曰宇宙观，是马克思主义哲学的核心部分，它的历史在马哲史中居于主导地位。大家知道，世界观在整个中外哲学史上都居于主导地位，有第一哲学、纯粹哲学之称，历史上重要的思想家的思想无不有其世界观的根据。今天仍然如此。马克思主义理论（包括哲学理论）当然也有其世界观的根据。现代的实证主义思潮否定世界观成为科学的可能性，从而提出“拒斥形而上学”（否定世界观）的口号。这一思潮近年来在我国哲学界也颇有影响，有些人也企图把马克思主义哲学实证主义化，贬低甚至否定世界观在马克思主义哲学中的地位。这并不符合马哲史的过程，也绝不是马克思主义哲学的未来。马哲史应以马克思主义世界观的发展作为主要的研究对象，这是不能动摇的。当然，其他组成部分，特别是历史观和认识论的发展，也是马哲史研究的同样重要的对象。

还有一些马克思主义哲学的组成部分，虽然经典作家多所论述，但由于在他们那里迄今未形成完整的科学体系，而理论工作者的研究也未臻成熟，因而意见分歧，难于统一，如方法论、辩证逻辑、人学等。马哲史无疑也不能把这些组成部分排斥在研究对象的范围之外。

以上是就马克思主义哲学的组成部分来说的。就人物而言，马哲史的对象有以下层次：马克思主义创始人马克思和恩格斯的哲学著作无疑是马哲史的研究对象，他们的非哲学著作中的哲学思想当然也是马哲史应该研究的。例如马克思的《资本论》虽然是一部政治经济学著作，却包含了丰富的哲学思想，属于马哲史重点研究之列。马克思和恩格斯的战友和学生如狄慈根、梅林、考茨基、拉法格、拉布里奥拉和普列汉诺夫等人的哲学著作和哲学思想也包括在马哲史的对象之内。后来的无产阶级革命领袖如列宁、斯大林、毛泽东等人的哲学著作和哲学思想也应作为重点来阐述。西方一些学院哲学家不承认这些革命领袖是哲学家，因为他们都没有正面系统阐发自己哲学体系的鸿篇巨著，最多有一些论战性的哲学著作、短篇哲学文章和包含在其他性质著作中的哲学言论。这种观点是不对的。马克思主义哲学是实践中的哲学，它虽然有其久远而广泛的思想来源，却是深深植根于无产阶级的革命实践之中，并在革命实践中发挥其指导作用和丰富其科学内容的。无产阶级革命领袖无不自觉地把它运用于自己的实践活动，并从而对它的发展作出自己的贡献。他们不是专业哲学家，没有时间对马克思主义哲学的各种专门问题进行全面、系统、详尽的研究和阐发。但他们的哲学思想理应是马哲史重点研究的对象。他们被称为哲学家，毫无愧色。对他们的哲学思想无疑要具体评价，不能一概而论。例如斯大林，他不仅在政治上犯过肃反扩大化的严重错误，也在哲学上犯过简单化的错误，但因此就完全否定他的哲学著作在传播马克思主义哲学方面的积极作用，完全否定他在哲学上的贡献，认为他的哲学著作是小学生的作业，不值一谈，也是片面的。不少政治领袖如考茨基、陈独秀在实践和理论上都犯过严重的错误，也不能因此把他们的哲学思想排除在马哲史的研究之外。

在俄国十月革命胜利以后，特别是在第二次世界大战胜利以后，建立了一批包括中国在内的社会主义国家，在这些国家中涌现出数量极大的专业哲学家，他们的任务不仅在于传播和研究马克思主义哲学，还在于建设和发展马克思主义哲学。马克思主义哲学作为一门科学需要专业哲学家加以专门的研究、建设和发展，这是他们的任务而又为革命领袖所难以承担的。由于种种原因，专业哲学家们几十年来未能充分发挥建设和发展马克思主义哲学的作用，使马克思主义哲学的建设和发展未能达到应有的水平，但是，他们也做了不少工作，取得了大量成就。由于改革开放，他们可能取得更大的成就。他们的哲学著作和哲学思想不仅丰富了马克思主义哲学的内容，他们的成功与失败也将为马克思主义哲学的发展提供有益的借鉴。他们的哲学思想是马哲史对象中不可缺少的一部分。在未来的岁月里，在百家争鸣的学术气氛中，他们将是传播、建设和发展马克思主义哲学的基本力量。

历史上的修正主义思潮的哲学也是马哲史应该研究的对象。修正主义思潮是资产阶级思想在马克思主义队伍中的表现，但它与一般资产阶级思想不一样，它使用马克思主义的语言，企图回答马克思主义发展中所面临的问题，尽管它的回答是错误的。马克思主义史的对象应该包括修正主义，因为真理是在同谬误作斗争中发展起来的，只有通过对修正主义的研究和批判才可以完整地描绘出马克思主义发展的道路。同样的道理，只有通过对修正主义思潮的哲学的研究和批判才可以完整地描绘出马克思主义哲学发展的道路，并从中总结出理论发展的经验教训。

当代“新马克思主义”和“西方马克思主义”的哲学无疑也应该包括在马哲史的研究对象之内。这两种思潮包括哪些学派？包括哪些代表人物？如何评价他们的思想（包括哲学思想）？对这些问题国内外理论界有很大意见分歧。但不管人们对它如何评价，它毕竟也使用马克思主义的语言，试图回答马克思主义及其哲学面临的问题，即使它作了错误的回答，它的回答也为马克思主义及其哲学的发展提供了借鉴。

以上种种均包括在马哲史的对象之中，至于时代经济政治形势、世界人民革命运动、各种自然科学和社会科学的发展、当代各种资产阶级哲学思想，则属于马哲史的背景之列，当然也是要涉及的。

二、马克思主义哲学史的分期

马克思主义哲学不仅是一门科学，而且是一种意识形态，即现代无产阶级的意识形态。它一方面是现代无产阶级的根本利益和革命运动的反映，另一方面又是为实现无产阶级根本利益服务的，是无产阶级及其政党认识世界和改造世界的思想武器。因此，它的形成与发展，不仅与自然科学和社会科学的发展有密切的联系，而且与经济政治形势、无产阶级革命运动的发展也有密切的联系。马哲史的分期当然应以马克思主义哲学思想本身的变化情况为依据，而由于它的科学性和意识形态性，它的分期不可能与生产史、经济史、科学史、政治史、革命史的分期毫不相干。事实表明，它的分期与生产史、经济史、科学史、政治史、革命史的分期大体上是一致的，尽管其间也有许多不一致之处。

马克思主义及其哲学形成于 19 世纪 40 年代，迄今已有 140 余年的历史。这段时期内，无论从生产史、经济史、政治史、革命史或科学史来说，大体上都可区分为前 50 年和后 90 年两大阶段，即 19 世纪后半叶和 20 世纪。从世界范围来讲，前一阶段和后一阶段在各个方面都有明显的区别。在前 50 年，发达国家的产业革命均已完成，以蒸汽动力为主的机械化生产居于生产的主导地位；自由资本主义制度日益发展，逐渐向以垄断为特征的帝国主义转化，并向全世界扩展其经济势力；现代资产阶级主要在欧美建立了稳固的政治统治，并向全世界扩展其政治影响；无产阶级革命运动此伏彼起，巴黎公社革命失败后趋于缓和，革命主要处于积蓄和组织力量的阶段；牛顿力学在自然科学中占据主导地位，自然科学中若干新成果的不断出现酝酿着一场新的科学革命。在20世纪，生产力先后跨入电气化和自动化的时代，生产力水平大大提高；经济制度上，世界进入帝国主义和两种社会制度并存、斗争和互有消长的时代；资产阶级的政治统治被苏联、中国和其他国家相继打破，两种经济政治制度经历了十分曲折的发展道路；工人阶级的革命运动进入高潮，20世纪上半叶革命运动高潮迭起，先是俄国革命，后来是东欧的革命和亚洲的革命，特别是中国的革命，根本动摇了资本主义的世界体系。当然，应指出，在20世纪，后半叶比起前半叶来又有巨大的变化。

第二次世界大战给欧洲和亚洲的广大地区带来了严重的经济破坏和深重的灾难。欧亚人民，特别是挣脱了剥削制度枷锁的社会主义国家的人民，靠自己的努力迅速恢复和发展了生产，使世界科学技术和生产水平大幅度提高。据统计，如以1980年的工业生产指数为100，那么全世界的工业生产指数是由1952年的27增至1987年的113，其中发达国家是由1952年的29增至1985年的109，发展中国家是由1952年的16增至1985年的98，即增加了5倍左右。这种增长是前所未有的，而且是普遍的，这是由于科学技术的高度发展，由于世界经济政治形势的相对稳定，由于资本主义国家采取了一定的经济计划和福利政策，缓和了经济无政府状态和工人阶级的不满情绪。这种局面的出现使一些人产生了幻觉，认为世界形势和时代性质已经根本改变了，即从帝国主义时代（无产阶级革命时代）转变成为和平与发展的时代。这种观点是难以成立的。20世纪下半叶的变化是巨大的，和平与发展已成为时代的主题，但认为时代性质已发生了根本变化，就太过分了。发达国家生产力水平的极大提高把资本主义制度能够容纳的生产力幅度大大提高了一步，这是二三十年前的人们没有估计到的，但资本主义世界的经济政治危机并未消失，在几十年间大规模的战争就发生三次：朝鲜战争、越南战争和海湾战争，其他局部的小规模的战争没有一年停息过。发达资本主义国家的经济萧条时有所闻，还有不少发展中的资本主义国家处于生产力水平低下，人民生活十分困难的境地。资本主义制度不可能实现各个国家、各个阶级的共同富裕。社会主义国家的体制改革一方面是要解决制度内部不完善环节的问题，另一方面也是对变化了的世界形势的适应。用改革来适应这种变化是正确的，但在改革中必须保持清醒的头脑，不要搅乱了自己的阵脚。近年来一些社会主义国家内的动荡正是不适当地适应了这种变化的结果。这种动荡以至挫折不过说明了社会主义制度在其发展过程中会出现曲折，说社会主义已经失败，是毫无根据的。总之，20世纪下半叶并不是什么根本区别于帝国主义时代的和平与发展的时代，虽然和平与发展是我们要努力达到的目标，但过早地断定和平与发展时代的到来是会搞乱自己的思想，应付不了这个各种矛盾纵横交错、世界风云激荡的局面的。

马克思主义哲学产生和发展的过程应该同时代的发展相应而区分为两大阶段。19世纪下半叶是它诞生、形成和系统化的阶段，20世纪是它传播、运用、发展和作为现代科学来建设的阶段。第一阶段的标志是辩证唯物主义和历史唯物主义的思想体系基本形成；第二阶段的标志是列宁对马克思主义哲学的发展，在总结和概括时代变化和新的科学成果的基础上深入研究各种哲学问题，重新建构现代马克思主义哲学的科学体系。当然，每一个较大阶段又可区分为较小阶段。19

世纪的分期是比较简单的，在我国哲学界已得到多数学者的认可，即分为三个较小的阶段：1. 1841 年～1848 年为马克思主义哲学从萌芽到形成的阶段；2. 1848 年～1871 年为马克思主义哲学在欧洲革命运动和政治经济学中运用，验证和发展的阶段；3. 1871 年～1900 年为马克思主义哲学系统化和进一步传播和发展的阶段。20 世纪大体上也可分三个阶段：1. 1900 年～1917 年为马克思主义哲学在无产阶级革命时代运用和发展并向全世界传播的阶段；2. 1917 年～1949 年为马克思主义哲学开始在一个无产阶级政权的支持下进一步传播和发展的阶段；3. 1949 年以后为建设现代马克思主义哲学科学体系并在西方各国得到重新重视和研究的阶段。这三个阶段的划分同世界历史阶段的划分基本上是一致的。1900 年～1917 年期间，资本主义世界第一次发生总危机和第一个社会主义国家出现；1917 年～1949 年期间，资本主义世界第二次发生总危机和东欧、亚洲社会主义国家的出现；1949 年以后，资本主义危机得到一定程度的缓和和社会主义国家大力进行建设和改革。难以预言何时会爆发资本主义总危机，但可以断言，在资本主义制度下，全世界的问题，首先是发展中国家的贫困问题，其次是世界持久和平问题，第三是环境污染、生态平衡破坏等全球性问题，是得不到彻底解决的，只有全世界都实现了社会主义，这些问题才谈得到比较彻底的解决。

当然，这些较小的阶段还可划分为更小的阶段。这种划分在 19 世纪比较单纯，我们只要根据马克思和恩格斯思想的发展过程来划分就行了。但在 20 世纪，由于马克思主义哲学已在全世界传播和发展，而各国情况千差万别，马克思主义哲学在不同国家的传播和发展同这些国家本身的历史进程不可分，更小阶段的划分就很难一致了。马克思主义哲学在俄国和苏联的传播和发展有其特色，因而会有其特殊的分期；它在中国的传播和发展当然也有其特色，因而也会有其特殊的分期；在其他各国亦然。但分期的原则对各国当然是一致的，即不但要根据该国马克思主义哲学思想的发展线索来划分，而且要使这种划分同该国无产阶级革命运动的发展一致起来。

三、马克思主义哲学的形成和发展

马克思主义哲学的创始人是马克思和恩格斯，它的创立是和他们的革命实践活动分不开的，也是同他们研究人类社会历史和自然界的理论活动分不开的。它的直接理论来源是西欧传统哲学，特别是德国古典哲学。他们最初是激进的民主主义者，在哲学上属于青年黑格尔派，后来受费尔巴哈的影响转向唯物主义。他们在参加德国进步青年的政治活动中，深入接触工人农民，了解了他们的生活和痛苦，并在空想社会主义影响下成了社会主义者。他们最初未能彻底摆脱人道主义历史观，仍然以人的本质的异化和异化的扬弃来解释人类社会历史的发展，并为无产阶级革命和社会主义作论证，这就是马克思在《1844年经济学哲学手稿》中提出的劳动异化理论和恩格斯在《英国工人阶级状况》中提出的从全人类利益出发来论证社会主义的理论。但他们决不是真正的空想社会主义者，因为他们的历史观已包含了许多唯物史观因素。他们尽管采用了人道主义历史观的总公式，却强调研究劳动、实践、经济生活、阶级关系，并以之为出发点来分析人类历史的发展，认识到无产阶级的历史使命和武装斗争的必要性，他们在这些著作以及其他著作中甚至已表述了科学社会主义的某些一般原则，这些已大大突破了空想社会主义的基本理论。因此，当他们于1845年～1846年期间发现了生产力与生产关系、经济基础与上层建筑的矛盾运动规律时，便丢掉了人道主义历史观这根暂时用来支撑自己的拐棍，创立了唯物史观，并从而使社会主义变成了科学。这个转变是在《关于费尔巴哈的提纲》和《德意志意识形态》中实现的，这两种著作便成为马克思主义及其哲学形成的标志。但它们当时没有公开出版，马克思主义及其哲学是在《哲学的贫困》（1847）和《共产党宣言》（1848）中才公开问世的。马克思主义哲学的创立是欧洲哲学史上的革命变革，它使哲学从众说纷纭、莫衷一是的状况进入了作为一门科学来建设的阶段，它要求自己像一般科学那样以实践为基础，由实践检验自己的真理性；它第一次使哲学走出私有者阶级的殿堂而变成历史上最先进的阶级——无产阶级的思想体系和意识形态；它把单纯解释世界的哲学变成不仅正确地解释世界而且成功地指导无产阶级及其政党改造世界的哲学。

马克思和恩格斯把自己的哲学经常称作唯物主义、新唯物主义、现代唯物主义和唯物史观。唯物史观用得最多，也最为确切，因为当时真正以理论体系阐述出来的是历史观，至于世界观、自然观、认识论等哲学部门在当时只是作为历史观的理论基础与前提，以或详或略的观点包含在历史观之中。今天流行的实践唯物主义并不是他们所使用过的术语，而不过是从他们的一句话“实践的唯物主义者，即共产主义者”中引申出来的。从“实践的唯物主义者”当然可以逻辑地引申出“实践的唯物主义”，但按照他们当时对唯物主义的理解，也就是“实践的唯物主义历史观”，绝对引申不出今天有些人所说的把“实践”等同于“物”的“实践唯物主义”，“实践的”一词不过是强调其指导实践的功能而已。这可以那句话的全文为证：“实际上，而且对实践的唯物主义者即共产主义者来说，全部问题都在于使现存世界革命化，实际地反对和改变现存的事物。”① 后来恩格斯在《社会主义从空想到科学的发展》中把唯物史观称作历史唯物主义。正因为马克思和恩格斯当时把唯物主义的主要内容限于历史观，所以在19世纪的马克思主义者中出现了马克思主义哲学就是唯物史观这种片面的观念。马克思主义当然应有自己的世界观、自然观和认识论，即后来形成的辩证唯物主义。马克思和恩格斯最初经常把辩证法仅仅看成是一种方法，马克思曾表示过想用通俗的方式把唯物辩证法的理论体系表述出来，即列宁所说的“大写字母的逻辑”，但由于他对政治经济学的研究占去了他的大部分时间，他的志愿未能实现。在他的后半生中，他的哲学思想只能在他对其他理论问题如政治经济学、历史学、政治学、社会主义理论的研究中表现出来。马克思的《资本论》、关于政治经济学的手稿和晚年关于早期人类社会史的笔记中都包含了丰富的哲学思想。初步完成马克思的志愿，提出辩证唯物主义的基本理论框架和主要原理，使马克思主义哲学进一步完整化、系统化的是恩格斯。

恩格斯从来十分重视自然科学的发展，19世纪70年代着手研究自然辩证法。恩格斯深知自然科学是哲学的基础之一，他研究自然辩证法的目的不仅在于要建立马克思主义的自然观，而且在于要建立马克思主义的世界观。他在《自然辩证法》中首先提出的辩证法的三个主要规律，即质量互变、对立统一和否定之否定，就是最一般的规律。在《反杜林论》和《自然辩证法》中，他明确提出了关于世界的物质统一性、物质与运动、物质与时空、生命的起源、人类的起源等一系列原理。在《反杜林论》和《费尔巴哈论》中，他又明确提出了

---

① 《马克思恩格斯选集》第1卷，75页，北京，人民出版社，1995年。

关于哲学基本问题、反映论、实践和认识的关系等一系列原理。在他的著作中已经大体形成了辩证唯物主义的基本理论体系。他没有用过辩证唯物主义一词，但用过唯物辩证法一词，而且他把辩证法看成既是方法，也是科学，他所说的唯物辩证法可以看成是同辩证唯物主义同义的。第一次明确提出辩证唯物主义一词的是狄慈根(《一个社会主义者在认识论领域中的漫游》，1886）和普列汉诺夫（《黑格尔逝世60周年》，1891)。但由于多年形成的观念，辩证唯物主义一词在当时没有流行起来，在广大马克思主义者中间流行着马克思主义缺乏世界观、自然观、认识论的观念。一些著名的马克思主义哲学家如梅林、拉法格、考茨基和拉布里奥拉等人都把研究重点放在唯物史观上，这固然是由于唯物史观与革命运动的关系极其密切，但也不能说与上述观念无关。狄慈根和普列汉诺夫提出辩证唯物主义一词不但忠实地概括了恩格斯著作中的思想，而且也是一个杰出的创造。可以说，辩证唯物主义和历史唯物主义这一基本理论框架，在恩格斯在世时已基本形成了。有的人为了诋毁辩证唯物主义和历史唯物主义，硬说它是斯大林创立的，这是违背历史事实的，后面我们还要谈到这个问题。列宁的《唯物主义和经验批判主义》有一个重要贡献，就是使辩证唯物主义在马克思主义哲学中的地位确立起来，指出它是马克思主义哲学的主导部分，它与历史唯物主义是不可分割的一块整钢。

20世纪是马克思主义及其哲学发展的第二个大阶段，第一个能够代表这个新阶段的无疑是列宁。这不仅是由于列宁把无产阶级社会主义革命付诸实践，而且是由于列宁开辟了马克思主义哲学的新阶段。列宁在人类历史的新时期运用马克思主义哲学来分析和解决俄国革命问题，使社会主义革命在一个经济文化比较落后的国家内取得了胜利，开辟了人类历史的新纪元。他在运用马克思主义哲学的过程中也发展了马克思主义哲学，他在体系上取得了两项重大的进展。其一是在捍卫辩证唯物主义过程中使马克思主义认识论系统化。他在《唯物主义和经验批判主义》中进一步发展了恩格斯关于哲学基本问题的理论，在实践观点的基础上提出了认识论的三个重要结论，还着重论述了真理论的基本内容和在掌握客观规律性基础上发挥人的主观能动性等问题。其二是在深入研究辩证法的基础上于《哲学笔记》中提出了建设马克思主义哲学科学体系的理论和任务，并提出了“辩证法的要素”16条，它实际是一个马克思主义哲学的科学体系的雏形。但是，列宁本人由于十月革命胜利后革命工作极度繁重而过早地逝世，未能完成建立哲学体系的任务。这一任务是由苏联的一大批哲学专业工作者在二三十年代完成的。为了宣传和教学的需要，他们根据马克思、恩格斯和列宁的一些论述，形成了由辩证唯物主义和历史唯物主义两部分构成的体系，而辩证唯物主义又包括唯物主义（世界观和认识论）和辩证法（世界观和方法论），这一框架是符合恩格斯在《费尔巴哈论》和列宁在《卡尔·马克思》中的设想的。其中许多原理来自《反杜林论》、《自然辩证法》、《唯物主义和经验批判主义》以及其他著作。这个体系并不是经过认真的长时间的研究和讨论才形成的、充分反映时代水平的完整而严密的科学体系，它甚至不是列宁在《哲学笔记》中所设想的。当然，它仍然是马克思主义哲学的理论体系，只是它未能达到马克思主义哲学在20世纪应该达到的完整性和严密性。斯大林1938年在《联共党史》中提出的体系是把当时流行的体系简化的结果。作为《联共党史》中的一节，这个体系写得比较简略是合理的，但后来马克思主义哲学界把它看作最理想的最终完成的体系，一切哲学教科书均以它为蓝本，不允许有一点点变动，这就窒息了马克思主义哲学的基本科学体系的建设，并阻碍了马克思主义哲学的发展。当然，也应指出，斯大林的体系在将近 20 年间成为全世界共产党人的统一的哲学读本，对于传播和普及马克思主义哲学还是有积极作用的。斯大林逝世后，马克思主义哲学界摒弃了他的体系而恢复了原二三十年代的体系。近 30 多年来，苏联的哲学家们开展了对体系问题的研究，尽管至今还没有建立起多数哲学家认可的崭新的哲学体系，但提出了若干关于建立哲学体系的理论，并提供了若干哲学体系模式，这就为这个问题的解决打下了良好的基础。近 30 多年来，苏联哲学界还深入研究了自然观、历史观、认识论、逻辑学、方法论、伦理学、美学等各个领域，取得了显著的成就。

中国革命的胜利也是马克思主义及其哲学的胜利。中国第一批共产党人李大钊、陈独秀、毛泽东等人都十分重视马克思主义哲学的宣传、运用和研究，特别是用唯物史观来分析中国社会的性质和观察中国革命的命运。陈独秀把唯物史观误解为庸俗生产力论，犯了右倾机会主义错误。在不断运用马克思主义哲学来指导中国革命运动的基础上，毛泽东大大发展了马克思主义哲学。他不仅写作了专门的哲学文章和著作，如《反对本本主义》、《实践论》、《矛盾论》、《关于正确处理人民内部矛盾的问题》等，从哲学的高度总结了中国革命的经验，而且写出了《中国革命战争的战略问题》、《论持久战》、《新民主主义论》等包含有丰富哲学内容的论述中国革命问题的著作，可以说，毛泽东的大部分论著都包含了或多或少的哲学内容。在矛盾理论、认识论、军事辩证法、社会基本矛盾理论、两类不同性质矛盾理论等方面，毛泽东都做出了独特的贡献。应该着重指出，毛泽东把一般哲学原理转化为一般思维方法，创造了一系列易为广大干部群众掌握的工作方法，如调查研究、一分为二、解剖麻雀、弹钢琴等等，努力使哲学成为广大干部群众头脑中的锐利的思想武器，这是毛泽东的特殊贡献。毛泽东善于把哲学和实际问题的分析在他的论著中有机地结合起来，这在众多马克思主义者中也是不多见的。

在民主革命时期，中国就出现了一批专门从事马克思主义及其哲学的研究和传播的理论工作者，如李达、艾思奇等。他们在传播马克思主义哲学方面作出了重大贡献。中华人民共和国成立后，由于宣传、教育和科研的需要，中国涌现了大批哲学专业工作者。40 年来，他们做了大量工作，特别是在中共第十一届三中全会之后，他们认真贯彻了“双百方针”，解放思想，深入研究和讨论了各种哲学问题，其中包括马克思主义哲学的体系以及各个哲学原理的问题，努力根据全世界经济政治形势的发展和自然科学、社会科学、哲学的新成就以及中国 10 年来社会主义现代化和改革开放所引起的巨大的变化来重新建设和进一步发展马克思主义哲学。最早开展讨论的是检验真理的标准问题，后来还有人道主义和人的异化问题、马克思主义哲学体系的现代化问题、本体论能否成立的问题、辩证法的核心问题、认识的本质问题、社会经济形态问题、如何运用自然科学新成就来发展马克思主义哲学问题、社会主义社会辩证法问题、应用哲学能否成立问题以及其他问题，呈现出一片繁荣兴旺的景象。应该特别指出的是，邓小平同志倡导的解放思想，实事求是，坚持和发展马列主义毛泽东思想的思想，是对马克思主义的进一步发展，已对中国的社会主义建设和改革开放以及马克思主义哲学的建设发挥了巨大的作用，而且还会继续产生深远的影响。

马克思主义哲学在世界其他各国也得到广泛的传播、研究和发展。在东欧社会主义各国，马克思主义哲学受到极大重视。在这些国家最初主要是学习、宣传马克思主义哲学，50 年代末逐渐走上独立研究和发展的道路。东欧各国开始把马克思主义哲学同自己国家的传统哲学、特殊条件和特殊问题结合起来，形成了一些有自己特色的马克思主义哲学流派或研究重点。例如保加利亚对反映论的研究在国际上很负盛名，捷克斯洛伐克则以科学技术哲学为国际哲学界所瞩目，南斯拉夫形成了辩证法派和实践派两大流派，匈牙利卢卡奇在 20 年代的思想开辟了马克思主义理论队伍中的人道主义思潮，尽管他后来部分放弃了他的观点，但其影响至今不衰。在西方发达的资本主义国家中，从事马克思主义哲学研究的大致可以区分为两部分人。一部分是各国共产党的哲学家们，他们循着马克思、恩格斯、列宁所开辟的道路，深入研究历史和现实所提出的问题，丰富和发展了马克思主义哲学。另一部分是西方马克思主义思潮，他们的构成十分复杂，或是从共产党中分化出去的，或原本是非党的，或在政治上是倾向于民主社会主义的。他们对十月革命的道路和苏联社会主义模式以及苏联的哲学采取批判的态度，尤其是其中的人本主义流派宣称直接继承马克思早期的人本主义思想，硬说恩格斯和列宁背离了马克思。他们力图把马克思主义同某一西方哲学流派结合起来，另辟蹊径，提出了一些包括经济学、政治学、哲学、社会主义的理论体系，回答现实所提出的各种问题。人本主义流派萌发于 20 年代，在马克思的《1844 年经济学哲学手稿》公开发表后受到极大鼓舞，而大盛于第二次世界大战之后。与当代西方两大哲学思潮——人本主义与科学主义相呼应，在西方马克思主义中也出现了科学主义流派，虽然其势力和影响远不如人本主义流派。西方马克思主义的若干观点，特别是哲学观点，是明显违背马克思主义的，但这个思潮的出现总是现代西方社会向马克思主义寻求解决西方社会问题的途径的表现，总是马克思主义重新在西方得到广泛重视和研究的表现。

四、时代的挑战和马克思主义哲学的命运

近二三十年，无论在西方资本主义国家，还是在社会主义国家，马克思主义哲学家中间呈现出意见分歧、学派林立的局面。而在更早时候，各国马克思主义哲学家们在观点上则是比较一致的。如何评价这种现象？如何估计马克思主义哲学的命运和前景？

有人认为哲学本来就是多元的，马克思主义哲学也是多元的。意见分歧、学派林立的局面是正常的，而过去那种观点比较一致的状况是不正常的，是理论上的自由讨论被窒息的结果。这种观点把马克思主义哲学同非马克思主义哲学混为一谈了，抹杀了二者之间的一个本质区别：科学与非科学的区别。我们总是把马克思主义哲学作为科学来研究和建设，总是用人类的实践来检验它是否与外部世界及其规律一致，因此，当过去实践证明它是符合实际的，它就得到多数学者的认可，出现了意见比较一致的局面。而非马克思主义哲学家们一般都不把哲学看成科学，它没有与外部世界及其规律一致或不一致的问题，当然也谈不到多数学者认可或不认可的问题，因此，非马克思主义哲学当然是多元的，意见分歧，学派林立，在他们那里当然是正常的。那么，马克思主义哲学今天为什么也出现这种局面呢？这是由于时代变化了，人类实践前进了，马克思主义哲学面临新的考验，它受到了时代的挑战。

前已谈到，第二次世界大战结束以来的时代性质总的说来没有变，但在某些方面的变化仍然是很巨大的，出现了若干原来甚至没有想到的东西，要求马克思主义哲学做出新的回答。

首先是自然科学的发展要求马克思主义哲学改变自己的形态，这是需要认真对待的一次挑战。20 世纪上半叶建立的相对论和量子力

学向马克思主义哲学提出了一个问题：如果根据相对论每个主体观察事物都有自己的参考系，如果根据量子力学人们测量不到没有主体作用的微观粒子的运动，那么，我们还能论证不以人的意识为转移的客观世界的存在及其可知性吗？下半世纪系统论、信息论、控制论、协同学、突变论、耗散结构论等横断学科的出现以及新的物质结构理论、分子生物学、认知心理学、人工智能的突破性进展，不仅改变了许多旧哲学原理的内容，而且增加了许多新哲学原理。近年来，人们讨论很多的问题如因果性、规律性、系统、层次、信息、有序和无序、矛盾、质变与量变、反映与建构、控制与反馈等等，有的是原来没有的，有的是原来有的但内容改变了。在这些问题上目前分歧都是比较大的。

其次是国际国内经济政治形势的变化也对马克思主义哲学提出了新问题。第二次世界大战后形势的发展大大有利于社会主义，而不利于资本主义。一方面涌现了一大批社会主义国家，另一方面资本主义世界除美国以外，都在战争造成的创伤和苦难中挣扎。在此情况下，马克思主义及其哲学树立了崇高的威望，特别是在社会主义国家内成为广大人民群众和干部普遍学习的理论。一种理论获得人们如此广泛的承认，在历史上是没有过的。许多人认为资本主义的日子不长了，共产主义为期不远了。后来，世界形势的发展并不是原先所设想的那样。主要的资本主义国家在60年代以后不但从战争中恢复过来，而且由于新的科技革命大大推动了它们经济的发展，它们又采取了一系列缓和其固有矛盾的措施，从而使它们的生产力达到了前所未有的水平，出现了一定的经济繁荣和政治稳定的局面。而社会主义国家近40年来虽然在整个经济政治实力方面达到了前所未有的在旧制度下难以达到的水平，但经济上政治上都发生了许多问题，不时引起经济上或政治上的动荡。在这种情况下，马克思主义及其哲学的崇高地位在人们心目中发生了动摇，它面临着新的挑战，在一系列重大理论问题上发生了意见分歧和争论，例如五种经济形态的转换规律能否成立、唯物主义一元论历史观能否成立、现时代的根本性质是什么、经济文化落后国家能不能或应该不应该走社会主义道路、社会主义国家的改革应如何进行、资本主义制度的前景如何等等都是理论界的热点。这些问题当然不仅涉及马克思主义哲学，但其中不少问题是马克思主义哲学的基本问题，不管怎么回答这些问题，不立足于新情况、新根据，不提出新观点、新论证，问题是解决不了的。

第三是当代西方哲学思想对马克思主义哲学的挑战，这种挑战不仅表现在它们的存在和发展，而且表现在它们对马克思主义哲学的批评和攻击。当代西方哲学的两大思潮，即人本主义思潮和科学主义思潮，与西方哲学的大陆传统和英美传统有关，而更主要的根源则是西方社会的两大突出现象：社会关系的复杂化与科学技术的高度发达。人本主义主要从事历史观和人学的研究，从人的需要、情绪、意志、欲望以及人性、人的自我实现、人的自由发展来说明人类社会的发展；科学主义主要从事科学活动中的认识论、方法论、逻辑学、语言学的研究，把“经验”（实证的）看做最后的东西，否定任何经验以外的东西。在这两大思潮中，又是学派林立，日新月异，新学派不断取代老学派。西方当代哲学同马克思主义哲学比较起来，显得异彩纷呈，多姿多态，令人有眼花缭乱、目不暇接之感。西方哲学的多元性和多样性，尤其是它们对人的各个方面的研究和对科学技术的各个领域的探索，无疑有很多可以借鉴和汲取之处。由于这两大思潮都是唯心主义的，它们都用种种“新的”论据来反驳马克思主义的“形而上学”和“没有人的”世界观。对于这种挑战我们要认真对待。在当代西方哲学面前，我们用不着妄自菲薄，因为马克思主义哲学是科学，当然不能像艺术那样变化多端，争芳斗艳，但我们也决不能墨守成规，故步自封，我们必须在坚持的基础上大力发展马克思主义哲学，有据有理地回答当代西方哲学的挑战。

这些挑战都是时代的挑战，马克思主义哲学的命运如何，取决于它能否满意地回答这些挑战。有一种观点是不能令人同意的，这种观点认为从马克思到恩格斯、列宁和斯大林是一种倒退，而不是进步。在他们看来，马克思的哲学是“实践唯物主义”，而他们所说的“实践唯物主义”就是实践本体论（存在＝实践）或实践一元论（世界统一于实践）；辩证唯物主义就是直观唯物主义或物质一元论，是倒退回费尔巴哈去了，所以应该在更高基础上恢复“实践唯物主义”，完成一次否定之否定；辩证唯物主义是19世纪的思维方式，“实践唯物主义”是20世纪的思维方式。这种观点违背了马哲史的事实，不是恢复，更不是发展，而是否定了马克思主义哲学。上一节所叙述的马哲史的线索就是对这种观点的有力驳斥。

还有一种观点更是不能同意的，这种观点认为马克思主义已经过时了，凡是坚持唯物主义、反映论、历史决定论的都陷入了僵化、保守、空虚、贫困的境地，走投无路了。果然是如此吗？否！我们当然不能过高评价近十年来哲学研究的成就，今后要走的道路还很长，但仅就我国来讲，以1978年关于真理标准问题的讨论为契机，10年来在哲学研究上的成就仍然可以说是巨大的，不妨列举几个突出的方面：

（一）关于马克思主义哲学的体系问题

一个完整而严密的逻辑体系是任何一门科学的前提之一，而这个问题对于马克思主义哲学来说是没有彻底解决的。过去的辩证唯物主义和历史唯物主义的体系虽然也是一个科学的体系，然而问题甚多，缺点不少，亟须改进。近年来围绕着旧体系的评价和新体系的建立展开了热烈的讨论，至今未出现多数学者认为满意的体系，但在根据什么原则建立科学的哲学体系方面得出了不少共同的看法，例如从抽象到具体的原则，这就为体系问题的解决打下了良好的基础。

（二）关于世界观问题

受实证主义“拒斥形而上学”思想的影响，我国不少学者也主张否定物质本体论。这实际上是要从根本上否定辩证唯物主义世界观。但是，大多数哲学工作者不理会这一错误偏向，以自然科学和社会科学的新的成就为根据广泛开展了世界观研究，深入而广泛地研究了人类社会与自然界、人与世界、人化自然与自然的人化、世界的各式各样的一般辩证规律，力图构建一个现代的科学的世界图景，这个图景虽然还未形成，但在大家的共同努力下，已是呼之欲出了。

（三）关于历史观问题

10 年来对实践的重视和研究推动了整个马克思主义哲学的研究，特别是历史观的研究，因为所谓历史不外就是人类全部实践的总和。实践总是人的实践，有的人从此出发否定辩证唯物的历史决定论，但大多数学者主张在实践基础上进一步发展和深化历史决定论，更精确、更细致地揭示和表述历史发展的规律性，并进行了大量工作和热烈讨论，酝酿着新的突破。

（四）关于人的问题

人学的研究是 10 年来的一个热点。过去由于革命和战争的严峻环境，理论工作对个人的研究有所忽视，因而对人的许多问题研究不够。10 年来人们认识到对人的本质、人性、人权、人的价值、人的自由平等、人际关系、人与社会的关系等一系列问题不研究是不行的，问题在于怎么研究，是不是用马克思主义为指导来研究。大多数学者都力图贯彻马克思主义的指导，不赞成抽象地实际是用资产阶级观点来研究。马克思主义人学在我国方兴未艾。

（五）关于主体与客体关系的问题

过去对这个问题的研究也是忽视的，有时谈论也限于认识论范围。近年来人们认识到主体与客体的关系问题首先不是认识论问题而是历史观问题，人作为主体首先也不是认识的主体而是实践的主体。人是一切活动的主体，而人的活动大体上可区分为实践、认识和评价，三种活动又相互交叉，错综复杂，因而三种主体与客体的关系也相互交叉，错综复杂。此外还有三种活动的主体性与客体性及其相互关系问题。

（六）关于认识论的问题

10年来发表了大量关于认识论的论著。尽管认识论研究受到否定反映论思潮的干扰，但它作为一门相对独立的学科也得到了广泛而深入的研究。关于认识的前提、认识的本质、认识的过程和阶段、知性和理性、认识的检验、真理与谬误、认识与决策，都有一定水平的论著问世。

（七）关于应用哲学问题

应用哲学能否成立，学者们仍有分歧，但许多学者不理会这种分歧，对各种应用哲学，如改革哲学、管理哲学、教育哲学、政治哲学、法哲学、人的哲学、语言哲学、科学哲学等等，都进行了专门研究，并写出了专著。实际上，人们早就开始研究的自然观（自然哲学）、历史观（历史哲学）、伦理学（道德哲学）、美学（艺术哲学）、人生观（人生哲学）等等都可以说是应用哲学。无论如何，应用哲学可以在哲学与具体科学之间发挥中介桥梁作用。

当然还有其他方面。仅从以上几个方面来看，哲学领域中呈现出来的是兴旺发达、欣欣向荣的局面，马克思主义哲学决不会逐渐枯萎，慢慢退出历史舞台。任何科学，只要是经过实践的长期检验而得到证明了的，就会随着人类实践的发展而修正、丰富和发展，决不会被推翻，马克思主义哲学既然是一门科学，当然不会例外。从它目前的状况和处境来看，还没有任何实践从根本上动摇了它，更不用说推翻它。它经得住时代的挑战，经过修正、补充和丰富，它完全能够满意地回答时代所提出的问题，成功地指导无产阶级和人民群众的社会实践。它将以崭新的完全现代化的姿态呈现在我们面前。它的命运只能是不断发扬光大，随着时代的发展而日新月异，它的基本观点不会被动摇，更不会被推翻。

从前面叙述的马克思主义哲学的创立和发展的过程，我们可以得出以下几点认识：

1. 马克思主义哲学是无产阶级革命的哲学、实践的哲学，它是在无产阶级革命斗争的基础上产生和发展的，又是为无产阶级革命实践服务的。因此，马哲史是无产阶级革命实践和哲学理论相统一的历史，是二者互相推动的历史。

2. 马克思主义哲学是科学的哲学，它是在人类实践总和和各门科学理论发展的基础上产生和发展的，又指导着人类实践活动和各门科学理论的发展，因此，马哲史是科学发展和哲学理论互相统一和互相推动的历史。

3. 马克思主义哲学是不断前进的哲学，因此马哲史是一个前进的过程。马哲史中无疑有失误，有曲折，甚至有暂时的倒退，但从总体上看，它是前进的。

4. 马克思主义哲学是战斗的哲学，它是在同错误的观点作斗争中创立和发展起来的，因此，马哲史是马克思主义哲学的基本观点同各种唯心主义、形而上学和不可知论斗争的历史。

5. 马克思主义哲学是有着无限前途的哲学，它将随着人类社会的不断发展而不断被修正、丰富和发展，但决不会被根本推翻，因此，马哲史将是马克思主义哲学无限发展的历史。

五、马克思主义哲学史的历史和研究马克思主义哲学史的意义

不仅马克思主义哲学有其历史，马克思主义哲学史作为一门历史科学，也有其历史，即有其萌芽、形成和发展的历史。它当然不会形成于马克思主义哲学形成之前，但当马克思和恩格斯开始反思自己的哲学思想时，马哲史也就开始萌芽了。马克思的《政治经济学批判·序言》、《资本论·第1卷第2版·跋》、恩格斯的《费尔巴哈论》等等都是重要的马哲史著作，其中包含了马克思和恩格斯关于他们的世界观、历史观的性质和基本内容以及他们的哲学思想同黑格尔、费尔巴哈哲学的联系和区别的自我评论。对马克思主义哲学进行系统的研究并阐明其萌芽和形成的过程的是马克思和恩格斯的战友和学生，其中有重要贡献的是梅林、普列汉诺夫等人。梅林的《德国社会民主党史》、《马克思传》和普列汉诺夫的《论一元论历史观的发展》以及其他著作开始把马克思主义哲学的历史作为科学对象来研究，不但研究马克思主义哲学创立的过程和发展，而且研究它的史前史，借以说明它的创立是整个人类文明发展的结果。列宁的《什么是人民之友》、《唯物主义和经验批判主义》、《卡尔·马克思》和《哲学笔记》等著作也包含了大量关于马哲史的论述，提出了许多重要思想。对马克思主义哲学的历史进行系统研究是十月革命胜利以后的事情。

苏维埃政权的建立对系统研究马哲史提供了极其优越的条件。苏联理论界大力开展了这种研究，作出了巨大贡献。苏联从20年代开始陆续出版了《马克思恩格斯全集》、《列宁全集》、《普列汉诺夫全集》、《斯大林全集》，特别是公开发表了马克思、恩格斯和列宁的一些未发表过的手稿和笔记，如《1844年经济学哲学手稿》、《德意志意识形态》、《自然辩证法》、《哲学笔记》等，为研究马哲史提供了极其珍贵的第一手材料。苏联学者在掌握丰富资料的基础上深入研究和讨论了马哲史的许多专题，如马克思、恩格斯的思想同黑格尔、费尔巴哈的哲学的关系问题，马克思、恩格斯的思想转变过程问题，马克思主义哲学的形成问题，恩格斯、普列汉诺夫、列宁等人的哲学思想在马哲史中的地位问题。这些问题的研究为系统地阐明马克思主义哲学的萌芽、形成和发展的历史准备了条件。苏联大学在50年代开设了系统的马哲史课程。1957年～1965年陆续出版的敦尼克等主编的《哲学史》（6卷）中有一半篇幅是马哲史。60～80年代苏联理论界对马哲史进行了进一步的研究，发表了大量的论文、专著和教材。

马哲史的研究自20世纪30年代以来也逐渐受到西方理论界的重视，特别在西方马克思主义思潮兴起之后，一些马哲史问题更成为争论的热点，例如如何评定《1844年经济学哲学手稿》的性质和它在马克思主义史中的地位就成为争论的焦点。后来，马克思的古代社会史笔记（又称人类学笔记）又成为学者们研究的热点。围绕这些笔记和手稿，学者们讨论了青年马克思与老年马克思的关系问题、马克思与恩格斯的关系问题、马克思与列宁的关系问题，这些问题实际上涉及了马克思主义及其哲学的根本性质，涉及了两种世界观、两条认识路线、两种意识形态的争论，这一争论直到今天还远远没有结束。

中国对马哲史的研究起步较晚。中国理论界从来重视对马克思、恩格斯、列宁的哲学著作的学习和研究，但对其历史性比较忽视。20世纪50年代也出现了少量马哲史论著，少数大学课程中也包含了马哲史内容，但对马哲史进行专门的系统的研究是70年代以后的事情。10多年来，中国学者们围绕马哲史的各种问题开展了系统而深入的研究，发表了大量论文和专著。1981年出版了第一本马哲史的专业教材《马克思主义哲学史稿》，后来又出版了这种专业教材十余种。这10多年出版的马哲史论著，在数量上和质量上都是前30年无法比拟的。在大学中，哲学专业和马克思主义理论专业都开设了系统的马哲史课程。马哲史作为一门科学在中国已经建立起来了，今后的任务是如何进一步加以提高和深化。马哲史为什么在近10多年来会受到我国理论界的高度重视呢？马哲史的研究有什么理论意义和现实意义呢？

首先，只有把马克思主义哲学著作及其思想摆在一定的历史条件中加以研究，我们才能正确地理解其精神实质和正确地评价其是非曲直。曾经有过这种观点，认为马克思主义哲学的经典著作就是马克思主义哲学的最高形态，这就否定了这些著作的历史制约性，把它们看成凝固僵化的东西，这当然是不对的。而另一种观点则走向另一个极端，认为既然它们是历史上的东西，现在早已过时了，这也是不对的。像任何其他科学一样，马克思主义哲学也是历史的产物，既有相对性也有绝对性，既有局限性也有普遍性，只有把它同它的历史环境联系起来，才能把它的相对性和绝对性区别开来，才能看清楚它的成就与不足、长处与短处，才能避免教条主义和相对主义的错误。

其次，只有弄清楚了马克思主义哲学发展的思想线索和它在不同时期的是非曲直，我们今天才能正确完成建设和发展马克思主义哲学的任务。前面谈到，有人企图根本推翻马克思主义哲学，研究马哲史就能使我们在这种企图面前保持清醒的头脑，因为马哲史以充分的材料说明，马克思主义哲学的基本观点是经得起革命实践和科学实践的长期检验的，是打不倒、推不翻的，同时，根据马哲史的丰富材料，我们也清楚哪里不足，哪里是弱点，需要大力加以丰富和发展。这就是我们经常谈论的既要坚持又要发展马克思主义哲学。如果缺乏对整个马哲史的了解，这是不可能做到的。

第三，特别应该指出的是，今天如何发展马克思主义哲学还直接涉及如何解决某些马哲史的问题。如果按照有些人的观点，青年马克思的人本主义思想才是真正的马克思主义，而后来主张唯物史观的马克思是一种倒退，那么，今天要发展马克思主义哲学，就只有否定唯物史观而恢复人本主义历史观了。

第四，马哲史的研究还直接涉及中国今天是否应坚持社会主义道路的问题，甚至涉及在世界范围内是否应坚持科学社会主义的问题。大家知道，唯物史观是科学社会主义的哲学基础，如果主张唯物史观的马克思是一种倒退，主张阶级斗争和无产阶级专政的马克思就更是一种倒退了。

许多马哲史问题不仅仅是历史问题，而且是具有重大现实意义的问题。唯物史观史问题的现实意义是很直接的，辩证唯物主义史问题同现实的关系似乎间接一点，但其现实意义也是很明显的，例如马克思究竟是否是一个地道的唯物主义者就涉及马克思是否承认外部世界及其规律的客观性问题，其中包含是否承认人类社会及其规律的客观性问题，这就同人类历史的社会主义前景明显地联系起来了。由此可以充分看出，马哲史研究绝不仅仅是一种历史研究。

我们今天进行马哲史的研究和马哲史的教育绝不是为历史而历史，而是为了推动今天马克思主义哲学的建设和发展，为了推动社会主义的两个文明的建设。简单点说，就是为社会主义事业服务，但是这种服务是以马哲史这门科学来服务，而不是根据一时的需要来随意剪裁历史。因此，一方面我们要避免脱离实际的教条主义的偏向，另一方面也要避免“六经注我”的实用主义的偏向。我们认为正确的态度是从整个人类社会实践和科学研究的现代水平出发，从我国社会主义道路的根本需要出发来研究和阐明马克思主义哲学的创立和发展的过程，而这种研究和阐述是有充分根据的、有理论分析的、实事求是的、科学的。进一步建设和发展科学的马克思主义哲学史，自觉地为建设有中国特色的社会主义服务，这就是今天我国马哲史研究工作者的任务。

马克思主义哲学史概述*

邓小平理论是当代中国的马克思主义，毫无疑义，它同马克思主义是一脉相承的。马克思主义主要由三个组成部分构成，科学社会主义是马克思主义的核心，政治经济学是科学社会主义的理论前提，哲学又是它们的哲学前提，即哲学基础，人们因而又把哲学笼统地看作马克思主义的哲学基础。现在国内外理论界争论的问题是：作为马克思主义的哲学基础的哲学是什么？过去认为是辩证唯物主义和历史唯物主义，现在出现了一些不同的观点，在中国比较流行的有两种观点，一种观点认为它是实践唯物主义，另一种观点认为它是唯物史观。我们认为这些观点都不确切。还是应该坚持原来的观点，作为马克思主义的哲学基

---

* 本文全面地系统地叙述了马克思主义哲学从萌芽、创立到发展的基本过程，原为《邓小平理论的哲学基础研究》（黄枬森主编，中国人民大学出版社 2004 年版）的第 1 章，原标题为《马克思主义的哲学基础》。本文作者认为邓小平理论的哲学基础就是马克思主义的哲学基础，即马克思主义哲学，因此，马哲史也就是邓小平理论的哲学基础的历史前提。本文的一个重要特点是针对一些有争议的问题来叙述马哲史，而不是学院式地叙述马哲史。

础的哲学，即马克思主义哲学，仍然是辩证唯物主义和历史唯物主义。正如马克思主义、列宁主义、毛泽东思想、邓小平理论、“三个代表”重要思想是一脉相承的和与时俱进的，马克思主义哲学150多年以来也是一脉相承的和与时俱进的，这就是说，它始终是辩证唯物主义和历史唯物主义，但它的内容是不断发展的。本书考察的是中国马克思主义与哲学的关系，本章考察的是这种关系的历史渊源，故而先考察一下马克思与恩格斯的哲学和列宁与苏联的哲学，最后简略考察一下毛泽东、邓小平和其他一些中国哲学家的哲学。

一、马克思和恩格斯的哲学道路

马克思和恩格斯是马克思主义的创始人，也是它的三个组成部分的创始人。现在问题的焦点是：辩证唯物主义是不是马克思的哲学？前面已提到，有的观点认为马克思的哲学是唯物史观，或实践唯物主义，甚至认为是实践本体论或实践一元论。我们认为马克思和恩格斯的哲学道路是复杂而曲折的，笼统地讲马克思和恩格斯创立了辩证唯物主义和历史唯物主义也不很确切。下面我们就来考察一下他们的哲学道路。

（一）马克思和恩格斯青年时期哲学思想的转变和唯物史观的创立

马克思和恩格斯创立哲学思想所走过的道路基本上是一致的。他们的起点都是黑格尔哲学，确切地说，是激进的青年黑格尔派。马克思在大学期间是青年黑格尔派组织“博士俱乐部”的核心成员，恩格斯在马克思毕业后来到柏林大学旁听，积极参加了“博士俱乐部”的活动。后来他们都受费尔巴哈唯物主义的影响，一度成为费尔巴哈的信徒，哲学思想也从唯心主义转向了唯物主义。他们曾于1843年底和1844年夏两次会见，这时他们都已成为唯物主义者和共产主义者，自此以后，正如列宁所说，“这两位朋友的毕生工作，就成了他们的共同事业”①。由于以布鲁诺·鲍威尔为首的青年黑格尔派已经堕落成政治保守主义，他们在第二次会面后决定共同撰写《神圣家族》，批判青年黑格尔派并阐明自己的观点。后来，他们又共同写作《德意志意识形态》和《共产党宣言》，在这一过程中，共同创立了马克思主义和马克思主义哲学。

马克思和恩格斯并非在一本包含了三个组成部分的书中创立了马克思主义。其实际过程大致是：在1844年前他们已分别转向了唯物主义和共产主义，但并未形成马克思主义的唯物主义和共产主义。标志马克思主义及其哲学的最初出现的著作是《关于费尔巴哈的提纲》（以下简称《提纲》）和《德意志意识形态》（以下简称《形态》），而《共产党宣言》则是科学社会主义理论，也就是马克思主义理论的系统表述。但这时的马克思主义哲学作为科学体系，只是唯物史观，而其世界观的体系是19世纪70年代主要由恩格斯创立的，至于政治经济学的科学体系是19世纪五六十年代主要由马克思创立的。只有写于19世纪70年代的《反杜林论》才第一次以一本书的形式完整地阐明了马克思主义的科学体系及其三个主要组成部分。

下面专门谈一下唯物史观的创立。

马克思和恩格斯政治上的起点是激进的民主主义，哲学上的起点是青年黑格尔派。1842年以后，受工人运动思想潮流以及他们自己的实践活动的影响，他们的政治立场和哲学观点逐渐向共产主义和唯物主义转变。马克思的《1844年经济学哲学手稿》表明，他已经是一个共产主义者和唯物主义者，但当时他的共产主义还是人道主义的

---

① 《列宁选集》第1卷，88页，北京，人民出版社，1991。

共产主义，即用人的本质的异化和复归作为共产主义的根据。他说："共产主义是私有财产即人的自我异化的积极的扬弃，因而是通过人并且为了人而对人的本质的真正占有；因此，它是人向自身、向社会的（即人的）人的复归，这种复归是完全的、自觉的而且保存了以往发展的全部财富的。"① 他当时还停留在费尔巴哈唯物主义，即自然唯物主义阶段，没有把唯物主义延伸到人类社会领域，没有创立唯物史观。但是，马克思的异化理论虽然属于人道主义或人本主义（认为人类社会历史是人的本质的异化和复归）范畴，但他已突破费尔巴哈的理性本质论而主张劳动本质论或实践本质论，从而突破了费尔巴哈的理性异化论而提出了劳动异化论，这就引导他从人的经济活动、经济关系、阶级关系去挖掘人类社会发展的根本动力，发现了人类社会的客观矛盾和发展规律，发现了人类社会历史也是一个自然过程，从而创立了唯物史观。这一进程在《1844 年经济学哲学手稿》中已初见端倪，二人合写的《神圣家族》批判了青年黑格尔派的思辨的唯心主义，增强了他们运用唯物主义原则来研究人类社会的自觉性，《提纲》着重批判了费尔巴哈的抽象人性论和直观唯物主义，阐明了实践的主观能动作用和人类社会的实践本质，《形态》重点批判了费尔巴哈不了解实践的重要意义，未能把唯物主义贯彻到人类社会领域，提出了唯物史观的系统理论。

《形态》第一章"费尔巴哈"（后来恩格斯又对此章标题加了一个说明，使之成为"费尔巴哈唯物主义观点和唯心主义观点的对立"）的主题就是批判唯心史观和论证唯物史观。马克思和恩格斯从人道主义历史观或唯心史观到唯物史观的突破口在于从劳动或实践入手发现

① 《马克思恩格斯全集》第 42 卷，120 页，北京，人民出版社，1979。

了人类社会的基本矛盾——生产力与交往形式（生产关系）之间的矛盾。然后他们以此为基础解释了人类社会的基本结构及其运动规律，提出了唯物史观的主要观点。马克思在《提纲》一开头就指出费尔巴哈的直观唯物主义的主要缺点是："对对象、现实、感性，只是从客体的或者直观的形式去理解，而不是把它们当作感性的人的活动，当作实践去理解，不是从主体方面去理解。"① 在《形态》中马克思和恩格斯多次用类似的语言批评费尔巴哈的这一缺点，如他们指出："他没有看到，他周围的感性世界决不是某种开天辟地以来就直接存在的、始终如一的东西，而是工业和社会状况的产物，是历史的产物，是世世代代活动的结果"②。又说："这种活动、这种连续不断的感性劳动和创造、这种生产，正是整个现存的感性世界的基础。"③ 这些引文都是脍炙人口并引起过一些误解的论断。有的人认为，这些论断说明马克思（不提恩格斯，似乎恩格斯不是《形态》的作者之一）把现实（世界）理解为实践；有的人认为，马克思把实践看成整个宇宙（现存的感性世界）的基础。这些看法，如果死抠文字，并非毫无根据。如果把他们的论述联系起来理解，这些论断不过是说，人类的劳动或实践活动已经大大改变了地球的面貌，今天地球的现状是人类世世代代从事实践活动的产物。因此，第一，现存的感性世界不是整个宇宙，只是地球；第二，地球上也还有人类实践没有触及过的地方；第三，经过实践改造过的东西打上了人的实践和主体性的烙印，仍然具有客观性，"外部自然界的优先地位仍然会保持着"④。从

① 《马克思恩格斯选集》第 1 卷，54 页，北京，人民出版社，1995。

② 同上书，76 页。

③ 同上书，77 页。

④ 同上。

马克思和恩格斯的这些论断引申出实践本体论完全是一种误解。

在马克思和恩格斯看来，人类的实践活动中最根本的是改造自然以取得生活资料的生产活动，生产劳动是人与动物区别开来的第一步，“他们是什么样的，这同他们的生产是一致的——既和他们生产什么一致，又同他们怎样生产一致。”“而生产本身又是以个人彼此之间的交往［Verkehr］为前提的。这种交往的形式又是由生产决定的”①。“一个民族的生产力发展的水平，最明显地表现于该民族分工的发展程度。”“分工发展的各个不同阶段，同时也就是所有制的各种不同形式。”② 他们提出了与一定生产力发展水平相适应的几种所有制形式：部落所有制、古典古代的公社所有制和国家所有制（包括奴隶所有制）、封建的或等级的所有制、资本主义和共产主义。后来，关于所有制演变的具体形式，他们的观点有些改变，但关于这种演变的内在原因他们的基本观点已经形成了，那就是生产力与交往形式的矛盾运动。他们说：“按照我们的观点，一切历史冲突都根源于生产力和交往形式之间的矛盾。”③ 一个社会的生产都是在一定条件下进行的，“这些不同的条件，起初是自主活动的条件，后来却变成了它的桎梏，它们在整个历史发展过程中构成一个有联系的交往形式的序列，交往形式的联系就在于：已成为桎梏的旧交往形式被适应于比较发达的生产力，因而为适应于进步的个人自主活动方式的新交往形式所代替；新的交往形式又会成为桎梏，然后又为别的交往形式所代替”④。他们认为整个人类社会都建立在生产活动的基础上。“以一定

---

① 《马克思恩格斯选集》第1卷，68页，北京，人民出版社，1995。

② 同上。

③ 同上书，115页。

④ 同上书，123～124页。

的方式进行生产活动的一定的个人，发生一定的社会关系和政治关系。”①“思想、观念、意识的生产最初是直接与人们的物质活动，与人们的物质交往，与现实生活的语言交织在一起的。人们的想象、思维、精神交往在这里还是人们物质行动的直接产物。表现在某一民族的政治、法律、道德、宗教、形而上学等的语言中的精神生产也是这样……意识［das Bewuβtsein］在任何时候都只能是被意识到了的存在［das bewuβte Sein］，而人们的存在就是他们的现实生活过程。”②他们从这种理论中引申出通过革命消灭旧的社会制度、消灭阶级、实现共产主义的结论。

在《形态》中还没有“唯物史观”这个现成的名词，但已有“唯心史观”这个名词，他们指出自己的“历史观和唯心主义历史观不同，它不是在每个时代中寻找某种范畴，而是始终站在现实历史的基础上，不是从观念出发来解释实践，而是从物质实践出发来解释观念的形成”③。他们批评说：“当费尔巴哈是一个唯物主义者的时候，历史在他的视野之外；当他去探讨历史的时候，他不是一个唯物主义者。”④ 后来马克思在1859年写的《〈政治经济学批判〉序言》中用相当于汉文800多字的篇幅表达了唯物史观的基本观点，这些观点在《形态》中差不多都提到了。马克思本人也明确表示《形态》是“共同阐明我们的见解与德国哲学的意识形态的见解的对立，实际上是把我们从前的哲学信仰清算一下”⑤。以上叙述可以充分说明，在《提

① 《马克思恩格斯选集》第1卷，71页，北京，人民出版社，1995。

② 同上书，72页。

③ 同上书，92页。

④ 同上书，78页。

⑤ 同上书，34页。

纲》与《形态》中唯物史观形成了，马克思主义诞生了，这是人类思想史上一次伟大的革命。

（二）马克思和恩格斯的哲学思想的基本特点

唯物史观的形成之所以是一场革命，就是因为它与以前的哲学相比，确切地说，与以前的历史观相比，有着根本的区别，这就是马克思主义哲学或唯物史观的基本特点是什么的问题。近年来，我国理论界对这个问题争论颇大。

改革开放以来，人们关于马克思主义哲学的基本特点谈得最多的是它的实践性。人们引证了马克思的大量言论，其中特别突出的是马克思的名言："哲学家们只是用不同的方式解释世界，问题在于改变世界。"① 无疑，这里的哲学家们不仅指当时的各家各派的哲学家，而且指过去的一切哲学家。我们知道，哲学是在人类实践活动的基础上产生的，产生以后对实践也发生了反作用，即改变世界的作用，但过去的哲学家们都是轻视实践的，脱离实践的，哲学历来只是书斋里和学院里的东西，人们从来不知道哲学的实践意义，从来不把哲学自觉地用来指导自己的实践活动。正如马克思所指出的，他所推崇的唯物主义哲学家费尔巴哈也不了解"革命的"、"实践批判的"活动的意义，而唯心主义哲学家黑格尔却把实践活动抽象化了，仍然不理解现实的感性的活动本身，即不理解改变现实世界的实践活动。因此，马克思和恩格斯自称为"实践的唯物主义者"，以区别于脱离实践的唯物主义者，当然，他们的哲学也可称为"实践的唯物主义"，以区别于纯理论的唯物主义，即旧唯物主义。显然，实践性确实是马克思主义哲学区别于其他哲学的基本特点之一。

---

① 《马克思恩格斯选集》第1卷，57页，北京，人民出版社，1995。

哲学的实践性具体体现在哪里呢？或者说，在指导实践的过程中它充当什么角色呢？方法，或曰思想方法，即认识世界和改造世界的方法。这一点从马克思对辩证法的论述中可以明显地看出来。大家知道，Dialectics译为辩证法是不很确切的，它首先是一种哲学理论，然后才是方法，但马克思在谈到辩证法时一般指的都是辩证方法，例如在《哲学的贫困》中他专门谈了方法，即辩证方法问题，后来在《资本论》第一卷1872年第二版跋中又专门谈了作为方法的辩证法。恩格斯多次强调哲学不是教条而是方法或行动的指南，例如他说："马克思的整个世界观不是教义，而是方法。它提供的不是现成的教条，而是进一步研究的出发点和供这种研究使用的方法。"①

毫无疑问，实践性是马克思主义哲学异于其他哲学的根本特点之一，但是任何真理都有一定的范围，超出这个范围就会走向自己的反面。不能把强调哲学的实践性夸大为马克思主义哲学只关心和研究实践所及的范围，不承认或不研究实践以外的东西，认为实践所不及的领域是离开人的不可能认知的领域。其实，人的实践是一个不断扩大的过程，怎能把人限制在过去达到了的领域呢？实践所及的领域毕竟是有限的，人的历史就是不断超越过去和现在的领域进入尚未认识和改造过的领域的过程。

哲学是方法，但不能认为哲学只是方法，而不是理论。哲学首先是理论，然后才是方法。马克思和恩格斯在许多地方也把他们的哲学称为世界观、历史观、观点、理论。正如我们在前面指出的，方法来源于知识、原则、理论。方法是由知识转化而来的。

---

① 《马克思恩格斯选集》第4卷，742～743页，北京，人民出版社，1995。

实践性是马克思主义哲学的基本特点之一，但不是唯一的特点，也不是首要的特点。现在流行的提法是：实践的观点是马克思主义哲学的首要的基本的观点。这是不确切的。马克思主义哲学强调的实践不是无条件的实践，不是盲目的实践，而是有科学思想指导的实践，因此，马克思主义哲学的首要的基本特点应该是它的科学性，它的实践性必须以其科学性为前提。是否是科学，这是马克思主义哲学首先要明确的问题。马克思和恩格斯在哲学史上第一次首先把历史观变成了科学（唯物史观），后来又共同把世界观变成了科学（辩证唯物主义）。过去的哲学家也都作过这种努力，但都没有成功，马克思和恩格斯成功了，哲学史上第一次出现了哲学的科学或科学的哲学。

首先是科学性，其次是实践性，这是马克思主义哲学的最根本的特点，其他一切特点，如客观性、普遍性、系统性、历史性、主体性、阶级性、战斗性或曰批判性、革命性，都可以从这两个特点引申出来。马克思主义哲学在后来的发展过程中始终坚持了这两个基本特点。

马克思主义哲学的首要的基本的特点是它的科学性，这一观点在唯物史观的形成过程中表现得十分明显。马克思和恩格斯在《德意志意识形态》中多次谈到他们的历史观与过去的对立就在于他们在人类社会历史领域贯彻了唯物主义原则，即坚持了历史观的客观性或科学性，例如，他们说：“德国哲学从天国降到人间；和它完全相反，这里我们是从人间升到天国。这就是说，我们不是从人们所说的、所设想的、所想象的东西出发，也不是从口头说的、思考出来的、设想出来的、想象出来的人出发，去理解有血有肉的人。我们的出发点是从事实际活动的人，而且从他们的现实生活过程中还可以描绘出这一生活过程在意识形态上的反射和反响的发展。甚至人们头脑中的模糊幻象也是他们的可以通过经验来确认的、与物质前提相联系的物质生活过程的必然升华物。因此，道德、宗教、形而上学和其他意识形态以及与它们相适应的意识形式便不再保留独立性的外观了。它们没有历史，没有发展，而发展着自己的物质生产和物质交往的人们，在改变自己的这个现实的同时也改变着自己的思维和思维的产物。不是意识决定生活，而是生活决定意识。”① “如果在全部意识形态中，人们和他们的关系就像在照相机中一样是倒立呈像的，那么这种现象也是从人们生活的历史过程中产生的，正如物体在视网膜上的倒影是直接从人们生活的生理过程中产生的一样。”② 而过去的思想家们的历史观都是唯心主义的，马克思和恩格斯指出：“迄今为止的一切历史观不是完全忽视了历史的这一现实基础，就是把它仅仅看成与历史过程没有任何联系的附带因素。因此，历史总是遵照在它之外的某种尺度来编写的：现实的生活生产被看成是某种非历史的东西，而历史的东西则被看成是某种脱离日常生活的东西，某种处于世界之外和超乎世界之上的东西。这样，就把人对自然界的关系从历史中排除出去了，因而造成了自然界和历史之间的对立。因此，这种历史观只能在历史上看到政治历史事件，看到宗教的和一般理论的斗争，而且在每次描述某一历史时代的时候，它都不得不赞同这一时代的幻想。例如，某一时代想象自己是由纯粹‘政治的’或‘宗教的’动因所决定的。”③ 他们往往把人类社会史归结为政治史或宗教史。甚至像费尔巴哈这样的伟大的唯物主义者，尽管在自然观上是坚定的唯物主义者，在历史

---

① 《马克思恩格斯选集》第1卷，73页，北京，人民出版社，1995。

② 同上书，72页。

③ 同上书，93页。

观上也仍然陷入了唯心主义的窠臼。后来恩格斯把费尔巴哈的哲学称作下半截的唯物主义（自然观）和上半截的唯心主义（历史观）。这就是说，费尔巴哈的唯物主义是不彻底的，没有贯彻到人类社会历史领域。从《德意志意识形态》中的大量论述可以看出，历史观的首要问题，他们的历史观与以往历史观的根本不同就在于是否贯彻了唯物主义原则，是否具有科学性，然后才谈得上他们的历史观的实践意义。从下面一段话可以看出，他们是从唯物史观理论引申出唯物史观的革命结论来的。他们指出，他们的历史观就是："从直接生活的物质生产出发阐述现实的生产过程，把同这种生产方式相联系的、它所产生的交往形式即各个不同阶段上的市民社会理解为整个历史的基础，从市民社会作为国家的活动描述市民社会，同时从市民社会出发阐明意识的所有各种不同理论的产物和形式，如宗教、哲学、道德等等，而且追溯它们产生的过程。这样当然也能够完整地描述事物（因而也能够描述事物的这些不同方面之间的相互作用）。这种历史观和唯心主义历史观不同，它不是在每个时代中寻找某种范畴，而是始终站在现实历史的基础上，不是从观念出发来解释实践，而是从物质实践出发来解释观念的形成，由此还可得出下述结论：意识的一切形式和产物不是可以通过精神的批判来消灭的，不是可以通过把它们消融在'自我意识'中或化为'幽灵'、'怪影'、'怪想'等等来消灭的，而只有通过实际地推翻这一切唯心主义谬论所由产生的现实的社会关系，才能把它们消灭；历史的动力以及宗教、哲学和任何其他理论的动力是革命，而不是批判。"① 这就是说，唯物史观的实践性有赖于它的科学性。他们正是以唯物史观的科学理论为指导才得出科学社会

① 《马克思恩格斯选集》第1卷，92页，北京，人民出版社，1995。

主义的结论的。马克思主义社会主义的首要的基本的特点，它同空想社会主义相区别的首要的基本的特点不是实践性，而是科学性，虽然实践性也是它的极其重要的基本特点。它被称为科学社会主义，是非常确切的。

（三）马克思和恩格斯中老年时期辩证唯物主义基本观点的形成

哲学的核心部分是世界观，即对世界整体的总的看法，亦称宇宙观。马克思和恩格斯在青年时期思想转变的过程中无疑包含了世界观的转变，即1842年后从唯心主义向唯物主义的转变，其中费尔巴哈起了关键性的作用。他们对唯物主义世界观的肯定和对唯心主义世界观的批判在《1844年经济学哲学手稿》、《神圣家族》、《德意志意识形态》中都是很明显的。他们在谈论劳动、实践的重要作用时往往指出实践必须以外部世界的客观存在为前提，例如马克思在《手稿》中说："没有自然界，没有感性的外部世界，工人什么也不能创造。"①他们在谈到生产劳动是今日地球变化的"基础"时指出："当然，在这种情况下，外部自然界的优先地位仍然会保持着"②。何谓"优先地位"？即它的存在仍然是不以人的意识为转移的，虽然它的面貌已经有了很大的变化。实践必须以客观存在的现实世界为前提。那么，马克思和恩格斯的唯物主义同费尔巴哈的唯物主义有什么不同呢？

应该指出，这两种唯物主义并非完全不同，它们在承认外部世界的客观存在和主观反映客观这两点上是共同的，这是一般唯物主义的观点。马克思和恩格斯着重批判费尔巴哈的主要是他不了解实践改造地球的作用和人类社会历史的客观存在。这种区别我们在前面已作了

---

① 《马克思恩格斯选集》第1卷，42页，北京，人民出版社，1995。

② 同上书，77页。

比较充分的说明。然而，实践以前，或实践以外的世界是怎么样的，即人类社会以前或人类社会以外的自然界是怎么样的，当时还未进入马克思和恩格斯的理论视野之中，但这并不是说他们的世界观是机械唯物主义的。由于他们曾经信奉黑格尔哲学，后来虽然批判过黑格尔的唯心主义，却一直坚持辩证法，可以断言他们创立马克思主义之后，其世界观已经是辩证唯物主义了，但这种辩证唯物主义还是潜在的或自发的，自觉的辩证唯物主义世界观理论体系还没有形成。因此，创立马克思主义世界观的科学体系便成为他们的理论发展的必然趋势和历史任务。他们之间出现了一种自然分工，马克思把精力和时间放在政治经济学的研究上，恩格斯把精力和时间放在世界观和自然观的研究上。从恩格斯的许多论述上可以看出，促使他下决心着手进行这项工作的是 1859 年达尔文的《物种起源》的出版。恩格斯特别强调 19 世纪中期自然科学的三大发现——19 世纪 30 年代末细胞的发现，40 年代初的能量守恒和转化定律的发现和 50 年代生物进化论的提出对于辩证唯物主义世界观的重要意义，指出："由于这三大发现和自然科学的其他巨大进步，我们现在不仅能够说明自然界中各个领域内的过程之间的联系，而且总的说来也能说明各个领域之间的联系了，这样，我们就能够依靠经验自然科学本身所提供的事实，以近乎系统的形式描绘出一幅自然界联系的清晰图画。"① 正是在达尔文的《物种起源》出版后不久，恩格斯开始了对自然辩证法的研究。1873 年 5 月 30 日恩格斯向马克思告知他的自然辩证法研究提纲，马克思第二天回信表示"非常高兴"。他还把信给化学家肖莱马看了，肖莱马在信旁批了许多赞赏的话。恩格斯的这项工作虽曾一度由于写作

---

① 《马克思恩格斯选集》第 4 卷，246 页，北京，人民出版社，1995。

《反杜林论》而中断，但实际上《反杜林论》的写作不但使用了他研究自然辩证法的成果，而且从世界观的角度对这些成果作了概括。若干辩证唯物主义世界观的基本观点都是《反杜林论》首创的。《反杜林论》诚然是一本捍卫马克思主义理论的论战性著作，也是一本创立辩证唯物主义世界观的系统著作。恩格斯在完成了《反杜林论》的写作后又继续从事自然辩证法的研究，时作时辍，没有最终完成，后来出版的《自然辩证法》是后人将恩格斯所写的有关自然辩证法的文章、提纲和笔记编纂而成的。有许多迹象可以说明，他研究自然辩证法绝不只是为了建立自然哲学，而是为了建立科学的世界观。实际上，所谓的自然界往往包括人类社会，因为人类社会存在于自然界之中，是自然界的一部分，绝不是存在于自然界之外，与自然界并列的。恩格斯建立科学世界观的工作虽然常常中断，但未曾终止。1988年出版的《费尔巴哈论》中的“哲学基本问题”理论就具有明显的世界观内容。

现在我们可以概括一下究竟有哪些辩证唯物主义原理是恩格斯提出来的。《反杜林论》提出了世界的统一性在于它的物质性、时间与空间是物质存在的形式、运动是物质存在的方式等世界观原理。《反杜林论》哲学篇的最后两章实际上已经论述了辩证法三个主要规律，后来（1879年）在《自然辩证法》中才明确提出辩证法的规律实质上可归结为质量互变、对立统一和否定之否定三个规律，并提到了其他一些辩证法规律，即辩证法范畴。《费尔巴哈论》提出了哲学基本问题的理论。只要把苏联哲学家后来制定的“辩证唯物主义”理论体系同这几本书对比一下，就可以明显看出，辩证唯物主义的基本观点差不多都是恩格斯提出来的。从这些情况我们可以得出结论：马克思主义的哲学基础中的世界观和认识论部分已由恩格斯补上了。而这个工作是得到马克思的支持和赞同的。恩格斯有三本书涉及辩证唯物主义世界观，除《费尔巴哈论》写作于马克思逝世之后，《反杜林论》和《自然辩证法》的写作情况都为马克思所熟悉和称道。恩格斯在《反杜林论》三个版本的序言中说："本书所阐述的世界观，绝大部分是由马克思确立和阐发的，而只有极小的部分是属于我的，所以，我的这部著作不可能在他不了解的情况下完成，这在我们相互之间是不言而喻的。在付印之前，我曾把全部原稿念给他听，而且经济学那一编的第十章（《〈批判史〉论述》）就是由马克思写的，只是由于外部的原因，我才不得不很遗憾地把它稍加缩短。在各种专业上互相帮助，这早就成了我们的习惯。"① 关于自然辩证法的研究，前面谈到的马克思和恩格斯的通信足以证明马克思的态度。不顾这些事实，硬要否定马克思对辩证唯物主义世界观的赞同是难以令人信服的。

二、列宁与苏联哲学家的哲学贡献

恩格斯虽然实质上提出了辩证唯物主义的基本观点，使马克思主义世界观系统化了，但他并未提出"辩证唯物主义"一词，他只用过唯物主义、唯物主义世界观、唯物主义辩证法、辩证法规律等词，辩证唯物主义作为马克思主义世界观更未被马克思主义理论界所公认。19 世纪末的许多公认的马克思主义理论家在谈到马克思主义哲学时都只谈唯物史观，至多在唯物史观中简单涉及它的世界观前提。例如梅林、拉法格、拉布里奥拉、考茨基等人都是 19 世纪末著名的马克思主义理论家，但他们阐发马克思主义哲学的著作都是历史观著作：梅林的《论历史唯物主义》、考茨基的《伦理学和唯物史观》、拉法格

① 《马克思恩格斯选集》第 3 卷，347 页，北京，人民出版社，1995。

的《唯心史观和唯物史观》、拉布里奥拉的《唯物史观论丛》。狄慈根在《一个社会主义者在认识论中的漫游》（1886 年）中第一次使用“辩证唯物主义”一词，第二个使用这个词的是普列汉诺夫（《黑格尔逝世 60 周年》，1890 年）。写出专著为辩证唯物主义作论证的是列宁。

（一）奠定辩证唯物主义在马克思主义哲学中的核心地位是列宁最大的哲学贡献

列宁是一位政治活动家、无产阶级革命领袖、马克思主义理论家，但由于马克思主义哲学与革命实践的紧密关系，他在哲学上也作出了重大的贡献。列宁在一生中曾经有三段时间比较集中地研究过哲学。第一次是 19 世纪末列宁被沙皇政府流放时期，他在流放地读了大量哲学著作。第二次是他 1908 年写作《唯物主义和经验批判主义》时期，他为了写此书查阅了大量哲学著作。第三次是第一次世界大战初期，他在瑞士读了大量哲学著作，并作了大量笔记。第二次的成果是《唯物主义和经验批判主义》，第三次的成果是后人整理和编辑的《哲学笔记》。这两本书是体现列宁哲学贡献的主要著作。

列宁的哲学的首要贡献是奠定了辩证唯物主义在马克思主义哲学中的核心地位，这个贡献主要是在《唯物主义和经验批判主义》中作出的。前已谈到，虽然恩格斯实际上已经提出了世界观（本体论）和认识论的系统思想，但在多数人的心目中，马克思主义哲学只是唯物主义历史观。对这种状态，人们有两种可能的态度，一是主张马克思主义哲学就只是唯物史观，直到今天我国仍有人持这种观点；一是认为这是一个理论上的空缺，应该加以弥补。如何弥补？由于政治上或理论上的原因，当时有三种回答：狄慈根、普列汉诺夫等人主张辩证唯物主义，伯恩施坦等人认为是新康德主义，波格丹诺夫等人则认为是马赫主义。列宁所著《唯物主义和经验批判主义》是马克思主义哲学史上第一本鲜明地举起辩证唯物主义的旗帜并系统地针对马赫主义即经验批判主义论证了辩证唯物主义基本观点的著作。

列宁写作此书期间，波格丹诺夫召开了一个哲学报告会来宣传自己的观点，列宁委托杜勃洛夫斯基向报告人提出了十个问题，第一个问题就是："报告人是否承认马克思主义哲学是辩证唯物主义?""如果不承认，那么他为什么一次也不去分析恩格斯关于这一点的无数言论?""如果承认，那么为什么马赫主义者把他们对辩证唯物主义的'修正'叫作'马克思主义哲学'?"① 在列宁看来，马克思主义哲学是辩证唯物主义，这是毫无疑义的。

此书前三章的标题都是《经验批判主义的认识论和辩证唯物主义的认识论》，直接把经验批判主义和辩证唯物主义对立起来，分别讨论了这两种哲学在世界观和认识论上的对立：第一章讨论了外部世界是客观存在还是主观存在，第二章讨论了认识是不是外部世界的反映以及什么是真理，如何检验认识的真理性等问题，第三章讨论物质、因果性、必然性、世界的统一性、空间与时间等问题。应该指出，列宁所说的认识论实际包括了世界观，从这三章的具体内容可以明显看出来。第四章分析了与马赫主义接近的一些哲学流派。第五章分析了物理学革命与辩证唯物主义的关系，指出自然科学的发展有赖于辩证唯物主义的指导，又是辩证唯物主义得以建立和前进的基础和动力。第六章讨论了辩证唯物主义和历史唯物主义的关系，指出它们二者是由一整块钢铁铸成的，决不可以把唯物主义理论前提从马克思主义历史观中去掉。这样，列宁就论证了马克思主义哲学实际上是由辩证唯物主义世界观、认识论和历史观三部分构成的，三者具有不可分割的

① 《列宁选集》第2卷，10页，北京，人民出版社，1995。

联系，并以辩证唯物主义世界观和认识论作为历史观的理论前提。此书挫败了俄国马赫主义者以马赫主义取代辩证唯物主义的图谋，大大提高和巩固了辩证唯物主义的核心地位，在国际上也产生了广泛的影响，并为后来苏联哲学界制定辩证唯物主义与历史唯物主义的理论框架打下了基础。

由于历史的局限，列宁的论证并不是很完善的。就论证辩证唯物主义世界观在马克思主义哲学中的核心地位这一点来说，列宁的论证有以下一些缺点：(1) 对认识论理解得过于宽泛，用认识论包含了世界观，其实，世界观一词恩格斯已多次使用，而认识论，就其严格意义说，只是关于人类认识现象的一门学科，是一门部门哲学。(2) 历史观诚然要受认识论的制约，因为历史观总是一种认识，但从其对象来讲，认识是一种社会现象，因而历史观高于认识论，认识论首先应以历史观为前提。(3) 实践首先是一个历史观范畴，然后才是认识论范畴，而列宁只把实践看作认识论范畴。(4) 辩证唯物主义作为世界观应包括客观世界的辩证发展的内容，但列宁在此书中较少涉及此点。这些缺点在列宁后来的哲学研究中都得到了一定程度的克服，这就是下面要谈到的列宁在《哲学笔记》中对马克思主义哲学的贡献。

（二）列宁建立马克思主义哲学的科学体系的尝试

这是列宁对马克思主义哲学的第二个重大贡献，这个贡献主要是在《哲学笔记》中作出的。

恩格斯虽然对辩证唯物主义世界观提出了许多基本观点，但他的《反杜林论》是一个论战性著作，《自然辩证法》是一项远未完成的项目，他既没有提出一个完整的体系，更没有提出如何建立完整体系的原则。列宁的《哲学笔记》虽然仍是一项未完成的工作，甚至没有一篇完整的论文，却提出了若干重要的建立哲学体系的指导原则，而且提出了若干简要的哲学体系的雏形。

列宁在1914年～1916年间曾阅读了大量哲学著作，特别是黑格尔的著作。作为一个政治活动家，他为什么花大量时间读书呢？这诚然与他流亡瑞士，远离俄国，联系不便，空闲时间较多有关，更主要的原因在于他在为建立一个完整的哲学体系做准备。他在第一次世界大战前为《格拉纳特百科辞典》写作词条“卡尔·马克思”的释文时，系统地梳理了马克思的思想体系。现在看来，这个体系是不够完整的，特别是哲学。这一点列宁可能也意识到了，从列宁在其《哲学笔记》中有许多关于如何建立哲学体系的摘录和批语中可以看出来。

马克思在1858年1月14日给恩格斯的信中曾说：“我很愿意用两三个印张把黑格尔所发现、但同时又加以神秘化的方法中所存在的合理的东西阐述一番，使一般人都能够理解。”列宁摘录了此话并加了批语①，这就说明他很注意马克思的这一思想。列宁也十分重视黑格尔关于哲学体系的思想，如哲学体系逻辑上从何开始、哲学范畴如何规定、如何运转等，这些思想集中包含在列宁提出的关于逻辑、辩证法和认识论三者同一的论断中。

列宁说：“在《资本论》中，唯物主义的逻辑、辩证法和认识论（不必要三个词，它们是同一个东西）都应用于一门科学。”② 对此话有两种不同的理解，一是把逻辑、辩证法和认识论理解为三门学科，这显然与括号内的话相矛盾，因为三个词都不必要，怎么可能是三门学科呢？二是把三者理解为一门学科，即唯物主义辩证法的三个方面：（1）唯物主义辩证法（世界观）；（2）唯物主义逻辑，即从抽象

① 《列宁全集》第58卷，35～36页，北京，人民出版社，1990。

② 同上书，第55卷，290页。

到具体、从简单到复杂的逻辑顺序，这是符合思维规律的；（3）唯物主义认识论，即其逻辑顺序与认识的过程一致，与认识规律一致。列宁还经常用逻辑与认识史一致，或逻辑与历史一致来表达这一思想，他认为黑格尔的逻辑学是一个哲学范畴的逻辑体系，它们按照从抽象到具体、从简单到复杂的原则发展并联系起来，同时，也反映了认识的发展史或哲学范畴、理论的发展史，虽然这个体系是唯心主义的。

概括一下，列宁在《哲学笔记》中关于如何建立哲学的科学体系提出了以下观点：（1）哲学研究的是客观的、普遍的东西；（2）普遍性范畴的转换是一个辩证的过程，辩证转换的核心是对立面的统一和斗争，即矛盾，不是否定之否定，因此，一切哲学范畴均以矛盾的形式出现；（3）最普遍的、最抽象的是存在与非存在、有与无，因此，存在与非存在是哲学的逻辑起点；（4）哲学范畴的发展或转换是按从抽象到具体、从简单到复杂、从静止到运动、从客观到主观的原则进行的。但哲学作为一门学科研究的对象究竟是什么，其普遍性的程度如何，或者说，哲学包含哪些组成部分，列宁没有明确提出这些问题并加以论述。从列宁对哲学内容（内容取决于对象）的论述来看，列宁把世界（宇宙）、人类社会、意识（包括认识、思维）范围内的普遍性范畴都看作哲学范畴，即至少把世界观、历史观、认识论、方法论看作哲学的主要组成部分。

为了解决建构马克思主义哲学的科学体系问题，列宁对许多哲学范畴或原理作了深入的、精辟的、独创的分析和论述，但列宁还来不及完成他的建构体系的工作就由于革命形势的需要而不得不转移了自己的工作重点，他只是在《哲学笔记》中留下了几个简略的体系雏形，其中最重要的是“辩证法的要素”16 条。研究者对这 16 条的理解和评价是各不相同的，笔者曾在《北京大学学报》1964 年第 2 期上载文谈过自己的理解[①]。经过对原稿 16 条的写作过程的分析，笔者发现前 7 条形成了唯物辩证法，即辩证唯物主义的一个简略的体系雏形，后 9 条分别从属于前 7 条，大致可以分为以下几个组成部分：(1) 一般辩证法，即辩证唯物主义世界观，包括辩证法的客观性和普遍性（第 1 条）、辩证法的普遍联系和自己运动的原则（第 2、3、8 条）、辩证法的规律（第 4、5、6、9、13、14、15、16 条）。(2) 认识辩证法，即辩证唯物主义认识论，包括认识的本质（第 7 条）、认识的量的扩展（第 10 条）、认识的质的深入（第 11 条）。(3) 思维辩证法，即辩证唯物主义逻辑学或思维论，包括哲学范畴的运动或转换（第 12 条）。在作为总结的方框中，列宁指出对立面的统一是辩证法的核心。这个体系雏形基本上是符合以上提出的建构哲学体系的原则的。当然，应该指出，它是不够完整的，例如其中缺乏物质、时间、空间等许多内容，缺乏历史观的内容，《哲学笔记》中谈得很多的实践也没有，有些范畴也没有采取对立统一的形式，等等。

不管怎样，列宁总是提出了一个至关重要的问题：怎样建构辩证唯物主义的科学体系？可以说，这个问题的提出和列宁所作的尝试，为马克思主义哲学的发展开辟了一个新阶段。可惜的是，列宁的这些构想后来没能得到后人的重视和实践，因而未能得到应有的成果，未能真正进入马克思主义哲学的新阶段，创立马克思主义哲学的新形态。后来苏联哲学家制定的辩证唯物主义和历史唯物主义的哲学体系，并不完全是根据列宁的这些思想制定的。那么，苏联哲学家的这个体系是如何创立的？今天应该怎样加以评价呢？

---

① 对这个问题，本书后面《列宁在 1914 年～1916 年对辩证法的研究》一文有详细的论述。

（三）苏联的马克思主义哲学体系的是非功过

苏联的马克思主义哲学体系就是辩证唯物主义和历史唯物主义，它的出现有一个过程。

19世纪中叶以来，唯物史观或历史唯物主义逐渐获得欧洲理论界的认可，被认作马克思主义哲学。19世纪末和20世纪初，辩证唯物主义出现，并逐渐获得理论界的认可。第一篇以“辩证唯物主义”命名的文章和第一本以“辩证唯物主义”命名的著作都是德波林撰写的。《辩证唯物主义》一文是一篇几十页的长文，发表于1909年彼得堡出版的论文集《在分界线上》。列宁对此文作过摘录和批注。[①] 从列宁的摘录看，此文主要谈认识论问题。列宁除批评引文在表达上有些“笨拙”、“莫名其妙”、“不清楚”，甚至“胡说”而外，没有批评它的基本观点。德波林同时还写有《辩证唯物主义哲学入门》一书，该书与上文的内容基本一致，但此书直到1916年才公开出版，普列汉诺夫为此书写了一篇长序。[②] 1931年此书出了第6版。笔者未能找到这本书，看来此书还未达到苏联20世纪二三十年代辩证唯物主义的规模。晚一点在1924年有沃尔弗桑的《辩证唯物主义》第4版，此书内容不详。笔者查到的最早的辩证唯物主义教材是奥古斯特·塔尔海默（August Thalheimer）《马克思主义世界观辩证唯物主义导论》，这本书是作者1927年在莫斯科中山大学对中国学生所作的讲演，共16讲，并于当年出版。我看到的版本是1936年纽约的英文版，其内容为：宗教两讲，哲学史八讲，唯物论一讲，认识论一讲，辩证法两讲，历史唯物论两讲。辩证法包括三个基本规律，未讲其他

---

① 《列宁全集》第55卷，516～522页，北京，人民出版社，1990。

② 《普列汉诺夫哲学著作选集》第3卷，698～726页，北京，三联书店，1962。

范畴。20 世纪 20 年代末至 30 年代初出版了多种谈论“辩证唯物主义”或“辩证唯物主义和历史唯物主义”的书，作者有阿克雪里罗德、米丁、西洛科夫、爱森堡、哈尔科夫、贝霍夫、斯波科内伊、特姆扬斯基、特拉赫坦贝尔、阿多拉茨基等，由此逐渐形成了人们所熟悉的哲学框架：唯物论（哲学基本问题、世界的物质统一性、运动、时间与空间）、认识论、辩证法（三个基本规律、若干范畴）、历史唯物论。1938 年苏联出版了《联共党史》，其中第 4 章第 2 节专门介绍哲学，篇名叫《辩证唯物主义和历史唯物主义》，它把当时流行的哲学框架简化为辩证法四个特征、唯物主义三个特征、历史唯物主义四个特征，同时删去了不少内容。由于它是斯大林撰写的，这个简化的体系被错误地当成马克思主义哲学的最新创造和唯一的科学体系，统治马克思主义哲学界 10 余年，斯大林逝世后终于为哲学家们所抛弃，20 世纪二三十年代形成的苏联体系恢复了原来的地位。今天在中国有一种错误看法流传甚广，即认为“辩证唯物主义和历史唯物主义”是斯大林创立的，这完全违背事实。苏联 20 世纪二三十年代体系（简称苏联体系）在前，斯大林体系在后；苏联体系是原创品，斯大林体系是仿造品；至今仍在流传的基本上是苏联体系，而不是斯大林体系。斯大林体系在马克思主义哲学的普及和应用方面发挥过积极的作用，但作为一个体系缺点甚多，由于它今天影响不大，我们只对苏联体系略加评论。

笔者认为苏联体系基本上是一个科学体系，但不完整和严密，这可从三方面加以考察：

第一，从对象上加以考察。苏联体系分为辩证唯物主义与历史唯物主义是合理的，因为二者的对象有区别。前者的对象主要是作为整体的世界（宇宙），故它是世界观；后者的对象是人类社会的历史，故它是历史观。但辩证唯物主义中还包含认识论的内容，认识论与世界观是有区别的，混在一起损害了二者的科学性。认识论与世界观的关系，在西方近代以来，一直是一个争论不休的问题，于今尤烈，苏联体系未能正确处理这个问题，不足为奇。但如能采取正确的态度，从学科的对象出发去处理学科之间的关系，对于两个学科的建设都是有利的。除作为整体的世界、人类社会历史、认识而外，马克思主义哲学的对象还有什么，也是应该研究的，如价值、方法、人等。

第二，从内容上加以考察。对象决定内容，决定组成部分。在苏联体系中，由于世界观与历史观相对地区分开了，辩证唯物主义与历史唯物主义的关系成为一般与特殊的关系，这易于为人们所理解，是一个优点。而由于辩证唯物主义中世界观与认识论没有相对地区分开来，人们难于理解世界观与认识论的关系，这导致一些不必要的误解，或者以认识论取代世界观，或者以世界观来抹杀认识论，从而损害了世界观和认识论的完整性以及它们之间的正确关系（也是一般与特殊的关系），并进一步损害了马克思主义哲学的完整性和严密性。

第三，从哲学范畴或原理的排列顺序看。苏联体系的范畴或原理的排列顺序大体上是符合前面谈到的从抽象到具体的原则的，如从物质开始，时间、空间、运动随后；世界观在前，历史观在后；生产力在前，生产关系、经济基础随后。但是，违背这个原则之处甚多，大大损害了它的完整性和严密性。它有社会存在，但没有存在，存在本来应排列在物质之前。意识过早地出现，从而过早地把认识论摆在历史观之前，实际上，意识、认识等都是社会存在的产物，不应摆在历史观之前。由于认识论在前，因此又把实践仅仅看成认识论范畴，其实实践首先是历史观范畴，然后才是认识论范畴。在苏联体系中，辩证法的三个主要规律和若干范畴被看成一个与唯物主义相对分开的部分，叫作辩证法，这也是不妥的。辩证法（dialectics）与辩证方法（dialectical method）不能混为一谈，前者是理论，即世界观的一部分，后者是方法，即前者的应用。辩证法与唯物主义在哲学史上曾被分开，在马克思主义哲学中不能分为两部分，物质、时间、空间等都是辩证法内容，矛盾、量、质等都是唯物主义内容，辩证唯物主义与唯物辩证法完全是一回事。辩证法范畴的排列也是一个没有解决的问题。在苏联体系中，除三个主要规律外，其余范畴的顺序基本上是随意的。

总之，苏联体系的出现在马克思主义哲学史上是一大进步，不能随便抛弃，但由于它只是根据马克思、恩格斯、列宁的某些做法和观点拼凑而成的，不是根据建构哲学体系的科学原则建构的，在完整性和严密性上问题颇多，必须加以改进。

三、毛泽东、邓小平与中国哲学家的哲学贡献

马克思主义主要是通过十月革命和列宁以及一些苏联理论家的著作在中国传播的。马克思主义的种子一旦撒在中国这块深陷内忧外患的大地上，就迅速生根发芽并茁壮成长起来，展现出一幅与中国国情结合起来自我发展的图景。马克思主义哲学同其他主要组成部分一样，随着新民主主义革命和社会主义改造、建设的过程，经历了一个复杂、曲折的前进过程。这个过程大致可以区分为三个时期：新民主主义革命时期（1919～1949）、新中国成立至改革开放前（1949～1978）和社会主义改革时期（1978～今），其中毛泽东、邓小平和其他一些中国哲学家们对马克思主义哲学——辩证唯物主义和历史唯物主义的发展都作出了自己的贡献。

（一）马克思主义哲学在中国传播初期的特点

19世纪末，一些西方人士或旅欧华人开始向中国读者介绍马克思主义及其哲学，但当时中国先进分子关注的是西方的科学与民主，而不是马克思主义。1915年创刊的代表先进思潮的《新青年》最初举起的旗帜是科学与人权（民主），俄国十月革命后才举起了马克思主义的旗帜，发表了大量介绍和阐发马克思主义及其哲学的文章，李大钊、陈独秀是其中的突出代表。五四运动以后，马克思主义逐渐形成为一股十分强劲的巨大思潮，开辟了马克思主义在中国传播、实践、中国化和发展的新阶段。直至1949年中华人民共和国成立，马克思主义及其哲学在新民主主义革命的过程中日益成为中华民族精神的组成部分之一。这个阶段的马克思主义哲学有些什么特点呢?

它的第一个特点是其革命性和实践性。马克思主义哲学是作为适应中国革命需要的指导实践活动的思想武器开始传播并在中国这块土地上生根、发芽、壮大的。马克思主义哲学本来就是革命的哲学，是应革命之需而生，在指导实践中成长的，这是它与西方传统哲学根本区别的特点之一。当它应用于俄国革命取得了伟大成果时，它对中国革命者的震撼是不难理解的。因此，在十月革命后，中国人民不是出于对新鲜理论的好奇而传播它，而是通过运用它来分析中国的形势，预测中国的历史命运，选择中国革命的道路，在运用中传播它，在传播和运用中发展它。

李大钊在《新青年》1919年第6卷第5号上的《我的马克思主义观》是系统介绍唯物史观基本观点的文章，但这篇文章同时就是在用唯物史观分析中国社会及其历史。例如他在介绍了马克思关于社会经济基础与上层建筑的关系的观点后，马上用这个原理来分析中国历史，认为中国的大家族制度就是中国农业经济组织，也就是中国两千多年来的“基础构造”，而以孔子思想为主导的中国政治、法度、伦理、道德、学术、思想、风俗、习惯等则是建筑在这个基础上的“表层构造”。孔子思想是两千多年来未曾变动的农业经济组织的产物。现在，由于西方经济的影响，中国经济发生了变化，孔子思想就从根本上动摇了，不再能适应中国的现代生活了。经济上的变动要求思想上的变动。不久以后发生的西化派与马克思主义派之间的关于社会主义的争论，就是由以马克思主义为指导来考察中国社会发展前景引起的。张东荪、梁启超等人反对马克思主义社会主义的主张，而陈独秀、李大钊等人则针锋相对地指出马克思主义社会主义是中国社会唯一可行的道路，走资本主义的老路是行不通的。现在看来，当时的马克思主义者所作出的关于中国社会的一些论点不够成熟，但在运用的过程中，马克思主义观念却逐渐深入人心了。1922 年召开的中国共产党第二次代表大会的宣言就运用唯物史观对中国社会的性质和中国革命的性质、对象、动力等问题作了比较成熟的论断，并提出了分两步走的最低纲领和最高纲领。中国后来的革命虽然走过了非常崎岖曲折的道路，经受了无数次的失败与成功，但始终是在马克思主义哲学的指导下进行的。马克思主义哲学在中国革命中充分表现了它指导实践的威力。

它的第二个特点是其科学性和系统性。前面已谈过，马克思主义哲学的创始人一直是把哲学作为科学来建设和发展的，他们总是把哲学建立在社会实践和科学最新发展水平的基础之上，不像很多哲学家那样单纯从事思辨活动。他们也很重视哲学的学科建设，重视哲学学科各组成部分之间的区别与联系。中国的马克思主义者对于马克思主义哲学的这个特点是十分明确的。李大钊的《我的马克思主义观》一文十分强调唯物史观的科学性。李大钊认为，唯物史观立论的目标在于求得历史发展的真实基础，正是由于马克思发现了人类的经济活动是历史发展的基础，才建立了科学的历史观——唯物史观。李大钊还进一步指出，有了唯物史观的研究方法，历史学才有可能像自然科学那样研究历史，使历史学成为科学；像自然科学那样研究社会，使社会学成为科学；像自然科学那样研究人类社会的发展，使社会主义理论成为科学。其他马克思主义者如陈独秀、毛泽东、李达、瞿秋白等人都十分明确地强调了唯物史观的科学性。当时马克思主义者在同反对者之间进行的三大著名论战中高举的旗帜就是科学的旗帜或真理的旗帜。例如关于“问题与主义”的论战，争论的要害就在是否承认马克思主义的科学性和实践性。胡适提出的“多研究些问题，少谈些主义”的主张，针对的就是马克思主义。他把问题与主义对立起来，认为重视主义，就会忽视问题的解决。在他看来，主义不过是一种“抽象名词”，无助于任何具体问题的解决。针对这种实用主义观点，马克思主义者指出，马克思主义是具有普遍意义的真理，正是它能够帮助中国人民从根本上解决中国社会的问题。它不是脱离中国问题的“抽象名词”，而是能够指导中国革命实践的锐利武器。马克思主义的实践性来自它的科学性。

它的第三个特点是其内容的多样性。在中国传播的马克思主义哲学不是一门学科，而是几门学科，这些学科是随着革命形势的发展而不断展开的。20 世纪 20 年代马克思主义哲学中受到中国先进分子关注的是唯物史观，因为当时最需要的是能够正确分析中国社会性质的方法，分析是否正确，成为革命成败的关键。后来，马克思主义哲学中的方法论和认识论成了人们关注的重点，因此由世界观与认识论构成的辩证唯物主义就发展起来。20 世纪 20 年代末到 30 年代初，辩证唯物主义和历史唯物主义这个理论框架已经形成，很快就在中国流行起来。中国哲学家采用的辩证唯物主义与历史唯物主义这个理论框架绝不是斯大林的创造，因为斯大林体系产生于1938年，而中国哲学家在20世纪30年代初就介绍了苏联哲学家的体系。首先是德波林、塔尔海默、西洛科夫、爱森堡、米丁等人的辩证唯物主义著作的译文流行起来，然后出现了一批中国人采用这个框架自己撰写的马克思主义哲学著作，如沈志远的《现代哲学的基本问题》、艾思奇的《大众哲学》、李达的《社会学大纲》等。毛泽东的《辩证法唯物论（讲授提纲）》也采用了这个框架，但同时也吸收了中国传统哲学的内容和形式，如采用了"物质论"、"意识论"、"实践论"、"矛盾论"的形式，后来流传很广、影响很大的《实践论》、《矛盾论》就是以这个提纲中的两节为基础，经过毛泽东本人的修改、补充而成的。总之，在中国马克思主义理论界，辩证唯物主义与历史唯物主义作为马克思主义哲学的理论框架在20世纪30年代已得到了公认，这个理论体系如按学科分类加以分析，辩证唯物主义包括世界观和认识论，历史唯物主义是历史观，至于人们经常提到的方法论并不是一个可以与世界观、认识论相对地区别开来的组成部分，它实际是方法，即辩证唯物主义和历史唯物主义原理在认识世界与改造世界中的应用。有人认为辩证法就是方法论，这是一种误解，辩证法（dialectics）首先是一种理论，然后才是一种方法，正如唯物主义首先是一种理论，然后才是一种方法一样。马克思主义哲学的多样性，还特别表现在战争和军事上，这就是毛泽东及其战友所创立和发展的军事辩证法和军事认识论，这将在后面论述。

它的第四个特点是大众化和中国化。由于马克思主义哲学的革命性和实践性，这就注定了它在传播之初就在形式上和内容上具有大众化和中国化的特点。中国的马克思主义者不仅翻译了大量马克思主义哲学著作，而且在经过自己的吸收和消化后用中国读者熟悉的历史事实和当代材料，采取中国读者喜闻乐见的思想理念和语言风格，结合中国问题，阐发马克思主义哲学理论，从而推动了马克思主义哲学的传播和中国革命的发展。李大钊、陈独秀、瞿秋白、毛泽东、李达、艾思奇等人的哲学著作都具有大众化与中国化的特点，因而都发挥了重大的影响。新中国成立以前参加革命的老同志（包括后来并不从事哲学工作的同志）几乎都在参加革命的过程中受过上述这些作者的哲学著作的影响，许多人都谈到马克思主义哲学是他们投身革命的引路人。如果这些著作没有大众化和中国化的特色，而是像有些哲学著作那样从概念到概念，故弄玄虚、莫测高深、晦涩难懂，它们怎么可能发挥如此巨大的影响呢？

（二）毛泽东对马克思主义哲学的中国化和发展

毛泽东首先而且主要是一个中国无产阶级革命家，他的最大的历史功绩是以马克思主义为指导、为贫穷落后的中国社会开辟了一条通过社会主义实现现代化的正确道路，但他也是一个真正的哲学家，他不但对哲学有浓厚兴趣，自觉地运用哲学来指导实际工作，在实际工作中发表了许多哲学创见，而且写作了许多富于创新性的专门的哲学论著，对马克思主义哲学的中国化和发展作出了重大的贡献。尽管毛泽东晚年在理论上和实践上都犯过不少错误，就其把马克思主义哲学的理论与实践结合起来，并在两方面都取得了重大成果而言，没有一个中国的马克思主义哲学家可与之相比。下面分为几个方面介绍他的贡献。

第一，对认识论的贡献。毛泽东坚持了马克思主义认识论的基本观点，即坚持了它是辩证唯物主义认识论，是能动的反映论，是以实践为基础、起点和归宿的认识论，同时又把它中国化了，大大发展了。前面已谈到，在马克思主义哲学体系中，世界观与认识论在辩证唯物主义中，特别是在唯物主义中融为一体，因而人们常常谈到哲学既是世界观，又是认识论。毛泽东也承袭了这一理解。但如果严格按照一门学科的对象来理解它们，世界观与认识论是不能混为一谈的。世界观是最高最广的学科，认识论或认识哲学研究的只是世界的一个很小的部分，只是一种应用哲学或部门哲学。世界观与认识论混为一谈无论对世界观还是对认识论的研究都是不利的。我们这里谈的是毛泽东对认识论的贡献，不包括世界观，后面将专门谈他对世界观（辩证法）的贡献。

毛泽东无疑从经典作家和苏联哲学家的著作中继承了马克思主义认识论的基本观点，但他的创造性贡献却明显地来自他的革命实践，是他运用马克思主义于革命斗争，特别是战争中的经验的总结。他在1930年撰写的《反对本本主义》（又名《调查工作》）就是一篇很重要的有巨大影响的认识论论文。他总结了中国共产党成立以来成功与失败的经验，阐明了调查研究的重要性，提出“没有调查，就没有发言权”的著名口号；指出马克思主义的本本是要学习的，但一定要反对脱离实际情况的本本主义。在这篇文章中毛泽东第一次提出了“思想路线”的概念，思想路线就是最广泛的最根本的认识路线或认识方法。11年后在延安整风过程中，毛泽东用中国成语“实事求是”来概括这一马克思主义思想路线，并对之作了辩证唯物主义的科学的阐释：“‘实事’就是客观存在着的一切事物，‘是’就是客观事物的内部联系，即规律性，‘求’就是我们去研究。”① 直到今天，“实事求是”一直是马克思主义思想路线的中国式的经典公式，尽管其内容有

① 《毛泽东选集》第3卷，801页，北京，人民出版社，1991。

了一定的发展。

毛泽东对认识论的最大贡献是他在《实践论》中提出了辩证唯物主义认识论的科学体系，对建设和发展这门学科作出了突出的贡献。《实践论》是一篇约一万字的文章，虽然不是对认识论这门学科进行详尽论述的作品，却系统论证了认识论的基本内容，而且有了很多创新。他坚持辩证唯物主义反映论，认为认识是对客观对象不断深入的过程，但这个过程离不开实践，离不开实践与认识的相互作用，认识开始于实践，以实践来检验，服务于实践，在实践中深入和发展，并创造性地提出了人类认识的总规律："实践、认识、再实践、再认识，这种形式，循环往复以至无穷，而实践和认识之每一循环的内容，都比较地进到了高一级的程度。这就是辩证唯物论的全部认识论，这就是辩证唯物论的知行统一观。"① 毛泽东的认识论思想充分体现了实践和认识的辩证关系。《实践论》中提出的从感性认识到理性认识的著名公式"去粗取精，去伪存真，由此及彼，由表及里"就是他对军事实践经验的总结，这一点已在 1936 年写作的《中国革命战争的战略问题》中提及。毛泽东一生都非常关注认识论，新中国成立后也有许多关于认识论的言论。他的认识论思想对中国革命和建设的实践、对中国哲学理论的研究产生了巨大影响。

第二，对世界观的贡献。毛泽东在 1937 年曾系统讲授辩证唯物主义，写作了《辩证法唯物论（讲课提纲）》。这个提纲有三章，第一章为"唯心论和唯物论"；第二章为"辩证法唯物论"，包括若干节，有物质论、运动论、时空论、意识论、反映论、真理论等；第三章为"唯物辩证法"，论述辩证法的三个主要规律和若干辩证法范畴，第一

---

① 《毛泽东选集》第 1 卷，296～297 页，北京，人民出版社，1991。

节就是矛盾论，但实际上毛泽东只讲到矛盾论，后面的只有题目，没有提纲。这个提纲看来是承袭了苏联的辩证唯物主义体系，即唯物论、认识论和辩证法，辩证法往往被误解为只是方法论，实际上唯物论和辩证法构成世界观，而世界观一方面是理论，另一方面是方法。毛泽东对世界观的贡献在于对世界观中的核心规律，即辩证法的矛盾规律，作了创造性的论述。

毛泽东把辩证法明确看成宇宙观，即世界观，而不仅仅是方法，因而他把矛盾规律首先看成宇宙的客观规律，而不仅仅是思维规律，这与经典作家的观点是一致的。毛泽东对世界观的贡献主要在于对矛盾规律的论证与阐发。他的矛盾理论除了继承西方哲学史中的矛盾思想，还吸收了中国哲学史中丰富的矛盾思想，具有鲜明的中国特色。同他的认识论一样，他的矛盾理论也概括了其战争经验中的矛盾思想。他对矛盾理论的贡献之一是他对同一性的理解，他认为矛盾的同一性有多种含义，可以表述为多种概念，但其中最关键的一是相互依存，二是相互转化。这就最准确地抓住了整个辩证法史的精华。毛泽东对矛盾理论的贡献之二是他对矛盾的普遍性和特殊性的论述，充分揭示了矛盾的客观的必然性和丰富的多样性。他对矛盾理论的贡献之三是充分说明和发挥了列宁关于矛盾规律是辩证法的实质和核心的论断，即论证了矛盾规律是宇宙中至高至大至深的规律，最根本的规律。毛泽东曾把矛盾规律表述为一分为二，这引起了一些误解，以为矛盾规律否定一分为三或一分为多，其实矛盾规律只是指认了事物内部最根本的关系或规律，并不排斥而是蕴涵了其他关系或规律，这从《矛盾论》的论述可以明显地看出来。

第三，对军事哲学的贡献。军事哲学是一种部门哲学，毛泽东对军事哲学的贡献是非常突出的。他的《中国革命战争的战略问题》和

《论持久战》以及其他许多论著均涉及军事哲学。可以明显看出，这些论著是以辩证唯物主义和历史唯物主义为指导，总结了中国革命战争的实践经验，吸收了中外历史上优秀军事哲学思想写成的，它们具体论述的是中国革命战争中的哲学问题，但对作为一门部门哲学的军事哲学的基本建设也是有意义的。这两本书和其他有关论著实际上提供了一个科学的军事哲学思想体系：战争的本体论（战争在人类社会中的地位和作用、战争与其他社会现象的关系等），战争的认识论（战争中的主体与客体、主观与客观、主观能动性的发挥）和战争的辩证法（战争规律、战争中的矛盾及其特殊表现）。毛泽东的军事哲学不仅来自实践，而且经受了战争实践的检验，抗日战争和解放战争的胜利都是在毛泽东的军事哲学指导下取得的。

第四，对唯物史观的贡献。同其他早期马克思主义者一样，毛泽东最早学习和运用的也是唯物史观。《中国社会各阶级的分析》、《湖南农民运动考察报告》是中国现代革命早期运用唯物史观分析中国社会和中国革命的最光辉的篇章。毛泽东一生都坚持运用唯物史观指导中国社会的革命和建设，在理论上也有不少发展。《新民主主义论》（1940 年）根据唯物史观的基本观点，提出了经济、政治决定文化，文化又反作用于经济、政治的观点，建构了经济、政治、文化三者构成社会整体的系统理论，发展了唯物史观。《关于正确处理人民内部矛盾的问题》（1957 年）对唯物史观做了多处发展。毛泽东捍卫了马克思和恩格斯提出的社会基本矛盾理论，明确提出了社会主义社会基本矛盾理论，纠正了斯大林否定社会主义社会基本矛盾的观点。他说："在社会主义社会中，基本的矛盾仍然是生产关系和生产力之间的矛盾，上层建筑和经济基础之间的矛盾”①，与资本主义社会基本矛盾不同的是，这些矛盾可以经过社会主义制度本身不断地得到解决。毛泽东从这里引申出在社会主义社会中人民内部矛盾上升为主要矛盾，急风暴雨式的阶级斗争即敌我矛盾斗争已经结束的结论，并指出解决人民内部矛盾的方式是非对抗的斗争形式。毛泽东还进一步提出了区分两类不同性质矛盾的六条政治标准和繁荣学术和文艺的“百花齐放，百家争鸣”的“双百方针”。这些都大大丰富了唯物史观的内容。

第五，对方法论的贡献。中国马克思主义者都充分肯定马克思主义哲学的实践性，而且十分重视它的实际运用。毛泽东不但自觉运用马克思主义哲学原理，而且把许多原理转化为方法以便人们能有效地运用，因而对方法论作出了突出的贡献。毛泽东没有建构方法论的科学体系，但提出了系统的哲学方法，即由哲学原理转化而来的或从实践中总结出来的，具有一定普遍性的认识世界和改造世界的方法，通俗地讲，就是工作方法或领导方法。毛泽东写作过多篇关于方法的专文，如《关心群众生活，注意工作方法》（1934 年）、《关于领导方法的若干问题》（1943 年）、《党委会的工作方法》（1949 年）、《工作方法六十条》（1958 年），如此重视方法在无产阶级政治家中是少见的。他把方法与任务的关系比作过河与船或桥的关系，指出：“我们的任务是过河，但是没有桥或没有船就不能过。不解决桥或船的问题，过河就是一句空话。不解决方法问题，任务也只是瞎说一顿。”② 在以上文章和其他涉及方法的文章中，毛泽东谈到的方法十分广泛，大致

① 《毛泽东文集》第 7 卷，214 页，北京，人民出版社，1999。

② 《毛泽东选集》第 1 卷，139 页，北京，人民出版社，1991。

可以按其所根据的原理区分为：(1) 最一般的方法，如实事求是、矛盾分析、一般与个别相结合、整体与局部相结合等，这些方法是由世界观原理转化而来的；(2) 适用于人类社会中的方法，如实践观点、群众路线、阶级分析、民主与集中等，这些方法是由历史观原理转化而来的；(3) 具体的认识方法和实践方法，如理论与实践相结合、调查研究、分析与综合、种试验田等，这些方法是由认识论原理转化而来的。从《工作方法六十条》可以看得出来，毛泽东所理解的方法是非常广泛的，不仅高度抽象的原理在应用时就成了方法，几乎一切原理、一切知识在应用时都成了方法。

毛泽东不愧是一个伟大的马克思主义哲学家，对马克思主义哲学的传播、运用和发展作出了重大的贡献，但也必须指出在他的哲学思想中也有不少偏颇或失误之处，这些偏颇或失误使他在晚年的实践中出现了一些错误和失败。例如他强调人的主观能动性对实践活动的反作用、生产关系对生产力的反作用、上层建筑对经济基础的反作用、政治对经济的反作用，这无疑是正确的，但他有时夸大了这种作用，导致了实践中的失误。又如他对矛盾关系的理解和论述是正确的、全面的，纠正了斯大林否定对立面的统一的观点，但他有时也过分强调斗争性，提出了“斗争哲学”的概念。毛泽东晚年在理论上和实践上的最大失误就是提出“阶级斗争为纲”，主张“在无产阶级专政条件下继续革命”，反对党的工作的重点从阶级斗争向经济建设转移，导致十年动乱的“文化大革命”，这都同他夸大阶级斗争的作用有关。正确地、恰当地评价毛泽东在哲学思想上的是非曲直对今天和今后社会主义建设有着重要的意义。

（三）邓小平的哲学贡献

邓小平是邓小平理论的主要创建者，邓小平理论是马克思列宁主义（包括马克思主义哲学）与中国社会主义初级阶段社会实践相结合的产物，在邓小平理论的文献中充满哲学的语言和哲人的智慧，这是毫不奇怪的。邓小平自参加革命以来，就十分重视马克思主义理论的学习与宣传，其中包括马克思主义哲学。他从青年时代开始就受到了马克思主义哲学的熏陶。他所理解的马克思主义哲学就是辩证唯物主义和历史唯物主义，在他的论著中曾多次提到作为马克思主义哲学的辩证唯物主义和历史唯物主义。他没有写过纯粹理论性的哲学论著，但富有哲学内容的言论是十分丰富的。他的哲学思想蕴藏于他分析和论述实际问题的论著中，这主要有三种情况：（1）理论文章，或者说，具有丰富哲理内容的理论文章，如《“两个凡是”不符合马克思主义》（1977 年）、《完整地准确地理解毛泽东思想》（1977 年）、《解放思想，实事求是，团结一致向前看》（1978 年）、《坚持四项基本原则》（1979 年）、《关于反对错误思想倾向问题》（1981 年）、《中国共产党第十二次全国代表大会开幕词》（1982 年）、《建设有中国特色的社会主义》（1984 年）、《在武昌、深圳、珠海、上海等地的谈话要点》（1992 年）等等。（2）包含着明显的哲学命题的各种文章，其中不少是论述现实的实际问题的文章，例如“实事求是”或“解放思想，实事求是”的命题频繁出现于各类文章之中；“两手抓，两手都要硬”的命题也经常出现于各类文章之中；“科学技术是第一生产力”是 1988 年 9 月 5 日邓小平同胡萨克总统谈话时提出来的，“革命是解放生产力，改革也是解放生产力”，也出现在各类文章中。（3）命题本身不是哲学命题，但其中蕴涵着深刻的哲学思想，这就需要加以剖析，把其中的哲学思想挖掘出来。例如关于“一国两制”的构想，邓小平曾说：“我们的社会主义制度是有中国特色的社会主义制度，这个特色，很重要的一个内容就是对香港、澳门、台湾问题的处理，就是‘一国两制’。”① 他接着说明，中国的社会主义制度不能变，香港、澳门、台湾的资本主义制度也可以长期保留。这个构想包含了一般与特殊、变与不变的辩证法，也包含了解放思想、实事求是的思维方式。这些情况形成了邓小平哲学思想的一个十分突出的特色，他的哲学创新、他对马克思主义哲学的贡献，不是在研究哲学问题中作出的，而是在应用哲学原理于实践的过程中作出的，具有极强的实践性或应用性。那么，他有些什么贡献呢？

邓小平在应用辩证唯物主义和历史唯物主义中有以下创新：

第一，把辩证唯物主义的基本观点转化为最高的思想方法——解放思想、实事求是，即人们常说的马克思主义思想路线。认识世界与改造世界都有思想指导，这就是方法。方法都是由思想、原理转化而来的，不同范围、不同层次的原理转化为不同范围、不同层次的方法，世界观原理转化为最大范围、最高层次的方法，即哲学方法，亦即思想路线。辩证唯物主义世界观的基本原理转化为解放思想、实事求是的思想路线。解放思想的根据是时代的发展、实践的发展、科学的发展，实事求是的根据是世界及其规律的客观性和可知性。大致说来，解放思想是辩证法的应用，实事求是是唯物主义的应用。确切地说，解放思想与实事求是都是辩证法和唯物主义的应用，或者说，解放思想、实事求是是辩证唯物主义的应用。

第二，把矛盾规律应用于认识和实践，提出了一系列矛盾分析法。毛泽东在1957年曾指出过：“要照辩证法办事。这是邓小平同志讲的。我看，全党都要学习辩证法，提倡照辩证法办事。”② 看来邓

---

① 《邓小平文选》第3卷，218页，北京，人民出版社，1993。

② 《毛泽东文集》第7卷，200页，北京，人民出版社，1999。

小平强调应用辩证法指导工作在当时已很出名。同毛泽东一样，他也把矛盾规律视作辩证法的核心，因而他对矛盾规律的应用也特别突出。党的十一届三中全会以来，他除了关注和领导解决国家各方面问题以外，十分重视抓工作中的矛盾，表现了高超的领导艺术和辩证的思维方法。例如我国新时期的基本路线中的两个基本点（改革开放与四项基本原则）实际上就是一对矛盾，如此理解基本路线体现了对我国建设根本问题的辩证的把握。他经常提到的一个原则“两手抓，两手都要硬”也体现了这种精神。但“两手都要硬”并不是平均使用力量，而是有所轻重。就政治路线说，中国在现阶段当然是既要反“左”，也要反右，但反“左”是重点。他说：“中国要警惕右，但主要是防止‘左’。”为什么呢？因为“左”在中国革命史上有长久的渊源。“‘左’带有革命的色彩，好像越‘左’越革命。‘左’的东西在我们党的历史上可怕呀！”①

第三，坚持和正确运用社会主义社会基本矛盾理论，开辟中国社会主义现代化建设新局面，并总结新的实践经验，创造性地提出“三个有利于”的衡量社会发展水平的标准。唯物史观是辩证唯物主义在人类社会的应用，它的核心理论就是人类社会基本矛盾理论。马克思和恩格斯最早提出人类社会的基本矛盾是生产力与生产关系、经济基础与上层建筑的矛盾，它们推动人类社会从一种形态转变为另一种形态，最后推动人类社会从资本主义社会转变为社会主义社会。生产力和生产关系在社会主义社会中还有矛盾吗？从逻辑上讲，回答应该是肯定的，但斯大林却做了否定的回答，认为社会主义公有制完全适合生产力性质，没有矛盾。毛泽东在《关于正确处理人民内部矛盾的问

① 《邓小平文选》第3卷，375页，北京，人民出版社，1993。

题》中纠正了斯大林的错误，指出生产力与生产关系、经济基础与上层建筑在社会主义社会中仍然是社会发展的基本矛盾。但是，在他看来，矛盾主要在于公有制的水平不够高，似乎水平越高越适合生产力的性质。这就导致后来一味追求生产规模越大越好、公有制水平越高越好，只要"一大二公"、不管能否推动生产力发展的错误偏向，在上层建筑领域也滋长了类似的偏向，其结果是阻碍，甚至破坏生产力的发展。

邓小平没有因此否定社会主义社会基本矛盾理论，而是继续肯定这一理论，并主张正确地应用它来指导社会主义现代化建设。党的工作重点的转移和"一个中心、两个基本点"的基本路线的制定都体现了社会主义社会基本矛盾理论的正确的运用。他说："我们拨乱反正，就是要在坚持四项基本原则的基础上发展生产力。为了发展生产力，必须对我国的经济体制进行改革，实行对外开放的政策。"① 经济体制改革就是改变生产关系，解放生产力。这种改革从农村开始，后来逐渐推广到城市，经过十多年的探索，经济体制改革的目标日渐明确，1992年邓小平总结改革的经验，指出："社会主义基本制度确立以后，还要从根本上改变束缚生产力发展的经济体制，建立起充满生机和活力的社会主义经济体制，促进生产力的发展，这是改革，所以改革也是解放生产力。"② 同时还指出："计划经济不等于社会主义，资本主义也有计划；市场经济不等于资本主义，社会主义也有市场。计划和市场都是经济手段。"③ 同年，党的十四大就明确规定以建立

① 《邓小平文选》第3卷，138页，北京，人民出版社，1993。

② 同上书，370页。

③ 同上书，373页。

社会主义市场经济作为我国经济体制改革的目标。改革不限于经济体制，还有政治体制改革、文化体制改革、教育体制改革、科技体制改革和其他体制改革，其中的上层建筑的体制改革以及精神文明建设则是为了解决经济基础与上层建筑的矛盾。可以说，整个建设中国特色社会主义理论都是社会主义社会基本矛盾理论的正确应用和发展。

邓小平提出的“三个有利于”理论是社会主义社会基本矛盾理论的逻辑引申和发展，这是邓小平的创造。邓小平在谈到如何判断我们的方针政策的成败得失时说：“判断的标准，应该主要看是否有利于发展社会主义社会的生产力，是否有利于增强社会主义国家的综合国力，是否有利于提高人民的生活水平。”① 综合国力是由领土、资源、人口、生产力、经济、政治、文化、科技、教育、道德等因素整合而成的力量。在这些因素中，生产力和生产关系、经济基础和上层建筑的矛盾关系构成了综合国力的筋骨，其中生产力是整个综合国力的基础，而提高人民生活水平则是贯穿在这些因素中的最终目的，因此，这两条被单独提出来。可以看出，邓小平这里的理论根据是社会主义社会基本矛盾理论。还应该指出，“三个代表”重要思想和邓小平“三个有利于”标准对社会主义社会基本矛盾的判断是一致的。

第四，科学地提出科学技术是第一生产力的思想。邓小平在1978年就指出过，“科学技术是生产力，这是马克思主义历来的观点”②。他解释说，这是因为历史上的生产资料都是同一定的科学技术相结合的，历史上的劳动力也都是掌握了一定的科学技术知识的。邓小平的

---

① 《邓小平文选》第3卷，372页，北京，人民出版社，1993。

② 《邓小平文选》第2卷，87页，北京，人民出版社，1994。

发展在于指出："科学技术是第一生产力。"① 这是对现代生产的科学的总结。在过去，生产提高的起点在生产过程中，而现代生产提高的起点已转移到科学研究的实验室。变化首先出现在科学发明或发现中，科学发明或发现转化为新的技术，新的技术用于生产，大幅度地提高了劳动生产率，这样，科学技术成了发展生产力的第一个因素。正如邓小平所说："现代科学为生产技术的进步开辟道路，决定它的发展方向。许多新的生产工具，新的工艺，首先在科学实验室里被创造出来。一系列新兴的工业，如高分子合成工业、原子能工业、电子计算机工业、半导体工业、宇航工业、激光工业等，都是建立在新兴科学基础上的。"② 科学技术的现代化是四个现代化的关键，是整个现代化建设的关键。邓小平提出的第一生产力论为我国科教兴国战略提供了坚实的理论依据。

第五，提出两手抓文明建设的思想和"四有"的公民标准。邓小平在重提四化建设的同时就提出了要抓紧精神文明建设的思想，并把培养"四有"新人作为精神文明建设的核心。早在1979年他就说过："我们要在建设高度物质文明的同时，提高全民族的科学文化水平，发展高尚的丰富多彩的文化生活，建设高度的社会主义精神文明。"③ 不久以后，他进一步指出，要建设社会主义精神文明，"最根本的是要使广大人民有共产主义的理想，有道德，有文化，守纪律"④。改革开放20多年来，党中央一直把精神文明建设摆到与物质文明建设同等重要的地位，曾两次作出全面建设精神文明的决议并采取了一系

① 《邓小平文选》第3卷，274页，北京，人民出版社，1993。
② 《邓小平文选》第2卷，87页，北京，人民出版社，1994。
③ 同上书，208页。
④ 《邓小平文选》第3卷，28页，北京，人民出版社，1993。

列具体措施。20 世纪 90 年代以来，江泽民同志又把文化建设摆到与经济建设、政治建设同等重要的地位。邓小平提出的“三有一守”后来演变成“四有”，即“有思想、有道德、有文化、有纪律”。后来江泽民同志把培养“四有新人”直接理解为培养“全面发展的人”。物质文明与精神文明两手抓的思想是唯物史观的基本观点“社会存在决定社会意识”的运用和发展。把培养“四有新人”作为精神文明建设的核心，是马克思主义的全面发展思想的运用和发展。

以上几点仅是邓小平在运用马克思主义哲学中对马克思主义哲学的创造性贡献的一部分，此外，他对马克思主义的实践观点、辩证法的各种矛盾范畴、群众观点和群众路线、价值论等都有精彩的论述，限于篇幅，只能从略了。

马克思主义哲学是实践哲学，是在实践中产生并在实践中发展的，因而它又是群众的哲学和集体智慧的结晶。因此，毛泽东、邓小平的哲学思想中实际上包含了许多革命领导人的哲学思想，他们的讲话、报告、文章、著作中也有许多哲学论断和哲学思想，刘少奇、周恩来、朱德、陈云等人在这方面都是比较突出的。改革开放以来，江泽民同志在这方面也有突出的表现。

江泽民同志对邓小平理论的系统化作出过重要的贡献，他所作的党的十四大报告被公认为是对邓小平理论的最完整的概括，他对马克思主义哲学也作出了许多创造性的贡献。这些贡献大致可以归结如下：

第一，解放思想、实事求是、与时俱进的思想路线。江泽民同志《在庆祝中国共产党成立八十周年大会上的讲话》中提出“马克思主义具有与时俱进的理论品质”的论断，受到理论界的重视。2002 年他又在“531”重要讲话中指出：“坚持解放思想、实事求是的思想路线，弘扬与时俱进的精神，是党在长期执政条件下保持先进性和创造力的决定性因素。”这是对党的思想路线的进一步发展。

第二，“三个代表”重要思想。这是2000年初提出的，在表述上先后有些变化，其基本内容是：中国共产党要始终代表中国先进生产力的发展要求，代表中国先进文化的前进方向，代表中国最广大人民的根本利益。它是一个有机的整体：先进生产力的发展要求实际是物质文明建设，先进文化的前进方向实际是精神文明建设，二者包括了中国社会主义现代化，而最广大人民的根本利益则贯穿于这两大建设之中。因此，“三个代表”重要思想也就是通过社会主义现代化建设来实现最广大人民根本利益的思想，先进生产力、先进文化、最广大人民的根本利益是它的三个主题词。21世纪我国进入中国社会主义初级阶段的一个新时期，即全面建设小康社会的新时期，它是马克思列宁主义、毛泽东思想、邓小平理论在这个新时期的继承和发展。

第三，社会主义建设的经济、政治、文化的理论框架。虽然毛泽东在抗日时期曾按照经济、政治、文化的理论框架考察过我国新民主主义社会的建设问题，但新中国成立以后主要考虑的是经济建设，没有以经济、政治、文化的理论框架来考虑社会主义社会建设。江泽民同志1991年纪念建党70周年的报告是新中国成立后第一次以经济、政治、文化的理论框架来考察社会主义建设的文件，1997年党的十五大报告再次运用了这个理论框架。这个理论的运用为广大干部和群众理解、掌握和推动我国社会主义建设提供了一个有力的理论武器。

第四，理论创新的理论。根据与时俱进精神，江泽民同志近年来在各种报告和文章中都十分强调理论创新，特别是在党的十六大报告中切实地提出了一个关于理论创新的理论。报告对什么是创新、理论创新的重要性、怎样进行理论创新等问题作了系统的论述。

第五，依法治国与以德治国的辩证统一的理论。法制建设与道德建设在过去都是社会主义建设的内容，但像江泽民同志那样把以德治国作为治国方略并把它与依法治国结合起来，使之相辅相成，则是一个理论创新。

此外，江泽民同志还在许多方面都有所创新，如关于人的全面发展、中国社会的可持续发展、建设社会主义政治文明等，都对马克思主义哲学的发展作出了贡献。

（四）中国哲学家在传播、建设和发展马克思主义哲学中的贡献

中国的专业哲学家对马克思主义哲学——辩证唯物主义和历史唯物主义的传播、建设和发展作出了巨大的贡献。新中国成立前的情况，前面已作过简略的介绍。新中国成立后的情况可分为三个时期："文化大革命"前（1949～1966）、"文化大革命"中和"文化大革命"后两年（1966～1978）、改革开放后（1978～今）。

中华人民共和国的成立使马克思主义哲学一下子成为意识形态中占统治地位的哲学，迅速形成了一支庞大的教学与科研队伍，在干部和知识分子中的影响迅速扩大。这种形势对马克思主义哲学的传播和发展无疑是十分有利的，但也有不利的方面，那就是滋长了对哲学学术研究的政治干预，阻碍了"双百方针"的认真贯彻，削弱了马克思主义哲学的学科建设和发展。在这段时期内中国哲学家的最大贡献是对马克思主义哲学的系统传播，他们主要根据新中国成立初期苏联援华专家的系统介绍、毛泽东的哲学思想、中国传统哲学和他们对社会与科学的发展的总结概括，编写了多种马克思主义哲学教材，其中影响最大的是艾思奇主编的《辩证唯物主义　历史唯物主义》（1961年）。在科研方面，也曾出现过几次探讨的热潮，如关于思维和存在的同一性的争论、关于一分为二与合二为一的争论，但均由于政治干预而中断。

政治干预学术，到“文化大革命”而达于顶点。林彪、“四人帮”虽然还打着马克思主义哲学的招牌，却把哲学完全变成了为他们的政治野心服务的工具，一切理论工作都要服从他们的需要。在这种情况下，正常的学术探讨已无法公开开展，只是在“文化大革命”后期还有些严肃的学者默默地进行着哲学研究。

“文化大革命”结束后，经过两年的酝酿，“两个凡是”的标准被否定，实践标准的权威恢复了，“双百方针”逐渐在学术工作中真正贯彻，政治干预学术的事情逐渐受到普遍的抵制，在学术研讨中形成了独立思考、自由发表、平等对话、互相促进的氛围。正是在这种氛围中，提出了大量哲学问题。辩证唯物主义与历史唯物主义不再具有过去那种至高无上的地位，质疑、责难、否定的声音时有所闻。苏联的解体和欧洲社会主义国家的失败给马克思主义以沉重打击，辩证唯物主义与历史唯物主义的若干原理被视作这些失败的思想根源。马克思主义的队伍也在萎缩。这种严峻的形势显然不利于马克思主义哲学的发展，但也有利于增强它的科学性和战斗力，它将不再以其政治地位赢得推崇，而只能以其科学性、真理性和实际效应来赢得人们心服口服的认同。1978 年真理标准讨论以来哲学界对马克思主义哲学的若干重要问题展开了大量研究和讨论，下面仅评价一下几项主要的研究和讨论：

第一，关于真理标准问题的研究和讨论。实践是检验真理的唯一标准在马克思主义哲学中已成为常识，但由于“左”倾教条主义作怪，长期以来实践标准已名存实亡。“两个凡是”的标准禁锢着人们的头脑，特别是“文化大革命”结束以后，阻碍着冤假错案的平反昭雪，阻碍着社会的经济、政治、文化建设和改革开放以及“双百方针”在理论研究中的贯彻。1978年5月《光明日报》发表特约评论员胡福民的文章《实践是检验真理的唯一标准》一下子打破了沉闷的局面，标志着中国社会主义史上改革开放时代的开始，真理标准的讨论成了我国改革开放的先导。这次讨论不但有重要的政治意义，也有重要的学术价值，即深化了马克思列宁主义的真理标准理论。具体讲有三点：

其一，关于真理标准和检验真理的标准。有同志提出，实践是检验认识是不是真理的标准或方法、途径，真理的标准则是客观世界及其规律，因为一种认识是不是真理要看它是不是与其对象一致，而实践则是检验真理是不是与它的对象一致的方法、途径或曰标准。如果认识没有这个尺度来衡量其真伪，就无所谓真理了。

其二，唯一标准的确切含义。有人提出对实践是检验真理的唯一标准的提法不能作简单的理解，唯一标准是唯一的最后标准，而不是说除实践以外，没有其他方法可以检验认识的真伪。事实上，我们在实际生活中并非事事都要通过实践的检验才能辨别其真伪，例如我们常常通过逻辑的推理来检验一个判断的真伪。数学定理不管测量（实践检验）多少次也不算数，必须通过逻辑推理才能得到确定的证明。还有许多简单的判断，单凭感受就可以检验，例如这朵花是红的还是白的，看一下就清楚了。但是逻辑推理和感觉都不是最后的检验，如果要问逻辑推理是不是正确的？感受是不是正确的？最后的回答只能是：用实践来检验。所以，实践是检验认识是不是真理的唯一的最后的标准。

其三，实践检验过程的复杂性。有人把实践的检验等同于实践效果的检验，认为根据某种认识来实践，如果得到了预期的效果，就证明这种认识是正确的；否则，就是错误的。这就把实践检验简单化了，因为歪打正着（认识错误但效果好）的事情不是没有，认识正确而由于其他原因得不到预期效果的事也是常有的，而且效果是好还是不好，有很强的主体性。只看效果，不问其他，容易陷入实用主义。实践检验是一个复杂的过程，实践的效果是实践检验的重要因素，但不是唯一的因素。实践检验认识是一个复杂的反复的过程。实践检验某一认识是否与客观世界一致、有多少一致的过程大致是：根据某种要检验的认识作出计划——执行计划——分析效果——反复实践——最后作出结论。有些问题可能要经过几代人的努力才能弄清楚。

第二，关于人道主义和异化问题的研究和讨论。马克思和恩格斯早年都曾经是人道主义者。人道主义作为一种历史观是唯心主义的，当他们创立唯物史观时就抛弃了人道主义历史观，但并未抛弃作为处理人际关系的人道主义原则。中国的马克思主义者在战争环境中，除了在实践上提倡“救死扶伤，实行革命的人道主义”之外，在理论上对人道主义抱全盘否定的态度。“文化大革命”中发生的那些惨无人道的现象不能说与全盘否定人道主义无关。因此，在党的十一届三中全会以后，在批判“文化大革命”的错误后，人道主义问题就自然地被提了出来。在讨论中出现了一种意见，认为马克思主义就是现代的科学的人道主义，人是马克思主义的出发点、核心和归宿。马克思早期的劳动异化理论是马克思的成熟理论。另一种意见则认为人道主义经过改造可以成为马克思主义的组成部分，即社会主义人道主义或革命人道主义，但马克思主义不能归结为人道主义。双方展开了争论。这场讨论有以下几点学术成果。

其一，把人道主义区分为历史观和伦理原则两方面是人道主义史上的一次重大的理论突破。人道主义是西方文艺复兴运动中先进的资产阶级思想家提出来的，认为人人都具有人权，每一个人都应把自己看成人，把他人看成人，人人都是平等的、自由的，其反对的锋芒指向神权和封建特权。后来启蒙思想家加以理论化，并用它来论证民主的国家制度，即认为人性或人的本质（人道）是历史发展的动力，人类社会的历史是人性的异化和异化的扬弃的历史。例如卢梭认为人性是自由和平等，国家及其暴君剥夺了人的自由和平等（人性的异化、丧失），人民应该以暴力反对暴力，推翻暴君，建立民主共和国（异化的扬弃）。空想社会主义者则用人道主义来论证社会主义，认为资产阶级共和国也是对人性的摧残，只有社会主义最符合人性。马克思也采用了这个公式来论证社会主义，但他认为人的本质是劳动，资本主义制度是劳动的异化，社会主义是劳动异化的扬弃。马克思发现了唯物史观之后就放弃了人道主义历史观，但他并未否定作为处理人际关系的人道原则。但是，当时马克思并没有把这两方面明确区分开来，这就埋下了后来马克思主义理论中关于人道主义争论的根源。苏联、中国的马克思主义由于否定人道主义历史观而全盘否定人道主义，西方马克思主义则由于肯定处理人际关系的人道原则而全盘肯定人道主义，改革开放后在中国全盘肯定人道主义的西方马克思主义也有人赞同了。经过讨论，中国学者明确提出区分人道主义的两个不同的方面，才使这个历史性争论得到合理的解决。

其二，劳动异化理论是前马克思主义观点。西方马克思主义人道主义派认为劳动异化理论是马克思主义观点，《1844年经济学哲学手稿》是马克思的成熟著作，这就必然否定唯物史观。“异化”这个概念一般说来当然是可以使用的，它指的主要是主体在实践过程中产生出与自己对立、伤害自己的东西，其原因可能有二，一是主体在认识上犯了错误，二是制度使然。马克思谈的异化，即人在劳动中产生出压迫自己的力量，并不是主体犯了错误，而是由于资本主义私有制。

马克思对此使用异化概念当然是可以的，但当他认为这就是人的本质的异化（丧失），而且以劳动异化与异化的扬弃来解释人类社会的历史，这就是人道主义历史观，而不是唯物史观了。有的中国学者不仅企图以这种唯心史观来取代唯物史观，甚至说国有制工人的劳动也是一种异化劳动，那就走得太远了。经过讨论，这种观点为多数学者所否定。

其三，应该肯定和发扬社会主义人道主义。经过讨论，多数学者都认为人道主义不能全盘否定。人道主义作为处理人际关系的原则应该用马克思主义加以改造，使之成为社会主义人道主义。社会主义人道主义当然承认人类社会的阶级区别，也承认每个人，不管他或她属于哪一个国家，哪一个民族，哪一个阶级，都是人，都应享受人的基本权利，都应得到人的待遇。虽然人权的具体内容，对于不同国家、不同民族、不同阶级是不同的，资产阶级人道主义采取的抽象人道主义实际是不存在的，在西方它不过是资产阶级人道主义的伪装而已。社会主义人道主义是从无产阶级立场出发来承认这个原则，认为它对于所有的人都有共同适用的方面，但仍是有阶级性的，只有到了无阶级社会，人道主义的阶级性才会消失。

第三，关于主体性与主体原则的研究和讨论。这个讨论是从人道主义讨论引发出来的。马克思主义从来没有否认过人是活动的主体，首先是实践活动的主体，也从未否认过人有主体性或主观性，亦称主观能动性，甚至出现过过分强调主体性的作用，陷入唯心主义的情况。但我国过去常常把主观性和主观主义混为一谈，忽视了在理论上对人作为主体和人的活动的主体性的研究，这次讨论深入研究了主体与客体的相互依存、主体性与客体性的相互渗透、人的活动的主体性的各种表现，弥补了过去的缺陷，丰富了马克思主义哲学的内容。其中争论至今还未达成共识的是关于主体性原则的问题。有的同志认为人的主体性是存在的，但把它作为一个原则来看就太夸大了。而有的同志则认为主体性在一定范围内是一种普遍的存在，因此就不能否定它是一个原则。在承认主体性原则的同志中也有两种意见，一种意见认为主体性原则应该成为马克思主义哲学的根本原则，并用它把马克思主义哲学改造成为主体性哲学；另一种意见认为如果把马克思主义哲学改造成主体性哲学，那它就不再是唯物主义了。对主体性的研究不仅深化了认识论的研究，而且开辟了对实践论和价值论的研究。对价值作一般性研究的价值论形成于 19 世纪末，20 世纪日益流行，但受到原苏联哲学界的排斥，被笼统地视为唯心主义。在主体性研究中，人们逐渐认识到评价是主体的主要活动之一，价值论是一门必要的部门哲学，这样，价值论才在中国得到了人们的认同并逐渐发展起来。对实践作一般性研究的实践论同实践唯物主义关系密切，我们将在下面合并起来研究。

第四，关于实践唯物主义的研究和讨论。这是一次规模宏大、内容复杂、涉及面广的讨论。分歧与争论首先发生在对实践唯物主义的理解上，有三种不同的观点：(1) 实践的唯物主义就是实践的唯物史观；(2) 实践唯物主义是以实践为对象的唯物主义，马克思主义哲学的对象就是实践；(3) 实践唯物主义是实践本体论或实践一元论。其次是关于实践唯物主义与马克思主义哲学的关系的分歧，对此上述三种观点有两种回答：第一种观点认为它是马克思主义哲学的一个组成部分，即历史唯物主义；第二、第三种观点认为实践唯物主义才是马克思主义哲学，即马克思的哲学，而辩证唯物主义与历史唯物主义是恩格斯、列宁、苏联哲学家的哲学。目前我国已出版了好几种实践唯物主义的系统著作。

第一种观点有几点理由：

其一，马克思从来没有把自己的哲学叫作“实践唯物主义”，他只是说过：“对实践的唯物主义者即共产主义者来说，全部问题都在于使现存世界革命化，实际地反对并改变现存的事物。”① 从“实践的唯物主义者”引申出“实践唯物主义”当然是可以的，但“实践”指的是唯物主义的一种特征，不是指唯物主义研究的对象。至于“唯物主义”一词，马克思和恩格斯当时指的就是唯物史观，他们还用过“现代唯物主义”、“新唯物主义”等词。在所有这些称呼中，“唯物史观”一词最确切。因此，实践唯物主义就是实践的唯物史观。

其二，“实践性”确实是马克思主义哲学的本质特征之一，也是与传统哲学的本质区别之一，但不能说马克思主义哲学只研究实践，是一种唯物主义的实践论，它包含实践论，不等于实践论；它仍然是一种世界观，尽管早期的马克思和恩格斯还没有把世界观和自然观的原理系统地制定出来。

其三，把实践唯物主义理解为实践一元论或实践本体论尤其错误，完全违背马克思主义的基本观点。只有物质本体论、自然本体论是唯物主义，思维本体论、精神本体论、意志本体论都是唯心主义。至于实践本体论以实践为本体，显得很实在，其实也是一种唯心主义，因为它以实践作为整个宇宙的基础，但实践在这个宇宙中是微乎其微的，它的影响只及于地球的表面，如果硬要说它是宇宙的基础，那么，这个宇宙的范围或者只限于小小的地球，或者说是一个主观虚构的宇宙，这就是一种唯心主义观点。把整个宇宙放在实践基础上的实践本体论决不是马克思的观点。

---

① 《马克思恩格斯选集》第1卷，75页，北京，人民出版社，1995。

其四，辩证唯物主义作为一个思想体系，其基础是恩格斯奠定的，但辩证唯物主义思想在马克思那里也是十分明确的。马克思的唯物主义不是直观的机械的唯物主义，而是能动的辩证的唯物主义；他的辩证法不是唯心主义辩证法，而是唯物主义辩证法。这一点马克思的许多言论都可以证明。而且，恩格斯在创立辩证唯物主义的系统理论时，一直得到马克思的关注与赞同。马克思与恩格斯一生在思想上、理论上的密切合作在人类文化史上是绝无仅有的，有的合著甚至分不清哪些是马克思的，哪些是恩格斯的，例如有些被引用来证明马克思的“实践”本体论的话，很可能是恩格斯写的。硬要在马克思和恩格斯之间制造根本观点的分歧是徒劳的。

至于另外两种观点的理由在介绍第一种观点时已有所涉及，这里就不再专门论述了。

第五，关于马克思主义哲学的理论体系的研究和讨论。20 多年来，关于马克思主义哲学的任何一个讨论都与其理论体系有关，而这个问题的解决也将影响其他一切问题的解决。体系问题涉及马克思主义哲学的根本问题。它的研究对象是什么？它在马克思主义中的地位怎样？它与其他哲学的区别和联系怎样？它有哪些组成部分？有哪些原理？它的原理怎样构成体系？等等。近年来讨论较多的是马克思主义哲学的现代形态与中国化问题，其中针锋相对的观点是围绕着辩证唯物主义和历史唯物主义特别是辩证唯物主义世界观展开的。

关于这个问题主要有三种意见：(1) 坚持辩证唯物主义（和历史唯物主义），这是多数；(2) 以实践唯物主义取代辩证唯物主义，目前这种观点已形成一种思潮；(3) 另辟蹊径，创立其他理论体系，意见十分分散。第二种意见已在前面谈到，第三种意见没有形成思潮，下面只谈一下第一种意见，其基本观点如下：

其一，哲学应成为一门科学，作为马克思主义哲学的具体形态，辩证唯物主义和历史唯物主义基本上是一个科学体系。它的研究对象是明确的（宇宙、人类社会、思维）；哲学应在人类实践和科学的基础上正确反映各层次的一般规律，应随人类实践与科学的发展而不断发展；它的原理是比较全面的、系统的，大体按照构造体系的原则（从抽象到具体、从简单到复杂）构成了理论体系；它具有重要的应用价值，对认识世界与改造世界能发挥一般的指导作用。

其二，旧的体系有许多缺陷或不足之处，须加以较大的改进。从内容上讲，它有若干空白或薄弱环节，如人的问题、主体性问题、文化问题、价值问题等，它没有充分吸收20世纪特别是20世纪下半叶人类社会发展提出的新问题、新经验，没有充分吸收科学和哲学发展的新成果。从体系上讲，哲学究竟应该包括哪些层次，这些层次的关系怎样不清楚；内容的安排也没有真正贯彻从抽象到具体、从简单到复杂的原则。

其三，应该着手建立新的马克思主义哲学的现代形态。这种新的形态是对传统的辩证唯物主义和历史唯物主义的继承与发展，它要吸收时代变化的新的因素，吸收从现代科学的新成就提炼出来的新的哲学观点，吸收古今中外哲学研究的合理成分，因此，它既是马克思主义哲学的现代形态，也是马克思主义哲学的中国化。这个哲学形态将由一个世界观和若干部门哲学构成，即由辩证唯物主义世界观、辩证唯物主义历史观、辩证唯物主义认识论、辩证唯物主义价值论、辩证唯物主义方法论所组成。当然，在主张坚持辩证唯物主义和历史唯物主义的学者中间，也存在着各式各样的意见分歧。

除了这几项研究和讨论之外，中国专业哲学家还在马克思主义哲学史、马克思主义哲学教材建设、应用哲学（部门哲学）、邓小平理论的哲学基础等几个方面做了大量工作，出版了成百上千种论著，获得了丰硕的成果，由于篇幅的限制，这里就不一一论述了。

20 世纪初列宁曾提出建立马克思主义哲学的科学体系的任务，但由于教条主义和个人迷信的干扰，这一任务没有实现。近 20 多年来，学者们不仅再度提出了这个任务，而且还作出了巨大的努力，取得了一定的成绩。在 21 世纪，中国哲学家们在已有的基础上继续努力，我们有理由相信，随着全面建设社会主义事业的进展，马克思主义哲学的各种问题会逐渐解决，并逐渐形成一个得到哲学界公认的崭新的科学的马克思主义哲学的思想体系，广大干部和知识分子的哲学水平会明显提高，马克思主义哲学的指导作用会更加突出。

关于人的理论的若干问题*

在我国，关于人的问题的研究经历了一条曲折坎坷的道路。解放后的二十几年中，肯定共同的人性、人道主义的观点都横遭批判、压制，被扣上地主资产阶级人性论、修正主义的帽子，这不仅违反了学术上百家争鸣的方针，而且也扼杀了某些具有真理性的观点，限制了马克思主义的发展。事情一度竟弄到如此地步，似乎只有西方理论界和欧洲理论界是重视人、关心人的，而中国的马克思主义理论界倒是忽视人、不谈人的。党的十一届三中全会以来，情况发生了很大的变化。我国文艺界、理论界、哲学界近年来十分重视人的理论问题的研究和讨论，召开过多次会

---

* 本文发表于《马克思主义与人》，北京大学出版社 1983 年版，后经补充修改，提供给党中央召开的纪念马克思逝世一百周年的理论研讨会，并在大会上宣读，其后半部分于会后曾在《人民日报》发表。全文发表于《哲学研究》1983 年第 4 期，后曾在多种报刊上转载。作者针对当时关于人道主义和异化问题的争论谈了自己对马克思的《1844 年经济学—哲学手稿》中涉及人的几个理论问题。作者认为对人道主义不能笼统否定，也不能笼统肯定，应具体分析，其历史观方面应予否定，其价值观方面应予肯定，这个观点对如何评价人道主义产生了一定的影响。

议，发表了大量文章，不同的观点之间也展开过深入细致的争论。争论表明，尽管各方都自认为是马克思主义的，但他们的分歧却是十分深刻的，甚至看不出互相接近的迹象。人的理论问题从来是一个重大的理论问题，应该讨论清楚，讨论中出现不同的观点完全是正常的现象。但是，这些争论除了表现出观点本身的分歧之外，有相当成分是由于对概念的不同理解或使用而造成的。掺杂着对某些基本概念的不同理解的争论，是得不出正确的结论来的。为了使讨论更加有效，本文不得不从对某些基本概念的理解谈起。

一、“人”指什么?

“人”是一个实物名词。一个实物名词可以指一个类的个体或分子，也可以指这个类的群体或整体。因此，人可以指个人，也可以指人群或人类。对于其他实物，这种区分可能没有什么重要意义，但对于人，这种区分却是很重要的。因为个人与人群固然是相通的，人群就是由个人组成的。但一种理论以何者为立脚点，却大不一样。可是，在人的问题的讨论中，人指什么往往含糊其辞，不甚明确。同是一个人字，有时指的是个人，如“人道主义”中的“人”，有时指的是人群或人类，如“人与自然环境的关系”、“社会生产是为了满足人的需要”中的“人”，有时似乎又兼指二者，如“人与人的关系”中的“人”。这种含糊不清的状况不利于讨论的开展。

那么，现在讨论的人的问题主要是关于个人的问题呢，还是关于人群或人类的问题？我认为主要是个人问题。何以见得呢？这从以下三个方面可以看出来，

第一，从历史上看。今天的问题可以追溯到欧洲资产阶级革命时期，资产阶级的先进思想家为了反对封建制度的束缚，推翻君权和神

权，便提出人本主义、人道主义理论，要求人权、个人解放和个性解放，提出自由、平等、博爱的口号，其立脚点都是个人。费尔巴哈的人本主义也是明确以个人为其立脚点的。马克思在《1844年经济学—哲学手稿》（以下简称《手稿》）中讲的人也明确讲的是个人，他也常常谈到类，但不是作为整体的人类，而是类的分子。例如，他说人把整个自然界变成人的无机的身体，因为人是自然界的部分，以自然界作为自己的唯一生活来源。“人的异化劳动，从人那里（1）把自然界异化出去，（2）把他本身，把他自己的活动机能，把他的生命活动异化出去，从而也就把类从人那里异化出去”①，“共产主义是私有财产即人的自我异化的积极扬弃”②。这些“人”都是个人。

第二，从马克思主义理论体系来看。人们常说人的问题是马克思主义理论体系中的一个空白。我认为决不能说马克思主义不讲人的问题，只能说它很少讲个人问题。怎能说以无产阶级革命和无产阶级专政学说为核心的马克思主义不讲人呢？难道无产阶级不是人吗？难道整个历史唯物主义讲的人类社会不是由人组成的吗？难道对无产阶级和劳动人民的历史作用的发现不是马克思主义的伟大历史功绩吗？为人民服务，向群众学习，难道我们讲得还少吗？论证人民群众，特别是劳动人民的历史作用和历史地位，指出他们的历史命运和自己解放自己的道路，正是马克思主义的基本内容。但是，关于个人过去的确讲得不多。尽管历史唯物主义也有一个题目讲个人在历史上的作用，但主要是讲领袖人物的作用，而没有或很少讲一般个人的作用。至于

① 马克思：《1844年经济学—哲学手稿》，49页，北京，人民出版社，1979。

② 同上书，73页。

个人的地位、价值、尊严、个性，马克思主义从来也没有否认过；但由于一讲这些东西就有宣传个人主义的嫌疑，人们就讲得更少了。马克思主义从来也不否认个人的利益，但主要是讲个人利益要服从集体利益、党的利益、国家的利益，这当然是对的，却很少讲个人利益的合理性，尊重和保护个人利益的必要性。有一个时期，人生观和伦理学由于考虑的是个人的种种问题，几乎被认为是个人主义的东西而被取消了。因此，马克思主义理论体系中的空白不是笼统的人的问题，而是个人的问题，要补充的正是关于个人问题的理论。

第三，从当前国际国内、东方西方关于人的问题的讨论来看。在人的问题的讨论中不少问题涉及作为整体的人类，如环境污染问题、生态平衡问题，但大家特别关心的问题仍然是个人问题。为什么东西方对马克思的异化学说具有如此浓厚兴趣呢？正是因为马克思在《手稿》中从个人出发阐明了共产主义理论。许多西方学者反对无产阶级专政的借口之一就是责难它违反人权（个人的权利），违反人道主义，限制个人自由，压抑个性发展。今天许多同志所以深感必须研究人性、人道主义问题，不仅因为林彪、“四人帮”在十年动乱期间犯下镇压和迫害广大干部、知识分子、人民群众的累累罪行，而且因为在他们策划和煽动下出现了许多在封建法西斯专政下才出现的灭绝人性、惨无人道、不把人当人的野蛮行为。这些地方讲的“人”都是个人。

人的问题主要是个人问题，明确了这点才好往下讨论。

二、什么是人的本质?

关于这个问题，分歧很大，但首先要解决的是对这个概念的理解问题，即一般所说的方法论问题。

何谓人的本质呢？本质这个概念，按照当时和今天的用法，是相对于现象、非本质的东西或本质的表现而言的。一种事物的本质应该是这种事物之所以为这种事物、区别于其他事物的根据或最根本的属性，而其他属性则是它的表现，它为这种事物的一切分子所共有。弄清楚了这种事物的本质，也就可以给这种事物下定义了，类的定义和类的分子的定义完全是一回事，费尔巴哈就是这样做的。他把人的本质看作一切个人所共有的最根本的属性，即理性、爱情和友谊，它当然也就是人这个类的最根本的属性。在《手稿》中，马克思大体上也是这样做的，他也是把人作为一个类来进行抽象的。但结论和费尔巴哈的不同，他不把人的本质看作理性、爱情和友谊，而看作生产劳动，他说："有意识的生命活动直接把人跟动物的生命活动区别开来。正是仅仅由于这个缘故，人是类的存在物。"① 又说："正是通过对对象世界的改造，人才实际上确证自己是类的存在物。"② 这里所说的有意识的生命活动，对对象世界的改造即生产劳动，他所采取的方法和费尔巴哈的方法实质上没有什么区别，即把个人看成人这个类的分子，然后从之抽象出共同的最根本的东西。

马克思在《关于费尔巴哈的提纲》中，批判了费尔巴哈关于人的本质的观点，并提出了他自己的观点，这段话全文如下：

费尔巴哈把宗教的本质归结于人的本质。但是，人的本质并不是单个人所固有的抽象物，实际上，它是一切社会关系的总和。

费尔巴哈不是对这种现实的本质进行批判，所以他不得不：

---

① 马克思：《1844 年经济学—哲学手稿》，60 页，北京，人民出版社，1979。

② 同上书，61 页。

(1) 撇开历史的进程，孤立地观察宗教感情，并假定出一种抽象的——孤立的——人类个体；

(2) 所以，他只能把人的本质理解为“类”，理解为一种内在的、无声的、把许多个人纯粹自然地联系起来的共同性。”①

马克思批判的不仅是费尔巴哈关于人的本质的具体规定，而且是他规定人的本质的方法。

人的个体无疑可以构成一个类，即人类。但是人这个类同其他事物的类有一个重要的区别，即人类是一个有组织的社会，而其他的类则否。例如鸟类、兽类、果类、豆类的个体，即一只鸟、一头兽、一个苹果、一颗豆子，都可以单独存在，一群鸟是鸟，一只鸟也是鸟，但人则不然，个体的人只能存在于社会之中，只能存在于他和别人的社会关系之中，离开社会关系，他便不能生产劳动，不能生存，不成其为人。社会关系首先和基本是生产关系和经济关系，在阶级社会中它还包括阶级关系。在现代分工的条件下，单独一个人当然无法生存，即使在原始社会条件下，一个人离开一定社会组织也是无法生存的，类人猿是作为猿群，而不仅是作为猿的个体变成人的。在生产关系基础上还有政治、法律、伦理、思想等关系，只有在这种关系中的人才是活生生的有血有肉的现实的历史的人。马克思不是根本反对对人的根本属性进行抽象，而是认为只有把人摆在社会关系中来抽象，才能真正找到人的本质。马克思说，“实际上，人的本质是社会关系的总和”，就是这个意思。

这个提法显然不是马克思给人的本质所下的完整的定义。因为作为一个定义，它应该对人的个体或类进行抽象，而这个论断并没有进

---

① 《马克思恩格斯选集》第1卷，18页，北京，人民出版社，1972。

行这种抽象。过去有人做过一种理解，说马克思的这段话认为只能对人类社会的本质进行抽象，对人的个体的本质进行的任何抽象都是错误的，特别是反对对阶级社会中的个体的人进行抽象。我认为这种理解未必符合马克思的本意。首先，马克思所说的“人的本质”中的“人”是单数，不是复数，显然他不否认对人的个体进行抽象。当然，即使是复数，这里也仍然可以是对人的个体的抽象。其次，马克思不但在《手稿》中多次谈到“人是类的存在”，而且在《德意志意识形态》中也仍然在对人的个体进行抽象，例如他说，“当人们自己开始生产他们所必需的生活资料的时候……他们就开始把自己和动物区别开来。”① 把马克思当时的一些思想综合起来，也许可以给人的本质下这样一个定义：人的本质是能在一定的社会关系总和中制造生产工具，从事生产劳动。也就是说，不能离开一定社会关系来谈人的本质。这样来理解人的本质，当然也是一种抽象，但它是科学的抽象，而不是空洞的抽象。费尔巴哈所说的人的本质则是一种空洞的抽象，因为他所说的人仅仅是单个的人即在社会关系以外的孤立的人，他所说的类仅仅是由单个的人组成的类，他所说的人的本质仅仅是一种内在的（没有表现出来的）、无声的（看不见听不到的）共同性；而马克思所说的人固然是单个的人，但是处于一定社会关系中的人，他所说的类固然是由个体组成的类，但是由处于一定社会关系中的个体组成的类；他所说的人的本质固然是内在的抽象的共同性，但也是现实的具体的共同性。马克思不是完全否定了费尔巴哈关于人的本质的抽象，而是克服了他的片面性，从而把空洞的抽象变成了科学的抽象。这个方法论上的分歧正是马克思根本不同于费尔巴哈的地方。

---

① 《马克思恩格斯全集》第3卷，24页，北京，人民出版社，1972。

这里顺便谈一谈人的两种本质，即自然本质和社会本质的问题。这里首先有个对人的本质这一概念的理解问题。如果把本质了解为属性，人无疑有自然属性和社会属性。因为人不但是人，而且是动物，是生物，是物质。但是，如果对本质概念作前面所述的理解，说人有自然本质则是不恰当的。一个具体的人，如张三，可以说他具有多层本质，不仅有人的本质，而且有不同类的人的本质，如他是党员，则有党员的本质，如是教师，则有教师的本质，等等。也可以说他不仅有自然本质，而且有不同类的自然的本质，如他有哺乳动物的本质，还有脊椎动物的本质，等等。但我们这里谈的是一般的人，而不是某一具体的人，人的本质是人之所以为人、区别于动物的最根本的东西。它只能是社会本质。人的自然本质这一概念本身就是自相矛盾的。

有的同志认为人的自然本质指的不是人的一般自然属性，而是指的人与动物相区别的自然属性，如人的能劳动的前肢（手）、能直立行走的后肢（脚）、能思维的大脑、能说话的声带和口腔，这些生理结构一方面是属于人的自然方面，一方面又为一般动物所无而为人所独有，所以它们是人的自然本质。问题是：人的生理结构能不能说是人的本质？无疑，它们是人所独有的自然属性，但按照前面所说的对人的本质这一概念的理解，人的本质是人区别于动物的最根本的东西，即在一定社会关系中的劳动。这只是我们的抽象，实际上还有许多因素与它是不可分割地联系着的，其中不少因素具有区别人与动物的意义，如思维、语言等等，除此而外，它还有不可缺少的自然生理基础，如手、大脑、声带等等。如果在所有这些因素中，劳动是最根本的，我们称之为人的本质，那么，手、大脑、声带等等最好称为人的本质的自然基础。人的本质及其自然基础是在相互推动的过程中形成和发展起来的。

三、什么是人性?

对人性概念首先也有个理解问题。有些同志把人性作为人的本质的同义语来使用，亦称人的本性，即人之所以为人、区别于动物的最根本的属性。根据这个用法，人性或人的本性只能有一个，即上面讲的人的本质，但更多的同志把人性了解为人的本质所决定的、区别于动物的一些根本属性。这样，人性就是人的本质的表现，就不止一个了，过去许多哲学家所主张的人性多种多样，莫衷一是，其实大多是为人的本质所决定的、区别于动物的根本特性，即一些人性，他们的观点往往并不冲突。但是，他们的观点有一个共同的缺点。同费尔巴哈一样，他们都把人看成孤立的个人，再进行抽象，并把他们获得的人性看成人的最根本的属性，即人的本质。因此，对于过去的各种人性论，我们不能简单斥之为抽象人性论并加以全盘否定，而应把它们所主张的人性和一定社会关系联系起来，并弄清楚它们和人的本质的关系。

一种古老的观点认为人为万物之灵，这就是说，人性就是理性，即人的思维能力。这种观点不能认为是完全错误的，因为理性的确是人的一个根本属性，是人与动物的一个根本区别。但是，它不是人的最根本的属性或人的本质，不是离开社会关系而存在的。理性只是人性之一，是在生产劳动的基础上产生的，是人的本质的一种表现。理性不是一成不变的，它的发展程度和具体内容是受社会历史条件制约的。

中国古代的哲学家有的主张人性善，有的主张人性恶，有的主张人性有善有恶，有的主张人性无所谓善恶。这里所说的人性是人生而有之的根本属性，亦称人的天性。我们知道，善与恶是伦理道德的基本范畴，其内容是异常复杂和多变的，在不同民族、不同社会、不同地区、不同阶级，有不同的善恶标准，这些善恶标准决不是与生俱来的，更不是使人与动物区别开来的人的根本属性。按照古代哲学家对人性概念的理解（天性），这四种意见中只有第四种意见是正确的，因为只有它根本否定了天性。但是，按照我们对人性概念的理解，第三种意见比较接近真理。而其余三种意见都是错误的，因为这些意见所说的人性，没有一种能把人和动物区别开来。我们既不能说，人是善的，动物是恶的，也不能说，人是恶的，动物是善的；也不能说，人无所谓善恶，动物才有善恶之分。第三种意见当然也不很确切，因为我们不能把人笼统分为两大类，善人和恶人，但这种意见包含这样的思想：人是有善恶的，这是正确的，人的善恶性或道德性是一种人性，是人的本质的表现之一。既然人的本质是生产劳动，生产劳动又离不开人与人之间的关系，那么，作为一个人，就一定要处理人与人，个人与集体之间的关系，这就是伦理道德关系，所以具有伦理道德关系是人性之一，是为一切人所共有、区别于动物的根本属性之一。因此，只有人才有道德不道德的问题，禽兽就没有这个问题，至于一个人具有怎样的伦理道德观念和行为，那是另一个问题。这个人有这个时代的道德观念，那个人有那个时代的道德观念，这个人有资产阶级的道德观念，那个人有无产阶级的道德观念，这些都不是人性，而只是人性（道德性）的具体表现，把某种特殊的道德观念看作人性，就是以特殊取代了普遍，无疑是错误的。我们有时骂一个人是不道德的，甚至骂他是衣冠禽兽，实际上是骂他违反某种特殊的道德准则，并不是说他没有道德问题，如果他是一条狗，他就无所谓道德不道德了。

历史上不少哲学家把某种特殊的伦理道德观念看作人性，就陷入了以特殊代替普遍的错误，前面提到的性善论和性恶论就陷入了这种错误。有的哲学家认为自私自利是人性，有的认为自由、平等、博爱是人性，都有这个问题。自私自利和大公无私，利己主义和利他主义，都是特殊的伦理观念，不是人性，因为它们都不是人所共有的、使人区别于动物的根本属性，你不能说人都是自私自利的或大公无私的，而动物则是大公无私的或自私自利的。自私自利或大公无私，利己主义或利他主义，博爱或爱有差等，都是在一定条件下产生的伦理道德观念，都是历史的社会关系的产物。但是，与自私自利容易混为一谈的对自我利益的意识倒可以说是一种人性。自我意识，其中包括自我利益的意识，是在生产劳动基础上产生的、区别于动物的一个根本的属性。人能把自己和自然界区别开来，把自己和他人区别开来，意识到自己的存在、自己的利益、自己的要求，而动物则不能，对自我利益的意识并不等于自私自利。

自由、平等是资产阶级先进人物提出来反抗封建等级制度和专制制度的口号，他们说，人是生而自由的，生而平等的，等等。尽管这些口号在封建制度统治下有合理性和进步性，但把它们说成是人性则是不对的，不仅因为根本不存在什么天生的自由观念和平等观念，而且因为资产阶级提出的自由、平等有其具体的阶级内容，他们的自由是贸易自由和剥削自由，他们的平等是等价交换和契约平等。无产阶级接过自由、平等的口号，并赋予它们以新的具体内容。无产阶级所要求的自由、平等是不受阶级剥削与压迫的自由、平等。如果从这里进行抽象，认为从具体意义上说资产阶级和无产阶级没有共同的自由和平等，而从抽象意义上说二者却有共同的自由和平等，因而自由、平等的要求是人性，那么，这种抽象正是空洞的抽象。其结果不过是一个空洞的名词或词义，很难说它们是共同的人性。但是，从另外一种意义来说，即把它作为自我意识的一个方面，似乎也可以说自由、平等的要求是一种人性，因为自由、平等的要求有更深刻的意义，它深深植根于人的本质之中，植根于生产劳动之中。人的生产劳动离不开社会关系，必然而且应该受到他人活动的支持、推动或限制、约束，同时，他又以一个相对独立的个体从事他的活动，为了进行有效的劳动，他就要求别人承认他在劳动中的平等地位和一定的活动自由，这就是所谓的人的地位、尊严和价值。这种要求是人的本质的一种表现，是人之所以为人、区别于动物的一个根本的属性。

资产阶级的人道主义者攻击无产阶级革命和无产阶级专政是反人道的，说马克思主义否认人的价值、地位和尊严，否认个人自由，扼杀个性，这决非事实。马克思在《共产党宣言》中在指出共产主义运动“正是要消灭资产者的个性、独立性和自由”的同时，又指出：“代替那存在着阶级和阶级对立的资产阶级旧社会的，将是这样一个联合体，在那里，每个人的自由发展是一切人的自由发展的条件。”①有的同志用这后一句话来证明马克思把个人作为马克思主义的出发点，这是把这句话从《共产党宣言》的完整论述中孤立出来的结果，未必符合马克思的本意，但这句话无论如何能够证明已成为完全成熟的无产阶级革命家的马克思对个人的地位是毫不怀疑的，是极端重视的。领导了第一次胜利的无产阶级革命和专政的列宁这样通俗地阐明共产主义精神：“我们要努力把‘人人为我，我为人人’和‘各尽所能，各取所需’的原则灌输到群众的思想中去，变成他们的习惯，变成他们的生活常规。我们要逐步地坚持不懈地实行共产主义纪律，推

---

① 《马克思恩格斯选集》第1卷，280、270页，北京，人民出版社，1972。

行共产主义劳动。”① 可见在列宁看来，承认“我”的地位同共产主义思想并不是不相容的。我们的宪法和法律也充分肯定个人的利益、人身自由、言论自由、公民的权利。但是，关于个人的地位问题，马克思主义和资产阶级人道主义有一个根本分歧。后者抽象地谈人的地位，在阶级社会中离开阶级抽象地谈人的地位，甚至把个人的地位抬到至高无上的地步，要一切服从个人的需要，实际服从资产阶级的需要，而马克思主义则强调无产阶级的需要、社会的需要，认为个人的地位不能否认，但个人的地位必须摆在集体、阶级、社会的地位之下，只能有利于，至少不妨碍集体、阶级、社会的利益。马克思主义认为个人的利益同人民的利益不能冲突，如果片面夸大个人的东西乃至损害人民的利益，对不起，人民就要加以制止和制裁。人民不能为了少数个人的利益而牺牲人民的利益，不能以小的人道来扼杀大的人道。因此，关键在于正确处理个人与社会的关系问题。我们主张要兼顾二者的利益、地位、尊严、价值，因为在我们的制度下，二者根本上是一致的，但也有矛盾，这就要以个人的需要来服从社会的需要，乃至牺牲个人的需要来完成社会的需要。不考虑个人的利益是片面的，把个人的利益与社会的利益割裂开来，甚至凌驾于社会利益之上，也是片面的。前者是极“左”，后者很难同资产阶级人道主义划清界限。

如果我们能把人的根本的属性从人的属性中区别出来，称之为人性，又把最根本的属性从人性中区别出来，称之为人的本质，那么，我们就只能找出一个本质，但可以找出许多人性。除了上述理性、道德性、自我意识等人性而外，我们还可以指出社会组织性、语言、美

① 《列宁全集》第 31 卷，104 页，北京，人民出版社，1955。

感等等。我认为人性或人的本性同社会性或社会的本性，实际是同义语，人的种种根本属性和人类社会的各个方面是相应的。

如果可以这样理解人性的话，过去关于人性的一些争论问题似乎就不难解决了。这些问题有，人性是不是先天的？人性是不是共同的？人性是不是贯彻始终的？人性是不是抽象的？过去的一般回答都是否定的，肯定的回答都遭到驳斥和批判，被认为是唯心主义的反马克思主义的，被称为抽象人性论。唯心主义的抽象人性论是有的，不但古代有，今天也有，但是，并非承认共同人性的观点都是唯心主义的抽象人性论。

人性不仅可以是共同的，而且必然是共同的，不是共同的就不是人性。人性逻辑地包含着共同性，人性是人的本质所决定的，人的本质是一切人所共同具有的，人性当然也是一切人所共同具有的，这点我们在前面的论述中已经讲过了。在无阶级社会中这种共同性是不难理解的，问题出在阶级社会中。

过去有一种看法：认为在阶级社会中没有共同的人性，人性就是阶级性，问题是在人类分裂为相互对立的阶级时，人有没有共同的本质？人还算不算人？按照人的本质的定义，劳动者当然是人，剥削者算不算人？剥削者既不制造生产工具，也不从事生产劳动，似乎不应算人。这是死抠定义。剥削者不劳而获，并非不能劳动。他或者曾劳动过，或者可以从事劳动。他虽然四体不勤，五谷不分，但他确具有从事劳动的一切素质或条件。小孩与老人不劳动，丧失劳动力的人不劳动，能说他们不是人吗？

同样道理，不能因为阶级的出现，共同的人性就消灭了。人性是共性、普遍性，阶级性是个性、特殊性，个性、特殊性表现而不代替共性、普遍性，阶级性表现而不代替人性。人都有思想，有理性，这是人性，但各人有各人的思想，不尽相同，这是个性。在阶级社会中，不同阶级有不同阶级的思想，这是阶级性。显然，阶级性是人性的表现。人都有伦理道德行为，这是人性，但不同阶级有不同阶级的道德观念，这是阶级性，这种具体道德观念是道德性的表现。不仅如此，不同阶级不仅具有理性、道德性这些人性，而且也可以具有某些共同的具体的思想和道德观念。这种共同的东西今天已为大多数同志所承认，尽管共同的思想和道德在不同阶级那里也会带有不同的阶级色彩，我们也不能说它们是人性。

共同性应该是人性的一个特点，马克思主义从来不否认共同性，但反对割裂共同性与特殊性，否认脱离特殊性的共同性，认为共同性存在于、表现为特殊性。

人性无疑是贯彻始终的，即贯彻人的一生，贯彻人类社会的全程，人性既然是区别于动物、人之所以为人的根本属性，在人还是人的全部过程中，它就不会消逝，否则人就不再是人了。说人性贯彻始终，绝不是说人性的具体表现一成不变。相反，随着人类社会的发展，人性的具体表现也变动不居，日新月异。贯彻始终性也应该是人性的一个特点。

人性无疑也是抽象的，因为它既是共同的，又是贯彻始终的，这些东西只能存在于它的具体表现之中。抽象人性论的错误不在于承认人性的抽象性，而在于设想脱离具体的社会关系的抽象性，甚至以某种具体的东西冒充抽象的东西，并把它宣布为永世不变的，全人类的，这当然是错误的。抽象性应该是人性的一个特点。

正如哲学史上以某种物质形态充当物质一样，人们也常常以人的某种特性来充当人性，即把它说成是脱离历史、超越阶级的共同人性。例如“人不为己，天诛地灭”的说法就表现了这种观点，即认为自私自利是人性，自私自利的思想是天经地义、无可厚非的。实际上，这种思想是私有制的产物，既不是普遍的，也不是永恒的，不是人之所以为人的根本属性。有文字记载的历史大部分是私有制统治下的历史，其中充满了尔虞我诈，争权夺利的描写。在社会主义国家，公有制建立时间也不长，私有制的幽灵还紧紧控制着许多人的思想，这就使人把一定历史条件下产生的自私自利思想看成永恒的。但是，人民革命斗争的历史告诉我们，即使在私有制的条件下，由于革命斗争的熏陶和培养，一些先进人物完全可以形成毫不利己、专门利人、公而忘私、大公无私的高贵品质，在革命斗争中无数英雄人物为了人民的利益毫不迟疑地贡献出自己的鲜血和生命，尤其是在马克思主义指导下的无产阶级革命运动更培养出了无数具有共产主义精神境界的先锋战士。怎能不顾这些铁一般的事实而把自私自利的思想看成共同人性呢？

青年男女的坚贞爱情是中外古今的文学作品反复歌颂的一个主题。费尔巴哈认为它是人性，许多人也把它作为永恒的人性来歌颂。男女双方忠实于自己的爱情，坚贞不渝，在遭到种种外力的阻挠和破坏时，起而抵抗，甚至以死抗议，这当然是值得歌颂的，而玩弄对方的感情，视对方为玩物的思想言行是应当受到谴责的。但一定要把爱情说成人性，则只能引起思想混乱。爱情作为一种社会现象是很复杂的。无疑爱情有两性的差异作为自然基础，这当然是共同的，但这种自然基础是与动物共有的，不是人区别于动物的人性，而是比人性更一般的动物性。在男女关系上，人异于动物的根本特性不是动物性而是婚姻关系，它贯穿人类的始终，在人类中普遍存在。婚姻关系可以说是一种人性，但爱情并不等于婚姻关系，而是历史的产物，即夫妻共同生活的产物。在远古的群婚制中，人只知有母而不知有父，男女双方没有共同生活，说不上什么爱情，爱情可能开始于对偶婚制，即出现比较稳定的夫妻关系的时候，至于坚贞的爱情则只可能在一夫一妻条件下出现，但这并不是说，在一夫一妻制下一切夫妻都过着爱情的生活。把爱情说成人性，就是把人的一种特殊属性说成是人的根本属性了。

四、什么是人的本质的异化?

人的本质的异化是马克思在《手稿》中提出来的，这个问题直接涉及马克思主义与人道主义的关系问题，有必要弄清楚它的含义，并给予一定的评价。

《手稿》是马克思的重要著作之一，因为它充分体现了马克思是怎样从黑格尔和费尔巴哈向唯物史观过渡的。这本书明确批判黑格尔，却仍然带有思辨哲学的痕迹，明确赞扬费尔巴哈，却在许多地方突破了费尔巴哈的局限。马克思力求从经济事实去揭示人类社会发展的客观规律，虽然没有完全做到这一点，却向着这一目标迈了一大步。这本书的过渡性、二重性在人的本质的异化理论中表现得尤为明显。什么是马克思所说的人的本质的异化呢?

马克思把人的本质的异化看成是异化劳动的组成部分，要弄清楚什么是人的本质的异化，首先又得弄清他的整个异化劳动理论。对于异化概念，人们理解各异，评价尤其分歧。但是，不管怎样，我们总得如实地弄清楚马克思的本意，然后加以评价。如果我理解得不错的话，马克思的异化理论似乎包括以下几点。

(一) 异化劳动的具体内容。马克思把异化劳动看作一个过程，包含四个阶段或四个方面：

1. 劳动产品的异化，即劳动所生产出来的劳动产品成为奴役和统治劳动者的异己的力量。“劳动者生产的财富越多，他的产品的力量和数量越大，他就越贫穷”①，劳动者“对对象的占有表现为异化到这种程度，以致劳动者生产的对象越多，他能够支配的对象便越少，并且越加受自己的产品即资本的统治”②。从这里可以明显看出来，马克思所说的异化和黑格尔所说的异化有所不同。在黑格尔那里，异化是外化、对象化、分化的意思，即从正题过渡到反题。如主观性异化为客观性，逻辑理念异化为自然界。在马克思那里，异化不仅是外化、对象化、分化，而且是外化、对象化、分化为一种敌对的力量。这同费尔巴哈所说的异化在含义上是一致的，他认为上帝成为统治、主宰人类的力量，是人的本质异化的结果。

2. 劳动活动的异化，即劳动者的劳动成为一种被迫的强制劳动。“对劳动者说来，劳动是外在的东西，也就是说，是不属于他的本质的东西，因此，劳动者在自己的劳动中并不肯定自己，而是否定自己，并不感到幸福，而是感到不幸，并不自由地发挥自己的肉体力量和精神力量，而是使自己的肉体受到损伤、精神遭到摧残。”③ 这就是说，劳动活动本身也成为统治、压迫劳动者的东西。

3. 人的本质的异化，即把作为人的本质的自由自觉的改造世界的活动“变成与人异类的本质，变成维持他的个人生存的手段”④。这就是说，劳动者被剥夺了他的类的生活，即人的生活，他的活动同蜜蜂、海狸、蚂蚁的“生产”就没有什么根本区别了。人失掉了自己

---

① 马克思：《1844 年经济学—哲学手稿》，44 页，北京，人民出版社，1979。

② 同上书，45 页。

③ 同上书，47 页。

④ 同上书，51 页。

的本质，人就不再是人而是非人了。

4. 人从人那里的异化，即劳动产品为他人所占有。“劳动和劳动产品所归属的那个异己的存在物，劳动为之服务和劳动产品供其享受的那个存在物，只能是人本身。”① 这就是说，资本家成为统治劳动者的异己的力量。

（二）劳动产品的异化与人从人那里的异化的关系。马克思在说明了这四点之后就谈到了产品的异化和人从人那里的异化的关系问题，这个问题涉及上述四点的关系问题，亦即对四点如何理解的问题。

最初，马克思认为资本主义制度是产品异化的根源，他说：“如果说人同他的劳动产品、同他的对象化了的劳动的关系，是同一个异己的、敌对的、强有力的、不依赖于他的对象的关系，那么，他所以同这一对象发生这种关系，是因为有另一个异己的、敌对的、强有力的、不依赖于他的人是这一对象的主人。”② 但是，紧接着，他又说，劳动者和资本家的关系是异化劳动的结果，如上面第四条所说。他认为：“私有财产是外化了的劳动，劳动者同自然界和自己本身的外在关系的产物、结果和必然归结。”③ “对这一概念的分析表明，即使私有财产表现为外化了劳动的根据和原因，实际上却毋宁是外化了的劳动的结果，正像神灵本来不是人类理性迷误的原因，而是人类理性迷

① 马克思：《1844 年经济学—哲学手稿》，52 页，北京，人民出版社，1979。

② 同上书，53 页。

③ 同上书，54 页。

误的结果一样。后来，这种关系就变成相互作用［的关系］。”① 就是说，异化劳动和私有财产互为因果，但异化劳动更根本一些。首先是异化劳动产生私有财产，然后私有财产再反过来加强异化劳动。这样，前面所讲四点就不是并列的四点内容或方面，而是一个有前后顺序的过程，劳动产品的异化产生劳动活动的异化，劳动活动的异化产生人的本质的异化，人的本质的异化产生人从人那里异化，同时后一项对前一项又有反作用。

（三）人的本质的异化和异化的扬弃。在上述异化劳动的四个方面中，人的本质的异化应该是核心，因为它固然是劳动异化的结果，却又是资本主义制度的直接根源。因此，在马克思看来，人的本质的异化和异化的扬弃就构成了资本主义的产生和消灭的过程，异化的扬弃就是共产主义的实现。马克思说：“共产主义是私有财产即人的自我异化的积极的扬弃，因而也是通过人并且为了人而对人的本质的真正占有；因此，它是人向作为社会的人即合乎人的本性的人的自身的复归，这种复归是彻底的、自觉的、保存了以往发展的全部丰富成果的。”② 为什么被异化了的人的本质又会复归呢？这个过程的推动力是什么呢？马克思没有做出明确的回答。看来马克思是把否定之否定看作这样的推动力量。马克思说：“黑格尔《现象学》及其最后成果——作为推动原则和创造原则的否定的辩证法——的伟大之处就在于，黑格尔把人的自我创造看作一个过程，把对象化看作非对象化，看作外化和这种外化的扬弃。”③ 马克思认为在人的本质的运动过程

① 马克思：《1844 年经济学—哲学手稿》，54 页，北京，人民出版社，1979。

② 同上书，73 页。

③ 同上书，116 页。

中，“把否定和保存即肯定结合起来的扬弃起着一种独特的作用”。①

这就是马克思在《手稿》中提出的异化劳动理论的基本思想，那么，怎么评价这一理论呢？能否认为马克思的异化理论是关于人类社会发展规律的科学理论呢？我看不能，它最多是用黑格尔和费尔巴哈的语言描绘了在他头脑中还处于萌芽状态的社会发展理论。看来马克思力图揭露经济制度的内在矛盾，借以说明共产主义社会出现的必然性，这个方向无疑是正确的，但是，由于他还没有完全摆脱黑格尔的思辨哲学和费尔巴哈的人本主义的影响，因而那时未能提出一套成熟的科学的理论。何以见得呢？

第一，他对人的本质的理解所采用的方法仍然是费尔巴哈所使用过的。他经常谈到“人是类的存在物”，每个人都具有“类的特性”，他的着眼点是单个的人，而不是处于一定社会关系中的个人，这正是他后来在《关于费尔巴哈的提纲》中批判过的“抽象的——孤立的——人类个体”或“内在的、无声的……共同性”。这使他从单个人而不是从社会关系的总和来观察社会的发展，把人类社会的发展归结为单个人的本质的异化和异化的扬弃。

马克思在《手稿》中以及在《手稿》以前的著作中均已谈到过人的社会性，人不能脱离社会关系而存在，但由于他所理解的人的社会关系还比较抽象，特别是由于他还没有明确认识人道主义在方法论上的片面性，所以他虽已正确地认识到人的本质是生产劳动，但未能完全摆脱抽象人性论的窠臼。

第二，马克思颠倒了异化劳动和私有制的真实关系，把异化劳动

① 马克思：《1844年经济学—哲学手稿》，125页，北京，人民出版社，1979。

看成比私有制更根本的东西，这样，异化劳动的根源就不清楚了。对于这个问题后来马克思作了科学的解释，他把生产分工和私有制的出现看作产生剥削和阶级的根源，又把生产力的发展看作分工和私有制的根源，这是正确的。马克思对异化劳动的四个环节的安排似乎是同黑格尔一样，把认识过程客观化了。从劳动产品的异化到人从人那里的异化实际上是一个认识的深化过程即对异化劳动根源的认识一步比一步深入。首先认识到劳动活动的异化是产品异化的根源，然后才认识到人的本质的异化是劳动活动异化的根源，最后才认识到私有制是人的本质的异化的根源。但马克思把这个认识过程看成客观过程，就把真实关系颠倒了。

第三，对于人的本质的复归的解释是思辨哲学的和人本主义的。人的本质的复归也就是人的本质的异化的扬弃。为什么异化不能再异化而要复归呢？这是否定之否定的要求，这就使异化理论带上了思辨哲学的味道。为什么人的本质要复归呢？这是人的本质的要求，而异化是反常的暂时的，这就使异化理论带上了人本主义的味道。马克思后来的科学理论完全是建立在对大量经济事实的分析和综合上面，才彻底摆脱了思辨哲学和人本主义的影响。

总之，我认为把马克思的异化理论简单地看成是马克思主义的重要组成部分，甚至是核心部分，是不对的。但把它看成是黑格尔的思辨哲学和费尔巴哈的人本主义的混合，也是一种简单化的片面观点，无论如何，马克思是努力从经济事实出发去寻求人类社会发展的客观规律，同黑格尔和费尔巴哈已经有了明显的区别。马克思的异化理论是马克思主义形成过程中的产物，不可避免地带有二重性。

五、科学共产主义就是人道主义吗？

有一种观点认为共产主义和人道主义是水火不相容的，根本对立的，二者之间毫无共同之点。这显然是过分了，无论在理论上还是政策上都是说不过去的。我认为人道主义的某些基本观点可以经过限制或改造而被包括在共产主义理论之中，但不能把共产主义归结为人道主义。

什么是人道主义？它是以个人为着眼点的观点，主张每一个人是一个独立的实体，他自己有自己的目的，尊重个人的平等和自由权利，承认人的价值和尊严，把人当作人看待，而不把人看作人的工具。对这些原则加以一定限制，马克思主义是可以同意的，事实上这些原则在我们的政策和实际活动中有充分的表现，叫作革命的人道主义。在战争中不虐待俘虏，给战俘以人道待遇；在监狱中不侮辱罪犯，给囚犯以人道待遇；医院不问病人的出身、政治倾向，只是根据病情而予以一视同仁的治疗；尊重妇女和老人，爱护儿童等等，都是人道主义的表现。当然，这样做，也是符合人民的根本利益的，但不能说其中没有人道主义的因素。共产主义主张不但要解放工人阶级和劳动人民，而且要解放全人类，从根本上反对任何剥削、压迫、统治，从这一方面看，也未尝不可以说共产主义是人道主义的。

但是，决不能把二者笼统地混为一谈，说共产主义就是人道主义，或最高的最彻底的最真实的人道主义，因为二者之间有原则的区别。

诚然，马克思在《手稿》中所提出的共产主义理论的确是人道主义理论，他本人就明白讲过，“共产主义则是通过私有财产的扬弃这个中介而使自己表现出来的人本主义”①，即人道主义。这种理论的根本观点就是，人类从资本主义社会过渡到共产主义社会的历史就是人的本质的失而复得的历史，有的同志把它看成整个人类社会历史的理论并形象地用图表示如下：

动物　　　　　人　　　　非人　　　　假人
——→劳动——→异化————————→复归——→人
（非人）　　原始社会　　↓　　　↓　　　↓
　　　　　　　　　　奴隶社会　封建社会　资本主义社会

从人的本质看人类社会显然是这种理论的根本原则，共产主义社会不过是人的本质的充分表现。但是，这只能说是马克思在他成为马克思主义者的转变过程中的思想，有些西方学者硬说这才是真正的马克思和马克思主义，后来的马克思和马克思主义退化了，这种看法带有明显的阶级偏见和政治意图，很难把它作为一种严肃的学术见解来对待。有些学者认为不能把《手稿》简单看作马克思的早年不成熟作品而加以全盘否定，从中不仅可以看出马克思从一个人本主义者转变为马克思主义者的过程，而且从中还可以吸取不少积极的思想，这是一种实事求是的态度。但是，人道主义和共产主义的原则区别还是不能抹杀的，其理由如下：

第一，人道主义眼中的人是孤立的抽象的个人，而马克思主义眼中的人则是处于一定社会关系总和中的个人。马克思不仅在《关于费尔巴哈的提纲》中谈到了这个区别，在《德意志意识形态》中也谈到了这个区别，例如他说，“费尔巴哈谈到的是‘人自身’，而不是‘现

① 马克思：《1884年经济学—哲学手稿》，127页，北京，人民出版社，1979。

实的历史的人'。”他“没有从人们现有的社会联系，从那些使人们成为现在这种样子的周围生活条件来观察人们”。①

因此，人道主义的着眼点是个人，是抽象的人，而马克思主义的着眼点是具体的人或现实的人，是在一定社会联系中的人，在阶级社会中是阶级的成员。马克思在《德意志意识形态》中明确指出，在阶级社会中，“某一阶级的个人所结成的、受他们反对另一阶级的那种共同利益所制约的社会关系，总是构成这样一种集体，而个人只是作为普通的个人隶属于这个集体，只是由于他们还处在本阶级的生存条件下才隶属于这个集体，他们不是作为个人而是作为阶级的成员处于这种社会关系中的。”②

第二，人道主义把历史发展看成个人的发展过程，历史是个人的历史，马克思主义当然不否认历史是个人的历史，但是首先不是个人，而是由各个在一定关系内的个人组成的集体、阶级、人群的历史，是生产发展的历史、经济发展的历史、政治活动的历史、阶级斗争的历史，总之，人类社会的历史。马克思在《德意志意识形态》中批评人道主义者说，“哲学家们在已经不再屈从于分工的个人身上看见了他们名之为‘人’的那种理想，他们把我们所描绘的整个发展过程看作是‘人’的发展过程，而且他们用这个‘人’来代替过去每一历史时代中所存在的个人，并把他描绘成历史的动力。这样，整个历史过程被看成是‘人’的自我异化过程，实际上这是因为，他们总是用后来阶段的普通人来代替过去阶段的人并赋予过去的个人以后来的意识。由于这种本末倒置的做法，即由于公然舍弃实际条件，于是就

---

① 《马克思恩格斯全集》第3卷，48、50页，北京，人民出版社，1972。

② 同上书，84页。

可以把整个历史变成意识发展的过程了。”① 这好像是马克思在批判自己在《手稿》中的思想。人道主义的历史观归根结底是唯心主义的。《手稿》尽管分析了经济问题，但最后却把经济制度的问题归结为人的本质的异化，他后来走的是相反的道路，把个人以及人群的问题归结为生产和经济制度的问题。

第三，人道主义的历史观也是违反历史事实的。把剥削及其表现，在一定意义下作为人的异化来描写，当然也是一种方式，但把人的异化扩展为一个历史观，如前面图表所表示的，就无法对阶级社会的历史地位做出正确的评价。尽管说异化也有积极的方面，异化的扬弃是积极的扬弃，但是整个说来，异化阶段却是一个非人的阶段，假人的阶段，即与动物类似的阶段，然而人类的文明时代却是从奴隶社会开始的。阶级社会中生产力的发展，特别是资本主义社会中生产力的发展，超过过去几十万年。当然，没有过去的缓慢的发展，也没有今天，但总不能说过去是人，阶级社会中人都不是人了，岂不荒唐！按照今天所理解的人道主义来说，原始社会的人道主义未必比阶级社会多。

第四，用人道主义来解释现今的社会现象和指导我们的实际活动，也是软弱无力的。法西斯，林彪、“四人帮”的暴行是反人道的，但这只是对他们的起码的谴责。他们的行为如果不违反人道是不是就可以了呢？当然不行。今天对青年应该进行人道主义的教育，有些人确是连人道主义思想也不多，但这够吗？人道主义教育能成为我们的主要思想教育内容吗？能代替马克思主义吗？

这里顺便谈一谈人是马克思主义的出发点的问题。出发点多种含

① 《马克思恩格斯全集》第3卷，77页，北京，人民出版社，1972。

义，第一种含义是说人是马克思主义理论体系的基点或开端，第二种含义是说人是马克思主义理论体系服务的对象，第三种含义是说人是马克思主义研究和解决的问题，马克思主义就是人学。前两种含义与这里讨论的问题关系不大，兹不论及。第三种含义实际是说马克思主义就是人道主义，这不很恰当。这里的马克思主义实际指的是共产主义理论，笼统地说人是共产主义理论要研究和解决的问题似乎无可厚非，但人指什么呢？指包括个人在内的人群或人类社会呢？还是个人？无疑，阶级、人民群众，人类社会的问题是共产主义理论要解决的问题，其中当然包括解决各个个人的问题，否则阶级、人民群众的问题就落空了。但是，如果说共产主义理论归根到底要解决的问题就是个人问题，是解放个人的理论，那么，共产主义理论和人道主义就没有区别了。在马克思主义中，倒是有一门分支学科是以个人作为主要研究对象的，那就是马克思主义伦理学。如果在共产主义理论和伦理学之间画一个等号，那就把一门范围广阔的科学和它的一门分支学科等同起来了。

六、社会主义社会有异化劳动吗?

社会主义社会有没有异化现象，这是《手稿》引起的有广泛争论的问题之一。这里首先要明确问题是什么，究竟是社会主义社会有没有劳动异化，还是社会主义社会有没有异化?

从广义说，异化有疏远化、外化、分化、对象化、客观化等意思，实即一分为二，即从A里面分化出一A，实例是很多的，从母亲身上分化出儿女，农民种出庄稼，工人生产出产品，都可以说是异化。但从狭义说，异化不仅指分化，而是指分化出一个异己的力量，与自己对抗的力量，例如父母养育出忤逆的儿子，农民毁林垦荒、围湖造田。显然，不仅广义的异化，即使狭义的异化，在任何社会都是不能避免的，都会出现的，很难想象在共产主义社会没有任何异化现象，何况社会主义社会？当人们犯错误的时候，就会事与愿违，产生反对自己的恶果。教育不当，就会出现破坏社会秩序，走上犯罪道路的学生；生产不当，就会造成环境污染，有害人民健康；对鸟兽乱捕乱杀，就会破坏生态平衡，引起严重后果；无计划地生儿育女，就会引起人口过多，阻碍社会的发展。人们只要在自己的活动中不能完全消灭盲目性，就难免出现这种对抗性的异化。但人类只能不断提高自己行动的自觉性，不可能完全消灭盲目性，因而也不能完全消灭异化。从这里我们应该得出结论，要随时提防出现异化现象，及时减少、减轻异化现象。这样使用“异化”概念于社会主义社会是有理论意义和现实意义的。但是，异化现象不等于马克思所说的劳动异化。从上述异化现象的存在绝得不出存在劳动异化的结论。

从前面引证的马克思的话来看，劳动异化实际上是资本家攫取工人的剩余价值，工人受资本家剥削这一事实的一种表述方式，甚至可以说是一种形象的描写方式。马克思所谈到的四点都是工人被剥削的具体表现。用异化现象来说明被剥削，无疑可以给人以异常鲜明生动的印象，使人真切地感到工人所受剥削之苦，但它究竟不能代替马克思后来提出的科学的论证。可见，马克思所说的异化劳动或劳动异化有其特殊含义，我们不能从字面出发加以引申。仅仅从字面出发，上面谈到的破坏生态平衡的劳动也可以叫作异化劳动，但是这决不是马克思所说的异化劳动。破坏生态平衡的劳动的根源中，当然包括经济制度的因素，但它主要还是认识问题，是人和自然的关系问题。而马克思所讲的异化劳动只是经济制度问题，只是人和人的关系问题。那么，按照马克思所理解的异化劳动来看，社会主义社会有没有异化劳动呢？

这个问题实际上就是我们经常讨论的问题，社会主义社会里有没有剥削？有没有剥削阶级？对这个问题，斯大林在几十年前作过回答，今天党中央也一再作过回答。在我国社会主义社会中，“在剥削阶级作为阶级消灭以后，阶级斗争已经不是主要矛盾。由于国内的因素和国际的影响，阶级斗争还将在一定范围内长期存在，在某种条件下还有可能激化。”①换成异化的语言，我认为这个问题可以这样表述：社会主义制度本身没有劳动异化，因为社会主义就是消灭剥削和剥削阶级，就是废除剥削制度产生的根源——私有制，就是消灭异化劳动。社会主义改造完成之时，就是剥削阶级消灭之日。剥削阶级都消灭了，哪里来的剥削呢？哪里来的异化劳动呢？但是，作为一个具体社会，社会主义社会不可能纯粹又纯粹，不可能完全消灭剥削和异化劳动，特别是社会主义社会建立的初期。

在社会主义社会中，尽管剥削阶级作为阶级已经消灭了，但残余的剥削分子还会存在一个时期，在某些角落里也可能产生新的剥削分子，特别是贪污盗窃分子、投机倒把分子。在这种情况下，异化劳动，或变相的异化劳动就不可能完全消除。特别是异化劳动在思想上的表现，即剥削思想，还会长期地广泛地存在下去，例如损人利己的思想、特权思想、官僚主义以及来自旧的剥削阶级的思想等等。当然随着社会主义物质文明和精神文明的提高，劳动异化现象及其表现将逐渐消灭，并将在共产主义社会中彻底消灭。

综上所述，社会主义社会中的异化现象至少有三个层次，第一，

---

① 中共中央文献研究室：《关于建国以来党的若干历史问题的决议注释本》，65 页，北京，人民出版社，1983。

它就是矛盾，作为矛盾的同义语的异化当然无处不在，无时不在的，不用说社会主义社会，在共产主义社会中也将充满矛盾。第二，它就是对抗性的矛盾，由于认识上和实践上的错误，本来不一定对抗的东西也会变成对抗性的东西，出现对抗性的异化。第三，它就是阶级矛盾，在社会主义社会中，是旧制度的残余，在一定条件下可能扩大和激化，但从总的趋势来讲将日趋缓和以至消灭。我不反对用异化概念来表现社会主义社会中的某些现象，但不应滥用，尤其不应该不管具体含义随意使用，这只能引起思想混乱。

《德意志意识形态》与当代中国马克思主义哲学研究的三个问题*

中国的马克思主义哲学是从苏联传来的，其具体形态一直是辩证唯物主义与历史唯物主义。改革开放以来，人们对此提出了异议，特别是怀疑甚至否定辩证唯物主义作为马克思主义哲学的核心部分的地位。这样，是否还要坚持辩证唯物主义，或者说是否要以另一种形态，例如实践唯物主义来取代辩证唯物主义，近年来成为哲学界的最主要的争论热点。在这场争论中，如何理解《德意志意识形态》（以下简称《形态》）中的思想，成为关键性问题。具体说，有三个基本问题与《形态》有关：一是马克思主义哲学与旧唯物主义是否有继承关系？二是马克思主义哲学的创立是否包含思维方式从本体论思维方式向实践论思维方式的转变？三是世界观与历史观是否有一般与特殊的关系？

---

* 本文发表于《马克思主义研究》2005年第4期。作者认为当前哲学研究者对《形态》有三点错误理解：一、《形态》的思想与旧唯物主义完全对立；二、《形态》用实践论思维方式取代了本体论思维方式；三、唯物主义世界观不是唯物史观的理论前提。作者针对这些观点谈了自己的看法。

一

一般说来，没有人否认马克思主义哲学与旧唯物主义之间存在着批判与继承的关系，但一谈到一些具体问题时往往就抓住一个方面而忽视另一方面。有的人在谈到直观唯物主义或唯物主义的直观性、自然本体论或物质本体论时，就认为马克思完全否定了直观唯物主义、物质本体论，根据是马克思在《关于费尔巴哈的提纲》（以下简称《提纲》）第一条就批判了直观唯物主义，在《提纲》和《形态》中都批判了物质本体论（不懂实践对世界的改变）。但他是不是完全否定了它呢？否。马克思是这样说的："从前的一切唯物主义（包括费尔巴哈的唯物主义）的主要缺点是：对对象、现实、感性，只是从客体的或者直观的形式去理解，而不是把它们当作感性的人的活动，当作实践去理解，不是从主体方面去理解。"① 他这里谈的只是旧唯物主义的"缺点"，而这个缺点只是旧唯物主义"只是从客体的或者直观的形式去理解"，而不简单地是"从客体的或直观的形式去理解"，这就是说，旧唯物主义的错误不在于它肯定对象、现实的客观性，而在于忽视了实践对对象、现实的作用，忽视了人的活动的主体性，忽视了对象、现实由于实践的作用也带有不同程度的主体性。他在《德意志意识形态》中用大量篇幅批评了费尔巴哈唯物主义的这一缺点，他在谈了人类生产活动、工业和商业如何改变了自然界的面貌后说："这种活动、这种连续不断的感性劳动和创造、这种生产，正是整个现存的感性世界的基础，它哪怕只中断一年，费尔巴哈就会看到，不仅在自然界将发生巨大的变化，而且整个人类世界以及他自己的直观

① 《马克思恩格斯选集》第1卷，54页，北京，人民出版社，1995。

能力，甚至他本身的存在也会很快就没有了。”① 显然这是对费尔巴哈的直观的唯物论或自然本体论的批评，但这是否把它完全否定了呢？没有，他紧接着就补充了一句：“当然，在这种情况下，外部自然界的优先地位仍然会保持着”②，何谓“优先地位”？即客观性。这里的“这种活动……正是整个现存的感性世界的基础”常被人们理解为整个宇宙都依存于人类的实践活动，但通观前后文，马克思谈的都限于地球，丝毫没有涉及地球以外的宇宙，“实践本体论”绝非马克思的观点。

马克思主义唯物主义对旧唯物主义的批判与继承的关系不是一句空话，而是有具体内容的。从马克思的思想发展过程和《形态》的基本精神来看，马克思主义对旧唯物主义的继承主要表现在：一、承认外部世界的客观实在性；二、承认人类认识本质是对外部世界的反映。马克思主义对旧唯物主义的批判主要表现在：一、旧唯物主义不理解外部世界（主要是人类生活其中的地球）是经过人类实践活动改造过的；二、不理解人的活动的主体性或主观能动性；三、没有把唯物主义原则贯彻于人类社会历史领域。那种把马克思主义唯物主义同旧唯物主义绝对对立起来的观点是不符合马克思的思想的。在《提纲》和《形态》中，马克思丝毫没有完全丢掉直观唯物主义或物质本体论的意思，而是要在继承它的合理因素的基础上前进一步。

二

按照我的理解，所谓本体论思维方式是考察任何现象时总要把它

---

① 《马克思恩格斯选集》第1卷，77页，北京，人民出版社，1995。

② 同上。

作为一种客观存在来考察，总要追溯它的根源，唯物主义和唯心主义都属于这种思维方式。所谓实践论思维方式则把一切现象看作是离不开实践的，从一定意义上讲是实践的产物。提出这种区分的人还认为本体论思维方式是近代思维方式，实践论思维方式是现代思维方式；《提纲》与《形态》是实践论思维方式的范例，马克思是实践论思维方式的倡导者、创立者，在这一点上是与现代西方哲学和现代科学一致的，而恩格斯、列宁和苏联哲学家则后退到了本体论思维方式。在我看来，说马克思从本体论思维方式转变到了实践论思维方式，在《提纲》和《形态》中都找不到根据。为了说明这个问题，我想先一般讨论一下本体论思维方式与实践论思维方式。

本体论思维方式是从本体论转化而来的，本体论在传统哲学中包含许多错误的因素，但也有合理的东西，即把外部世界作为真实存在来认识和研究，用马克思主义语言，即世界观或宇宙观。哲学中的本体论对外部世界作整体研究，各门科学研究外部世界的各个部门，可以说也都具有本体论的意义。所谓本体论思维方式不外乎把研究对象作为真实存在来思维，任何科学显然都离不开这种思维方式，甚至可以说任何正常人在其实践过程中，生活过程中，也离不开这种思维方式。这种思维方式能够过时吗？能够为别的思维方式所取代吗？我看不能，除非人类停止活动。

实践论思维方式是从实践论转化而来的，旧唯物主义缺乏对实践的认识，当然缺乏这种思维方式，看不见实践对世界的作用。但实践的作用毕竟是很有限的，实践论思维方式的适用范围也是有限的，例如对于地球以外的太阳就谈不上实践对它有丝毫作用，至多只能说实践对人对太阳的认识有一定作用。因此，本体论思维方式的普适性是最普遍的，而实践论思维方式的普适性是有限的，今天我们决不能以实践论思维方式取代本体论思维方式，而只能在研究和改造地球上的现象时在本体论思维方式上加上实践论思维方式，二者决不是对立的，而是在一定条件下互补的。

谈到《提纲》与《形态》，我认为强调实践，从实践的角度考察各种现象，无疑是马克思思维方式的一个显著的特点，但说他再也不从本体论的角度看待各种现象就未必正确了。正如我在前面谈到过的，尽管他是说过实践活动是“整个现存的感性世界的基础”，但只要不是望文生义而是把前后文联系起来看，人们很容易看出来，他指的不是整个宇宙而仅仅是地球，说的是生产劳动，特别是工业改变了地球，这种实践活动是以自然界、物质世界为先行条件的，这种实践论是以自然本体论、物质本体论为理论前提的。如果说马克思批判了旧自然本体论（费尔巴哈的自然主义），并在其合理因素之上加上实践论，我想是可以的；如果说本体论与实践论是两种对立的思维方式，马克思以实践论思维方式取代了本体论思维方式，我认为是不符合事实的。我认为唯物主义本体论思维方式是任何正常人的思维方式，也是科学的思维方式，不管是近代科学还是现代科学都离不开唯物主义本体论思维方式，马克思主义是科学，自然不能例外。

现代自然科学并未否定本体论思维方式，因为它并未否定外部世界的客观实在性，并未否定科学认识的客观性，它只是反对寻找某种最后的绝对的东西，反对否定实践的重要作用，否定构建永世不变的绝对真理的理论体系。现代哲学中有反对本体论思维方式的哲学学派，如逻辑实证主义，但否定了本体论思维方式也就否定了逻辑实证主义的真理性，否定了自己。除此而外，肯定本体论思维方式的现代哲学家也大有人在，特别是从事复杂性科学研究的许多现代科学哲学家明确坚持唯物主义本体论立场。我国的许多有世界声誉的科学家坚持辩证唯物主义世界观，这是大家都知道的。

三

人们对于说《形态》正面阐述的是唯物史观似乎并无分歧，但唯物史观是什么，是社会历史观还是世界观，人们的看法则颇不一致。在有些人看来，历史观的“历史”不限于人类社会的历史，而是世界的历史，因此，世界与历史不是整体与部分的关系，世界观与历史观不是一般与特殊的关系，这样，说唯物史观是唯物主义在社会历史领域的运用，就不正确了。在我看来，这种观点并不符合《形态》的情况。从字面上看，“历史”当然不仅是社会史，也包括自然史，但在过去习惯上往往仅指社会史，例如唯物史观中的“史”或历史唯物主义中的“历史”均指社会史，如果它指整个历史，辩证唯物主义与历史唯物主义并列就是多余的了，因为它们都是世界观，毫无必要用两个称呼。我们平常也讲辩证唯物主义与历史唯物主义是共产党的世界观，并不是说历史唯物主义也是严格意义的世界观，不过是说，由于社会史是世界及其历史的重要组成部分，具有世界观的意义。因此，对于某些文字的理解，我们不能死抠字面上的含义，必须尊重约定俗成的习惯。

分歧的实质在于是否应该区分宇宙（或自然）与社会、宇宙史（或自然史）与社会史，是否应该构建研究整个世界的本体论（或世界观）与研究人类社会及其历史的历史观（或社会哲学）。有的学者认为过去由于区分主体与客体，便出现了天人关系、自然与社会的关系等问题，这些传统理念已经过时了，现在应该是主客不分、天人合一、自然与社会融为一体了。这也是上面谈到的本体论思维方式与实践论思维方式的分歧的一种表现。我认为只讲合与只讲分都是片面的。只讲分的观点在传统哲学中曾占主导地位，它把自然与社会截然分开，认为自然界的历史是受自然规律支配的，而人类社会的历史则受人的思想意识支配，纯属偶然的堆集，无任何规律可言。正是马克思主义唯物史观发现了人类社会与自然界的统一性，既发现了实践对自然界的作用，又把唯物主义客观性原则贯穿于人类社会，在哲学史上第一次构建了科学的社会历史观的思想体系。这正是《形态》第一章的主要创造。那么，马克思是否否定了自然与社会的区分了呢？否，马克思是在承认了分的前提下谈合的。同理，他也是在承认了历史观与宇宙观的区分的前提下谈它们之间的联系的。实际上，自然与社会，宇宙观与历史观之间分与合是相互依存的，没有二者之合谈不上二者之分，没有二者之分也谈不上二者之合。

在《形态》中，马克思谈到二者的区别与统一的最典型的话就是："当费尔巴哈是一个唯物主义者的时候，历史在他的视野之外；当他去探讨历史的时候，他不是一个唯物主义者。"① 这里的"历史"如果理解为社会历史，其内涵是十分明确的，意指费尔巴哈的唯物主义限于自然界，他对社会历史的理解是唯心主义的。如果理解为宇宙的历史，这话就颇为费解，其意就是说费尔巴哈的唯物主义限于宇宙的存在，不包括宇宙的历史；而当他去探讨宇宙的历史时，他是唯心主义的。费尔巴哈有这种思想吗？如果理解为历史性，即变动性，这话也同样费解。一个本来十分清楚明白的思想，现在被搞得晦涩难懂，令我感到困惑不解。

其实这个思想自费尔巴哈本人开始就是很清楚的。费尔巴哈的哲学由两大部分组成，一是自然主义，即唯物主义的自然本体论；一是

① 《马克思恩格斯选集》第1卷，78页，北京，人民出版社，1995。

人本主义，即唯心主义历史观。他自己就说过，“向后退时，我同唯物主义者完全一致；但是往前进时就不一致了。”① 马克思对费尔巴哈的唯物主义的超越就在于除了克服其直观片面性而外，还把它贯穿于人类社会历史，构成了唯物史观，这就是《提纲》和《形态》的主要贡献。

《形态》被公认正面阐明了唯物史观，其具体内容有些什么呢？有些论述诚然涉及历史观的世界观前提，但其主要内容如劳动、生产、交往形式、分工、社会制度等，限于人类社会历史还是很明显的。上面所引那句话，是马克思对费尔巴哈在自然观和历史观上的矛盾的明确的批评。后来恩格斯也说“他下半截是唯物主义者，上半截是唯心主义者”。② 只有马克思主义哲学是彻底唯物主义的。后来苏联哲学家把历史唯物主义摆在辩证唯物主义之后并把二者并列起来，正是根据了马克思的彻底唯物主义观点：一先一后，因为二者是一般与特殊；二者并列，因为唯物史观是世界观与政治经济学、科学社会主义的中介，在哲学各部门中特别重要。这是无可厚非的。

我国哲学界在谈到《形态》中的思想时，有的人认为它们只是马克思的思想，仿佛不是恩格斯的思想。我认为这是不正确的，这些思想应该是他们二人共有的思想，但上面我只提到它们是马克思的思想，这是因为争论的是关于马克思的思想。因此，应该指出这些思想也是恩格斯的思想。广松涉教授的研究也能说明这一点。最近我读了日本广松涉教授编排的《德意志意识形态》第1章，我为他的严谨的治学态度和非凡的勤奋努力所深深感动，但我还来不及跟随他的版本

① 《马克思恩格斯选集》第4卷，227页，北京，人民出版社，1995。

② 同上书，241页。

深入马克思和恩格斯的思想殿堂，体验他们的思想发展历程，这只有等待来日了。广松涉根据他的研究提出了一个新观点：在确立历史唯物主义以及与之融为一体的共产主义之际，拉响第一小提琴的，限于合作的初期而言，毋宁是恩格斯。这个观点同一般人的观点正好相反，正如前面我提到的，在一般人看来，《形态》中的新思想几乎都是马克思的。广松涉这一观点能否成立，当然是可以讨论的，但是，即使他的观点不能成立，他所根据的事实——《形态》的手稿主要是恩格斯的手迹，也能说明《形态》中的思想是他们二人的，无论如何恩格斯不是无足轻重的。这就能说明，恩格斯后来研究自然辩证法和客观辩证法，正是进一步向下探索唯物史观的物质本体论前提，这种探索不仅是恩格斯的哲学思想的逻辑引申和必然发展，也是马克思的哲学思想的逻辑引申和必然发展。他们二人在思想理论上的差异是次要的，在思想理论上的一致是主要的，不可能在世界观和历史观的组成上出现根本上的分歧。

正确理解马克思的哲学观点*

——从“和而不同”谈起

近年来，孔子名言“君子和而不同，小人同而不和”，人们都是以赞同的态度来经常引用。但如果加以仔细推敲，按照词义和语法加以理解，其正确性便成了问题。孔子谈的是如何处理人与人的关系问题，“和而不同”是要求与人和而不要求与人同；“同而不和”是要求与人同而不要求与人和。“和而不同”显然是不可能的，也是不应该的，因为“同”是“和”的必要条件，两个人之间必须具有某种共同之处，如共同关系、共同利益、共同兴趣，才有可能建立某种和谐关系，如果两个人毫无共同之处，和谐就无从谈起了。因此在人民内部我们经常把求同存异看作处理人际关系的一个原则，我国还把求同存异看成处理外交关系的一个原则。如果按照其词义和语法来理解“和而不同”，此

* 本文发表于《人民论坛》2005 年第 2 期。作者从一般诠释学问题（以对“和而不同”的诠释为例）讲起，主要讨论对青年马克思的一些著名的判断的诠释问题，这些判断的诠释涉及对马克思早年哲学思想的理解与评价，也是近年来争论较多的热点。

话是错误的，不但不能引用，还应加以批判。但是，这种理解不符合孔子原意，问题出在语境。

语境（Context）是解释学基本概念之一，这个概念告诉我们对某一判断的理解不能“望文生义”，即不能仅仅根据字面来理解其含义，而必须把它放在一定的语言环境中来理解。语境是很复杂的，大致可以分为两层，即小语境和大语境，小语境即这一判断的前后文或上下文，大语境则是当时的整个社会环境，特别是语言文化环境。只有把文本放在一定语境中，我们才能真正理解其本来含义。这样字面含义与本来含义就有了一定差距，当然，这个差距不能过大，应该控制在合理的范围之内。那么，我们应该怎样理解“和而不同”呢？

“和而不同”与“同而不和”没有小语境可言，因为《论语·子路》中这是两句孤零零的话，既无上文，也无下文，只能以大语境为参照来理解这两句话。我国历史上注疏家就是这样做的。他们不是根据字面把“和而不同”解释成要和谐而不要共同，而是把它解释成要分歧中的和谐而不要无差异的苟同、随声附和或强加于人。他们根据的不是《论语》中的其他言论，而是《国语·郑语》所载史伯论“和同”和《左传·昭公二十年》所载晏子对齐景公论“和同”。史伯与晏子都指出我们要有差异的“和”而不要没有差异的“同”，正如我们要五味的调和、八音的和谐，而不要单一的口味、单一的音调一样。要把分歧的意见协调起来，而不要随声附和或强加于人。因此“和而不同”的含义是比较复杂的曲折的，如果按其字面加以引用，势必引起在同与异、共同性与差异性的关系上的思想混乱，甚至导致对人民的共同的根本利益、马克思主义的统一思想指导、巩固和发展中国人民的统一战线、对外求同存异方针的怀疑与否定，其危害性是很明显的。

我国学者对古典著作做过大量注释工作，其规模之大，在世界上可以说是首屈一指。我国历史上形成了两条关于注释的基本思想路线，一是我注六经，一是六经注我。这两条路线都有大量信奉者，我赞成“我注六经”，因为这一思路务使注释符合原文的本意，不望文生义，不强加于人，既重视文本，又重视语境。而“六经注我”思路则是借题发挥，利用古人语言阐发自己的观点，既不重视文本，又不重视语境，往往抓住片言支语，随意引申。这两条思路在对中外古典文本的注释中都有表现。这不能不使人想起我国理论界对马克思的哲学思想的诠释问题，因为对马克思的某些哲学观点究竟如何理解和评价近年来一直是人们关注和争论的热点。由于时间和空间上的距离和表达方式上的差异，马克思的某些论断常常被人们误解。这里举两个人们熟知的例子。

马克思说：“哲学家们只是用不同方式解释世界，问题在于改变世界。”① 这话常常被理解为旧哲学与马克思主义哲学的根本区别之一，旧哲学只是解释世界，马克思的哲学只是改变世界。难道马克思的哲学就不解释世界？如果马克思真正认为他的哲学不解释世界，他还有必要写文章吗？他的文章中能不包含对世界的解释吗？旧哲学与马克思的哲学的区别除了在于是否要改变世界而外，并不在于是否要解释世界，而在于如何解释，在于是否科学地解释。马克思并非批评旧哲学解释世界，而是批评旧哲学“只是”解释世界。因此，说马克思的哲学不解释世界，是一种误解。

马克思说：“人的本质不是单个人所固有的抽象物，在其现实性

---

① 《马克思恩格斯选集》第1卷，57页，北京，人民出版社，1995。

上，它是一切社会关系的总和。”① 这话常常被理解为马克思对费尔巴哈的抽象人性论的批判，这无疑是正确的，但有的人认为这表明马克思根本否定对人的本质进行抽象，这就误解了。问题不在于抽象，而在于怎样抽象，在于是否科学地抽象。他反对的只是把人仅仅看成一个个单独的个体而抽取其共同性，而主张把个人看成离不开社会的个体而抽取其共同性，从而做出关于人的本质的科学的规定，这种科学规定无疑也是一种抽象物。

这些例子也许还没有涉及马克思的基本哲学观点，下面的例子则不仅涉及马克思的基本哲学思想，而且涉及对整个马克思的哲学的理解与评价。

人们都承认马列主义、毛泽东思想、邓小平理论和“三个代表”重要思想是一脉相承和与时俱进的，这对于他们的哲学思想当然也是适用的。但人们热衷的是它们的与时俱进，而相承的“一脉”在哪里呢？有一派人实际上不承认有“一脉”，而是认为恩格斯、列宁在哲学上背离了马克思。在他们看来，马克思的哲学思想属于现代哲学的范畴，而恩格斯、列宁的哲学思想属于近代哲学的范畴，即前马克思的哲学；马克思与卢卡奇、海德格尔、萨特是同一类型的哲学家，而恩格斯、列宁与黑格尔、费尔巴哈是同一类型的哲学家。因此，他们关注的不是相承的一脉如何与时俱进，而是“正本清源”，挖掘和恢复马克思的哲学思想，取消辩证唯物主义作为马克思主义哲学的位置。令人震惊的是持有这种观点的不仅有才华横溢的中青年马克思主义哲学家，而且有从事马克思主义哲学教学与研究几十年的资深的马克思主义哲学家。他们的最强有力的根据就是文本以及对文本的诠

---

① 《马克思恩格斯选集》第1卷，56页，北京，人民出版社，1995。

释。他们集中抨击对马克思哲学思想的唯物主义诠释，千方百计把马克思的思想诠释成对唯物主义的否定。其主要的手段就是对马克思的观点作望文生义或断章取义的诠释。下面不妨具体分析一下两个例子。

20多年来一直存在着不同理解和争论的最主要的是《关于费尔巴哈的提纲》第一条的开头一句话："从前的一切唯物主义（包括费尔巴哈的唯物主义）的主要缺点是：对对象、现实、感性，只是从客体的或者直观的形式去理解，而不是把它们当作感性的人的活动，当作实践去理解，不是从主体方面去理解。"① 这是马克思批判旧唯物主义或直观唯物主义的经典名句，许多人都能背下来。对此历来有两种理解：一种理解认为马克思完全否定了直观唯物主义或旧唯物主义的直观性，认为对象世界、现实世界离不开人和人的实践活动，现实世界就是人的实践活动。这种理解把此话同《德意志意识形态》中的一些话联系起来，引申出实践唯物主义，甚至实践本体论的结论，这点下面将谈到。另一种理解认为马克思只是指出了旧唯物主义的一个"缺点"，并未完全否定直观唯物主义或旧唯物主义的直观性，认为对象世界、现实世界不只是客观存在的，还是经过人的实践活动改造过的，打上了主观能动性的烙印。这两种理解涉及对文本的不同诠释。关键问题是如何诠释"把对象、现实当作实践去理解"。上面第一种理解认为对象、现实指的是整个宇宙；整个宇宙都依赖于人的实践，包括人化自然和人类社会；不以人的意识为转移的世界是不存在的。第二种理解认为对象、现实指的并不是整个宇宙，而只是人的实践所及的世界，笼统讲就是地球；人类社会和经过人的实践改造过的自然

① 《马克思恩格斯选集》第1卷，54页，北京，人民出版社，1995。

界是由天然的自然（无人的作用的自然）演化而来的；经过人的实践改造过的自然和人类社会也是客观存在的，不以人的意识为转移的。从字面上看，第一种观点似乎更符合马克思的原意。马克思说的“对象、现实”并未加上“地球上”这样的限制，有什么根据说他说的“对象、现实”就是地球呢？我认为有两个根据，一个是常识与科学，一个是《德意志意识形态》。

从马克思时代直到今天，人类实践对自然界的作用仍限于地球（对月球的作用微乎其微），这是常识，也是科学，难道马克思连这一点都不知道？《形态》与《提纲》差不多是同时写的，《形态》中的一部分重要内容与《提纲》相同，也是批判费尔巴哈不懂实践的作用，《提纲》中只有片言只语，《形态》则作了较详细说明，马克思谈的都是自人类出现以来，人类通过生产劳动，特别是通过工业生产如何改造了自然界，使地球面貌发生天翻地覆的改变。他一字也没有提到人类的实践如何改变了地外的自然界。为了说明这点，我们下面就来分析《形态》中一句至今争论很大的话，这话也是我们要分析的第二个例子。

马克思在谈到如果没有工业和商业，就没有自然科学；“纯粹的自然科学也只是由于商业和工业，由于人们的感性活动才达到自己的目的和获得自己的材料的”之后，紧接着说：“这种活动，这种连续不断的感性劳动和创造、这种生产，正是整个现存的感性世界的基础。”① 感性世界指什么？两种诠释：一种观点认为它是整个宇宙，并从而引申出实践本体论或实践一元论，它主张实践是整个宇宙的基础，没有实践就没有宇宙，世界统一于实践，整个自然界离不开实

① 《马克思恩格斯选集》第1卷，77页，北京，人民出版社，1995。

践，从属于人类社会及其实践。另一种观点认为感性世界指的就是地球，不包括地外自然界。从上下文来看，所谓实践是感性世界的基础，不过是说，自人类出现以来这个地球发生了巨大的变化，造成这种变化的根本原因就是人类社会的实践活动。马克思通篇谈的都是人的实践活动引起的地球的改变。不仅如此，马克思还经常在他认为必要的时候申明一下他对客观世界，即不依赖于人及其实践的世界的肯定。例如在上述引文后面，他说："当然，在这种情况下，外部自然界的优先地位仍然会保持着，而整个这一点当然不适用于原始的、通过自然发生的途径产生的人们。"① 这就是说，地球面貌的改变固然是实践造成的，但外部自然界的客观存在仍然是这种改变的前提，而且人类出现以前的地球与人的实践无关。他还进一步指出："先于人类历史而存在的那个自然界，不是费尔巴哈生活其中的自然界；这是除去在澳洲新出现的一些珊瑚岛以外今天在任何地方都不存在的，因而对于费尔巴哈来说也不存在的自然界。"② 这就是说，无人触动过的自然界在今天的地球上已经很少，但是，第一，他并未根本否定这种自然界曾经存在过，而且今天仍然存在，虽然很少；第二，他所说的"任何地方"不是泛指宇宙的任何地方，只是地球上的任何地方。只要抱严肃认真的态度，遵循"我注六经"而不是"六经注我"的思路，就可以明显看出马克思在《形态》的这些段落前前后后谈的都是人的实践对地球的改变，并不是像有些人所设想的那样谈的是整个宇宙与人的实践的关系。

要正确诠释以上两段文字，还应参考当时哲学环境和马克思哲学

① 《马克思恩格斯选集》第1卷，77页，北京，人民出版社，1995。

② 同上。

思想的变化，这是其大语境。19世纪40年代正处于黑格尔派分解为老年黑格尔派和青年黑格尔派的过程中，费尔巴哈又在40年代初期从青年黑格尔派中分化出来，树起了人本学唯物主义（自然观上的唯物主义和历史观上的人本主义）的旗帜。马克思受他的影响也从青年黑格尔派转向费尔巴哈唯物主义，成为一个唯物主义者，但他很快就开始批判费尔巴哈的唯物主义，这主要表现在《提纲》和《形态》之中，那么，他对费尔巴哈的唯物主义的态度是全盘否定呢还是有所否定有所肯定呢？他的“新唯物主义”或“现代唯物主义”（马克思的称呼）和费尔巴哈的唯物主义有没有共同之处呢？我们可以在上述两段文字之外去寻求答案。在《形态》中有许多文字都可以说明马克思的唯物主义与费尔巴哈的唯物主义并非毫无共同之处，马克思对之是有所否定，也有所肯定的。

马克思对费尔巴哈的唯物主义的肯定之处，即他们的共同之处大概有：一、承认外部世界，特别是自然界的客观存在，即在人类出现之前的存在，或不依赖于人的意识的存在。二、承认意识、精神是外部物质世界的产物或反映。这两点可以说是一切唯物主义的共同特点，马克思多次表述了这些特点。例如他说：“任何历史记载都应当从这些自然基础以及它们在历史进程中由于人们的活动而发生的变更出发。”① 他所说的“自然基础”指的是地质条件、山岳水文地理条件、气候条件以及其他条件，这些条件如果在人类出现前并不存在，自然就谈不上人的实践活动所引起的变化了。又如他在谈到什么是“现实中的个人”时说：“这些个人是从事活动的，进行物质生产的，因而是在一定的物质上，不受他们任意支配的界限、前提和条件下活

---

① 《马克思恩格斯选集》第1卷，67页，北京，人民出版社，1995。

动着的。”[①]“不受他们任意支配的”也就是“不以他们的意志为转移的”[②]，即我们平常说的“客观存在的”。马克思把意识、精神看成客观现实的产物和反映这类言论也不少，例如他说：“思想、观念、意识的生产最初是直接与人们的物质活动，与人们的物质交往，与现实生活的语言交织在一起的。人们的想象、思想、精神交往在这里还是人们的物质活动的直接产物。”[③]“意识（das BewuBtsein）在任何时候都只能是被意识到了的存在（das bewuBte Sein)，而人们的存在就是他们的现实生活过程。”[④] 他还指出如果这种关系有时被唯心主义所颠倒了，那么，唯心主义也是一种反映，正为物体在人的视网膜上形成的影像是倒立着的一样。他鲜明地断定：“不是意识决定生活，而是生活决定意识。”[⑤] 这就是唯物史观的基本原理“不是人们的意识决定人们的存在，相反，是人们的社会存在决定人们的意识”[⑥] 的最早表述方式。这个原理说明社会意识是社会存在的产物和反映。

马克思的这些表述诚然包含了他与旧唯物主义的共同之处，当然，也包含了他与旧唯物主义的差异。这些差异大概可以归结为三点：第一，旧唯物主义只看见现实世界的客观性，看不见实践对现实世界的改变；新唯物主义不仅承认现实世界的客观性，而且充分看到实践的作用，当然实践的作用是有局限的，不是无限的。这是《形态》的主要论点之一，上面所引材料是以充分说明这一点。第二，旧

---

① 《马克思恩格斯选集》第1卷，72页，北京，人民出版社，1995。

② 《马克思恩格斯选集》第2卷，32页，北京，人民出版社，1995。

③ 《马克思恩格斯选集》第1卷，72页，北京，人民出版社，1995。

④ 同上。

⑤ 同上书，73页。

⑥ 《马克思恩格斯选集》第2卷，32页，北京，人民出版社，1995。

唯物主义忽视主体的能动作用，新唯物主义肯定主观能动作用，当然新唯物主义反对以主体性来否定现实世界的客观性。这一点可以说是从第一点引申出来的，马克思的《提纲》第一条开头谈了实践的作用后便立即指出：“因此，和唯物主义相反，能动的方面却被唯心主义抽象地发展了。”① 只有新唯物主义具体彰显了人的主观能动性。第三，旧唯物主义只限于自然界，不涉及人类社会，而新唯物主义则是彻底的唯物主义，把唯物主义原则贯穿到人类社会，正如马克思所说：“当费尔巴哈是一个唯物主义者的时候，历史在他的视野之外；当他去探讨历史的时候，他不是一个唯物主义者。”② 他只是自然观上的唯物主义者，在历史观上则是唯心主义者，这不限于费尔巴哈，对一切唯物主义者都是适用的。

总而言之，只要把当时马克思的哲学论述联系起来考察，即把他的各种判断摆到大语境里来理解，而不是望文生义或断章取义，就可以看清楚，他的历史观是唯物主义的，即是以唯物主义世界观为其理论基础的，它决不是没有科学世界观基础的理论，更不是一种以唯心主义世界观（不管它叫什么名字，人本主义哲学也好，实践本体论也好，实践一元论也好，实践哲学也好）为理论基础的历史观。他在《形态》中还没有使用唯物史观这一概念，但他批判了德国的唯心主义历史观，并鲜明地指出他的历史观是与唯心史观对立的。他后来把他的历史观称作唯物主义历史观是顺理成章的。

显而易见，对马克思文本作字斟句酌的推敲决不是咬文嚼字的书生习气，而是涉及如何坚持和发展马克思主义理论的方法问题。党中

---

① 《马克思恩格斯选集》第 2 卷，54 页，北京，人民出版社，1995。

② 同上书，78 页。

央宣传工作领导小组去年发布的《关于实施马克思主义理论研究和建设工程的意见》指出：“要深入研究和正确阐述马克思主义著作中的基本观点，帮助人们深刻认识和更好地掌握哪些是必须长期坚持的马克思主义的基本原理，破除对马克思主义的教条式理解，澄清附加在马克思主义名下的错误观点。”在我看来，在对以上几个段落的理解中就有“教条式理解”或“附加”问题，弄清楚这些问题决不是无关紧要的。

列宁在 1914 年～1916 年对辩证法的研究*

一、列宁研究哲学著作的经过

《哲学笔记》是由 46 篇读书摘要、札记、短文和读书批注构成的。除读书批注 5 篇而外，其余 41 篇原来是列宁的 10 个笔记本，其中 8 本写于 1914 年 9 月至 1916 年 6 月，即在第一次世界大战期间列宁流亡国外时写的，那时他先住在瑞士的伯尔尼，后住在瑞士的苏黎世。在列宁逝世后，短文《谈谈辩证法问题》曾于 1925 年发表，其余部分第一次在 1929 年～1930 年出版的《列宁文集》第 9、12 卷中发表。此后，又在 1933 年、1934 年、1936 年、1938 年和

---

* 本文是《〈哲学笔记〉与辩证法》（北京出版社 1984 年第 1 版）的第 1、2 章，第 1 章（本文第 1、2、3 节）叙述了列宁写作《哲学笔记》的经过和当时研究哲学要完成的两个任务：批判社会沙文主义和建设马克思主义哲学体系。第 2 章（本文第 4、5、6 节）具体论述了列宁建设哲学体系的思想，并作了一定程度的发挥，提出了一个包括 36 对范畴的哲学体系的草图。作者对列宁的逻辑学、辩证法和认识论三者是同一个东西的思想作了比较详细的阐释，认为它是列宁建设哲学体系的基本指导思想。二十多年后的今天，作者的观点有所变化，但基本观点没有变。从此文可以看出作者今天的建设哲学体系的思想的哲学史根据。

1947年出版了单行本，叫《哲学笔记》。1941年开始出版的《列宁全集》第4版把它作为第38卷出版，并增加了若干材料。1963年开始出版的《列宁全集》第5版把它作为第29卷出版，也有所增改。《哲学笔记》公开发表后不久，其中许多重要思想就流传到了我国，毛泽东的著名哲学著作《实践论》和《矛盾论》就引用了其中的《黑格尔〈逻辑学〉一书摘要》和《谈谈辩证法问题》中的许多论点，其他马克思主义哲学家的著作中也常常提到《哲学笔记》一书。1949年《哲学笔记》中的一部分的汉文译本公开出版，即《黑格尔〈逻辑学〉一书摘要》（曹葆华译，解放军出版社出版，其中包括《谈谈辩证法问题》），1956年，全译本出版，即根据1947年俄文版译出的《哲学笔记》，1960年出版了《列宁全集》第4版第38卷的汉文译本。中国编译的《列宁全集》第2版将《哲学笔记》编为第55卷，1990年出版。

列宁不仅是一个伟大的无产阶级革命家，而且是一个伟大的无产阶级思想家，不仅有着丰富的革命斗争经验，而且熟悉人类知识的各个领域和人类认识的历史。无论在实际活动方面或理论活动方面，他都是我们学习的榜样。他的一生就是革命性和科学性、革命实践和革命理论高度结合的光辉典范。列宁的理论活动是从属于他的革命活动，为他的革命活动服务的，《哲学笔记》是列宁的理论活动的一个集中表现，当然不能例外。

列宁生平有三个时期对哲学进行了集中的研究。第一个时期是1905年资产阶级民主革命以前。在这个时期中，列宁研究了马克思、恩格斯、普列汉诺夫的哲学著作，研究了斯宾诺莎、康德、黑格尔和费尔巴哈的著作，沙皇俄国保卫局曾记录下列宁从流放所寄给他的母亲的书籍的目录，在这个书目中有上述哲学家的著作。在这个时期中，列宁虽然没有写作专门的哲学著作，但在许多著作中表现出他已经成为一个成熟的辩证唯物主义者。第二个时期是1908年。在这一年，列宁为了回击俄国马赫主义者对马克思主义哲学的进攻，为了批判哲学上的修正主义，曾认真总结了费尔巴哈、马克思、恩格斯和狄慈根的认识论观点，广泛研究了国内外马赫主义者的著作和其他资产阶级哲学家的著作，并曾专程去伦敦图书馆搜集材料，其结果就是列宁的重要哲学著作《唯物主义和经验批判主义》。第三个时期就是写作《哲学笔记》的主要部分的1914年～1916年。在这个时期中，列宁哲学研究的中心问题是辩证法，他广泛研究了哲学史上，特别是黑格尔的辩证思想，写了大量笔记。从《谈谈辩证法问题》、《辩证法的要素》等材料来看，列宁准备写一本系统地详尽地阐明唯物辩证法的书，但由于俄国革命形势发生了重大的转变，这个计划还没有着手进行，列宁就回到俄国，投身于火热的革命斗争中去了。虽然列宁在以后几年始终很关心哲学，但由于没有时间集中研究哲学，终于未能实现他的初愿，而仅仅以笔记的形式把他的丰富的唯物辩证法思想遗留给我们。

根据一些材料，我们知道列宁还有一些哲学笔记，即1899年给连金加的那些信（专门批判康德主义），1906年给波格丹诺夫的信（三个笔记本，题为《一个普通马克思主义者的哲学札记》），1908年研究马赫主义及其他资产阶级唯心主义的笔记（克鲁普斯卡娅在《列宁回忆录》中曾说到，列宁的伦敦之行收获甚丰）。根据列宁的读书方法，他可能还对很多马克思和恩格斯的著作如《资本论》、《反杜林论》等作有笔记。可惜，所有这些笔记都不可挽回地遗失了。

列宁遗留下来的哲学笔记所涉及的问题十分广泛。大致说来，它涉及唯物辩证法、历史唯物主义、哲学史、自然哲学等问题，但它的中心问题是唯物辩证法问题，也就是说，在 1914 年～1916 年列宁阅读大量哲学著作时所关心的中心问题是唯物辩证法。涉及这个问题的笔记有：《黑格尔〈逻辑学〉一书摘要》、《黑格尔〈哲学史讲演录〉一书摘要》、《黑格尔〈历史哲学讲演录〉一书摘要》、《黑格尔辩证法（逻辑学）的纲要》、《拉萨尔〈爱非斯的晦涩哲人赫拉克利特的哲学〉一书摘要》、《谈谈辩证法问题》、《亚里士多德〈形而上学〉一书摘要》和《费尔巴哈〈对莱布尼茨哲学的叙述、阐发和批判〉一书摘要》等。在这些笔记中，列宁详尽地研究了辩证法的各个方面，大大发展了唯物辩证法。

列宁在这个时期中为什么以辩证法作为自己哲学研究的中心问题呢？

列宁在 1914 年的哲学研究开始于《卡尔·马克思》一文的写作。这篇文章写于 1914 年 7 月至 11 月，系为《格拉纳特百科辞典》而作。格拉纳特出版社约定列宁在当年秋天交稿，列宁在 7 月已动笔撰写，但由于发生了一些意外事件，无法如期交稿，列宁遂在 7 月 21 日去信推谢，请另约撰稿人。但在一星期后，局势有了新的变化，列宁又去信表示可以如约完成此稿。他写道："决定着我的活动的政治情势现在又突然发生了根本的改变：第一，我今天在俄国报纸上看到，圣彼得堡的特别戒严要到 1914 年 9 月 4 日才解除，看来，约我写文章的那家报纸在这个期间就得暂时停刊，第二，看来，战争暂时解除了我所负担的许多紧急的政治工作。因此现在有可能把已经动笔的文章《论马克思》继续写下去，大概很快就能写好。"① 那时列宁

① 列宁：《给格拉纳特出版社编辑部》，见《列宁全集》第 35 卷，138 页，北京，人民出版社，1959。

住在波兰的克拉科夫附近的波罗宁，离俄国边境很近，实际上指导着国内革命活动和党中央机关报《劳动真理报》的出版，工作很紧张。由于战争的迫近，列宁的实际政治活动受到阻碍，他与国内的联系日益困难。而且由于克拉科夫当时属于奥匈帝国，列宁作为一个俄国侨民势将不能长久住下去。7月28日战争爆发，不久，列宁就以俄国间谍嫌疑被捕，但很快就被保释出来了。由于再不能在克拉科夫呆下去了，列宁遂于9月迁居到中立国瑞士的伯尔尼。在伯尔尼，同俄国国内联系更加困难，列宁的实际政治活动减少了，加以伯尔尼是一个非常安静的城市，有一个很好的图书馆，这些使列宁得以集中精力从事理论活动。

列宁继续撰写《卡尔·马克思》一文，同时阅读黑格尔的《逻辑学》。根据克鲁普斯卡娅的《列宁回忆录》，列宁阅读黑格尔的著作，是为了撰写《卡尔·马克思》中的两节《哲学唯物主义》和《辩证法》。但交稿之后，列宁并未中止他的哲学研究工作，在将近两年时间内，阅读了将近8000页的数十种哲学著作，并作了上述8个笔记本的笔记。

能不能认为列宁的哲学研究工作是一种单纯的理论活动呢？不能。必须看到列宁的另一方面的活动，即实际政治活动，才能充分了解列宁为什么在这个时期内特别关心辩证法问题。

二、第一次世界大战期间列宁反对社会沙文主义及其诡辩论的斗争

第一次世界大战的爆发，对国际共产主义运动提出了一个严重的问题：欧洲主要国家已联合为英法俄一方和德奥意一方，两个帝国主义集团互相厮杀起来了，各国社会民主党怎么办？是各自站在本国帝

国主义政府一边“保卫祖国”呢？还是根本反对战争，使本国政府在战争中失败并从而准备国内革命呢？早在1912年，在瑞士巴塞尔召开的国际社会党人代表大会的宣言就明确地全面地阐述了社会党人对战争的观点和策略。“宣言直截了当地宣称，对于以列强的帝国主义掠夺政策为基础、为了‘资本家的利润和各国王朝的利益’而进行的战争，决不能用人民的利益来辩护。宣言直截了当地宣称战争‘对各国政府’（无一例外）是危险的，指出各国政府都害怕‘无产阶级革命’……这样，巴塞尔宣言就恰好为对付这次战争制定了在国际范围内各国工人对本国政府进行革命斗争的策略，制定了无产阶级革命的策略。巴塞尔宣言……认为社会党人在战争一旦爆发时，应当利用战争造成的‘经济危机和政治危机’以‘加速资本主义的崩溃’，也就是利用战争给政府造成的困难和群众的愤懑进行社会主义革命。”① 但是，多数第二国际领袖在战争爆发时却背叛了自己通过的宣言，站在本国政府一边，号召工人“保卫祖国”，鼓励他们去屠杀另一边的工人兄弟，而且他们还提出一些诡辩为他们的“保卫祖国”的口号辩护，其中威信最高、影响最大的就是考茨基和普列汉诺夫。只有列宁、布尔什维克和其他少数第二国际领袖坚持了巴塞尔宣言，坚持了无产阶级革命路线。他们当时是国际工人运动中的少数，但是，真理却在列宁和布尔什维克一边。

第二国际领袖们的叛变使第二国际分裂为互相厮杀的社会沙文主义党，第二国际破产了。列宁对于他们的叛变非常痛心，非常愤怒，但他并未因为他们是暂时的多数就放弃原则，同他们妥协，不，列宁

① 列宁：《社会主义与战争》，见《列宁选集》第2卷，675～676页，北京，人民出版社，1972。

从他们背叛一开始就同他们展开了不懈的斗争。1914 年 10 月 11 日普列汉诺夫在瑞士洛桑作了《论社会党人对战争的态度》的报告，在这个报告中他斥责德国社会党人的背叛行为，却为法国社会党人的社会沙文主义立场辩护。这是普列汉诺夫对巴塞尔宣言的背叛行为的第一次暴露，他当场遭到了列宁的驳斥，列宁是当场驳斥他的唯一的一个人。自此以后，列宁就展开了各式各样的反对第二国际机会主义的斗争，作过许多讲演，写出了一系列论文来阐明有关帝国主义战争和无产阶级革命的问题，彻底粉碎了第二国际领袖们的机会主义观点。有关这一问题的著名论文有：《第二国际的破产》、《社会主义与战争》、《论欧洲联邦口号》、《社会主义和民族自决权》、《帝国主义是资本主义的最高阶段》、《论尤尼乌斯的小册子》等等。

列宁把批判第二国际领袖们的机会主义观点作为自己的主要政治任务的时候，也就是他阅读大量哲学著作、写出大量哲学笔记的时候。这两件事并不是偶然地碰在一起的。在这一时期，列宁之所以研究哲学，关心辩证法问题，正是由于政治斗争的需要。研究了列宁的《哲学笔记》和这一时期的其他著作，特别是上面举出的那些著作，这个结论是不难得出的。

为了说明列宁研究哲学和政治斗争的关系，有必要先谈一下《卡尔·马克思》一文的论述方式。在这个著作中，列宁阐明了马克思的世界观辩证唯物主义和历史唯物主义、经济学说、社会主义理论和无产阶级的阶级斗争策略，但他不是把这些观点和策略作为彼此分离的部分来阐明的，而是把它们看作一个完整的体系，在这个体系中，后面的部分是前面的部分的证明和运用，前面的部分是后面的部分的指导思想。列宁说："马克思的经济学说就是马克思理论最深刻、最全面、最详细的证明和运用。”① 又说：“马克思是严格根据他的辩证唯物主义世界观的一切前提确定无产阶级策略的基本任务的。只有客观地考虑某个社会中一切阶级相互关系的全部总和，因而也考虑该社会发展的客观阶段，考虑该社会和其他社会之间的相互关系，才能成为先进阶级制定正确策略的依据。而在观察各个阶级和各个国家时，不应当认为它们是静态的，而应当认为它们是动态的，也就是说，不应当认为它们处于不动的状态，而应当认为它们处于运动的状态（这个运动规律是从每个阶级的经济生活条件中产生出来的）。观察运动时又不仅要着眼于过去，而且要着眼于将来，并且不是按照只看到缓慢变化的‘进化论者’的庸俗见解进行观察，而是要辩证地进行观察。”② 这就是说，马克思是根据辩证唯物主义世界观来考察资本主义社会并提出自己对资本主义的观点和无产阶级革命的策略的。

列宁完全按照马克思的榜样，根据辩证唯物主义来考察帝国主义并提出自己对帝国主义和帝国主义战争的观点和策略，根据辩证唯物主义来批判第二国际领袖们对帝国主义的机会主义观点和策略。而第二国际领袖们在辩护他们的机会主义观点和策略时又一再宣称他们的根据是辩证法，其实，正如列宁所一再指出的，他们所使用的武器，不过是诡辩论和折中主义，即貌似辩证法而其实反辩证法的方法。了解了这种情况，列宁在投身于反对第二国际机会主义的政治斗争的同时又进行了规模巨大的研究辩证法的工作，就毫不为奇了。可以这样说，列宁之所以特别关心辩证法，是为了以唯物辩证法为武器来考察

① 列宁：《卡尔·马克思》，见《列宁选集》第 2 卷，588 页，北京，人民出版社，1972。

② 同上书，602 页。

帝国主义和帝国主义战争，并反对关于帝国主义和帝国主义战争的机会主义观点；确定无产阶级在帝国主义时代中的策略和对帝国主义战争的策略，并反对机会主义的策略，揭露机会主义观点的诡辩论和折中主义，以便彻底粉碎机会主义的全部观点。下面我们分成几点来谈一谈。

（一）关于时代性质问题：大战正在疯狂地进行，为了确定和论证无产阶级的革命策略，必须分析大战的性质，要分析大战的性质，必须分析整个时代的政治经济关系的性质。为了分析时代的性质，列宁搜集了大量材料①，分析的结果就是1916年写作的《帝国主义是资本主义的最高阶段》。这个著作可以说是《资本论》的续篇，它在国际共产主义运动中，在马克思主义理论的发展史中，具有重大的意义。这个著作对帝国主义时代的特征作了全面的精深的分析，而它的哲学基础就是唯物辩证法。

在《哲学笔记》中，列宁曾经不止一次指出过《资本论》的哲学基础就是唯物辩证法，他说："马克思把黑格尔辩证法的合理形式运用于政治经济学"（190）②，"不钻研和不理解黑格尔的全部逻辑学，就不能完全理解马克思的《资本论》，特别是它的第1章"（191）。列宁在分析帝国主义时运用的正是唯物辩证法。要彻底说明这点，必须钻研《帝国主义是资本主义的最高阶段》的全部内容，在这里我们仅就列宁在这本书中直接提到的辩证法观点来说明这个问题。

---

① 这些材料已作为《列宁全集》第39卷出版。

② 括号内数字为《哲学笔记》人民出版社1974年版页码。以后凡引自《哲学笔记》的引文，无论是列宁的话，还是列宁的摘录，均按此方式在引文后注明1974年版页码，不另作脚注。这个版本的页码与《列宁全集》第1版第38卷，1959年版的页码相同。

列宁首先提到的是客观的观点和全面的观点。列宁指出，“能够证明战争的真实社会性质，确切些说，证明战争的真实阶级性质的，自然不是战争的外交史，而是对各交战国统治阶级的客观地位的分析。为了说明这种客观情况，不应当引用一些例子和个别的材料（社会生活现象极端复杂，随时都可以找到任何数量的例子或个别的材料来证实任何一个论点），而一定要引用关于各交战国和全世界的经济生活基础的材料的总和。”① 这种辩证观点，列宁十分重视，认为是辩证法的首要观点。列宁所提出的辩证法要素的第一条就是：“观察的客观性（不是实例，不是枝节之论，而是自在之物本身）。”（238）在《谈谈辩证法问题》一文中和《哲学笔记》的其他地方，列宁也一再提到这种辩证观点。在研究帝国主义时，列宁正是从这种客观的全面的综合材料出发的。例如，列宁自己说，他“在说明 1876 年和 1914 年世界分割的情形（第六章）以及说明 1890 年和 1913 年世界铁路分割的情形（第七章）时所引用的，正是这样一种驳不倒的综合材料”②。

列宁还提到掌握全局，抓住本质的辩证观点。列宁批评某些资产阶级学者被一大堆原始材料所压倒，“只看到一棵棵的树木而看不到森林”，“盲目地复写外表的、偶然的、紊乱的现象”，“完全不能了解其中的内容和意义”，因为他们惊叹于帝国主义经济力量的“强大”，而看不见“帝国主义是过渡的资本主义，或者更确切些说，是垂死的资本主义”。列宁认为，“隐藏在这种交错现象底下的，构成这种交错

① 列宁：《帝国主义是资本主义的最高阶段》，见《列宁选集》第 2 卷，733 页，北京，人民出版社，1972。

② 同上书，733 页。

现象的基础的，是正在变化的社会生产关系”①。列宁认为，只有掌握全局，抓住本质，才能弄清楚帝国主义的历史地位，即从资本主义向更高级的社会经济制度——社会主义过渡这一历史地位。

列宁还提到暴露矛盾，分析矛盾的辩证观点。列宁认为，根据对帝国主义材料的全面而深入的分析，可以看出，帝国主义是资本主义的特殊阶段，是现代资本主义，是资本主义的内部矛盾之进一步发展和尖锐化。列宁认为指明以下五个特征，才能揭露出帝国主义所固有的内在矛盾：“（1）生产和资本的集中发展到这样高的程度，以致造成了在经济生活中起决定作用的垄断组织；（2）银行资本和工业资本已经融合起来，在这个‘金融资本’的基础上形成了金融寡头；（3）与商品输出不同的资本输出有了特别重要的意义；（4）瓜分世界的资本家国际垄断同盟已经形成；（5）最大资本主义列强已把世界上的领土分割完毕。”② 正是在这些特征中存在着帝国主义战争和无产阶级革命的必然性。修正主义者考茨基反对把帝国主义和现代资本主义等同起来，认为不应当把帝国主义了解为经济发展的一个时期，而应当了解为财政资本所爱好的一种“政策”。至于在资本主义经济发展中将要到来的新时期，不是帝国主义，而是“超帝国主义”，即“‘把卡特尔政策应用到对外政策上的超帝国主义的阶段’，全世界各帝国主义彼此联合而不是互相斗争的阶段，在资本主义制度下停止战争的阶段，‘由实行国际联合的金融资本共同剥削世界’的阶段”③。列宁一针见血地指出，考茨基的“超帝国主义”这一死板抽象的概念

① 列宁：《帝国主义是资本主义的最高阶段》，《列宁选集》第2卷，843～844页，北京，人民出版社，1972。

② 同上书，808页。

③ 同上书，812～813页。

“只有一个最反动的目的，就是使人不去注意现有矛盾的深刻性”；他“不是暴露极深刻的矛盾，而是回避现有的矛盾，忘掉其中最重要的矛盾”，“考茨基关于超帝国主义的毫无内容的议论还鼓舞了那种十分错误的、助长帝国主义辩护士声势的思想，似乎金融资本的统治是在削弱世界经济内部的不平衡和矛盾，其实金融资本的统治是在加剧这种不平衡和矛盾。”①

从以上材料可以看出，列宁在分析帝国主义时代性质时如何贯彻了唯物辩证法观点，如何把自己的辩证方法和资产阶级学者以及修正主义者考茨基的形而上学方法对立起来。

（二）关于战争性质问题：根据对帝国主义时代的内在矛盾的分析，两大同盟之间的战争的性质就一目了然了。这个战争是帝国主义战争，是帝国主义国家重新瓜分殖民地的战争。这个战争无论就哪一方来说，都是非正义性的。这个结论是早在大战爆发之前就为各国马克思主义者所公认了的，而且被载在巴塞尔宣言及其他会议的决议中。但是在大战爆发之后，考茨基之流为了辩护自己的社会沙文主义立场，却否认这个结论。考茨基辩护自己立场所采用的方法就是貌似辩证法的诡辩论。

考茨基不敢干脆否认大战的帝国主义性质，他认为大战具有帝国主义性质，也具有民族性质，对于统治阶级来说是帝国主义性的，对于人民群众来说是民族性的，说战争是纯粹帝国主义性的是非常荒谬的。他说：“现时的战争不仅是帝国主义的产物，而且是俄国革命的产物。”“民主的俄国一定会强烈地燃烧起奥地利和土耳其的斯拉夫人

---

① 列宁：《帝国主义是资本主义的最高阶段》，见《列宁选集》第 2 卷，813 页，北京，人民出版社，1972。

争取民族独立的愿望……那时波兰问题也将成为尖锐的问题……那时奥地利就会崩溃，因为把目前彼此趋向分离的分子束缚起来的那个铁箍将随着沙皇制度的崩溃而瓦解”①。列宁指出，这完全是诡辩论，是“普列汉诺夫式”的辩证法，是糟踏马克思主义。列宁认为“在这次战争中具有民族因素的只有塞尔维亚反对奥地利的战争”②，但是，“马克思的辩证法是最新的科学进化论，它正是不容许对事物作孤立的即片面的、歪曲的考察。塞奥战争的民族因素对全欧的战争是没有而且也不可能有任何重要意义的。”③

考茨基说，他这个结论是辩证地援引了“极为纷繁复杂的现实”而得出的。针对考茨基的这种“辩证法”，列宁阐明了在纷繁复杂的现象中掌握主流的辩证方法。他说：“无论在自然界或社会中，‘纯粹的’现象是没有而且也不可能有的，——马克思的辩证法就是这样教导我们的，它向我们指出，纯粹这个概念本身就表明，人的认识由于没有彻底把握事物的全部复杂性而带有某种狭隘性和片面性……因此，当帝国主义者分明用‘民族的’词句来掩盖赤裸裸的掠夺的目的，肆无忌惮地欺骗‘人民群众’的时候，说战争不是‘纯粹’帝国主义性的人，那就是愚蠢透顶的学究或滑头的骗子……毫无疑问，现实是极为纷繁复杂的，这是颠扑不破的真理！但同时也无可置疑，在这种极其复杂的现实中有两条根本的主流：战争的客观内容就是帝国主义的‘政治的继续’，也就是‘强国’的垂死的资产阶级（和他们的政府）掠夺其他民族的‘政治的继续’，而‘主观上’占优势的思

---

① 列宁：《第二国际的破产》，见《列宁选集》第2卷，640～641页，北京，人民出版社，1972。

② 同上书，641页。

③ 同上书，642页。

想体系则是为了愚弄群众而散布的‘民族的’词句。”①

在战争性质问题上，列宁还批评了普列汉诺夫的诡辩论，并从而阐明了辩证法在战争问题上的运用。普列汉诺夫这样辩护自己的社会沙文主义：为了估计具体局势，首先需要找出祸首，予以惩罚，至于其他一切问题，则留待另一种形势到来时再去解决；现在的问题是，人家侵犯了我们，我们起来自卫；无产阶级的利益要求反击欧洲和平的破坏者，德国人已经承认奥地利和德国是战争的祸首，这就够了。② 这就是普列汉诺夫的诡辩论：抓住一点表面现象，抛弃最本质的全面的东西。列宁指出：“在用诡辩术偷换辩证法这一崇高事业中，普列汉诺夫真是创了新纪录，诡辩家抓住‘论据’之中的一个，而黑格尔早就正确地说过，人们完全可以替世上的一切找出‘论据’。辩证法要求从发展中去全面研究某个社会现象，要求把外部的表面的东西归结于基本的动力，归结于生产力的发展和阶级斗争。”③ 列宁就是完全按照这种辩证观点来考察战争问题的。

列宁说：“辩证法的基本原理运用在战争上就是，‘战争无非是政治通过另一种手段’（即暴力）‘的继续’。这是军事史问题的伟大作家之一克劳塞维茨所下的定义，他的思想受胎于黑格尔。而马克思和恩格斯的观点也始终是这样的，他们把每次战争都看作是当时各有关国家（及其内部各阶级）的政治的继续。”④ 这种观点之所以是辩证法原理在战争问题上的运用，就因为它一下子就抓住了战争的本质、

---

① 列宁：《第二国际的破产》，见《列宁选集》第2卷，642～643页，北京，人民出版社，1972。

② 同上书，624～625页。

③ 同上书，624页。

④ 同上书，626页。

战争的阶级斗争本质。根据这个观点，第一次世界大战就是垂死的资本主义掠夺全世界，联合封建主来镇压无产阶级革命运动的政治的继续。考茨基和普列汉诺夫恰恰是否认这种继续，割断政治和战争之间的联系，仿佛战争一旦爆发，帝国主义强国对殖民地的压迫，各个强国之间为分赃而进行的竞赛，资产阶级对工人运动的分裂和镇压就立刻烟消云散了，剩下的只是赤裸裸的进攻者和防御者，对"祖国"的进攻和对"祖国"的保卫。列宁愤怒地指出，这不是辩证法，这是为了取悦资本家而对辩证法的歪曲，是对社会主义的莫大侮辱。

列宁就是这样运用唯物辩证法来分析大战的帝国主义性质，并反击机会主义者否认大战的帝国主义性质的诡辩论的。同时，列宁还认为，完全否认帝国主义战争有任何转化的可能性，完全否认帝国主义时代有民族解放战争，也绝不是辩证观点。我们不能在反对诡辩论的片面性时陷入另外一种片面性。列宁的论文《论尤尼乌斯的小册子》，谈的就是这个问题。

德国社会民主党左派的杰出领袖之一罗莎·卢森堡，为了反击机会主义者关于战争性质的观点，以尤尼乌斯的署名秘密出版了一个小册子《社会民主党的危机》。列宁对这个小册子的出现感到由衷的喜悦，认为它是一部优秀的马克思主义著作，在反对已经转到资产阶级和封建主方面去的旧社会民主党的斗争中曾经起了而且还会起到重大的作用。但是，它也有一些缺点和错误，为了进行马克思主义者不可缺少的自我批评。列宁批评了这些缺点和错误，其中之一就是完全否认帝国主义时代的民族战争。

尤尼乌斯强调帝国主义环境在这次战争中有决定性的影响，认为最重要的是同目前支配着社会民主党政策的民族战争的怪影进行斗争，列宁认为尤尼乌斯的这个论断是既正确而又完全恰当的。但是，尤尼乌斯夸大了这个真理，脱离了马克思主义的进行具体分析的要求，把对这次战争的估计搬到帝国主义时代可能发生的一切战争上去，宣称“在这猖狂的帝国主义时代（纪元），不可能再有任何民族战争了。民族利益只是欺骗的工具，驱使劳动人民群众为其死敌——帝国主义效劳……”① 她的理由是，世界已被瓜分完毕，任何战争，即使起初是民族战争，以后也会由于触犯帝国主义列强或联盟之一的利益而转化为帝国主义战争。列宁认为这个观点无论在理论上或实际上都是错误的。

列宁首先指出，只承认民族战争可以转化为帝国主义战争，而否认帝国主义战争可以转化为民族战争，是违背马克思主义辩证法的，他说，“马克思主义辩证法的基本原理是：自然界和社会中的一切界限都是有条件的和可变动的，没有任何一种现象不能在一定条件下转化为自己的对立面。民族战争可以转化为帝国主义战争，反之亦然。”② 列宁举出法国大革命的战争为例说明二者在一定条件下的相互转化。列宁说：“只有诡辩家才会根据一种战争可以转化为他种战争的理由，来抹杀帝国主义战争和民族战争之间的差别。辩证法曾不止一次地作过——在希腊哲学史上就有过这种情况——通向诡辩术的桥梁。但是，我们始终是辩证论者，我们同诡辩论作斗争时，所使用的手段不是根本否认任何转化的可能性，而是对某一事物及其环境和发展进行具体的分析。”③ 列宁指出，就是这次帝国主义大战，只要具备一定条件，也不是没有转化为民族战争的可能。

---

① 列宁：《论尤尼乌斯的小册子》，见《列宁选集》第2卷，849页，北京，人民出版社，1972。

② 同上书，850页。

③ 同上。

列宁进一步指出："在帝国主义时代，殖民地和半殖民地的民族战争不仅是可能的，而且是不可避免的。在殖民地和半殖民地（中国、土耳其、波斯），有将近10亿人口，也就是说，占世界人口一半以上。在这里，民族解放运动不是已经很强大，就是正在发展和成熟。任何战争都是政治通过另一种手段的继续。殖民地反对帝国主义的民族战争必然是它们的民族解放这种政治的继续。这种战争可能导致目前的帝国主义'大'国之间的帝国主义战争，但是也可能不导致，这要取决于许多情况。"① 列宁指出的这一点是非常重要的，殖民地半殖民地和帝国主义国家之间的矛盾是帝国主义时代的主要矛盾之一，民族解放运动是无产阶级社会主义革命的伟大同盟军，尤尼乌斯完全否认民族战争的观点在政治上显然是十分错误的和有害的。

（三）关于对战争的态度问题：列宁对战争的态度也贯彻了唯物辩证法的观点，这首先见于他对战争的一般的观点。

列宁反对把战争看成单纯破坏性的和消极的东西，而认为战争是矛盾的尖锐化，其中有着积极的因素。他说："战争＝最大的危机。任何危机都意味着（尽管可能出现暂时的停滞和倒退）。

（α）发展加速

（γ）（β）矛盾尖锐化

（γ）（γ）矛盾暴露出来

（δ）一切腐朽的东西崩溃等等。"②

列宁讥笑考茨基对战争的恐惧心理，说他成了不折不扣的牧师。

① 列宁：《论尤尼乌斯的小册子》，见《列宁选集》第2卷，851页，北京，人民出版社，1972。

② 列宁：《五一和战争》，见《列宁全集》第36卷，319页，北京，人民出版社，1959。

列宁认为必须对战争进行具体的分析并根据这种分析来确定自己的态度。列宁说："弄清战争的性质是马克思主义者解决自己对战争的态度问题的必要前提。要弄清战争的性质，首先必须确定这次战争的客观条件和具体环境是怎样的。必须把这次战争和产生它的历史环境联系起来，只有这样才能确定自己对它的态度。否则对问题的解释就不是唯物主义的，而是折中主义的了。"① 列宁对第一次世界大战的态度正是这样确定的。上面我们谈到他对大战性质的分析，下面谈谈他对大战的态度。

在这个问题上，列宁和社会民主党领袖们的分歧主要在于：是"保卫祖国"呢，还是利用战争危机来反对本国政府，变帝国主义战争为国内革命战争呢？考茨基和普列汉诺夫主张前者，列宁主张后者。列宁的结论是从对历史环境的具体分析中得出来的。正如上面所分析过的，既然大战是帝国主义性质的、掠夺性的、非正义的、罪恶的战争，工人阶级当然应该反对这个战争，决不能为了资本家的利益而让法国工人去杀德国兄弟，让德国工人去杀俄国兄弟。同时，列宁还指出，马克思主义者不仅不应当支持这个战争，而且应当准备革命，以便利用本国政府的经济政治危机，利用本国政府在战争中的失败，来发动革命，推翻资产阶级的统治，这就是列宁对大战的态度，这是唯一正确的马克思主义的态度。这种观点的正确性后来为俄国的二月革命、十月革命所证实。

但是，第二国际的机会主义者则采取了社会沙文主义的态度，他们除了用上面提到过的战争的民族性质来诡辩而外，还用其他"论

① 列宁：《无产阶级和战争》，见《列宁全集》第36卷，291页，北京，人民出版社，1959。

据”来诡辩。考茨基和普列汉诺夫引用马克思和恩格斯对历史上的某些民族战争的分析来证明马克思和恩格斯也是赞成“保卫祖国”的。列宁指出，“一切诡辩家的手法向来是：引用一些分明与当前实际情况根本不符的例子来作证。”① 考茨基还无耻地歪曲左派的观点，捏造左派所没有的观点来攻击左派，这也是诡辩家、机会主义者的一贯手法。考茨基说：“极左派”“不仅想宣传社会主义（……）而且想立刻实现社会主义。这看来是很激进的，然而只能把那些不相信能立刻在实际上实现社会主义的人统统推到帝国主义阵营中去”②。在这里，考茨基把左派所主张的准备革命歪曲成立刻实现社会主义，以不能立刻实现社会主义为借口而拒绝准备，而且还把他们的背叛行为说成是左派逼迫的结果。这真是极尽了诡辩之能事！此外，列宁还揭露了普列汉诺夫为“保卫祖国”口号辩护的一个诡辩。普列汉诺夫认为：“社会主义是以资本主义的迅速发展为基础的；俄国胜利会加速国内资本主义的发展，也就是说，会加速社会主义的到来，俄国的失败会阻碍国内经济的发展，也就是说，会阻碍社会主义的到来。”③ 这种诡辩说明机会主义者已堕落到何种地步。

列宁还对另外一种片面性提出了批评，这就是左派某些同志一概地反对“保卫祖国”的观点。持有这种观点的，除了上面提到的尤尼乌斯而外，还有列宁的亲密战友和助手印涅萨·阿尔曼德等人。他们抓住《共产党宣言》上的一句话（“工人没有祖国”）打算无条件地运

① 列宁：《第二国际的破产》，见《列宁选集》第2卷，627页，北京，人民出版社，1972。

② 同上书，631页。

③ 列宁：《第二国际的破产》，见《列宁选集》第2卷，628页，北京，人民出版社，1960。

用它。列宁认为这是片面性和形式主义。但列宁的批评完全是同志式的。在这种批评中，列宁也运用了辩证法。列宁说："马克思主义的全部精神，它的整个体系要求人们对每一个原理只是（α）历史地，（β）只是同其他原理联系起来，（γ）只是同具体的历史经验联系起来加以考察。"① "祖国是个历史的概念。在一个时代，或者更确切些说，在争取推翻民族压迫的时期，祖国是一回事，在民族运动早已结束的时期，祖国则是另一回事。"② 列宁指出，在《共产党宣言》中，不仅谈到了"工人没有祖国"，而且谈到无产阶级在民族国家形成过程中的特殊作用。如果无产阶级在民族解放战争中不保卫祖国，那将是天大的错误。马克思和恩格斯就不止一次地号召过进行民族战争。列宁在这段时期中曾对民族问题进行了深入的研究，写出了大量著作，他认为："如果认为从自决权中似乎会得出'保卫祖国'的结论，因而否认民族自决权，那是可笑的……马克思主义承认欧洲某些战争中，例如，法国大革命或加里波第战争中，保卫祖国的结论，而否定 1914 年～1916 年帝国主义战争中保卫祖国的结论，都是从分析每次战争的具体历史特点，而决不是从什么'一般原则'和纲领中某一条文得出来的。"③（在不承认帝国主义时代有民族解放战争的人中间，有些人已堕落到帝国主义辩护人的地步。）

（四）关于社会主义可能首先在一国之内取得胜利的问题：在帝国主义时代，无产阶级社会主义革命将通过怎样的道路取得胜利？即

---

① 列宁：《给印涅萨·阿尔曼德》，见《列宁全集》第 35 卷，228 页，北京，人民出版社，1955。

② 同上书。

③ 列宁：《社会主义革命和民族自决权》，见《列宁选集》第 2 卷，721 页注，北京，人民出版社，1960。

社会主义能不能首先在一国之内取得胜利？特别是由于第二国际已分裂为各个社会沙文主义派别，放弃革命，对于坚持革命道路的俄国布尔什维克来说，这个问题就显得十分尖锐。对于这个问题的解决，显示了列宁对于唯物辩证法的深刻的掌握和巧妙的运用。

马克思和恩格斯曾经认为社会主义只有在多数资本主义国家内同时发动才能取得胜利①，这个观点在大战前为各国马克思主义者共同遵循。这个观点在资本主义的上升时期是正确的，因为那时各资本主义国家之间的矛盾还没有发展到最尖锐的程度，它们可以互相支援，共同镇压工人阶级的革命运动，没有各国无产阶级的协同动作，社会主义的胜利是不可能的。但是，这个结论在帝国主义时代就变得陈旧了。列宁分析了帝国主义的主要特征，指出帝国主义是垂死的资本主义，是无产阶级社会革命的前夜，它的矛盾已经尖锐到最高程度。列宁举出了帝国主义国家的政治经济力量的不平衡发展的具体数字后说："在资本主义制度下，各个经济部门和各个国家在经济上平衡发展是不可能的。在资本主义制度下，除了工业中的危机和政治中的战争以外，没有别的办法可以恢复经常遭到破坏的均势。"② 在帝国主义经济政治危机条件下，在帝国主义的矛盾极端尖锐化条件下，有可能造成帝国主义体系中的某些薄弱环节，即无产阶级革命可能突破的一些缺口。因此，列宁说："经济政治发展的不平衡是资本主义的绝对规律。由此就应得出结论：社会主义可能首先在少数或者甚至在单

① 马克思、恩格斯：《共产主义原理》，见《马克思恩格斯选集》第1卷，221页，北京，人民出版社，1972。

② 列宁：《论欧洲联邦口号》，见《列宁选集》第2卷，708页，北京，人民出版社，1972。

独一个资本主义国家内获得胜利。”① 这个理论指明了革命的前途，大大鼓舞了无产阶级敢于革命敢于胜利的决心。以后革命的发展完全证实了列宁新观点的正确性。这是运用辩证法考察具体问题、用新结论代替过时了的旧结论的一个范例。

（五）关于粉碎第二国际的社会沙文主义问题：列宁在许多著作中对第二国际领袖们背叛马克思主义的各种理论作了无情的驳斥，但是，要彻底粉碎这些“理论”，除此以外，还需要分析社会沙文主义的思想根源、历史根源和阶级根源，而作这种分析也需要唯物辩证法。

列宁指出，政治变节在哲学上的表现就是以折中主义和诡辩论代替辩证法。考茨基和普列汉诺夫口口声声都宣称作为他们的理论的根据的是辩证法，其实他们的辩证法不过是貌似辩证法的折中主义和诡辩论。列宁在驳斥他们的理论时也毫不放松地揭露他们的折中主义和诡辩论，把真正的唯物辩证法同他们的折中主义和诡辩论对立起来。这点，在以上几个问题中已经谈得很多了，这里就不再赘述了。

列宁还认为，根据辩证法的要求，还要分析第二国际社会沙文主义的历史根源和阶级根源。他说，“一般科学研究的，特别是马克思辩证法的最主要最根本的规则，要求作家考察社会主义的两个流派（即谈论和高喊叛变并敲起警钟的那一流派以及看不到叛变的那一流派）现在的斗争同过去数十年的斗争的关系。”② 列宁给自己规定的彻底粉碎社会沙文主义的任务是：“现在要研究的是社会沙文主义思

① 列宁：《论欧洲联邦口号》，见《列宁选集》第 2 卷，709 页，北京，人民出版社，1972。

② 列宁：《第二国际的破产》，见《列宁选集》第 2 卷，644 页，北京，人民出版社，1972。

潮的历史根源、条件、意义和力量。(1) 社会沙文主义是从哪里来的?(2) 什么东西给了它力量?(3) 怎样同它作斗争?只有这样提出问题才是严肃的,而把目标转移到'个人'身上,实际上就是诡辩家的遁词和手腕。"①

列宁认为,"在社会科学中(也像在一般科学中一样),所研究的是大量的现象,而不是个别的事件。"② 他从大量事实中得出了以下的结论:"第一,工人运动中的沙文主义和机会主义的经济基础是完全相同的:都是无产阶级和小市民中享受'本'国资本特权的残羹剩饭的少数上层分子,为了反对无产者群众即反对一般劳动者和被压迫群众而结成的联盟。第二,两种思潮的政治思想内容也完全相同。第三,一般说来,社会党人在第二国际时代(1889 年~1914 年)分为机会主义派和革命派这种旧划分,同现在分为沙文主义者和国际主义者这种新划分是相适应的。"③ 列宁指出,机会主义的主要内容就是阶级合作,他们虽然在形式上还属于工人党,而在客观上已是资产阶级的政治队伍,已是资产阶级的传播者,已是资产阶级在工人运动中的代理人,战争使阶级合作思想发挥到极致,就成为社会沙文主义,社会沙文主义是熟透了的机会主义。列宁说:"请看,这就是机会主义的生动的辩证法,合法组织的单纯发展,愚蠢而老实的庸人只会记流水账的普通习惯,使这些老实的市侩在危机关头成了叛徒、变节者、群众革命毅力的摧残者。这可不是偶然的现象。"④

---

① 列宁:《第二国际的破产》,见《列宁选集》第 2 卷,648 页,北京,人民出版社,1972。

② 同上书,651 页。

③ 同上书,650~651 页。

④ 同上书,658~659 页。

从以上分析可以看出，列宁在对第二国际的社会沙文主义的各种理论进行驳斥的同时，在确定关于帝国主义大战和无产阶级革命的理论和策略的同时，阅读了大量哲学著作，做了大量笔记，绝不是偶然的巧合。列宁当时研究哲学，正是为了反对社会沙文主义，解决当前革命任务。当然，这绝不是说，一些古典哲学家的著作能提供现成的思想武器，但是，在列宁看来，古典哲学家著作中，特别是黑格尔著作中的辩证法思想和他们对主观唯心主义、诡辩论、折中主义的批判，经过唯物主义的改造之后，是可以加以利用的。因此，列宁在进行实际政治斗争中，正如上面材料所指出的，在不少地方利用了黑格尔的合理思想，而在《哲学笔记》中也在许多地方指明了古典哲学中辩证法思想对于研究现实问题和反对诡辩论的意义。还可以看出，列宁在写作《哲学笔记》时在若干地方从哲学上概括了实际斗争中的经验，虽然列宁在《哲学笔记》中没有明确指出这点。

三、列宁关于建立唯物辩证法的科学体系的一些设想

列宁在这个时期研究哲学，看来不仅是为了解决当时革命斗争提出的一些问题，也是为了对马克思主义哲学作进一步的理论建设，建立一个唯物辩证法的完整严密的科学体系。

马克思主义哲学的体系，特别是辩证唯物主义体系，在马克思主义创始人那里是一个还没有彻底解决的问题。无疑，马克思主义是一个科学体系，马克思主义哲学也是一个科学体系，但是像《资本论》所表现的政治经济学体系那样完整严密的哲学体系，在马克思和恩格斯那里都没有。马克思曾经想提供这样一个体系。1858年1月14日他写信给恩格斯说："在工作方法上对我有一大劳绩的是，偶然……把黑格尔的'逻辑'再浏览一遍。如几时再有工夫做这样的工作，我

要发大愿，用两三个印张，对黑格尔发现的、但同时也是神秘的方法，写出合理的部分，使普通人类的理智都能够懂得。”① 但这一从正面科学地系统地表述唯物辩证法的宏愿，他未能实现。恩格斯研究自然辩证法并非为了直接解决什么实际问题，而是为把哲学作为一门系统的科学来建设。《自然辩证法》一书虽然没有提供一个完整的体系，但从其《总计划草案》来看，恩格斯不仅有自然辩证法的设想，而且其中有一般辩证法的内容。他把辩证法定义为关于普遍联系的科学，并列举了它的三个主要规律。既然有主要规律，当然还有非主要规律。看来恩格斯写作自然辩证法，也想构成一个辩证法的体系。但是，恩格斯由于整理马克思的遗著——《资本论》的第二、三卷停止了这个研究工作。《反杜林论》比较系统地表述了唯物辩证法的许多原理，但并未形成一个完整的体系。《费尔巴哈论》提供了一个由辩证法、唯物主义和历史唯物主义三部分构成的体系，但缺乏细节。我们知道，在著名的马克思主义哲学家如狄慈根、普列汉诺夫的著作中，也没有提出这种完整严密的哲学体系。

列宁说：“虽说马克思没有遗留下‘逻辑’（大写字母的），但他遗留下《资本论》的逻辑”。大写字母的逻辑就是唯物辩证法的逻辑体系，《资本论》的逻辑就是政治经济学的逻辑体系，可见列宁很重视哲学体系。很有意思的是，列宁在他写的另一本哲学笔记《马克思和恩格斯 1841～1883 年通信集摘要》中就马克思的上述那封信写道：“黑格尔逻辑学中合理的东西就是他的方法。[马克思 1858 年重新浏览了黑格尔逻辑学，并想用两三个印张来叙述其中合理的东西。]”

① 《马克思恩格斯通信集》第 2 卷，324～325 页，北京，三联书店，1957。

(1959年俄文版，第33页）可见列宁十分清楚马克思有过的想法。列宁夫人也在她的《回忆录》中谈到1922年春天列宁在《论战斗唯物主义的意义》中热烈希望有人能继承他自己在哲学及其通俗读物方面所进行的工作，他已感精力不支，但希望这一工作不要中断。这指的就是列宁在这篇被称为“哲学遗嘱”的文章中所说的系统地研究辩证法的任务，列宁说，为了把反对资产阶级思想及其世界观的斗争进行到底，“自然科学家就应该做一个现代的唯物主义者，做一个以马克思为代表的唯物主义的自觉拥护者，也就是说应当做一个辩证唯物主义者。为了达到这个目的，《在马克思主义旗帜下》杂志的撰稿人就应该从唯物主义的观点对黑格尔的辩证法组织系统的研究，即研究马克思在他所写的《资本论》及各种历史和政治著作中实际运用的辩证法。”① 以上材料可以说明，列宁对于唯物辩证法的科学体系是有所考虑的，而且他认为在这个问题上，黑格尔的辩证法是有重要意义的。而在《哲学笔记》中，列宁对黑格尔关于哲学体系的思想的评价是与这些观点吻合的。

黑格尔的哲学是一个庞大而复杂的思想体系，从形式上看，也称得上是完整而严密的。不仅如此，黑格尔对于如何构成这个体系还提出了许多原则，至少从他自己的观点看来，这个体系是贯彻了这些原则的。对于这些原则，列宁十分注意，多处都做出了评价，似乎还按照他所了解的原则做了一些创立体系的尝试。在写作《哲学笔记》以前，列宁曾发表过两部带有系统性的哲学著作，一个是1908年写作的《唯物主义和经验批判主义》，它提出哲学党性原则和三个认识论

① 列宁：《论战斗的唯物主义的意义》，见《列宁选集》第4卷，809页，北京，人民出版社，1972。

的重要结论，使马克思主义哲学进一步系统化了，但它只限于认识论，而且它毕竟是一本论战性的著作，很少从正面考虑系统性问题。1914年秋写作的《卡尔·马克思》中，他系统地表述了辩证法和唯物主义的基本观点，但在怎么使它们构成一个体系方面考虑不多。在《哲学笔记》中，列宁不仅在谈到哲学史和黑格尔哲学的许多地方涉及体系问题，而且提出了《辩证法的要素》和《谈谈辩证法问题》，为唯物辩证法的完整严密的科学体系提供了一个雏形（详情见下一节）。

因此，我认为，列宁研究哲学，写出大量笔记，固然是为了反对社会沙文主义的诡辩论的需要，也是为了哲学理论建设的需要。正如只有《资本论》的科学体系才能论证资本主义的必然灭亡和社会主义的必然胜利一样，只有一个完整严密的马克思主义哲学的科学体系才能指引我们在全世界实现共产主义的伟大理想。

作为一门科学，唯物辩证法的首要问题，无疑是这样一些问题：它研究的对象是什么？它是怎样一门科学？它有些什么内容？这些内容是怎样构成一个体系的？对于这些问题，列宁在《哲学笔记》中均有所论述，列宁所提出来的逻辑学、辩证法和唯物主义认识论是同一个东西的原理就是直接回答这些问题的，所以我们就从这个问题谈起。

四、逻辑学、辩证法和唯物主义认识论是同一个东西

关于这个原理，哲学界争论好几十年了，至今没有统一的看法。它可能是马克思主义哲学史上最难的，但也是最重要的问题之一。下面分几点谈一下我的理解。

（一）关于三者同一的意见分歧

关于这个问题，曾经发表过成百篇文章，我认为主要有三种意见。第一种意见认为三者同一是三门科学的统一。辩证法就是世界观，就是关于世界及其一般规律的科学。认识论是关于认识及其规律的科学。逻辑学是关于思维及其规律的科学。三门各自都有不同的对象。它们既然有不同的对象，很明显，它们是三门科学。也可以这样讲，辩证法就是一般辩证法，认识论和逻辑学是特殊的辩证法，即认识辩证法和思维辩证法。这三门科学有共同的基础，这个基础也就是辩证法，或者是一般的规律。这种观点看起来是很清楚的，有充分的事实根据，也是容易理解，容易接受的。因此，现在比较多的同志都主张这种观点。第二种意见认为三者同一是一门科学的三个方面的同一，第一种观点同列宁原来的提法是不一致的。三者同一这个提法是从列宁那儿来的。在《哲学笔记》第357页，列宁讲，“在《资本论》中，逻辑、辩证法和唯物主义的认识论（不必要三个词：它们是同一个东西）都应用于同一门科学。”这是列宁讲到逻辑、辩证法、认识论同一的唯一的地方。列宁在括号里面讲得很清楚，“不必要三个词：它们是同一个东西。”连三个词都不需要，说它们是三门科学，是很牵强的。第三种意见也认为三者是一门科学的三个方面，辩证法也可以说是世界观，但世界观不是关于客观世界的科学，而是认识、研究世界的观点，即关于思维的科学，并认为这同恩格斯的观点是完全一致的，他曾说，“一旦对每一门科学都提出了要求，要它弄清它在事物以及关于事物的知识的总联系中的地位，关于总联系的任何特殊科学就是多余的了。于是，在以往的全部哲学中还仍旧独立存在的，就只有关于思维及其规律的学说——形式逻辑和辩证法。”① 因此，哲学就是认识论或思维科学。

究竟哪一种意见是正确的呢？我认为我们首先要弄清楚列宁的论断的原意，然后再来研究列宁的观点是否正确。怎样弄清楚列宁的原意呢？首先我们要弄清楚这个观点是从哪里来的。其次我们要完整地理解革命导师的言论，就是不仅看他在这个地方是怎么讲的，还得看他在别的地方是怎么讲的，把他的话综合起来理解。只有这样，我们才能弄清楚列宁论断的确切的含义。我们不能孤立地抓住一句话，按照我们的看法来理解，说这就是列宁的思想。我们可以不同意列宁的某个观点，但是，不能够把自己的观点强加于列宁。这样做，对于理解马克思主义哲学的发展史，对于发展马克思主义哲学，对于建立辩证逻辑这门科学，都是不利的。

（二）黑格尔对形式逻辑和康德的先验逻辑的批判

黑格尔没有明确地讲过逻辑学、辩证法和认识论三者同一的论断，但他确有这个思想，而这个思想又主要表现在他对形式逻辑的改造。立志改造旧的形式逻辑，创立新的逻辑，并不始于黑格尔，在他之前，康德就作过这种努力，并获得了一定成绩。

康德认为，形式逻辑的思维规律能够当作真理的标准，“但是，这些标准仅仅涉及真理的形式，即仅仅涉及一般思想的形式；就此而论，它们是完全正确的，但其本身是并不充分的。因为，我们的知识虽然可以是和逻辑的要求完全一致的，那就是说，不和自己矛盾，但它和它的对象矛盾却仍然是可能的。真理的纯逻辑标准，即知识和知

---

① 恩格斯：《反杜林论》，见《马克思恩格斯选集》第3卷，65页，北京，人民出版社，1972。

性、理性之普遍的和形式的规律相一致，是一个不可缺少的条件，因此是一切真理的消极的条件。但是这个逻辑不能作出更大的贡献，它不能提供发现不是涉及形式而是涉及内容的错误的试金石”（康德：《纯粹理性批判》，斯密1956年英译本，第98页）。因此，康德企图建立一种新的逻辑，这个逻辑将提出一些概念和原则，它们对于知识的对象具有先天的有效性，即就知识的内容而言能提供判断的标准。他把这种逻辑称作先验逻辑。康德在其先验逻辑的分析论部分提出了十二个范畴和四类原则，它们是构成知识对象之所以为对象的条件，因此它们对于知识对象具有先天的客观的有效性。显然，康德提出来的问题，先验逻辑并未能解决，因为康德所说的对象并不是真正的客观对象，不是自在之物，而是现象，实质上仍然是主观的，至于自在之物，那是不可知的，根本不可能成为认识的对象，因而康德提供的标准并不能真正判明认识的客观真理性。

黑格尔赞同康德对形式逻辑的指责，自己对形式逻辑也进行了许多批判，但他不赞同康德的先验逻辑，也对它进行了许多批判。在此基础上，他继续康德的工作，创立了他自己的逻辑学。列宁在阅读黑格尔的《逻辑学》的序言和导言时，摘录了黑格尔许多对这些问题的论述。

黑格尔并不完全否认形式逻辑的作用和意义，他说，形式逻辑的推理的规则“在认识中有自己的领域，在这个领域中它们还是应当有自己的意义”(91)。黑格尔这里指的是认识的逻辑性问题，而不是真理性问题，即它们是认识在形式上正确的工具，“而不是真理的工具”。

黑格尔指出了形式逻辑的三个主要缺点，第一，形式逻辑把思维形式看作“外在的形式”，“只是附着于内容而非内容本身的形式”

(89)。这就是说，形式逻辑只谈形式，只谈与内容不相干的思维形式，这种形式好像某种容器，我们可以把这种内容或那种内容放进去或取出来而对形式毫无所损益。第二，这样，形式逻辑所了解的思维形式就成了主观的用具，供使用的手段，是为我们服务的。这样，思维形式就成了完全主观的东西。第三，思维形式被看成僵死的形式，它们之间没有有机的统一，没有活生生的具体的统一。在旧逻辑中，概念之间没有转化，没有发展，没有各部分之间的“内在的必然的联系”，也没有某些部分向另一些部分的“转化”(95)。黑格尔把它比作“没有生命的骨骼”(骷髅)(85)，“用碎片拼成图画的儿戏”(94)。因此，黑格尔认为，形式逻辑虽然为真理的认识提供了形式上的正确性，但作为“毫无所谓的形式”，即与思维内容毫不相干的形式，它也会成为“谬误和诡辩的工具”，而不是真理的工具(91)。

列宁对黑格尔对形式逻辑的批评，没有提出明白的评语，看来列宁是同意的。黑格尔对形式逻辑的批评是尖锐的，但他并不完全否定形式逻辑，他基本上是把形式逻辑看成初级的东西，把辩证逻辑看成高级的东西。恩格斯和列宁对于这种观点是同意的。恩格斯在《反杜林论》中把形式逻辑比作初等数学，辩证逻辑比作高等数学。列宁也曾指出：“形式逻辑——在学校里只讲形式逻辑，在学校低年级里也只应当讲形式逻辑(但要加一些修改)——根据最普通的或最常见的事物，作出形式上的定义，并以此为限。”① 值得特别指出的是，黑格尔认为形式逻辑会成为谬误和诡辩的工具。列宁也指出，布哈林的折中主义所使用的逻辑，也正是这种逻辑，而不是辩证逻辑。这点很

① 列宁：《再论工会、目前局势及托洛茨基同志和布哈林同志的错误》，见《列宁选集》第4卷，455页，北京，人民出版社，1972。

有现实意义。辩证逻辑是真理的工具，因此，诡辩家利用辩证法来作为他的诡辩的工具，必须歪曲辩证法，但他用形式逻辑来诡辩时却不一定要歪曲形式逻辑。当然，这并不是说一切诡辩都是符合形式逻辑的，有的诡辩家为了辩护自己的歪理，常常是连人类思维的起码的逻辑规律也不遵守的。康德的先验逻辑也具有形式逻辑的那些缺点。正如上面分析过的，康德虽然企图创立一种涉及思维内容的逻辑，但由于康德割裂主观与客观、现象与本质，他的范畴和原则仍然是与客观世界、自在之物无关的主观形式，是客观对象之外的外在的形式，是主观的工具。康德的思维形式之间也是没有转化，没有发展的，虽然康德已经提出了正反合的思想（每一类范畴有三个，并呈现出正反合的关系），但就康德的整个概念体系来说，思维形式之间还没有有机的联系，上面所提到的那些对形式逻辑的批评，有的地方就是兼指康德的先验逻辑说的。因此，列宁在读黑格尔《逻辑学》的序言和导言时还摘录了黑格尔对康德割裂主观与客观的观点的批评，这种割裂是康德哲学的最主要的特征。

列宁十分重视黑格尔对康德的批判。黑格尔最常批评的哲学家之一就是康德。当然，他提出来代替康德主义的是客观唯心主义，与康德主义是一类东西，但他对康德主义的批判往往是中肯的、深刻的。列宁对这类批判做了许多摘录，而且对大部分都是赞同的。列宁对黑格尔在这里所提出的批评就是赞同的。

康德承认客观事物的存在，因为在他看来，现象世界既然是一种表现，从逻辑上可以推知必有被表现者，没有被表现者就不可能有表现。这就是他所谓的自在之物。但是，自在之物是不可知的，因为：第一，我们（认识的主体）所能接触的只是现象，而不是被表现者，现象终是现象，认识现象不等于认识被表现者。其次，现象之所以成为现象，不仅有着自在之物的作用，而且，有着主体的作用，现象是由感性材料和主体的功能、时间、空间、因果性、必然性等等共同交织而成的。因果性、必然性等都是康德的先验逻辑的范畴，被康德看成单纯的主观的工具。对于这种观点，黑格尔提出了两点批评：一、在康德那里，思维不是把主体与客体结合起来，而是把它们隔离开来了。二、康德的自在之物不过是一个空洞的抽象物，即一个毫无内容的单纯的存在。

列宁认为黑格尔对康德的这两点批评是中肯的，但是黑格尔是从客观唯心主义观点出发提出批评的。列宁在一个方框中采取了黑格尔的批评，但唯物主义地改造了黑格尔的观点，并把辩证唯物主义和康德的观点对立起来。列宁说："（1）在康德那里，认识把自然界和人分隔（隔离）开来，而事实上认识是把二者结合起来的。"（88）黑格尔也要把主体与客体通过思维结合起来，但他所谓主体即是主观概念，客体即是客观概念（"事物的客观概念构成事物实质本身"），二者根本是一回事情，而思维过程即逻辑发展过程，黑格尔的整个《逻辑学》要论述的就是主体与客体如何在辩证发展过程中最后达到绝对同一的过程。列宁所说的则是在实践基础上人如何认识自然的过程，人认识了自然就达到了主客观的统一。列宁又说："（2）在康德那里，自在之物的'空洞的抽象'代替了我们关于事物的知识的日益深入的，活生生的进展、运动。"（88）列宁在这里指的就是人认识自然的辩证过程。列宁接着解释说，这个过程就是抽象的过程，但不是康德的"空洞的抽象"，即把现实世界抽象为一个空洞的自在之物，而是"和我们对世界的认识的实际深化相符合的抽象"（88），即对现实世界的丰富的深刻的本质的认识，亦即科学的认识、科学的抽象。这种抽象在黑格尔那里被描写成为一个纯粹逻辑的过程。

（三）黑格尔关于三者同一的思想

黑格尔的三者同一的思想就是从他对形式逻辑和先验逻辑的批判中引申出来的。黑格尔提出的逻辑学和世界观同一的观点是针对形式逻辑和先验逻辑的主观性和外在性的缺点，逻辑学和认识论同一的观点是针对形式逻辑和先验逻辑的机械性的缺点。

在黑格尔那里，逻辑学和世界观以及认识论是同一个东西，即同一门科学。从黑格尔许多言论里面，特别是黑格尔的做法，可以看出他这个思想。黑格尔在《逻辑学》这本书（不管是《大逻辑》还是《小逻辑》）中就是这样做的，体现了三者同一。所以，尽管黑格尔没有明确地讲过三者同一，或者三者统一，但是这个思想的确是从黑格尔那儿来的。黑格尔关于这个问题的一些说法，列宁在《哲学笔记》中也引用了。这首先表现在他关于逻辑学的对象的论述中。

历来人们都认为逻辑学是研究思维及其形式和规律的，黑格尔也同意这一观点，但是，在他看来，过去的形式逻辑只研究思维形式，而不研究思维内容，就是说逻辑学所研究的思维形式是脱离内容的形式。他认为，逻辑学应该研究同内容密切结合的思维形式。脱离内容的形式，指的就是概念、判断这些思维形式，这是头脑里面才有的东西，是脱离内容的。因为形式逻辑讲的概念，不是什么东西的概念，而是概念的概念。判断也不是什么东西的判断，而是判断的概念。那么，哪些思维形式是不脱离内容的呢？黑格尔指的就是我们一般讲的辩证法的范畴。例如原因和结果，也是一种思维形式，但它所反映的是客观世界，所以这种思维形式是不脱离内容的。他认为，逻辑学就应该讲这种思维形式。总起来讲，逻辑学应该研究“绝对观念”。“绝对观念”一方面是世界的本体，另一方面也是思维形式。黑格尔是个唯心主义者，他把宇宙的本体看成是观念，所以在他那里宇宙观跟逻辑学就是一个东西了。逻辑学，作为研究宇宙本体、宇宙本质的科学，就是世界观或宇宙观，就是本体论。这样，黑格尔实际上是把逻辑学的涵义扩大了。我们还可以从列宁在《哲学笔记》中所摘录的黑格尔在《逻辑学》序言和导言中的论述来说明这个问题。

在列宁所作这部分摘录中，黑格尔对逻辑学对象有三种表述，列宁对这三种表述都有所肯定。一个是“思维按其必然性的‘发展’”(92)。这同黑格尔的下述说法是一致的：“对思想的王国作哲学的描述，也就是说，从它自身的（注意）内在活动或者（都是一样）从它的必然（注意）发展去描述它”(85)。列宁对这段话批了两个“注意”，一个“出色!”。列宁对这段话的注意之处是在于黑格尔认为逻辑学描述了思维自身的内在的必然的发展，其出色之处也在此。

另一个表述是：“事物的本质、事物的概念”，“逻各斯，即存在着的东西的理性”(91)。“事物的概念”、“存在着的东西的理性”，这当然是唯心主义的说法，但列宁认为黑格尔强调逻辑对象不是事物，而是事物的本质，这是正确的，不过事物的本质在列宁看来不是概念，而是事物运动的规律。这两种表述在黑格尔是一回事，因为概念和思维既是主观的，也是客观的，主观的概念和思维正是客观的概念和思维在人类精神中的表现，逻辑学的对象正是“鼓舞精神、推动精神并在精神中起作用的这个逻辑的本性”(89)。

第三种表述是范畴发展史。黑格尔说，“本能的活动”“分散在无限多样的材料中。”相反地，“智力的和意识的活动”把“动因的内容”“从它和主体的直接统一中”分出来，使之“成为它（主体）面前的对象”。“在这面网上，到处有牢固的纽结，这些纽结是它的”(精神或主体的)“生活和意识的据点和出发点”(90)。在摘录了这些话后，列宁问道，“如何理解这一点呢?”他接着回答说：“在人面前是自然现象之网。本能的人，即野蛮人没有把自己同自然界区分开来。自觉的人则区分开来了，范畴是区分过程中的一些小阶段，即认识世界的过程中的一些小阶段，是帮助我们认识和掌握自然现象之网的网上纽结。”(90)

这一段话谈的是范畴的起源、发展和意义问题，也是逻辑的对象问题。在辩证唯物主义看来，劳动创造人，劳动创造了人的认识，人对自然的认识是在实践基础上产生的。最初只有表面的零碎的感性认识，以后才有反映自然规律性的理性认识。理性认识最初也是比较肤浅的狭窄的，以后才有更深入的更全面的理性认识，哲学是在人类生产比较发达、抽象思维能力较高阶段的产物。但是人类知道和使用哲学范畴并不是在哲学产生之后，而是远在哲学产生之前，只是在哲学产生后才对这些范畴作专门的研究。哲学先研究的是比较简单的范畴，以后才研究比较复杂的范畴，最后才有可能对范畴作系统的研究和论述。人类实践和认识发展的过程也是人类从自然界中分离出来的过程。所谓把自己从自然界中分离出来，即是对自我的意识，或自我意识，自我意识是一个过程。先是意识到自己的存在（出现“我”这一称呼），然后才能意识到自己的力量、作用、地位。对自我的意识是和对自然界的改造和认识不可分的，因为正是在对自然界的改造和认识过程中，人们才意识到自我的存在（人不再是一个自然物，而是与自然界相对立的一个东西），意识到自己的力量、作用和地位（人不仅和自然界对立，而且能认识和改造自然界，使自然界越来越能为人类利益服务）。有这种自我意识的人就是自觉的人。因此，列宁说，自觉的人则把自己和自然区分开来了。范畴的发展标志着人的自觉性的发展程度，因为对范畴的掌握的程度（掌握多少，简单还是复杂）说明人类对自然界的认识和掌握的程度，因而列宁指出，“范畴是区分过程中的一些小阶段，即认识世界的过程中的一些小阶段”（90）。范畴不仅是人类认识和掌握自然界的一些里程碑，一些消极的反映，它一旦产生又成为人类进一步认识和掌握自然界的武器，用列宁的话说，“是帮助我们认识和掌握自然现象之网的网上纽结”。“纽结”，这是一个比喻，列宁以此说明，范畴所反映的并不是自然界的外部现象或某一特殊领域中的联系，而是把这些外部现象和特殊联系联结起来的普遍联系，这种普遍联系可以帮助我们把自然现象之网掌握起来，这和纲举目张（纲是网口上的绳子，目是网眼）、提纲挈领的意思差不多。这就是列宁对黑格尔原文的唯物主义的改造。可以看出，在黑格尔那里，哲学范畴或辩证法范畴的发展史也就是逻辑学的对象。

从黑格尔对逻辑对象的几种表述可以看出，逻辑学固然是关于思维的学说，也是本体论（关于存在的学说，即形而上学）。所以黑格尔说：“逻辑学构成真正的形而上学或纯粹的、思辨的哲学”（83）；“形而上学”不是指我们现在所讲的同辩证法相对立的形而上学，而是“本体论”，就是关于世界的本质或本体的学说，就是“宇宙观”。黑格尔认为逻辑学构成真正的“本体论”，构成真正的世界观，他把世界观同逻辑学看成一个东西。黑格尔在《小逻辑》中还有很多说法，从这些说法里可以看得出来，逻辑学的对象也就是宇宙观的对象，就是本体论的对象。在《小逻辑》中，他多次谈到逻辑学的对象就是“绝对观念”，他又把它叫作“真理”、“上帝”。“绝对观念”就是黑格尔所谓的宇宙的本体，或者宇宙的本质。所以，在黑格尔那里，逻辑学跟本体论、宇宙观是一个东西。

在黑格尔那里，逻辑学和认识论是同一的，也具有特殊的含义。黑格尔本人没有明确地这样提过，但这确实是黑格尔的思想。那么，逻辑学同认识论同一是什么意思呢？它指的就是逻辑学的范畴的体系同范畴的历史的发展是一致的，实际上也就是同哲学史是一致的。当然，逻辑学不是哲学史，逻辑学是逻辑学，哲学史是哲学史，这是两门科学，黑格尔也写过两本书，一本是《逻辑学》，一本是《哲学史讲演录》。但是，逻辑学要反映哲学的发展，也就是要反映哲学范畴的发展的规律。哲学是人类认识的总结，哲学史当然是人类认识史的总结。从这个意义讲，逻辑学反映了人类认识的规律，就是认识论，因为认识论不过就是讲认识及其规律的科学。有不少材料足以说明列宁对黑格尔关于思维形式不能离开认识过程的观点也是十分重视的。黑格尔说，“只有沿着这条自己构成自己的道路……哲学才能成为客观的、论证的科学。”（84）对于这话，列宁解释说：“‘自己构成自己的道路’＝真实的认识、不断认识（从不知到知）的运动的道路（据我看来，这就是关键所在）。”（84）黑格尔说到逻辑的内容在科学认识中运动着时，列宁批道，“科学认识的运动。——这就是实质。”（84）当然，黑格尔的三者一致的观点是从绝对唯心主义基础上提出来的，绝对观念是三者一致的基础，列宁对此也有说明。黑格尔说：意识的运动，“有如全部自然生活和精神生活的发展”，是以“构成逻辑内容的纯本质的本性为基础的。”（84）。在这里，黑格尔把构成逻辑内容的纯粹本质，看作意识的运动和全部自然、精神生活的基础，也就是把逻辑学看作认识论和本体论的基础，这完全是唯心主义的。列宁所批“特色”二字即在说明这话颇能表明黑格尔辩证法的唯心主义特色。列宁认为应该“倒过来”，即以全部自然生活和精神生活的发展作为意识运动和思维运动的基础，以辩证法作为认识论和逻辑学的基础。在《哲学史讲演录》里，黑格尔也讲得很清楚。黑格尔说：“历史上的那些哲学系统的次序，与理念里的那些概念规定的逻辑推演的次序是相同的。”① 前者指的就是认识史，后者指的就是逻辑学。这个也就是逻辑学同认识史是一致的，逻辑学应该反映认识史，应该反映认识的规律。黑格尔《逻辑学》里讲到某个具体的哲学范畴的时候，往往就同哲学史上某个哲学家的观点联系起来。这种做法，列宁颇为欣赏。在《哲学笔记》里，列宁在好几个地方都把黑格尔这个思想记录了下来。黑格尔《逻辑学》的第一个范畴是“存在”，最后个范畴是“绝对观念”。他认为哲学史上也是这样，第一个范畴是巴门尼德的存在。一般认为西方哲学史上的第一个哲学家是泰勒斯。泰勒斯是个唯物主义者，但黑格尔是个唯心主义者，看不起泰勒斯，认为泰勒斯不算真正的哲学家，为了迁就他的逻辑学，他认为哲学的真正的开始是巴门尼德的存在，而这同他的逻辑学是一致的。哲学的最高峰是什么呢？那就是黑格尔的哲学。黑格尔的哲学体系是“绝对观念”最充分的体现。从巴门尼德到黑格尔，从存在到绝对观念，中间还经过许许多多小的阶段。二者间的这些小的阶段大体上是一致的，但不完全一致，也不可能完全一致。这就是黑格尔所谓的，也是列宁所理解的，逻辑学就是认识论。

总起来看，他的《大逻辑》或者《小逻辑》，一方面是逻辑学，因为它是关于思维形式和思维规律的体系；但是，另一方面它讲的就是世界的一般的东西，所以它也是本体论，也是世界观，或者叫形而上学。而他这个逻辑学的体系同人类哲学发展的历史是一致的，反映了人类认识发展的规律，所以它也是认识论。所以，在黑格尔那儿，三者是同一个东西，是一门科学，是同一门科学的三个不同的方面。打个很浅显的比喻，一个人在家是家长，在学校是教员，他又是个党

① 黑格尔：《哲学史讲演录》第1卷，34页，北京，商务印书馆，1960。

员，我们讲的不是三个人，而是一个人的三种不同身份，是讲的同一个事物的几个不同方面。黑格尔的哲学分成三个组成部分：逻辑学、自然哲学、精神哲学，三者是统一的。我们比较一下可以看得出来，黑格尔讲的逻辑学、辩证法、认识论三者同一，跟他讲的（或者跟他做的）逻辑学、自然哲学、精神哲学三者统一是不同的。黑格尔能拿出一本书对你说：这就是我的逻辑学，也是我的世界观，也是我的认识论。所以，三者是同一个东西在黑格尔那儿还是比较清楚的。

（四）马克思、恩格斯关于三者同一的思想

黑格尔没有明确讲过这个问题，马克思、恩格斯也没有明确讲过。但是从他们的某些言论、从他们的某些做法来看，好像马克思、恩格斯也是同意黑格尔这种做法的。列宁也明确讲过：《资本论》就是马克思的逻辑，而且认为《资本论》这一部书就体现了三者的同一。根据列宁的这种理解，《资本论》是三者同一的一个典型，是三者同一在资本这个领域里的表现。也就是说，《资本论》是资本的辩证法，也是资本的认识论，也是资本的逻辑学。《资本论》揭示了资本主义发展的一般的客观规律，也就是资本发展的辩证规律。《资本论》从商品开始揭露资本或者资本主义发展的一般规律，即社会生产怎样从简单的商品生产发展为资本主义的商品生产，货币怎样发展成为资本，资本主义制度的内在矛盾怎样使社会主义胜利成为必然等等。所以它是资本的辩证法。《资本论》是一个范畴的体系，即政治经济学范畴的体系，这个体系反映了人类认识资本的历史过程，也就是反映了政治经济学的历史。譬如，人类先认识价值，以后再认识剩余价值。《资本论》也是先讲价值，以后再讲剩余价值。它是个逻辑体系，但这个逻辑体系反映了政治经济学的历史。所以它是资本的认识论。《资本论》的范畴是资本的思维形式，《资本论》是政治经济学范畴的一个逻辑体系，是从一个范畴逻辑地发展为另外一个范畴的逻辑过程，是思维规律在资本这个领域内的表现。这个意思，马克思本人也讲过。马克思在《〈政治经济学批判〉序言》里谈到了政治经济学的体系，是按照从简单到复杂，从抽象到具体这个原则来安排的。马克思说：在一定限度内，“从最简单上升到复杂这个抽象思维的进程符合现实的历史过程”①。抽象思维的过程，是个逻辑过程，即思维规律的表现，这个逻辑过程既符合客观规律，也符合认识的规律。所以，马克思的话不仅可以理解为《资本论》是逻辑学，而且可以理解为体现了三者的同一。总之，从列宁的理解来看，马克思是赞同黑格尔这个三者同一的观点的。

关于这个问题，恩格斯谈得更多一些，更明确一些。在《路德维希·费尔巴哈和德国古典哲学的终结》里，恩格斯谈到，黑格尔颠倒了存在和思维的关系，把历史的发展看成绝对观念的自我发展。恩格斯只是批评黑格尔把思维和存在的关系颠倒了，批评了他的唯心主义，而没有批评他关于思维和存在同一的观点，也就是没有批评他关于逻辑学同本体论（或者宇宙观）是同一的这个思想。恩格斯还进一步指出，应该把思维和存在的关系颠倒过来，把思维规律看作客观规律的反映。然后他接着讲，“这样，辩证法就归结为关于外部世界和人类思维的运动的一般规律的科学，这两个系列的规律在本质上是同一的，但是在表现上是不同的”②。恩格斯这样讲，实际上就是肯定了逻辑学同辩证法是同一的，因为思维规律同外部世界的客观规律是

---

① 《马克思恩格斯选集》第2卷，105页，北京，人民出版社，1972。

② 恩格斯：《路德维希·费尔巴哈和德国古典哲学的终结》，见《马克思恩格斯选集》第4卷，239页，北京，人民出版社，1972。

同一的。恩格斯在《自然辩证法》里也讲过："所谓客观辩证法是支配着整个自然界的，而所谓主观辩证法，即辩证的思维，不过是自然界中到处盛行的对立中的运动的反映而已。"① 这里讲的主观辩证法和客观辩证法，就是思维的规律和客观的规律。讲思维的规律的科学是逻辑学，讲客观规律的科学就是辩证法。这说明，逻辑学同辩证法是同一的。在《反杜林论》里，恩格斯对这个问题谈得就更加清楚。《反杜林论》里有两个说法。一个说法是，"在以往的全部哲学中还仍旧独立存在的，就只有关于思维及其规律的学说——形式逻辑和辩证法。"② 这个辩证法很显然就是辩证逻辑。但是，恩格斯在《反杜林论》里，又对辩证法这样下定义："辩证法不过是关于自然、人类社会和思维的运动和发展的普遍规律的科学。"③ 这就是世界观。又说它是一般规律的科学，又说它是思维及其规律的科学，而且把辩证法同形式逻辑并列，这就充分体现了这个思想：逻辑学同世界观、辩证法是同一个东西。

从前面所谈到的黑格尔、马克思、恩格斯的观点来看，关键在于：逻辑学研究的对象，是不是仅仅限于头脑里面的东西，它要不要研究客观世界里面的东西？我们现在形式逻辑所研究的只是头脑里面的东西，如概念、判断、推理。当然，概念、判断、推理也反映了客观世界，但是形式逻辑并不研究概念、判断和推理中来自客观世界的内容。从前面所引的恩格斯的话来看，辩证逻辑或者逻辑学，不仅仅研究思维里面的东西，还要研究客观世界的东西，这就打破了形式逻

① 恩格斯：《自然辩证法》，见《马克思恩格斯选集》第 3 卷，534 页，北京，人民出版社，1972。

② 《马克思恩格斯选集》第 3 卷，65 页，北京，人民出版社，1972。

③ 同上书，181 页。

辑的范围。但是，恩格斯在《自然辩证法》里有段话，似乎又认为辩证逻辑只研究头脑里面的东西。这是恩格斯唯一提到“辩证逻辑”这个词的地方。他说，“辩证逻辑和旧的纯粹的形式逻辑相反，不像后者满足于把各种思维运动形式，即各种不同的判断和推理的形式列举出来和毫无关联地排列起来。相反地，辩证逻辑由此及彼地推出这些形式，不把它们互相平列起来，而使它们互相隶属，从低级形式发展出高级形式。”① 在这段话里，他没有讲到形式逻辑只研究思维里面的东西，而辩证逻辑还要研究客观世界的东西。他只讲它们在这一点上是相同的，都研究思维形式。不同只在于形式逻辑机械地排列思维形式，而辩证逻辑则按照辩证规律从低级向高级把它们推出来。所以，这个论断似乎可以作这样的理解：恩格斯把辩证法同辩证逻辑区别开来了。但是，我们又可以反过来这样讲：这个地方恩格斯只不过是谈了辩证逻辑和形式逻辑的一个区别，他并没有肯定这是唯一的区别，并没有肯定辩证逻辑只研究思维里面的东西，即只研究思维形式，不研究思维内容。所以，这个地方同恩格斯其他地方的观点还是一致的，或者至少是不矛盾的。从总的来看，恩格斯还是赞同黑格尔这个观点的：辩证法，即世界观，同逻辑学是一个东西。

逻辑学、辩证法和认识论三者是同一个东西的思想，在马克思和恩格斯的战友和学生中，是比较明确的。狄慈根就把辩证法看成既是宇宙观，也是逻辑学，也是认识论。狄慈根说：“逻辑学研究的是思维，然而是真实的思维；所以它势必面向真理。”② 狄慈根的《论逻

① 《马克思恩格斯选集》第 3 卷，545～546 页，北京，人民出版社，1972。

② 《狄慈根哲学著作选集》，109 页，上海，三联书店，1978。

辑书简》一书并不是研究形式逻辑的，而是讨论哲学问题的，他明确地说："我们的逻辑以真理，以世界真理为对象，这种逻辑是宇宙的逻辑，是普遍的逻辑或世界观。"① 显然，同黑格尔一样，尽管有唯物主义和唯心主义的区别，他把逻辑学扩大成为哲学了。他甚至说："这种经过推广的逻辑学……是否应与旧逻辑学叫同一名称，还是应另称为认识论或辩证法，这只是字面上的争论，可以简单地相机而定。"② 又说，"为了便于理解，我们用一个特殊的称号，用'认识论'这个专门名称来称呼这个新领域，'认识论'亦即众所周知的辩证法。"③ 如果加以仔细推敲，狄慈根的理解同列宁的理解可能不完全一样，但他把三者看成同一个东西还是很明显的。

普列汉诺夫也把辩证法和逻辑学看成一个东西。1905年他为《路德维希·费尔巴哈和德国古典哲学的终结》俄译本第二版写了一篇序言，在序言中谈到马克思主义哲学——辩证唯物主义时，就把辩证法称作"运动逻辑"、"矛盾逻辑"、"辩证思维"，并把它和形式逻辑对立起来。尽管把辩证法和形式逻辑对立起来并不恰当，这点后面还将谈到，但普列汉诺夫当时把辩证法看成一种逻辑学则是确定无疑的。

（五）列宁关于三者同一的思想

前面已谈到关于列宁讲三者同一那段话的三种不同理解，我赞成第二种理解。这种理解符合黑格尔、马克思、恩格斯的原意，也符合列宁的其他有关言论。如果不死抠列宁的个别词句，而能把他的言论

① 《狄慈根哲学著作选集》，149页，上海，三联书店，1978。

② 同上书，347页。

③ 同上书，341页。

加以综合理解的话，列宁的意思还是很清楚的。在谈到其他言论之前，我还想对列宁那段话作些分析。

这句话的中译不很确切。原文是："В'Капитале' применена к одной науке догика，диалектнка и теория познания [не надо 3⁻ˣ слов：его одно и то же] материализма，..."中译是："在《资本论》中，逻辑、辩证法和唯物主义的认识论［不必要三个词：它们是同一个东西］都应用于同一门科学……"（357）单单从语法上看，这样译当然是可以的，但从内容上看，就出现一个问题：为什么单单说认识论是唯物主义的？辩证法难道不是唯物主义的吗？但如把辩证法也理解为唯物主义的，逻辑学当然也应如此，但逻辑学称唯物主义的，似也不妥。但是，如果把逻辑学理解为世界观，称它是唯物主义的，那就没有什么问题了。因此，这段话应译为："在《资本论》中，唯物主义的逻辑学、辩证法和认识论［不必要三个词：它们是同一个东西］都应用于同一门科学……"当然，问题不能靠改动一下译文来解决，但译得更确切一些有助于正确的理解。①

列宁在其他地方没有再明确地讲过这个问题，但是列宁有很多言论，可以说明他这个思想。有一句话一般都认为是辩证逻辑的定义，我认为实质上也是明确地表现了三者同一的思想。列宁说："逻辑不是关于思维的外在形式的学说，而是关于'一切物质的、自然的和精神的事物'的发展规律的学说，即关于世界全部具体内容及对它的认识的发展规律的学说，即对世界的认识的历史的总计、总和、结论。"

---

① 《列宁全集》第2版第55卷第290页已将这段话改译为"在《资本论》中，唯物主义的逻辑、辩证法和认识论［不必要三个词：它们是同一个东西］都应用于一门科学。"

(89)“逻辑不是关于思维的外在形式的学说，而是……”“而是”之后似乎还缺一句话，应该说，而是关于同思维内容密切联系着的思维形式的学说。这一句话列宁在前面讲了，这就是逻辑学的定义，即逻辑学是关于思维形式的学说。接着，列宁指出逻辑学是关于一般规律的学说。“一切物质的、自然的和精神的事物”是黑格尔的原话。这就是通常所讲的辩证法的定义，跟恩格斯在《反杜林论》里面给辩证法下的定义是完全相同的，只有些字面的不同。这就是世界观。这里还谈到“对世界的认识的历史的总计、总和、结论”，也就是说，它是认识史的总结，反映了人类认识的规律。这就是认识论。所以，列宁关于逻辑学的这个定义，就包含了三者同一的思想：三者是同一个东西的不同的方面，它既是关于思维形式的学说，又是关于世界的一般规律的学说，又是人类认识史的总结。除此以外，列宁在《哲学笔记》里面，谈到逻辑学跟辩证法是一个东西，或者逻辑学跟认识论是一个东西，或者辩证法跟认识论是一个东西的地方是很多的，不是个别词句，而是大量的言论。当然，其中讲逻辑学同辩证法、认识论也有区别的话也找得到。这些地方要联系起来完整地看，看列宁讲到它们的区别的时候，这个区别究竟是什么，是三门科学的区别呢，还是不同方面的区别。

列宁有不少话谈到逻辑学就是辩证法或世界观。逻辑学是关于思维形式和思维规律的科学，这是毫无疑义的，问题是辩证逻辑的思维形式和思维规律是什么？在列宁看来，它们就是客观世界的普遍联系和普遍规律的反映，因而逻辑学就是一个辩证法概念、范畴的逻辑体系，一门指导人们思维的规律的科学。列宁指出，“黑格尔在概念的辩证法中天才地猜测到了事物（现象、世界、自然界）的辩证法”(210)。概念的辩证法即黑格尔的逻辑学，这就是说，在黑格尔的逻辑学中包含着对客观辩证法的猜测，尽管黑格尔自认为概念的辩证法是所谓纯概念的自己运动。列宁唯物主义地改造黑格尔的猜测，认为逻辑学应该科学地反映客观辩证法。他说："概念的关系（＝转化＝矛盾）＝逻辑的主要内容，并且这些概念（及其关系、转化、矛盾）是作为客观世界的反映而被表现出来的。事物的辩证法创造观念的辩证法，而不是相反。"（210）用列宁在另外一个地方的话来说，这就是，"这些概念和规律等等（思维、科学＝'逻辑观念'）有条件地近似地把握着永恒运动着的和发展着的自然界的普遍规律性。"（194）"逻辑规律就是客观事物在人的主观意识中的反映。"（195）

辩证法的规律不仅是客观世界的规律和思维的规律，也是认识的规律，因而辩证法和逻辑学同认识论也是同一个东西，对此列宁也有明确的论述。除了上面举出的三者是同一个东西而外，列宁还说过："逻辑学是关于认识的学说，是认识的理论。"（194）为什么呢？因为"认识是人对自然界的反映。但是，这并不是简单的、直接的、完全的反映，而是一系列抽象过程，即概念、规律等等的构成、形成过程，这些概念和规律等等（思维、科学＝'逻辑观念'）有条件地近似地把握着永恒运动着的和发展着的自然界的普遍规律性。"（194）又说："辩证法也就是（黑格尔和）马克思主义的认识论。"（410）列宁还具体指出，对立统一规律就是"认识的规律（以及客观世界的规律）"（407），其他范畴如个别和一般、偶然和必然等等构成的辩证法规律，既是客观世界的规律，也是认识、思维的规律。

关于逻辑学和认识论同一的思想，还可以从列宁关于范畴的逻辑发展和范畴的历史发展的一致的言论看出来。在存在论、本质论和概念论的摘录和评语中，列宁曾一再指出，黑格尔逻辑学中范畴发展的某些环节是和范畴发展史一致的。列宁说：逻辑"不仅是对思维形式的描述"，"而且是和真理的符合，也就是?? 思想史的精华，或者简单些说，是思想史的结果和总结??"思想史的精华即范畴发展史。这里虽然写了一些问号，但列宁显然是肯定地回答的，因此，在旁边他又写道："按照这种理解，逻辑学是和认识论一致的。这就是极重要的问题。"（186）列宁又说："从逻辑的一般概念和范畴的发展与运用的观点出发的思想史——这才是需要的东西!"（188）这里说的就是逻辑范畴的发展史。列宁还指出，从思想史着手是研究逻辑的一个新的方向，他说："黑格尔的辩证法是思想史的概括。从各门科学的历史上更具体地更详尽地研究这点，会是一个极有裨益的任务。总的说来，在逻辑中思想史应当和思维规律相吻合。"（355）因此，列宁认为"要继承黑格尔和马克思的事业，就应当辩证地研究人类思想、科学和技术的历史"（154）。列宁的言论说明，逻辑学和范畴发展史是两个东西，不是同一个东西，但二者是一致的，为什么二者是一致的呢？为什么可以从范畴发展史去研究逻辑学呢？就是因为思维规律和认识规律是同一个东西，逻辑学和认识论是同一个东西。

当然，《哲学笔记》中关于辩证法或逻辑学就是认识论还可以作别的理解，例如理解为：辩证法就是认识的方法，或：认识的过程就是一个辩证的过程。看来列宁也有这些思想。但最突出的还是这一思想：辩证法的体系是认识史的总结，是哲学史的逻辑的反映，是人类思维的规律性过程的反映。

如果把列宁的许多论述综合起来完整地加以研究，可以看出，列宁所讲的三者同一指三者是一个东西，不需要三个词；不是三门科学，而是一门科学的不同方面。也就是说，列宁对三者同一的理解同黑格尔是相同的。但是，黑格尔是唯心主义者，列宁是唯物主义者；三者同一的基础，在列宁这里是客观规律，在黑格尔那里虽然也是

"客观规律"，不过他的"客观规律"就是他的"绝对观念"。这里当然有根本的区别。列宁没有在任何地方批评他把三者完全混同起来了。列宁也是从这个观点出发理解《资本论》的。黑格尔的《逻辑学》是思辨哲学，《资本论》则以事实作为基础，以实践作为标准。列宁说，"在这里，在每一步分析中，都用事实，即用实践来进行检验。"（357）不像黑格尔的《逻辑学》那样，纯粹从一个概念逻辑地推出另外一个概念。但是，黑格尔《逻辑学》中的三者同一和《资本论》中的三者同一是相同的。我们根据列宁在《哲学笔记》里面所提供的一些材料，可以得出这一结论：列宁认为三者是同一个东西，不是三个东西。这同列宁谈到的辩证唯物主义和历史唯物主义是不可分的这个思想是不一样的。列宁说，辩证唯物主义和历史唯物主义是一整块钢铁铸成的，不可分的，但是二者是两个组成部分，辩证唯物主义是一般的部分，历史唯物主义是特殊的部分，是不可以截然分开的。如果三者是三门科学，那就有点奇怪了，列宁那么强调辩证唯物主义和历史唯物主义的统一，为什么列宁只讲辩证法同认识论、逻辑学的统一，而把历史唯物主义排除在外呢？为什么不讲四者统一呢？为什么不把自然辩证法也包括进去，讲一般辩证法、自然辩证法、历史辩证法、认识辩证法、思维辩证法五者统一呢？无疑，五者都可以成为相对独立的科学，其间都存在密切的内在联系，这点后面还要谈到，但是列宁讲的三者同一不是各门科学之间的内在联系的问题。看来列宁把认识论和逻辑学同宇宙观摆在一起，讲三者是同一个东西，是有他的深意的。宇宙是无所不包的，我们可以把它分成几个领域：一个是自然界，从中可以分出人类社会，从中又可以分出认识、思维，所以一般常常讲自然界、人类社会和思维。辩证法讲的是一般规律。自然辩证法讲自然界的一般规律。当然，自然界的一般规律究竟是什么，这个问题现在还没有很好解决。但是，人类历史发展的一般规律是清楚的，关于历史一般规律的科学就是历史唯物论。历史发展的一般规律是世界的一般规律在特殊领域里的表现。所以，我们不能说历史发展的一般规律跟世界的一般规律是相同的，只能说它们是一致的。但是，谈到思维或者认识，这个问题就比历史规律，人类社会的规律这个问题要复杂一些。一方面，我们当然可以这样讲，认识的规律也是一般规律在认识这个领域里的表现，所以，认识的规律是一种特殊的规律，认识的规律同一般的规律是一致的，但是并不等于一般规律。我们也可以提出一些只是属于认识领域或思维领域的规律。但这只是问题的一方面。另一方面，我们也可以这样讲，认识的规律就是客观世界的一般规律。这指的什么呢？这指的实际上是指导我们认识的规律，即客观规律。比如对立面的统一和斗争的规律是个客观规律，当我们用这个规律来指导我们认识这个世界的时候，对立统一规律就是思维规律，或者讲得更确切一点，是指导我们思维的规律。

看来，同黑格尔一样，列宁把逻辑学和认识论的含义扩大了，使辩证法、认识论和逻辑学成为同一个东西。更确切一点说，辩证法是宇宙观，也是认识论，也是逻辑学。我认为这就是列宁的观点。

（六）有没有可以同辩证法区别开来的辩证逻辑和认识论？

三者同一，涉及一个问题：还有没有辩证逻辑？按照前面对列宁论断的理解，辩证法就是辩证逻辑，辩证逻辑就是辩证法，二者是一个东西，这样一来，在辩证法之外就没有什么辩证逻辑了。列宁说辩证法是宇宙观，因为它是关于一般规律的科学，说它是逻辑学，或者叫辩证逻辑，因为它是关于思维的规律，或指导我们思维的规律的科学。辩证逻辑是从黑格尔开始的，黑格尔把形式逻辑加以改造，创立了一种新型逻辑，那就是所谓的辩证逻辑。前面已经谈到过，黑格尔认为自己的逻辑学克服了形式逻辑和先验逻辑的缺点，做到了形式和内容两者的统一，反映了客观事物的本质，揭示了范畴之间的联系。列宁对黑格尔这种做法，除了批评他的唯心主义以外，没有其他批评。前面也谈到过列宁有许多言论都肯定逻辑学就是辩证法，但《哲学笔记》里并没有用过辩证逻辑这个词，列宁几年以后在《再论工会、目前局势及托洛茨基和布哈林的错误》里面，才用了这个词。他讲了辩证逻辑的四个要求。第一，要研究事物的一切方面、一切联系和中介。这就是普遍联系的观点。第二，要从运动、变化、发展中观察事物。这就是发展的观点。第三，要把人的全部实践包括到事物的完满的定义中去。这就是实践观点。第四，没有抽象的真理，真理是具体的。他没有说辩证逻辑只有这四个要求，但就这里讲的辩证逻辑来看，它同我们一般所理解的辩证法究竟有什么区别呢？没有根本的区别。在这儿我们最多只能说，这些要求是辩证法的运用。所以，从黑格尔到列宁，可以看得出来，辩证法同逻辑学，实际是同义语，它们之间没有什么根本的区别。

从上述情况来看，他们所了解的逻辑学，就不是过去形式逻辑所讲的逻辑学。或者可以这样说，他们把逻辑学这个概念扩大了。严格讲，逻辑学是关于思维及其规律的科学这个讲法，不是十分确切的。关于思维及其规律的科学，不仅仅是逻辑学，心理学也研究思维，控制论也研究思维，人工智能论也研究思维，研究思维的科学应该说是很多的。逻辑学当然是研究思维的，但它研究的是思维的形式方面。因此，它所研究的规律不是一般讲的思维的规律，而是思维形式的规律。从严格的意义来讲，逻辑学是不涉及思维内容的。这是两个问题：一个逻辑学家或使用逻辑学的人，管不管自己的论断同客观世界一致不一致，是一个问题；逻辑学作为一门科学管不管思维内容，是另外一个问题。逻辑学的任务是解决思维形式的问题，它的活动范围是思维形式，它是不管思维内容的，也是管不着的。或者说，它的思维内容就是思维形式，别的思维内容是由别的各门科学来管的。它同语法相似。我们的语言都有语法。语法作为一门科学，要不要管语言的内容？它是不管的，也管不着。不能要求语法解决语言同客观世界一致的问题。逻辑学也应该这样。但是黑格尔却把逻辑学的含义扩大了，把逻辑学变成了世界观。列宁按照黑格尔的理解，也把逻辑学这个概念扩大了，它不仅仅是关于思维形式的科学，而且是关于客观世界一般规律的科学，这就是世界观，或者叫本体论。这个逻辑，就不是形式逻辑所讲的逻辑。我们经常也把客观规律叫作逻辑，比如人民的逻辑、反动派的逻辑，其实就是发展规律。所以，逻辑学就变成了世界观。语言上这种使用当然不是不可以，但是应该弄清楚一个人使用逻辑或逻辑学一词的确切含义。这样，就有了狭义的逻辑学和广义的逻辑学。狭义的逻辑学就是形式逻辑所讲的逻辑学，广义的逻辑学就是黑格尔、列宁所讲的辩证的逻辑学。

认识论的概念也扩大了。认识论是关于认识及其规律的科学，所以认识论的对象是主观世界，不是客观世界。认识当然要涉及客观世界，但是认识论研究的还是主观如何反映客观，而不是客观世界本身。列宁这里讲的认识论却是关于人类认识发展的规律的科学，也就是认识史的总结和概括。认识史是认识客观世界的历史，认识史的总结和概括，当然也就涉及客观世界，而不仅仅是主观世界。可以这样理解：有狭义的认识论和广义的认识论。列宁所讲的认识论就是广义的认识论。狭义的认识论，列宁也不否认。例如在《唯物主义和经验批判主义》中讲的认识论就是狭义的认识论，它没有讲辩证规律，当然它讲了物质，也讲了物质和认识的关系，但物质是作为认识对象的总名出现的。在《卡尔·马克思》中，列宁是把哲学唯物主义和辩证法作为两部分来讲的，而在哲学唯物主义中包括狭义认识论的内容。

列宁扩大逻辑学的含义，认为辩证逻辑就是辩证法。那么，究竟列宁这个观点有没有道理？或者说有没有意义？列宁用辩证法和辩证逻辑指同一个东西的两个方面是有意义的。其意义就在于，辩证法一方面是关于客观规律的科学，即宇宙观；另外一方面也是关于思维规律的科学，即逻辑学。用我们大家易于理解的话来讲，辩证法一方面是理论，一方面是方法。辩证法的翻译，也引起了混乱。“辩证法”似乎当然是方法，其实，有时它指的是辩证律，即客观的辩证规律，如“历史的辩证法”指人类历史客观的辩证规律，更多时候它指的是辩证论，即作为宇宙观的辩证法。辩证律反映在思想中就是辩证论，辩证论反过来就是方法。辩证规律用于思维就是思维规律，即指导思维的规律，这种思维规律不是形式逻辑讲的思维规律。每一个理性认识，每一个规律性的认识，都可以起到指导思维的作用。我们知道，辩证法反映的是世界的最一般的规律，这些规律反过来又是指导我们思维的一般方法。所谓指导思维就是按照这些规律去进行思维。比方说，世界到处都充满了矛盾，那么，你对某个事物进行思维的时候，就要在这个思想指导下进行，也就是说，要分析它的矛盾。所以，矛盾规律是世界的规律，也是思维规律。不仅辩证法是这样，《资本论》也是这样。《资本论》提供了资本发展的规律，这是客观规律。反过来，我们可以用资本发展的规律来研究某一资本主义国家，因此资本发展的规律反过来就成为我们研究资本主义世界的思维规律。正是在这个意义上，列宁认为《资本论》就是《资本论》的逻辑。从这个含义来讲，任何科学都是逻辑。黑格尔就明确地谈到了这一点。他说，任何一门科学都是应用逻辑。举个简单的例子。几何学也可以说是几何学的逻辑，每一个几何学的定理都是对于空间形式的规律性的反映，但反过来，就成为我们研究空间形式的思维规律。例如勾股定理，一个直角三角形，直角边的平方之和等于斜边的平方，反映了空间形式，但是反过来它也是个思维规律。我们根据两个直角边有多长，就可以算出斜边多长。黑格尔认为世界观就是逻辑学，其意义就在这里。列宁这样讲，其意义也在这里。

说辩证法和认识论是同一的，又有什么意义呢？我认为也有重要的意义。说世界观就是认识论，也就是说，这个世界观，或辩证法的体系，应该反映辩证法范畴发展的历史，也就是认识史的总结，或者认识史的精华。也就是说，范畴的逻辑发展同范畴的历史发展，应该大体上是一致的。列宁认为黑格尔的这个思想，为我们研究辩证法开辟了一个新的途径。我们搞不清楚辩证法的体系，就可以从研究哲学史入手。哲学史上这些范畴出现的先后顺序是怎样的，辩证法的体系也应该怎样。这当然不能是一笔流水账，而是从历史入手，弄清楚它们之间的逻辑联系，然后再来构成辩证法的体系。所以，这个思想，对于构成辩证法的体系就很有指导意义。这个思想不仅对辩证法有意义，对任何一门科学都有意义。按照列宁的理解，《资本论》就是这样，任何科学都应该是这样，即从逻辑体系上反映该门科学的发展。当然，做没做到是另外一个问题。这个工作当然是很复杂的，要进行艰苦的研究。黑格尔提出这个原则，但是黑格尔本人做到没有？他当然认为自己是做到了，他写了逻辑学，也写了哲学史，他认为他的逻辑学和哲学史的发展的顺序大体上是一致的，但是，事实上他远没有做到这一点。他虽然力图做到逻辑和历史的统一，但是从他的唯心主义偏见出发，他对哲学史以及范畴之间的联系都有许多歪曲。所以，黑格尔虽然提供了许多有启发性的思想，但是他并没有把范畴发展的这种逻辑的联系真正给揭示出来。今天我们也没有做到，恐怕短时间内也难做到。列宁在《辩证法的要素》和《谈谈辩证法问题》这两篇文章里面，力图根据认识史大体上做些安排，但是也只是提了一点想法。比如在《谈谈辩证法问题》后边，他谈了几个圆圈。列宁提出的几个圆圈是一种尝试，想把逻辑范畴的概念的发展同逻辑范畴的历史的发展统一起来。但是看来还很不成熟，列宁在好多地方打了些问号，而且哲学史中还有不少东西没有讲到，列宁后来也没有功夫再仔细地研究这个问题。总之，如果把列宁关于三者同一的思想理解成为三门科学具有统一的关系，上述两点重要的意义就给抹煞了。为什么呢？现在所提的三者，即辩证法是一般的辩证法，认识论是认识的辩证法，逻辑学是思维的辩证法，当然是统一的，而且统一的不止三者。为什么不讲一切科学都统一呢？无疑，一切科学都是统一的，自然科学的各种分支科学应是统一的，社会科学的各种分支科学应是统一的，思维科学的各种分支科学也应是统一的，而且自然科学、社会科学、思维科学这三者也应是统一的。既然辩证唯物主义（或者唯物辩证法）是关于世界的一般规律的科学，那么，它同所有的科学当然是统一的，这应该是不言而喻的。这样讲，是否就取消了狭义的逻辑学（辩证逻辑）和认识论呢？很显然，取消不了。一门科学只要它的研究对象可以和其他科学区别开来，就可以成立，就取消不了。既然认识可以算是一个领域，为什么不能有认识论呢？既然思维可以算作认识里面更小的一个领域，为什么不可以有逻辑学呢？不但有逻辑学，而且还可以有其他的思维科学。事实上，列宁也专门讲了认识论。尽管对认识论的研究我国还比较落后，对许多认识过程里面的复杂问题我们还没有很好地研究，但是它作为一门科学，是不会有什么问题的。辩证逻辑的确是个问题。现在搞辩证逻辑的同志都说，辩证逻辑就是列宁、黑格尔讲的辩证逻辑，它跟辩证法是统一的，但不等于辩证法，它有自己的特殊对象，有自己的特殊规律。这样理解的辩证逻辑是狭义的辩证逻辑，同列宁所讲的辩证逻辑不是一回事。我认为研究狭义的辩证逻辑可以说是受到黑格尔、列宁所提出的辩证逻辑的启发的结果，但二者有广义狭义之分，却是不可以混为一谈的。

辩证逻辑能否成立的关键问题在哪里呢？就在于它有没有既可区别于辩证法，又可区别于形式逻辑的特殊对象？有没有既可区别于辩证的规律，又可区别于形式逻辑思维规律的特殊的辩证思维的规律。前面讲到，我们说辩证法就是思维规律，意味着它是指导思维的规律，是指导我们来思维这个客观世界的规律，不是讲的思维领域本身的规律。形式逻辑的规律比较清楚。形式逻辑的思维规律，只是思维形式的规律，不涉及客观世界。比如它的同一律，不是讲客观世界是不变化的，一个东西永远就是这个东西。至于有人这样理解，那是另外一回事。它讲的是我们在思维过程里面，要保持概念的统一，一个概念不能一会儿指这个，一会儿又指那个，否则就不能正确地思维。但是我们讲的辩证法规律既是客观世界的规律，又是指导我们思维的规律。如果我们要建立一门特殊科学辩证逻辑，这个辩证逻辑的规律就不应该是辩证法的规律，而应该只是头脑里面的辩证思维的规律。这样的规律究竟找不找得出来，这是问题的关键。直到目前为止，这个问题还没有很好解决。究竟有没有这种不同于辩证规律的辩证逻辑的思维规律？我是怀疑的。我认为应该总结一下历史的发展。形式逻辑，尽管黑格尔那么批评它，攻击它，它却没有理睬黑格尔的批评，一百多年来有很大的发展，发展为符号逻辑、数理逻辑，对计算机的制造起了很大的作用，对数学也有很大的意义。但是辩证逻辑呢？辩证逻辑，如果按照黑格尔那种理解，就是他的哲学，就是他的世界观，那么当然就没有作为一门特殊科学的辩证逻辑了。如果说辩证逻辑不是世界观，而是严格意义上的逻辑学，那么直到现在仍无令人满意的成果。现在一般说的辩证逻辑，主要是由两部分构成的：一部分就是辩证法的规律，也是三个规律，许多对范畴，看不出同辩证法有什么区别。另外一部分就是概念、判断、推理，归纳、演绎，分析、综合，就是形式逻辑讲的那些东西，实际上是形式逻辑的辩证化，即按照辩证方法来研究形式逻辑。如果说形式逻辑把概念、判断、推理做机械的排列是不对的，应该用辩证法的精神研究概念、判断、推理各种形式之间的联系，那么为什么形式逻辑不应该这样做呢？实际上我们现在讲形式逻辑的时候，也不是像从前那种讲法了，也注意到了它们许多辩证关系。我们讲归纳和演绎，分析和综合，许多讲法跟从前也不一样。这样一来，辩证逻辑就有落空的危险。我当然不反对研究辩证逻辑，但我认为这里面的问题应该弄清楚，研究辩证逻辑才能有积极的成果。辩证逻辑如果一部分和辩证法没有什么区别，一部分和形式逻辑没有什么区别，它的出路究竟何在呢？

（七）唯物辩证法是关于宇宙及其一般规律的科学

列宁关于三者同一的思想包含他关于唯物辩证法或哲学的对象和性质的观点，下面专就这个问题作一些讨论。

哲学的对象是什么，至今仍然是一个问题，这不是由于哲学家们的无能和懒惰，而是由于问题的性质和难度。我国大多数同志都同意哲学的对象是宇宙及其一般规律，但有的同志认为这只是辩证法的对象，哲学还有一个对象，即物质和意识的关系问题，亦即哲学最高或基本问题，或者说，这是唯物主义的对象，合起来，才是辩证唯物主义，即哲学的对象。第三种意见认为哲学的对象是人类的认识，因为哲学与一般科学不一样，它不直接研究客观世界，而是以自然科学和社会科学为对象，对自然科学和社会科学的认识进行总结和概括，所以哲学就是对人类认识的认识。第四种意见认为哲学是认识论，认为哲学的对象就是思想方法或认识方法，正如恩格斯所说的，当各种具体科学从哲学中一一分化出去之后，剩下的就只有关于思维规律的科学了，它就是形式逻辑和辩证法。第五种意见认为哲学的对象是人和自然界的关系，或者就是人，一般所说的辩证唯物主义的内容，说的都是人对自然界的关系，都可以包括进去。

我不打算一一分析这些观点。后面三个观点有一个共同之点，即否认哲学是宇宙观，借用一个老名词，否认哲学是本体论，并把认为哲学是宇宙观的观点叫作本体论主义。哲学能否是宇宙观呢？或者说，宇宙观作为一门科学能否成立呢？

一门科学只要它有相对独立的研究对象，它就有可能成立，就可以作为一门科学来研究。至于研究得怎样，是否已经作为一门科学建立起来，那是另一个问题。正因为如此，今天出现了许多新兴科学，如科学学、哲学学、控制论、系统论、信息论，等等。既然如此，为什么宇宙一般规律不可以作为一种对象来研究，不可以有一门研究这种对象的科学叫作哲学呢？只要否定不了这种对象，就否定不了这门科学。

的确，哲学是对自然知识和社会知识的概括，但是，能否由此得出结论，哲学的对象不是宇宙及其一般规律，而是人类认识了呢？这里有两个问题：一个是哲学的对象是什么的问题，再一个是通过什么途径来认识这个对象的问题，二者不能混为一谈。科学研究的对象主要是规律，而规律是不能直接接触的，科学只能通过感性认识去研究它。如果说科学研究的是感性认识，那么，按照上述理解，我们只能说物理学的对象是关于物理现象的感性认识，物理学是对感性认识的认识，而不是对物理规律的认识。不仅如此，较普遍科学的研究对象也不是客观世界及其规律，而是较特殊的科学，这样它就变成对特殊科学的认识了。例如生物学，它通过什么研究生物的一般规律呢？它必须通过对原始生物学、植物学、动物学、微生物学等特殊科学的总结去研究生物的一般规律，那么，能否说生物学的研究对象是各种特殊生物学，而不是生命一般规律呢？我想是不能的。哲学研究的对象与生物学研究的对象都是客观规律，在这点上二者是相同的，只是普遍性程度不同罢了。不仅如此，普遍科学并非不直接研究客观现象。对普遍性很高的规律的认识，固然依赖于特殊规律的认识，但也并非不能，而且需要直接从实践活动或调查研究中去总结和概括。正如生物学研究一般生命规律时，除了对各特殊生物学进行总结而外，生物学家还要进行一些生物学实验一样，哲学研究一般规律，除了对自然知识和社会知识进行总结而外，哲学家也要进行一些实践活动或社会调查。我们知道，许多哲学家，包括革命导师和职业哲学家，在研究一般规律时，他们的实践活动对于他们的哲学观点的形成都起过重要的作用，不能忽视。大家知道，毛泽东组织、领导和指挥人民革命战争的实践活动，不仅是他的军事思想的来源，也是他的哲学思想的来源。不管通过什么途径来研究，哲学的对象是宇宙及其一般规律是不能含糊的。

哲学无疑是认识方法或思维方法，从这种意义讲，我们说哲学是认识论或逻辑学也是可以的。这是广义的认识论或逻辑学，不是严格意义的认识论或逻辑学。但是，这种广义认识论或逻辑学不是科学，而是科学的运用，即哲学的运用。作为一门科学或一种理论，哲学首先是世界观，它用各种原理来反映客观世界及其规律，而且正因为它是客观世界及其规律的正确反映，所以它才能对客观世界有效，才能运用它来指导我们的认识活动、思维活动和实践活动而取得预期的效果。如果撇开它的世界观的身份，只谈它是认识论或逻辑学，它就变成无源之水、无本之木，而成为一种先验的东西，这种东西是不存在的。

那么，怎么解释恩格斯所说的辩证法是思维的科学，列宁所说的辩证法是认识论呢？前面已经作过说明，恩格斯说辩证法是思维科学，也说过辩证法是关于自然界、人类社会和思维的一般规律的科学，这些不同的说法正好证明他把世界观和思维科学看成同一个东西，即辩证法，讲得全面一点，辩证法首先是关于世界的一般规律的科学，反过来，用它来指导我们的思维，辩证法规律便成为指导思维的规律，即思维方法，所以辩证法又是思维科学。列宁讲辩证法是认识论，有多种含义。一种含义是讲它是认识方法，这跟说它是思维方法是一个意思。这同恩格斯把思维科学和世界观看成同一个东西的思想是一致的。恩格斯和列宁绝没有否认哲学是世界观，是关于宇宙及其一般规律的科学。

上面提到的第二种意见，也不很恰当。这种意见实际上讲了两个对象，对于两个对象的联系也没有交代，哲学于是成为两块，唯物主义和辩证法。我认为物质与意识的关系问题，可以纳入客观世界及其一般规律这个对象中去。意识当然不是客观世界中一般的东西，因为只有人或人类社会才有意识。但是，物质和意识的关系问题确是一个哲学最高问题。为什么呢？哲学是世界观，哲学最高概念是存在，亦即世界，因为世界是一切存在的总和。哲学最高问题即第一个问题，应该是关于存在的问题，即世界是否存在的问题。但是这个问题是人提出来并由人来回答的，于是它实际上便以另一种形式表现出来，世界是客观的，还是主观的？而这一问题实际上也是：是物质产生精神，还是精神产生物质？或者说，谁是第一性的，谁是第二性的？如果不是人而是动物来提出并回答这个问题，它也许会转化成为，是物质产生生命，还是生命产生物质？物质与生命，何者是第一性的？因此，哲学的最高问题和唯物辩证法的最高问题完全是一回事，毫无必要把哲学的对象区别为辩证法的对象和唯物主义的对象，也无必要把唯物主义和辩证法区别为两大部分，马克思主义哲学就是辩证唯物主义或唯物辩证法。世界及其一般规律就是马克思主义哲学的对象。这里顺便谈一下一种流行很广的提法，说哲学是关于世界观的学问。这个定义很易引起误解。这个定义是不是说哲学的对象是世界观呢？其实，哲学就是世界观，如果一定要加以区别，说哲学是系统化了的世界观，而世界观是没有系统化的哲学，也未尝不可，但上述定义却很容易被误解为哲学是关于思想意识的学问，而不是关于客观世界的学问。

五、辩证法的内容

要构成一个科学理论体系，必须有三个前提：第一，这门科学的对象是什么？第二，这门科学的内容是什么？第三，用以构造体系的原则有哪些？对象决定内容，而原则决定如何安排内容，使之成为体系。

哲学的对象决定哲学的内容。哲学既然是关于世界及其一般规律的科学，那么，哲学就应该包括那些对整个世界有一般意义的范畴，如存在和无、本质和现象、原因和结果等，这是无疑的，但是否仅仅这些范畴呢？能否包括那些略为具体一点的范畴呢？例如意识、认识、思维、真理，这些都不是整个世界的一般范畴，而只是精神世界的一般范畴，它们能不能是哲学的内容呢？根据哪些原则来构成哲学体系呢？列宁关于三者同一的思想涉及哲学对象问题和构成体系的原则问题，他提出的“辩证法的要素”十六条也涉及内容问题和构成体系的原则问题，有必要对十六条做一些分析。

（一）怎样称呼辩证法的内容

辩证法的内容就是它的组成部分，怎样称呼呢？斯大林讲辩证法有四个特征，特征是一种叫法。现在我们用的教科书都叫规律和范畴，即三个规律、若干范畴。这样一来，就出现一个问题，规律和范畴有什么区别？报纸上发表了许多文章，对规律和范畴加以区别。根据我的了解，大体上有三种观点，一、规律揭示事物发展的动力，而范畴揭示事物的若干侧面。按照这种观点，只有对立统一规律才是规律，其他都是范畴。二、规律揭示整体性的东西，揭示事物发展的全过程，而范畴揭示它的一些小阶段，或小阶段的侧面。按照这种观点，三个规律是规律，其他都是范畴。三、规律和范畴的区别只是形式上的，内容上没有区别。规律的形式是判断，范畴的形式是概念。例如，对立面的统一和斗争是事物发展的动力，这是个规律，是判断；但是统一和斗争是一对范畴，是概念。如果要把统一和斗争的关系讲清楚，结果就是规律。规律要用范畴来表述，它们在内容上没有区别，只在形式上有区别。按照这种观点，可以说辩证法的所有范畴都是规律，而所有规律都是用范畴来表现的。下面根据《哲学笔记》看看黑格尔怎么讲，列宁怎么讲。

对辩证法的内容，列宁有许多叫法。列宁把它叫作辩证法的要素，也叫特征或特点（叫特征并不是斯大林发明的，列宁也这样叫），还叫规定，也叫规律，当然也叫概念，也叫范畴，还叫原则。现在统一于两种叫法，范畴和规律。我认为，根据《哲学笔记》和黑格尔的《逻辑学》，把辩证法的内容区别为规律和范畴是没有道理的。刚才所谈的第三种观点是正确的，规律和范畴只有形式上的区别，没有内容上的不同。三个规律当然是规律，范畴之间的关系也是规律。如果只讲同一性和斗争性，而不讲它们之间的关系，这当然不是什么规律，但是这有什么意义呢？列宁不区别范畴和规律，他说："思维的范畴不是人的用具，而是自然的和人的规律性的表述"(87)。黑格尔把所有的《逻辑学》的概念都叫作范畴（当然也叫概念），或叫规定。黑格尔没有区分哪些是规律，哪些是范畴。那么，什么叫规律？对规律这个概念，应该有个共同的理解。不能够因为我有某种观点就来修改这个定义，让这个定义来适合我的观点。当我要说对立统一规律才是唯一的规律时，我就说规律要揭示事物发展的动力。当我要坚持三个规律才是规律时，我就给规律下个定义：要揭示整体性的东西。这样做只会产生混乱。那么，对规律有没有共同的理解呢？我认为有。自然科学说规律是什么，社会科学说规律是什么，辩证唯物主义也应说规律是什么，结论还是清楚的：规律就是具有普遍性和必然性的联系。没有共同的定义的讨论是没有意义的，因为没有共同的语言。规律和范畴实际是一回事，当我们讲范畴之间的联系的时候，就是规律，当我们举出某规律的基本概念的时候，就是范畴。三个规律当然是规律，但也是范畴，即质和量、肯定和否定、同一性和斗争性。原因和结果是范畴，但有因必有果，有果必有因，也是规律。因果律这个词，在哲学上是经常使用的，列宁在《哲学笔记》中也讲过"因果律"。当然不是说任何原因和结果都是规律，而是说有因必有果是个规律。个性和共性是范畴，"共性寓于个性之中"就是规律。偶然性是必然性的表现，也是规律。规律和范畴在内容上没有区别。在辩证法的这些规律和范畴里，我们要区别一下哪些更根本一些当然是可以的，但是不能把辩证法的这些内容区别为这么两部分：一部分叫作规律，一部分叫作范畴。现在规律和范畴的这种分法，实在是在没有建立起辩证唯物主义的严密的科学体系前的一种不得已的暂时的做法，是根据恩格斯在《自然辩证法》里面讲的三个规律和若干范畴而做出来的，应该加以改进。辩证法如果作为关于世界一般规律的科学，怎么可能只有一个规律呢？又怎么可能只有三个规律呢？恩格斯只讲了三个主要规律，没有讲只有三个规律。既然有主要，当然还有次要了。所以，这种分法不符合辩证唯物主义创始人的观点，也不符合黑格尔的观点，也不符合客观实际。把辩证法的一些内容叫作范畴或规律，当然都可以。但把辩证法的要素叫作规律，更恰当一些，叫作范畴更方便些。任何一门科学都是要揭示规律，不揭示规律就不叫科学，而揭示规律当然要用很多范畴。例如《资本论》也有很多政治经济学的范畴，它揭示了资本发展的各种规律。

（二）列宁提出的"辩证法的要素"

列宁提出的辩证法的要素十六条是由黑格尔的一句话引起的，但事实上这是列宁当时哲学研究工作的一个总结，是列宁反对第二国际修正主义及其诡辩论的斗争的一个总结，是列宁建立唯物辩证法的草图，值得我们逐条加以详尽研究和发挥。以下只谈谈对辩证法要素的一个总的了解，即谈谈列宁提出辩证法的要素时的思维过程和几点结论。

列宁提出辩证法的要素是由这样一句话引起来的，"这个既是分析的又是综合的判断的环节，　　由于它（环节），那最初的普遍性［一般概念］从自身中把自己规定为对自己的他者，——应当叫作辩证法的环节。"（238）在这里，黑格尔谈的是逻辑学的方法问题。

黑格尔区别两种认识：一、经验科学和数学。二、哲学或逻辑学。他把前者叫作有限认识，把后者叫作无限认识或绝对认识。经验科学使用的方法是分析方法，即从事实材料上升到一般的规定，从具体到抽象的方法，数学使用的是综合方法，即从一般的公理、定义到特殊的原理、从抽象到具体的方法。他说："分析方法从个体出发而进展至普遍。反之，综合方法以普遍性（作为界说）为出发点，经过特殊化（分类）而达到个体（定理）。"① 分析是经验科学的方法，综合是数学的方法。在黑格尔看来，单独分析方法或综合方法都不适用于哲学，洛克和所有经验论者把分析方法用于哲学，斯宾诺莎把综合方法用于哲学，都没有得到成功，因为哲学或逻辑学是关于绝对观念的科学，是绝对观念的自我认识，是绝对的无限的认识，用研究有限事物的方法来研究无限事物当然是无济于事的。哲学或逻辑学的方法，只能是绝对的方法，即同时是分析的又是综合的方法。黑格尔说，"如果方法意味着从直接的存在开始，就是从直观和知觉开始，——这就是有限认识的分析方法的出发点。如果方法是从普遍性开始，这是有限认识的综合方法的出发点。但逻辑的理念既是普遍的，又是存在着的，既是以概念为前提，又直接地是概念本身，所以它的开始既是综合的开始，又是分析的开始。"② 这就是说，黑格尔的逻辑概念既是抽象的又是具体的，因而逻辑概念的进展既是从具体到抽象，又是从抽象到具体。如《逻辑学》的第一个范畴"存在"，就它是存在而言，就它潜在的包含以后的一切概念而言，是具体的，就它是一个概念而言，就它是纯存在而言，是抽象的。因此，从"存在"到"无"的转化，就"无"是作为"存在"的一个潜在环节而被展现出来而言，是从具体到抽象；就"无"是一种更具体的存在而

---

① 黑格尔：《小逻辑》，413 页，北京，商务印书馆，1980。

② 同上书，424 页。

言，是从抽象到具体。从“无”到“生成”的转化以及其他概念的转化都是如此。概念的这种转化，不是人为的，而是客观的，是客观概念的自我发展；分析和综合是概念之间的客观的关系。作为方法，分析和综合是和这种客观的关系完全一致的。黑格尔在上面那句话中所说的“那最初的普遍性从自身中把自己规定为对自己的他者”，正是指的这种情况。黑格尔的整个哲学体系就是用这种方法建立的，用黑格尔的话来说，它也是客观概念的自我发展的忠实的描述。这种方法，黑格尔认为就是辩证法的环节，即辩证法的规定。

列宁认为，黑格尔在这些言论中提出了辩证法的规定，即辩证法的要素问题，这是值得重视的。但是，黑格尔的观点不仅是唯心主义的，而且他所提规定不是明确的（238）。因此，列宁把黑格尔的观点唯物主义地发挥为辩证法的三个要素。他说：

(1) 从概念自身而来的概念的规定（应当从事物的关系和它的发展去观察事物本身）；

(2) 事物本身中的矛盾性（自己的他者），一切现象中的矛盾的力量和倾向；

(3) 分析和综合的结合。

大概这些就是辩证法的要素。(238)

第一条是关于辩证法的客观性问题，这点黑格尔是强调的。但他所谈的客观性是来自客观概念，而不是来自物质世界，列宁唯物主义地加以改造，指出辩证法“应当从事物的关系和它的发展去观察事物本身”，是事物本身的反映，从而就划清了唯物主义和唯心主义的界限。列宁还指出第二条谈的是事物的矛盾性。第三条谈的是认识的辩证法、认识中的矛盾。这三条已经谈到辩证法的基本内容：辩证法的客观性、辩证法的基本原则——联系和发展原则、辩证法的核心——

对立面的统一和认识的辩证法。显然，这还是比较概括的规定，列宁进一步加以具体化，把三条发挥成十六条，即有名的辩证法要素十六条。

列宁首先把三条发挥为七条，这七条就是：

(1) 观察的客观性（不是实例，不是枝节之论，而是自在之物本身)。

×(2) 这个事物对其他事物的多种多样的关系的全部总和。

(3) 这个事物（或现象）的发展、它自身的运动、它自身的生命。

(4) 这个事物中的内在矛盾的倾向（和方面)。

♯(5) 事物（现象等等）是对立面的总和与统一。

(6) 这些对立面、矛盾的趋向等等的斗争或展开。

(7) 分析和综合的结合，——各个部分的分解和所有这些部分的总和、总计。(238～239)

显然可见，第一、二、三条是前第一条的发挥，第四、五、六条是前第二条的发挥，第七条是前第三条的发挥。在第一条中，列宁除了指出辩证法的观察的客观性而外，还特别指出这个客观性不是来自表面现象或个别的实例，而是来自自在之物本身，即来自事物的本质、整体。第二条是事物的普遍联系的原则，第三条是事物自己运动的原则。这就是列宁在《黑格尔〈哲学史讲演录〉一书摘要》里谈的“一、发展原则”和“二、统一原则”(280)。第四条谈的是内在矛盾，第五条谈的是对立面的统一，第六条谈的是对立面的斗争。这些都是对立统一规律的基本内容。在第七条中，列宁对“分析和综合的结合”作了解释。

这七条是列宁在较详尽地考虑辩证法要素时的第一个阶段，这不仅从思想内容上可以看出，从列宁的手稿也可看出（这七条自成一个段落）。看来列宁认为把三要素发挥为七要素之后还不够详尽，于是他又作了补充。他首先以第八条来补充第二条，然后以第九条来补充第五条。在这两条中，列宁写道：

×（8）每个事物（现象等等）的关系不仅是多种多样的，并且是一般的、普遍的。每个事物（现象、过程等等）是和其他每个事物联系着的。

（9）不仅是对立面的统一，而且是每个规定、质、特征、方面、特性向每个他者（向自己的对立面？）的转化。(239)

这两条分别对第二、五条作了更深入的规定。第八条强调从事物的多种多样的关系中区别出一般的普遍的关系，也就是区别出本质的必然的内在的联系，而这是辩证法所应特别重视的。这一条同第二条的联系是一目了然的，列宁自己用“×”表示了二者的联系。

第九条特别把对立面的转化指出来。后面将谈到，对立面的同一或统一就是对立面的相互依存的意思，列宁以及黑格尔谈到对立面的统一时，指的都是对立面相互依存于一个统一体中，列宁在第五条中谈的“对立面的总和与统一”即指此意，因而列宁认为有必要把对立面的相互转化特别用单独一条指出来。这两条的联系不仅从这两条的内容可以看出来，列宁在其他地方也往往是把二者并列的［参考（111）和（210）］，列宁在第五条上面写下了一个联系的符号“#”，但另一个不见，很可能这一个即在第九条上面，列宁忘记写了。

接着，列宁写下了关于认识的辩证法的三条，

（10）揭露新的方面、关系等等的无限过程。

（11）人对事物、现象、过程等等的认识从现象到本质，从不甚深刻的本质到更深刻的本质的深化的无限过程。

(12) 从并存到因果性以及联系和相互依存的一个形式到另一个更深刻更一般的形式。(239)

这三条谈的都是认识的辩证过程，一条比一条更具体更深入地揭露了认识过程的辩证性质。第十条指出认识过程是一个从不知到知，从少知到多知的无限过程。第十一条进一步揭露认识过程是从现象到本质，从第一级本质到第二级更深的本质的无限过程。第十二条谈的是范畴的发展过程，即范畴发展史。列宁指出，范畴发展史是“思想史的精华”，“思想史的结果和总结”(186)。它也就是从现象到本质，从第一级本质到第二级本质的无限认识过程的逻辑概括，它也就是逻辑学的内容。列宁在这里没有详尽地论述这个范畴的体系，只是举出了两个例子，一、从并存到因果性；二、从联系和相互依存的一个形式到另一个更深刻更一般的形式。

这三条看来是第七条的补充或发挥。这不仅是因为这三条和第七条谈的都是认识论问题，而且因为这三条和第七条结合起来就比较完整地概括了认识的辩证法。可以说，第七条是认识过程的横剖面，这三条是认识过程的纵剖面。为了说明这点，我们认为有必要说明一下列宁对分析和综合的理解。

在前面，我们已经简略地叙述过黑格尔关于分析和综合的观点。从这个叙述可以看出，分析和综合在黑格尔哲学中有着极其重要的地位。当然，黑格尔的观点是唯心主义的，这表现在他把分析和综合看作所谓客观概念的自我发展，表现在他形而上学地割裂经验科学、数学和哲学，从而认为经验科学仅仅是分析的，数学仅仅是综合的，只是哲学才是既综合又分析的，表现在否认哲学的经验的起源。黑格尔的唯心主义使他关于分析和综合的观点变得颇为神秘和晦涩。但是他把分析和综合结合起来的做法，把分析和综合同对立统一规律联系起来的做法，把分析和综合放在重要位置的做法，是极其深刻的。列宁赞同的正是这一方面。

列宁也认为，分析和综合不是一种辩证的认识方法，而是基本的辩证的认识方法，其他认识方法都是这个方法的环节、方面或表现。这从列宁在辩证法要素中怎样安排分析和综合的地位可以看出。无论在三条中还是在十六条的前七条中，它都是作为辩证法的一个主要方面，即辩证的认识论方面而出现的。因为分析和综合的过程，就是矛盾的分析与综合的过程，就是对立统一规律在认识过程中的完整表现和运用，就是辩证的认识过程的横剖面。

列宁把分析和综合解释为“各个部分的分解和所有这些部分的总和、总计”，这绝不是说，分析是把一个整体机械地划分为若干部分，而综合则是把各个部分凑成一个整体。列宁说，黑格尔“卓绝地叙述了分析的方法（‘分解’‘现存的具体的’现象——‘赋予’现象的各个方面以‘抽象的形式’……）”（253～254）。分析就是从具体到抽象的过程，就是从具体事物中分析出一般的本质的属性，而综合则是从抽象到具体，就是把若干一般的本质的属性综合为原来的具体事物。这个具体事物还是原来的具体事物，但是人们对它的了解就同过去大不相同了，它是人们对其本质、内部联系、规律有了全面认识的具体事物。它不是最初的感性的具体，而是与抽象统一的具体，是理性的具体。分析与综合就是具体与抽象、个别与一般、特殊与普遍之对立与统一，也就是感性与理性、实践与认识、客观与主观之对立与统一。

黑格尔把分析和综合仅限于哲学，认为其他科学的方法只是分析的或只是综合的，这是不对的，任何科学认识，如果不只是些片面的零碎的材料，就必须把分析和综合结合起来。但是不可否认，黑格尔强调二者的结合，是有其合理之处的。

总起来说，从第八条到第十二条都是前七条的补充或发挥。这五条在列宁考虑辩证法要素的过程中自成一个段落，这也可从手稿上看出。

接着列宁又写了四条，这是列宁考虑辩证法要素的过程的又一个阶段。这四条是：

（13）在高级阶段上重复低级阶段的某些特征、特性等等，并且

（14）仿佛是向旧东西的回复（否定的否定）。

（15）内容和形式以及形式和内容的斗争。抛弃形式，改造内容。

（16）从量到质和从质到量的转化。（15 和 16 是 9 的实例）。(239)

列宁说，“15 和 16 是 9 的实例”。这就是说，内容和形式的辩证关系与量变和质变的辩证关系都是对立面的相互转化的表现。我们可以这样来理解：不仅第十五、十六条，而且第十三、十四条都是对立统一规律的表现。第十三、十四条谈的是否定之否定的规律，但列宁抛开黑格尔的三分法的公式，而直接指出发展过程的前进性和重复性的对立统一，亦即否定与肯定的对立统一。不难了解，肯定与否定、内容与形式、量变与质变的辩证关系都是由对立统一规律决定的。总之，我们可以把这四条看作第四、五、六、九条的补充和发挥。

最后，列宁用一句话总结了他所提出的十六条，“可以把辩证法简要地确定为关于对立面的统一的学说。这样就会抓住辩证法的核心，可是这需要说明和发挥。”(240) 这就是说，对立面的统一的学说是辩证法的核心，是把一切辩证法要素联系起来的最根本的原

则。[①] 总起来说，列宁提出辩证法要素十六条的过程经过了五个阶段：①最初的三条，②十六条中的前七条，③其次的五条，④最后的四条，⑤总结。在这个过程中，列宁的思想一步比一步具体，一步比一步深入，越到后面，离开黑格尔原话的内容越远。这十六条已完全成为列宁建立唯物辩证法的一个草图，而不是单纯对黑格尔思想的改造。它是列宁遗留下来的极为宝贵的哲学财富之一。

根据上面对辩证法要素十六条产生过程的分析，我们认为可以作出以下一些结论：

第一，毫无疑问，十六条是比较全面地反映了列宁关于辩证法的思想，但还不能认为它已经是一个完整严密的体系。对辩证法要素十六条有一个习惯的称呼，即“十六要素”，这一称呼很容易引起误解，似乎列宁认为辩证法有十六个要素。列宁显然没有这个意思，一来有的要素这里没有提到，如实践、必然、偶然。二来有的两条合起来才是一个要素，如第十三、十四条。而且，根据前面的分析，列宁还只是在考虑辩证法有哪些规定、要素、环节，还没有对这些要素加以安排、整理，形成一个严整的体系。

第二，十六条本身虽然没有形成一个严整的体系，但是由于列宁比较全面地考虑了辩证法的各个方面，十六条已经包括了辩证法的主要内容，而前七条甚至提供了一个辩证法体系的雏形。根据这个模型安排全部辩证法要素，其顺序可以排列如下：

1. 观察的客观性（第一条）

---

① 从手稿上看，这条总结写在第七条之后，是前七条的总结，这证明前七条是他写作十六条过程中的一个主要段落。但是，由于后九条不过是前七条的发挥和补充，我们不妨把它看作十六条的总结。

2. 普遍联系（第二、八条）

3. 运动（第三条）

4. 自己运动（第四条）

5. 对立面的统一、斗争和转化（第五、六、九条）

（1）否定之否定（第十三、十四条）

（2）内容和形式（第十五条）

（3）质和量（第十六条）

6. 分析和综合（第七条）

（1）认识的量的增加（第十条）

（2）认识的深化（第十一条）

（3）认识史的总结

7. 总结：辩证法的核心

第三，如果这十六条可以算作一个体系雏形的话，从中可以看出列宁构造唯物辩证法体系的一些原则：

1. 以存在为开端。观察的客观性是思想方法，这个方法的客观根据是什么呢？无疑是世界的客观存在的原理。唯物主义所说的存在当然是客观存在。

2. 从抽象到具体，从客观到主观。从第1项到第5项，后一项均比前一项具体，越来越具体。存在是笼统的，联系就使存在具体化了，运动是一种联系，自我运动是一种运动，而对立统一规律是自我运动的根源。第6项是认识，于是客观过渡到主观。

3. 概念的这种发展不是纯逻辑的推演，而是以实践和认识史为根据而做出的一种安排。

4. 对立统一规律是辩证法的核心。这点在第5项中表现得最明显，第6项中表现也是明显的。

5. 唯物主义和辩证法不是两块，而是一个整体。

6. 辩证法、认识论和逻辑学在这个体系中是同一个东西，但狭义的认识论又可以作为这个体系的一个组成部分而存在。

在对辩证法的要素作了这番分析之后，下面专门谈一谈辩证法的内容问题，下一节再谈构造体系的原则问题。

（三）辩证法的内容

那些在普遍性上低一级的东西，列宁显然也把它们看作哲学的内容。他在辩证法的要素中就提到了分析和综合、认识过程，在《再论工会、目前局势及托洛茨基同志和布哈林同志的错误》中谈到辩证逻辑的要点时就谈到了实践和真理。这些对整个世界不是普遍的东西，列宁为什么要把它们算作哲学的内容呢？这样做对不对呢？是不是要改变哲学的定义呢？

抽象地说，哲学只谈那些一般性的问题，但是，如果把自己关闭在这个范围之内而不涉及比较特殊的东西，一般性的东西是说不清楚的，至少哲学应涉及几个大的分支科学的一般性问题。精神科学就是一个大的领域，其中一些一般性问题应在哲学中讲。例如不讲意识，就讲不清物质与意识的关系，也讲不清物质。当然，这并不妨碍认识论或逻辑学成为一门专门科学，专门研究认识规律和思维规律。正如生物学按理只要讲生物的一般问题，但是如果它不讲动物、植物和微生物，它也讲不清生物的一般问题。这当然不是说，生物学是动物学、植物学和微生物学的总和，而是为了讲清生物学的一般问题而必须讲一讲动物学、植物学和微生物学各自的一般问题。但是，改变定义倒也不必，因为一门科学总要有一个明确的对象，以便与别的相邻科学区别开来。

如果哲学内容可以包含认识论的一般内容，那么它也必须包含历史唯物论的一般内容。如果离开认识论的一般内容，就讲不清楚世界观，那么离开历史唯物论的一般内容就更讲不清楚世界观，因为显然人类社会的存在比人类认识的存在更根本一些，离开人类社会谈不清认识或精神领域。一般哲学体系都是先谈认识论，后谈历史唯物论，这是本末倒置了，物质与意识的关系问题实际是自然和人类社会的关系问题，没有谈清人类社会问题，怎能谈清意识问题呢？

那么怎么看自然界的一般问题呢？哲学是否应包括自然辩证法的一般内容呢？这是毫无疑问的。斯大林虽然讲辩证唯物主义是世界观，但他在讲辩证法的四个特征和唯物主义的三个特征时，却说这是讲的自然界，这往往被批评为自然辩证法主义，意即以自然辩证法代替了世界观，辩证唯物主义原理仅仅被看作自然辩证法，不涉及人类社会，而后它才被推广应用于人类社会，叫作历史唯物主义。这种指责不是完全公正的。自然界这个概念本来就不太明确。从广义说，自然界就是宇宙、世界，包括人类社会，从狭义说，自然界指人类社会以外的宇宙。由于人类社会离不开自然界，是在自然界的基础上形成的，因此人类社会和自然界之间并没有明确的界阻，事情并不像平常所说的那样简单，野外是自然界，城市集镇是人类社会。过去的哲学家谈的关于自然界的哲学往往就是他的世界观或纯粹哲学，即一般哲学，因而他也顺理成章地把他的哲学思想推广应用于人类社会，论证他的历史哲学、政治哲学、道德哲学和艺术哲学。恩格斯的《自然辩证法》的部分内容固然只是关于自然界的，但也有不少内容是一般性的。他要建立的自然辩证法这门科学未必只是关于自然界的东西，他很可能想通过对自然界的研究而得到一般性的结论。列宁在《卡尔·马克思》一文中也有这种倾向。这是否只是由于哲学史上世界观和自然观的界限不清呢？不完全如此。在人类出现之前，根本没有什么人类社会及其思想意识，自然界就是世界。人类社会出现之后，它仍然附丽在自然界上，是自然界的一部分，而不是与自然界并列的东西，正如人是动物的一部分，而不是与动物并列的东西。当然，它们也是并列的，但他们的并列并不是像两个星球或两块土地那样并列。因此，自然界的一般的东西往往就是世界的一般的东西，适用于自然界的也适用于人类社会。当然这不是说，自然规律就是社会规律，而是说，既然人类社会有其自然基础，自然规律当然适用于人类社会的自然基础。例如动物的生理规律适用于人，即适用于作为自然物的人，力学规律适用于机器，即适用于作为自然物的机器。同样道理，从自然界获得的哲学原理也应适用于人类社会。这样它就不仅有自然界的一般意义，而且有宇宙的一般意义。这就是世界辩证法与自然辩证法不易分开的原因。例如物质概念，它无疑是从自然界概括出来的，但无疑也适用于人类社会，当然，只是适用于人类社会的自然基础。又如运动、关系、空间、时间等等，都是如此。这些范畴是一般辩证法的范畴呢？还是自然辩证法的范畴呢？这就很难分开了。因此，我认为很难在哲学中把自然辩证法的范畴和一般辩证法的范畴分开来。

这样，我们就可以把哲学的内容规定为三部分，世界的一般范畴、人类历史的一般范畴和认识的一般范畴。这些范畴表述的是相应的辩证法的规律。

六、辩证法的体系

哲学的内容或范围如能像上面所说那样规定出来，那么，根据什么原则来把这些内容联系起来，形成一个严密的整体呢？在《哲学笔记》中，列宁在很多地方都谈到过这些原则，集中谈到的有《黑格尔辩证法（逻辑学）纲要》、《谈谈辩证法问题》，特别是《辩证法的要素》。

（一）黑格尔关于辩证法体系的思想

列宁关于哲学体系的思想，基本上是唯物主义地改造黑格尔的思想的结果。因此，有必要先分析一下黑格尔关于哲学体系的思想。

要构成哲学体系，必须解决以下问题：第一，从何开始？第二，用什么方法来构造哲学体系？第三，体系的核心是什么？黑格尔的体系尽管是唯心主义的，对这几个问题都有回答。

第一，在黑格尔看来，哲学的开端是存在，因为存在是最一般最抽象的概念，但就其潜在的内容来说，又是最丰富最具体的概念，因此，从它开始便可把全部辩证关系一一展现出来。

第二，存在的具体内容怎样展现出来呢？用什么方法来构成体系呢？构成逻辑学体系的方法，就是逻辑学体系的形式。用黑格尔的话来说，"方法就是对于自己内容的内部自己运动的形式的觉识"（95）。在黑格尔，这个方法也是研究逻辑学的方法。

黑格尔提出了一个重要的原则：方法决定于内容，因此他（一）反对把数学的方法用于逻辑学，（二）反对把经验科学的方法用于逻辑学，（三）认为辩证逻辑的方法应该是辩证的方法。

黑格尔说："这样的方法只能是在科学认识中运动着的内容本性，并且正是内容的这个反思本身第一次确定并产生出这个内容的规定。"（83）这里的科学认识即是哲学认识或逻辑学认识，在这种认识中运动着的内容即是客观概念，其本性即是辩证的本性。客观概念的反思或反映就是概念的矛盾运动，其结果就是一系列的逻辑规定或范畴。由于内容是辩证的，各个范畴的运动也是辩证的，黑格尔逻辑学就是对范畴的辩证运动的描述。因此，黑格尔认为数学的方法，即从抽象到具体的综合方法，是和哲学、逻辑学不相称的。数学的方法是欧洲理性派哲学家们笛卡儿、斯宾诺莎等人所采用的方法。他们认为数学是最可靠的科学，如果能像数学那样建立哲学，那么，哲学就可能成为可靠的科学。他们企图从一些公理、定义出发来推演出各种哲学命题，建立起自己的体系。但是，由于他们找到的公理、定义等并不能像数学公理那样得到人们的公认，他们并没有实现他们的初愿——使哲学成为一种公认的可靠的学问。黑格尔根本反对这种做法。他认为数学对于哲学来说是从属的科学，而哲学是科学的科学。这种低级科学的方法对于高级科学当然是不相称的，采用这种方法来处理哲学问题，当然是要失败的。黑格尔把数学看成从属科学，哲学看成科学的科学，是错误的，但他认为不能用数学的方法来建立哲学体系的观点是可取的。

经验科学的方法，即从具体到抽象的分析方法，也是和辩证逻辑的内容不相称的。在黑格尔看来，这也就是形式逻辑的方法或形而上学的方法。这种方法把各个范畴看成固定的彼此不相关联的概念，只知道机械地排列各个范畴而不了解范畴之间的联系、转化，不了解范畴的矛盾运动。黑格尔所说的"悟性提出规定"，就是指这种方法说的，所以这种方法也可称作知性的方法。

哲学的方法应该既是分析的，又是综合的，既是从具体到抽象，又是从抽象到具体。黑格尔的意思不是说有时是分析方法，有时是综合方法，而是说，每一步都既是分析的，又是综合的，概念运动的全过程都既是从具体到抽象，又是从抽象到具体。因此，作为开端的存在既是最具体的，又是最抽象的，作为结束的绝对观念，既是最抽象的，又是最具体的。换言之，在黑格尔那里，任何概念都既是抽象的，又是具体的，是抽象性与具体性的统一。黑格尔反对把概念看成单纯抽象的观点，认为这是知性的观点，这就是黑格尔关于具体概念的思想。

黑格尔认为具体性一词有两种含义，除感性的具体性之外，还有概念的具体性。抽象的概念是肤浅的、贫乏的、静止的、简单的概念，具体的概念是深刻的、丰富的、发展的、矛盾的概念，它“不只是抽象的普遍，而且是自身体现着特殊，个体、个别东西的丰富性的这种普遍”(98)，即它是与个别和特殊结合着的普遍。因此，一个相同的概念，在不同的观点看来，有着大不相同的内容。黑格尔在这里提出这个思想是为了说明他的逻辑概念间的关系。他认为在他的逻辑学中，前面的概念是比较抽象的，后面的概念是比较具体的，因为后面的概念包含前面一切概念的内容于其中，反过来，也可以说，就其潜在内容来讲，前面的概念是比较具体的，后面的概念是比较抽象的。因此，要理解一个逻辑概念的具体内容，不仅要掌握它所包含的逻辑概念，而且应掌握一切特殊科学的有关知识，因为逻辑概念是一切物质的和精神的东西的本质，而一切物质的和精神的东西则是逻辑概念的表现。因此，黑格尔认为只有掌握了全部科学知识的人，才能真正掌握逻辑概念，也就是说，逻辑概念对他们才不是空洞的抽象的东西，而是内容丰富的具体的东西。这一套说法包含着显然唯心主义的杂质，但却道出了一个深刻的辩证法的道理，普遍的东西必须和特殊的、个别的东西相结合，没有抽象的真理，真理总是具体的。例如物质这个概念，作为感性具体性，它就是各种自然现象，即五光十色的感性世界。作为抽象概念，它就是既非这种东西，也非那种东西，既非生物，也非无生物的客观存在物。作为具体概念，它就是为辩证唯物主义和各种具体科学所揭明了的各种物质形态，各种运动形式及其规律的整体。又如自由、平等、民主、人民等概念，在阶级社会中都有具体的阶级的内容，资产阶级人道主义则把这些概念作为抽象概念来玩弄，极力剥除它们的阶级内容，这是反辩证法的。列宁十分称许黑格尔的这一思想，说它“微妙而深刻!”，是“绝妙的公式”，“好极了!”“唯物主义的”（97～98），可见列宁对这一思想的评价是很高的。

但是，由于在黑格尔的逻辑学中，后面的概念包含前面的概念是现实的，而前面的概念包含后面的概念是潜在的，所以他更强调的是概念发展的综合方面，一般也说概念运动是一个综合过程，即从抽象到具体的过程。黑格尔认为人类认识的发展，即认识史，其中包括认识史的总结——哲学史，都是这样的。从抽象到具体的过程，也是从简单到复杂、从贫乏到丰富、由浅入深、从低到高的过程。

第三，造成概念从抽象到具体这种运动的根据是什么？即体系的核心、贯穿整个体系的根本原则是什么？黑格尔说是思辨的本性，即否定之否定或正反合三段式。

诚然，黑格尔的概念运动也可以说是一个矛盾运动，因为他认为概念运动之所以成为自己运动就是由于存在着概念内部的矛盾，矛盾的展开就是概念的运动。事物的运动也是由于矛盾的推动。黑格尔说，“矛盾却是一切运动和生命力的根源，某物只因为在本身之中包含着矛盾，所以它才能运动，才有冲动和活动。”（145）在黑格尔看来，矛盾是事物发展的动力、源泉，矛盾“是辩证法的灵魂”（246）。灵魂和核心都是一些形象的说法，意思指最根本的东西。但是这个观点在黑格尔那里并不是贯彻始终的，因为他认为矛盾并不是最高的，最高的是矛盾的调解、融合、解决，即对立面的统一，也就是否定之否定。黑格尔的哲学体系是按照正、反、合的公式安排的，是一系列否定之否定的过程。最初是正题、肯定，其中潜伏着反题、否定，反题是正题中矛盾暴露的阶段，是对正题的分化、异化、外化，对肯定的否定，于是正题与反题、肯定与否定就公开地对立起来了、矛盾起来了。合题是矛盾的扬弃，是对立面的统一，即否定之否定。所以，黑格尔把矛盾放在《本质论》，而把否定之否定放在《概念论》，放在最高、最后的地方。在黑格尔看来，矛盾是重要的，没有矛盾就没有发展，但是矛盾总得统一，矛盾必须消融、必须溶解，就是必须统一、结合起来。所以，在黑格尔那儿，最高的东西是否定之否定，而不是矛盾。黑格尔的正、反、合三个阶段，实际上也就是同一、矛盾、矛盾的统一。他认为只有这样构成哲学体系，才能够掌握那个“绝对观念”。在他看来，如果你的思维只达到第一阶段，只认识同一——抽象的同一，你的思维就是形而上学思维或形式思维，一种低级的思维。如果你的思维达到第二阶段，认识矛盾，这就比较高级了，就达到辩证法了，但这还不是最高的，最高的是否定之否定，即矛盾的统一。他说：“逻辑思想就形式而论有三方面：（a）抽象的或知性的（理智）方面，（b）辩证的或否定的理性的方面，（c）思辨的或肯定理性的方面。”① 否定的理性或辩证的理性系指康德主义意义下的理性或辩证法。康德的先验逻辑的第二部分叫先验辩证论，在这部分中，康德研究了理性的功能。他认为理性把宇宙、灵魂、上帝等当作知识问题来处理，必然陷入矛盾，即二律背反，如宇宙是有限的和宇宙是无限的，二命题都可证明为正确的，但这是不可能的，因此不能把这些问题看作知识问题，而只能看作信仰问题。列宁的批语：“康德：限制‘理性’和巩固信仰”（99），即指此言。康德由于在这里处理的是理性矛盾问题，故称辩证论，辩证论的结论是消极的、否定的。西方哲学史上有一种传统的偏见，即把辩证法看成一种主观的

① 黑格尔：《小逻辑》，172页，北京，商务印书馆，1980。

辩证方法，它通过对敌对观点的矛盾的揭露来推翻它。黑格尔认为康德的巨大功绩就在于他使辩证法脱离“任意性的假象”，因为康德认为理性的矛盾是必然地发生的，而不是谁主观地任意地造成的。但是，把理性仅仅了解为消极的东西，把辩证法看作只能得出否定的结果，是不对的，辩证法和理性也可以是积极的肯定的，这就是精神或思辨的积极的理性。它是积极和消极、肯定和否定的结合，是否定之否定。黑格尔认为，应该用否定之否定的方法来建立他的逻辑学，即使逻辑范畴成为一个肯定——否定——否定之否定的体系，按照否定之否定的公式运动，这就是“精神的运动”，就是范畴的辩证运动。因此，他说：“只有沿着这条自己构成自己的道路……哲学才能成为客观的、论证的科学。”(84) 但是，在黑格尔那里，这种概念运动完全是思辨地进行的，即纯粹是采用逻辑的抽象的推演来进行的，它在实际上、在一定程度上是反映了客观的辩证运动，反映了人类认识的辩证运动，但黑格尔认为它是反映了绝对观念的运动，因此，列宁在肯定这些思想有着合理因素的同时，又强调要“倒过来”，即要唯物主义地加以改造，把逻辑概念的运动放在客观的辩证运动的基础上，放在“全部自然生活和精神生活的发展”的基础上。

（二）列宁关于辩证法体系的思想

列宁关于哲学体系的思想是唯物主义地改造黑格尔的体系思想的结果。前面关于辩证法、认识论和逻辑学三者同一的论述已经涉及这一问题，下面概括地谈谈列宁对于上述三个问题的回答。

首先，最高的概念是存在，存在是这个体系的开端。列宁并没有直接作出过这个结论，但从他的一些言论可以看出，他是同意黑格尔的这个意见的。他摘录了黑格尔的许多关于开端的思想，作了肯定的评价。例如在《黑格尔辩证法（逻辑学）纲要》中就肯定了存在这个开端，他还提出商品概念就是《资本论》的“存在”。

其次，哲学范畴的排列符合从抽象到具体、从简单到复杂、从浅到深的顺序。这一点在前面谈到辩证法就是认识论时已较详细地谈到过。这个思想无疑来自黑格尔，但这一顺序并不是思辨过程，即逻辑推演过程，而是人类认识史、特别是哲学史的反映，是人类认识规律的反映。正如列宁对《资本论》的体系所做的评价那样，在概念发展的每一步分析中，都用事实即用实践来进行检验。

第三，辩证法体系的核心不是否定之否定，而是对立统一规律。在黑格尔那里，与其说矛盾运动是辩证法的核心，毋宁说否定之否定过程是辩证法的核心，因为不仅是矛盾运动，而是以统一为结局的矛盾运动，是构成黑格尔体系的最根本的原则。列宁区别了否定之否定和对立面的统一，把否定之否定理解为在更高基础上重复过去的阶段，即重复和前进的对立统一，而把对立面的统一理解为对立统一规律，并明确指出对立面的统一是辩证法的核心。列宁不仅像黑格尔那样把矛盾的解决局限于对立面的结合，而且包含了新的战胜、克服旧的。因此列宁把对立统一规律看作辩证法的核心，比黑格尔更能反映出辩证过程的实质。

对立统一规律是辩证法的核心，这一思想是不是列宁的贡献？对这个问题，哲学界存在着意见分歧，我认为这个思想是列宁的独特贡献。在马克思、恩格斯以及黑格尔那里，不是没有这个思想，但是这个思想并不明确。明确地把这个思想提出来，作为辩证唯物主义的一个原理，而且加以论证的，还是列宁。为什么在黑格尔、马克思、恩格斯那儿这个规律的作用不是很明确的？主要就在于对立面的统一和否定之否定这两个规律没有很好地区别开来，而列宁把它们很明确地区别开来了。

黑格尔关于这一问题的思想前面已经谈到，下面谈一下马克思和恩格斯。

现在我们引用最多的就是马克思在批判蒲鲁东不懂辩证法时说的一句话，“两个相互矛盾方面的共存、斗争以及融合成一个新范畴，就是辩证运动的实质。”① 有的同志认为，马克思在这里已经把对立统一规律作为辩证运动的实质，也就是辩证法的实质或核心。但是，仔细地推敲一下，可以看出，马克思讲的还是否定之否定。“两个相互矛盾方面的共存”，这就是第一阶段；“斗争”，就是矛盾展开了，是第二阶段；“融合成一个新范畴”，这就是第三阶段，即否定之否定。所以从马克思这句话还不好得出结论，说马克思就已经很明确地有了对立统一规律是辩证法的核心这个思想。当然，我们不能说马克思根本没有觉察到这一点，没有意识到这一点。他在《1844 年经济学哲学手稿》里对这些问题也是谈得很多的。但是说这个问题在他那儿已经是很明确了，恐怕不符合事实。恩格斯在《反杜林论》里面用过“矛盾辩证法”一词，以矛盾作为辩证法的称呼。有的同志讲，他是沿用了杜林的名词，但矛盾辩证法这个名词还是说明他把矛盾看得很重要。但是，他是不是很明确地把矛盾规律看作辩证法的核心呢？也不很明确。在《反杜林论》里他是这样讲的，“马克思所使用的整整一系列辩证的说法：按本性说是对抗的、包含着矛盾的过程，每个极端向它的反面转化，最后，作为整个过程的核心的否定的否定”②。这个地方也是三段：一个是“包含着矛盾”，一个是“每个极端向它

① 马克思：《政治经济学的形而上学》，见《马克思恩格斯选集》第 1 卷，111 页，北京，人民出版社，1972。

② 恩格斯：《反杜林论》，见《马克思恩格斯选集》第 3 卷，180 页，北京，人民出版社，1972。

的反面转化”，第三个阶段就是“作为整个过程的核心的否定的否定”。所以，在这个地方恩格斯仍然是把否定之否定看成是辩证法的核心。恩格斯在讲辩证法的三个主要规律的时候也讲到否定之否定是黑格尔的整个体系构成的基本规律①，但他并没有批评黑格尔这个思想。所以，我认为：对马克思、恩格斯来说，什么是辩证法的核心好像是不很明确的。

也正因此，列宁在写《哲学笔记》时，反复考虑这个问题。他在《辩证法的要素》里已经讲了对立面的统一是辩证法的核心。但是在后面写《谈谈辩证法问题》时，还在琢磨：是主要特征之一呢，还是最主要的特征？看来他这个思想最后是明确下来了：对立面的统一是辩证法的实质和核心。而且他的《谈谈辩证法问题》这篇短文，对这个思想还作了论证，尽管它不是一篇完整的文章。列宁主要从三个方面作了论证：第一，对立统一规律是事物发展的源泉、动力。辩证法就是讲发展、运动的。运动的源泉、动力问题当然是辩证法的核心问题、最基本的问题，这个问题弄清楚了，其他问题就好办了。其次，跟这点相联系，对立统一规律是理解其他一切辩证法规律的关键，用列宁的话来讲，就是“钥匙”。有了对立统一规律这把“钥匙”，就可以打开那些“锁”——许许多多的其他规律，就可以理解那些范畴和规律。它是动力、源泉，其他的规律是它的表现。第三，这个规律是辩证法同形而上学、诡辩论根本对立的关键问题。辩证法要进行两条战线的斗争，一方面反对形而上学，形而上学是从右面来反对辩证法，公开地反对辩证法，跟辩证法直接对立；另一方面反对诡辩论，

① 恩格斯：《自然辩证法》，见《马克思恩格斯选集》第2卷，484页，北京，人民出版社，1972。

诡辩论是从“左”面来反对辩证法，打着辩证法的招牌反对辩证法，用夸大、歪曲的方法来反对辩证法。所以，有一条辩证法的规律，就有一条形而上学的观点和一条诡辩论的观点。比如，同我们前面讲的运动是绝对的、静止是相对的这个原理相对立，形而上学认为静止是绝对的，运动是相对的。而诡辩论呢，则夸大运动，否认静止，比辩证法还要“辩证”。在这许许多多观点里面，什么是关键呢？对立统一规律。对待对立统一规律的态度是个关键。形而上学公开地从正面来反对对立统一规律，而诡辩论则夸大、歪曲它。比如形而上学否认内在矛盾和客观矛盾，而诡辩论则把互相转化夸大成无条件的转化，或否认统一、片面地夸大斗争等等。辩证法同诡辩论、形而上学的对立，最根本的就是在这个问题上的对立，其他一切对立都可以用这个对立来加以解释，加以说明。

（三）一个以《哲学笔记》为根据的唯物辩证法体系的草图

如果以上原则能够成立，而列宁在《哲学笔记》中又谈到了若干辩证法范畴，那么，我们可否尝试一下，按照这些原则来安排这些范畴呢？下面就是一次很不成熟的尝试。

辩证法应该有哪些范畴呢？

黑格尔的《逻辑学》，大致有一百多个范畴。《逻辑学》里的范畴不好统计。仅从它的目录统计还不行，因为在书里面有时还有更多的层次，多的有七八个层次。《小逻辑》只有几十个范畴。黑格尔所讲的这些范畴，我们能不能承认它们是唯物辩证法的范畴？所谓辩证法范畴（或者叫哲学范畴，或者叫逻辑学范畴都可以），应该是些最一般的范畴，即最一般的概念，应该是对于整个世界领域都起作用的那些范畴。这些范畴当然跟其他具体科学的范畴不一样。比如，生物学的范畴只对生物这个领域起作用，经济学的范畴只对经济这个领域起作用。辩证法范畴是对任何领域都起作用的。按照我们对哲学范畴的这种理解，黑格尔《逻辑学》中有许多范畴都值得考虑。恩格斯在《自然辩证法》里提出了三个主要规律的思想，同时谈了很多范畴如同一、差异、矛盾、因果、必然、偶然、有限、无限等。他认为这些范畴是哲学范畴，即辩证法范畴。列宁在《卡尔·马克思》这篇文章里，也提到了几个“特征”，但比较少。后来在《再论工会、目前局势及托洛茨基同志和布哈林同志的错误》这篇文章里面，讲了四个要求，也可以说就是四个“特征”、四个“要素”。列宁谈得最多的是《哲学笔记》。在《哲学笔记》里，列宁对黑格尔所谈到的这些范畴究竟是肯定还是否定呢？或者哪些肯定哪些否定呢？现在的教科书关于辩证法只讲三个规律、几对范畴，物质和意识、时间和空间、运动、静止、认识、实践等都不在内，但是这些范畴，列宁在《哲学笔记》里都作为辩证法的范畴谈到了。研究这个问题，可以从两个方面着手：一方面，主要的当然要从目前自然科学和社会科学发展的水平着手，研究哪些范畴算是哲学范畴。另一方面，也可以从哲学史着手，看在哲学史上究竟提出了哪些范畴，对这些范畴进行一个个分析，一个个研究，不仅研究黑格尔的，也要研究其他哲学家的，不但研究外国的，还要研究中国的。这也是一个途径。从《哲学笔记》来讲，究竟列宁抛弃了黑格尔哪些范畴，肯定了黑格尔哪些范畴呢？

在《哲学笔记》里，列宁研究了黑格尔所谈到的一些范畴，有的范畴列宁显然认为不应该摆在辩证法里。例如，列宁批评黑格尔把低等生物的“感受性”、“感受刺激性”，还有“繁殖”，都看作《逻辑学》的范畴。列宁认为把这些范畴“‘归入’逻辑范畴，这是无聊的游戏。”（218）但是列宁只是在这个地方对这几个范畴明确讲了，其他地方没有明确讲。我们如果根据那个原则——辩证法的范畴是最一般的范畴，显然，有的范畴也应该排除出去。如数学范畴“正比”、“反比”以及“机械性”、“化学性”等等。这里有个比较困难的问题，就是，有些范畴所指的东西，只有主观世界里才有，客观世界里没有，它们显然不是最普遍的。这些范畴要不要摆进去？比如“概念”、“判断”、“推理”，客观世界里当然没有，只有头脑里才有；“思维”、“认识”，客观世界里也没有，只有头脑里才有。这些范畴要不要摆进去？黑格尔当然是摆进去了，列宁也是很明确地认为应该摆进去。我们认为，还是应该摆进去。“概念”、“判断”、“推理”这种东西，当然客观世界里是没有的，只是头脑里有的，但是，它们是对客观世界的普遍反映，属于与客观世界并立（从相对意义上说）的主观世界，不讲主观世界里的一般的东西就讲不清客观世界。根据这个原则，我从《哲学笔记》里一共挑了 30 对，加上空间和时间，共 31 对。有了范畴，就可按照列宁所提出的原则（或者是列宁唯物主义地改造了黑格尔的原则以后所提出的原则）把它们排列起来。

要排列范畴，首先就要对范畴分类。可以先看看黑格尔是怎么分的。黑格尔的范畴是一个体系，但也是分了类的。他的范畴不仅仅是逻辑学的范畴，还有自然哲学和精神哲学的范畴。黑格尔把逻辑范畴主要分成两大类，一类是客观逻辑的范畴，一类是主观逻辑的范畴。客观逻辑就是他的“存在论”和“本质论”；主观逻辑就是他的“概念论”。但是在主观逻辑里面，实际上也有些是属于客观逻辑的范畴。它们是交叉的。客观逻辑范畴又分成两大类：一类是“存在论”的范畴，他叫作直接性的范畴；一类是“本质论”的范畴，他叫作间接性的范畴。在他看来，“存在论”的每一个范畴都是可以单独存在的，而“本质论”的范畴都是相对存在的，都是对立统一的。当然不是说“存在论”的范畴就不是对立的统一，但是，在“存在论”里面，这些范畴的对立统一是潜在的，是没有展开的，而在“本质论”里面，这种对立统一关系就展开了。所以，他说“本质论”里面的范畴都是成对的，如“原因”和“结果”、“偶然”和“必然”。实际上，“存在论”里面的范畴也是成对的，而“本质论”里面的范畴也不完全是成对提出的。50 年代图加林诺夫有一本书，讲唯物辩证法的范畴，他没有把这些范畴构成体系，但是他对范畴做了分类，他把范畴分为三大类：一类叫作“实体范畴”，一类叫“属性范畴”，一类叫“关系范畴”。“实体范畴”指自然界，存在、物质、现象这些东西。“属性范畴”指运动、变化、发展、时间、空间等。“关系范畴”指对立统一的范畴，如“原因”和“结果”、“偶然”和“必然”、“同一”和“斗争”等等。他的分法有一定的道理，但是，这种分法没有贯彻对立统一的原则，同时也没有构成一个体系。

前面已经谈到，关于人类社会的一般范畴也应包括进去。我挑了 5 对，总计 36 对。这 36 对范畴，分为 6 类，并按列宁提出的原则排列如下：

（一）整体范畴：

1. 存在和无

2. 物质实体和属性、关系者和关系

（二）并存范畴：

3. 空间和时间

4. 中断和连续

5. 独立和联系、直接和间接

6. 部分和全体

7. 质和量

（三）层次范畴：

8. 外和内

9. 现象和本质、现象和规律

10. 形式和内容

11. 个别和一般、特殊和普遍、具体和抽象

12. 偶然和必然

13. 相对和绝对

14. 有限和无限

（四）过程范畴：

15. 静止和运动、变化、发展

16. 原因和结果

17. 条件和根据、外因和内因

18. 同一和差异、统一和斗争

19. 进化和飞跃、量变和质变

20. 重复和前进（否定之否定）

21. 可能和现实

（五）社会范畴：

22. 自然界和人类社会、存在和意识

23. 社会存在和社会意识

24. 生产力和生产关系

25. 经济基础和上层建筑

26. 个人和人民群众

（六）认识范畴：

27. 客体和主体

28. 实践和认识

29. 感性和理性

30. 归纳和演绎

31. 分析和综合

32. 概念和判断、判断和推理

33. 谬误和真理

34. 相对真理和绝对真理

35. 手段和目的

36. 必然和自由

这个体系草图满足了以下一些要求，或者说具有以下一些特点：

（一）在这个体系中，唯物主义和辩证法真正融为一体了，很难区别哪些是唯物主义原理，哪些是辩证法原理，更确切些说，是把过去称为唯物主义的一些原理融入辩证法之中，例如世界的客观存在、物质的运动、空间和时间、物质和意识等原理过去均被安排在唯物主义之内，现在都成为一些辩证法的原理。这个体系按照过去的习惯称呼可称为辩证唯物主义，或唯物辩证法，但最好叫作一般辩证法，以别于特殊辩证法。

（二）在这个体系中，世界观、认识论和逻辑学是同一个东西。首先它是世界观，它研究的是作为整体的世界及其一般规律，所以它的内容主要是那些最一般的范畴和规律，只是为了论证的必要，才包括一些次一层次的一般原理。作为世界观，一般辩证法最好改名为一般辩证论。英文 Dialectic(s) 有三个常用的含义：客观存在的一般的辩证的规律，研究和阐明客观辩证规律的理论以及在思维中对辩证规律的运用，这三种含义可以分别译为辩证律、辩证论和辩证法。当然，一词三译在实际翻译中会产生一些困难，但与其统一译为辩证法，不如统一译为辩证律，因为规律既可以是客观规律，也可以是科学规律（对客观规律的反映），又可以是思维规律（客观规律或科学规律的运用），如说客观辩证律决定主观辩证律，比译作客观辩证法决定主观辩证法为好，因为方法总是主观的，与主观世界对立起来讲的客观世界中不存在什么方法。说它是认识论和逻辑学，都是就这两个词的广义说的。但是，这并不排斥在这个体系中包括狭义的认识论和逻辑学。根据前面已经谈过的理由，在这个体系中没有一个单独的组成部分叫自然辩证论，却可以有一个单独的组成部分叫历史辩证论。因此，从严格的意义来讲，这个体系包括三大部分，第一至四部分为一般辩证论，第五部分为历史辩证论，第六部分为认识辩证论，其中又包括思维辩证论，即逻辑学，但它很难与认识辩证论明显分开。

（三）六部分的排列以及每一部分中的各个范畴的排列在一定程度上体现了从抽象到具体，从简单到复杂，由浅入深，由静到动，从客观到主观的原则。说“在一定程度上”，因为在有的地方，这些原则体现得明显，在有的地方则不明显，或者根本看不出来，这正是这个体系需要大大改进的地方。

第一至四部分，好比是点、线、面、体，一个比一个具体和复杂。最初的整体范畴表现了人类认识的笼统、混沌的阶段，其次的并列范畴表现了人类对世界的差异及其关系的认识，但这种差异和关系还是最抽象最简单的，而层次范畴则表现出人类的认识向纵深发展了，而过程范畴则表现了人类认识更上一层楼。从客观范畴向社会范畴过渡，然后再向认识范畴过渡，这似乎是顺理成章的。

如果六类范畴的排列还有点道理的话，每一类中的范畴就难讲了。有的可以明显看出它们的顺序符合上述原则，有的则不大看得出来，这是需要改进的。

第一类范畴中，物质实体和属性是存在的具体化。存在可以区别为两大类：物质实体和属性，还有一大类，即关系。关系离不开关系者，所以关系者与关系构成一对矛盾。关系者不一定是实体，属性也可以是关系者，如物质与意识之间的关系就是高级物质和它的属性的关系。不仅如此，关系也可以作为关系者，如空间关系与时间关系的关系。

第二类范畴并存这一称呼来自列宁（239），是一种关系，但是最简单的最一般的关系，首先是空间关系和时间关系。无论空间关系还是时间关系，都存在着中断和连续这一对矛盾。物质在空间中和时间中的中断和连续进一步具体化为物质个体或个体的组成部分之间的独立和联系，独立无疑是相对的，而联系则是绝对的，这样的联系就是普遍联系。部分和全体的并存关系是一种特殊的并存关系，因为全体中包含着部分，已有层次的因素，再进一步就是层次范畴了。我把质和量摆在这里，也因为质和量仍然是一种并存关系，但也有层次的因素，量表面上与质是并存的，但一定的量就会改变质，这是更深刻的。

第三类范畴都有明显的层次。层次这一概念也来自列宁。列宁把同一层次的范畴叫作同一序列或同类的范畴，例如本质和必然就是同一序列的范畴，现象和偶然也是同一序列的范畴，但本质和现象则是不同序列的范畴，它们有深浅之分。最简单的层次范畴是外和内。外和内可以是空间上的，这实际上是并存。真正表现出层次的是现象和本质。其余几对都是一些具体的层次，其排列顺序似乎有一个由浅入深的过程，但我说不清楚。这类范畴看来应重新加以排列。

第四类范畴都是有过程的，这不是说以前三类范畴没有过程，但过程不明显。这七对范畴的顺序比较明显地符合上述原则。先是一般的运动，然后具体化为因果链条，因与果是运动、变化、发展的最简单、最一般的形式。然后具体化为内外两种因果，内因的动力是对立面的统一和斗争，对立面的统一和斗争具体化为进化和飞跃，而进化和飞跃均采取重复和前进的具体道路，最终导致可能的东西变为现实的东西。这样就达到了一般辩证法的顶峰。为了进一步具体说明一般辩证法，还须有第五类范畴。

第五类范畴的第一对是自然界和人类社会，我不提自然界和人，因为与自然界对立的是人类社会，其中包括个人。与人成对的应是动物，但提动物与人似乎太窄了。由于意识总是人类社会的意识，故把存在与意识作为一对范畴放在这里。社会存在是特殊的存在，社会意识是特殊的意识，故放在存在与意识之后。生产力与生产关系、经济基础与上层建筑这两对矛盾是社会存在与社会意识这对矛盾的具体化。以上四对矛盾是人类社会的基本矛盾，其中都贯穿了人与人之间的矛盾，特别是个人与人民群众之间的矛盾，故把这对矛盾放在最后。意识是人类社会的产物，亦即社会实践的产物。意识包括整个主观世界的精神活动，如价值判断、审美活动、信仰活动等等，而其中最根本的是认识，认识活动决定其他一切意识活动，故在讲人类社会之后讲认识，而且只讲认识，这就是第六类范畴。

第六类范畴是认识过程中的一些矛盾，认识过程就是这些矛盾的运动过程。这些范畴的排列也体现了从抽象到具体，由浅到深的过程。最抽象、最笼统的范畴是客体和主体，而实践和认识则是主体与客体的两种关系，认识分为感性认识和理性认识，而归纳和演绎，分析和综合是从感性认识过渡到理性认识的基本方法，理性认识的基本形式是概念、判断、推理，其结果是谬误和真理，真理区别为相对真理和绝对真理。真理决定目的及其手段。由于掌握了必然，人类就能实现从必然王国到自由王国的飞跃。

前面我们曾把列宁提出的辩证法的要素十六条理解为六点，这三十六对范畴的顺序和这六点的顺序是一致的，第一点观察的客观性相当于第一对范畴存在和无，第二点相互联系相当于第五对范畴独立和联系，第三点运动相当于第十五对范畴静止和运动，第四点自我运动相当于第十七对范畴根据和条件，第五点对立面的统一和斗争相对于第十八对范畴统一和斗争，第六点分析和综合就是第三十一对范畴分析和综合。

范畴之间的这种顺序决不是根据什么逻辑推演，而是根据了对前人观点和实际材料的搜集和研究。

（四）这个体系的核心是对立统一规律而不是否定之否定，因此，其中范畴都是成对的，都是对立统一的，而不是三段式的。

这个体系虽然凑出来了，但问题还很多，我考虑至少有以下几个问题：

（一）对前面提到的列宁关于体系的思想理解得是否正确？

（二）为什么列宁只谈到两个层次的（一般的与认识范围的）范畴，而没有谈到自然范围的和人类社会范围的范畴？在这个体系中，自然范围的范畴与一般范畴融为一体，社会范畴却是单独一部分，并放在认识范畴之前，这种做法是否合适？

（三）一般范畴分为四类是否合适？

（四）六类范畴的排列顺序和各类范畴本身的排列顺序是否合适？

（五）怎样反映现代科学的最新成就？根据现代科学的发展，哪些范畴还应放进去？

邓小平理论对马克思主义哲学的坚持、运用和验证*

马克思主义哲学就是辩证唯物主义和历史唯物主义，这是过去大家认同的说法。近年来出现了一种观点，认为辩证唯物主义不是马克思的哲学，并提出区别于马克思主义哲学的“马克思的哲学”这一概念。有人甚至认为辩证唯物主义连马克思主义哲学也不是，它只是苏联哲学或苏联教科书的哲学。这样就出现辩证唯物主义和历史唯物主义作为马克思主义哲学的合法性问题，亦即它是不是马克思主义哲学，是不是马克思的哲学。还出现了邓小平理论或邓小平所用的马克思主义哲学是不是辩证唯物主义和历史唯物主义的问题。我们先一般地考察一下辩证唯物主义

* 本文为《邓小平理论与当代中国哲学》（黄枬森、王东主编，北京大学出版社、黑龙江教育出版社出版，2005年）的第1章，以确凿的材料指出邓小平理论的哲学基础就是马克思主义的哲学基础，即辩证唯物主义和历史唯物主义，然后又论证了邓小平理论如何运用和验证了辩证唯物主义和历史唯物主义。邓小平理论的哲学基础是什么，在我国理论界颇有争议，本文针对这个问题正面阐明了自己的观点。

和历史唯物主义的性质以及它与马克思、恩格斯、列宁、苏联哲学家的关系，然后再考察它与邓小平的关系。

一、马克思主义哲学就是辩证唯物主义和历史唯物主义

对马克思主义哲学这一概念，人们的理解分歧不大，都认为它是马克思主义的哲学基础，即哲学前提，是马克思主义理论诞生、形成、发展的指导哲学。分歧在于这个哲学的具体形态是什么，是不是辩证唯物主义与历史唯物主义。至于马克思的哲学这一概念则是含糊的，难以界定的。马克思这个人活了65岁，从他开始具有自觉的哲学思想算起，他信奉过多种哲学，如黑格尔的哲学、黑格尔主义、费尔巴哈唯物主义（自然主义）和人本主义等等。“马克思的哲学”指所有这些哲学呢，还是指其中一种？显然，不管是指一种还是所有这些哲学都是不合适的。马克思主义哲学当然是马克思的哲学，但不是马克思本人曾经有过的任何一种或多种哲学，而是他作为马克思主义的创始人之一所创立与信奉的哲学，它只能是辩证唯物主义和历史唯物主义。下面我们就来研究一下辩证唯物主义与历史唯物主义在与马克思主义相互作用的关系中诞生、形成和发展的过程。

（一）马克思主义哲学形成的最初形态是唯物史观

马克思主义一般认为包括三个主要组成部分，即哲学、政治经济学和科学社会主义。马克思主义诞生和问世的主要标志是1848年发表的《共产党宣言》，但当时的马克思主义作为一个思想体系并不是很完整的。马克思和恩格斯在《共产党宣言》中对科学社会主义理论作了比较完整的系统的论述和论证，没有直接阐述作为科学社会主义的理论基础的哲学和政治经济学。当时马克思已有剩余价值的思想，

但明确提出这个概念并制定相应理论是在《1857 年～1858 年经济学手稿》和《资本论》中。至于哲学，当时已经形成为思想体系的是唯物史观，即历史唯物主义，辩证唯物主义思想只是作为前提蕴涵于唯物史观之中。

马克思上大学时曾经是一个激进的青年黑格尔主义者，1842 年参加《莱茵报》工作后，在同劳动人民的接触中思想逐渐发生转变，政治思想上由民主主义转向社会主义，哲学思想上由唯心主义转向唯物主义。但这种社会主义还属于空想社会主义的范畴，这种唯物主义还属于直观唯物主义的范畴，也就是说自然观上的唯物主义，历史观上的唯心主义。这种思想状况的典型表现就是著名的《1844 年经济学哲学手稿》，在这本书中，他的主要思想就是用人本主义来做社会主义的理论根据。他认为人类社会的历史是人的本质的异化和异化的扬弃的历史，而人的本质是人的自由自觉的活动，即劳动，因此，历史就是人的劳动异化和异化扬弃的历史。他所说的劳动异化实际是资本主义私有制的剥削，他所说的劳动异化的扬弃实际是消灭私有制，建立公有制。当时空想社会主义就是用人的本质的异化和异化的扬弃来论证社会主义的，但他们所说的人的本质是平等、自由或理性，而马克思所说的本质是劳动，所以他仍未摆脱人本主义，仍属于唯心史观和空想社会主义的范畴。但是，他已开始从劳动、生产、实践、经济生活、所有制中去寻求人类历史发展的根源，这就使他在探索中发现了生产的矛盾运动是人类历史发展的真实的根源，即生产力和生产关系的矛盾运动、经济基础和上层建筑的矛盾运动推动了整个人类社会不断前进。当他在《关于费尔巴哈的提纲》中，特别是他和他的合作者恩格斯在《德意志意识形态》中揭示了这个历史的秘密的时候，唯物史观就诞生了，科学社会主义也诞生了。这部书写于 1845 年～

1846年，当时没有公开出版，今天我们都把《关于费尔巴哈的提纲》和这部书的写作看成马克思主义实际诞生的标志。他们当时除了把自己的哲学叫作唯物史观而外，还有过唯物主义、新唯物主义、现代唯物主义等称呼。

（二）辩证唯物主义思想体系主要是恩格斯在19世纪70年代创立的

马克思和恩格斯都没有用过“辩证唯物主义”这个概念，它最早是狄慈根于1886年根据马克思、恩格斯和他自己的哲学思想提出来的，先是普列汉诺夫，后是列宁，都采用了这个概念，并得到了马克思主义理论界的普遍接受，按其内容讲，辩证唯物主义包括马克思和恩格斯的宇宙观和认识论。

19世纪下半叶，马克思和恩格斯除了国际共产主义运动的实际活动而外，以大量时间从事理论研究。马克思主要从事经济理论研究，其主要成果就是《资本论》，哲学理论的研究则主要是恩格斯承担的。哲学不能没有宇宙观，宇宙首先是自然界，也包括社会，但马克思和恩格斯的早期著作中直接谈论宇宙或自然界的言论很少，更没有系统地论述。但他们非常关注自然科学的发展，经常想弥补这方面的缺陷。50年代恩格斯就开始了对自然科学的研究，达尔文的《物种起源》出版时马克思和恩格斯给予了高度评价。70年代恩格斯制定了研究自然辩证法的计划并着手执行，中间由于写作《反杜林论》而停顿了一段时间。但实际上《反杜林论》中的哲学部分阐述的就是宇宙观或自然观的问题。恩格斯的计划没有完成，但留下若干论文和笔记，后来以《自然辩证法》命名并出版。这两本书以及80年代发表的《费尔巴哈论》包含了叫作“辩证唯物主义”的哲学体系的基本内容，或者说，20世纪20年代苏联哲学家制定辩证唯物主义哲学体系时，主要根据的就是恩格斯的这三本书和列宁的哲学著作。

今天的辩证唯物主义的主要原理都是这三本书提出来的。世界的物质性、世界的物质统一性、时间与空间的有限性和无限性、运动与静止的辩证关系、辩证法是关于自然、社会和思维的一般规律的科学、真理的相对性和绝对性等原理，是《反杜林论》提出来的。辩证法的三个基本规律、物质运动的基本形式、原因与结果、偶然性与必然性等辩证关系范畴，主观辩证法来自客观辩证法等原理，是《自然辩证法》提出来的。哲学基本问题的两个方面，是《费尔巴哈论》提出来的。可以明显地看出来，恩格斯虽然只用过唯物主义、辩证法、唯物主义辩证法而没有用过辩证唯物主义的称呼，辩证唯物主义这一称呼还是最恰当的，因为这个称呼正好表明了世界观的两个主要方面：1. 世界是什么（世界是物质的），2. 世界怎么样（联系、运动、多样）。

有人认为既然辩证唯物主义思想体系是恩格斯制定的，它就不是马克思的哲学。这是不对的。恩格斯的全部哲学工作都得到马克思的支持。《反杜林论》在付印前曾全部向马克思诵读过，得到他的赞同。而且其中经济学那一编的第 10 章是由马克思执笔的。唯物史观只能是辩证唯物主义历史观，这个历史观在创立之初已经逻辑地蕴涵了它的世界观前提，即辩证唯物主义世界观。

（三）列宁发展了辩证唯物主义，苏联哲学家构建了辩证唯物主义和历史唯物主义的思想体系

狄慈根虽然提出了辩证唯物主义概念，但在很多马克思主义者中间，马克思的哲学或马克思主义哲学就是唯物史观，因而有些人认为马克思主义没有宇宙观、认识论的基础，而要从康德主义，或黑格尔主义，或实证主义那里，去为马克思主义寻找宇宙观、认识论的基础，这实际就是否定辩证唯物主义。列宁的《唯物主义与经验批判主义》的最主要的历史功绩就是恢复了或者更确切地说树立了辩证唯物主义的旗帜。有一种观点认为此书只是阐述了唯物主义而不是辩证唯物主义，这是不对的。此书由于是针对经验批判主义（一种唯心主义）写的，着重阐明唯物主义原理，对客观辩证法与认识辩证法的论述不够是个缺点，但它阐明的确实是辩证的唯物主义而不仅是唯物主义，其前三章的标题就是"经验批判主义的认识论和辩证唯物主义的认识论"，其中也包括宇宙观的内容。其次，这本书还发展了恩格斯关于哲学基本问题原理，使辩证唯物主义认识论进一步系统化了。第三，阐明了若干辩证法原理，如客观规律与主观能动性（必然与自由）、真理的相对性与绝对性、实践检验的确定性与不确定性。此外，列宁提出的哲学党性原则也发展了马克思主义哲学。列宁的另一重要哲学著作《哲学笔记》是他为建构马克思主义哲学新形态所作的准备，这个任务没有完成，但他广泛涉及马克思主义哲学的各个方面，而且提出几个关于哲学体系的构想，对于后来甚至今天如何进行马克思主义哲学的学科建设都有重要的作用。

十月革命胜利以后，苏联哲学家们的重大历史贡献就是建构了辩证唯物主义和历史唯物主义这个科学体系。1909 年德波林写作的《辩证唯物主义》可以说是第一篇系统阐发辩证唯物主义的文章，1916 年德波林出版的《辩证唯物主义哲学入门》可以说是第一本系统阐发辩证唯物主义的著作。苏联建国后更有多种"辩证唯物主义"或"唯物史观"问世，但"辩证唯物主义"都包括"唯物史观"，"唯物史观"亦包括"辩证唯物主义"。20 年代末与 30 年代初出现"辩证唯物主义与历史唯物主义"，其内容大体都是唯物主义（宇宙观）、认识论、辩证法（宇宙观）和唯物史观。斯大林的《辩证唯物主义和历史唯物主义》作为《联共党史》第

4章第2节是当时通行体系的简本,它把上述内容的顺序改为辩证法(宇宙观)三个特征、唯物主义(宇宙观和认识论)四个特征、历史唯物主义,在内容上也作了一些改动,苏联体系后来为中国所接受,直到今天。这是一个科学体系,影响很大,但问题颇多,亟须大大改进,或创建新的体系。有的学者硬说中国流行的辩证唯物主义和历史唯物主义体系是斯大林体系,是违背事实的。所谓"斯大林体系"在斯大林逝世前流行过几年,斯大林逝世后就不流行了。

(四)马克思主义哲学在中国传播的过程是它的中国化和发展的过程,毛泽东哲学思想是其中一个重要成果

马克思主义哲学是同科学社会主义思想一起于十月革命后传入中国的,反过来又促进了十月革命和社会主义理论对中国的影响,它传播初期的理论形态是唯物史观,到30年代初是辩证唯物主义和历史唯物主义。它最初只是在知识分子中流传,对知识分子的革命化起了巨大的推动作用。中国先进的知识分子在传播马克思主义哲学的过程中还做了两方面的工作,一是学科建设,一是现实的哲学问题研究。中国哲学家除了翻译出版大量马克思、恩格斯、列宁以及西欧和苏联哲学家的马克思主义哲学著作外,还编写了自己的教材,艾思奇的《大众哲学》、李达的《社会学大纲》在20世纪30年代都产生了重要的影响。解放后20世纪50～60年代,中国哲学家集体编写了马克思主义哲学教材,其中影响最大的是艾思奇主编的《辩证唯物主义和历史唯物主义》,它大体采用了苏联20世纪20—30年代的体系,但不仅在表述方式和事例方面表现了中国特色,而且在内容方面也补充了许多中国的东西,特别是毛泽东的哲学思想。

中国学者运用马克思主义哲学分析和研究中国现实问题,从而也研究了现实的哲学问题,如中国社会矛盾问题、中国社会发展道路问题、过渡时期无产阶级与资产阶级矛盾性质问题，这不仅丰富了马克思主义哲学，也使它具有鲜明的中国特色，其中毛泽东也作出了特殊的贡献。毛泽东是无产阶级革命家，也是马克思主义哲学家，他不仅运用马克思主义哲学来解决中国革命问题，从而丰富和发展了马克思主义哲学，而且写过哲学理论文章和著作，对学科建设作出了贡献。他在1937年曾写过一本讲课时使用的《辩证唯物论》（讲授提纲），这个提纲虽未最后写完，也可看出是一本对辩证唯物主义的系统论述，其主要内容来自当时的苏联哲学教材，但未采用苏联流行体系，而是采用了颇具中国特色的形式，即把唯物论、认识论和辩证法的主要原理分解为若干篇，冠以“××论”之名，如“物质论”“意识论”“实践论”“矛盾论”等等，后两篇于新中国成立初期经过补充修改重新发表，对马克思主义哲学的学科建设产生了重大的影响。《关于正确处理人民内部矛盾的问题》是为了解决当时的现实矛盾问题而写作的，对学科建设也发挥了重大的作用。毛泽东在哲学上有一个特殊的贡献，那就是他善于应用哲学原理于认识世界和改造世界的过程中，并把哲学原理转化成为方法，大大丰富和发展了马克思主义的方法论。毛泽东在哲学理论上也有些失误，如过分强调对立面的斗争、过分强调人的主观能动作用、夸大生产关系对生产力的作用、夸大上层建筑对生产关系的作用等，应该引以为戒。

从以上论述可以看出，马克思主义哲学是辩证唯物主义和历史唯物主义，其合法性是无可怀疑的。首先，历史唯物主义是马克思主义创始人在创立马克思主义的过程中共同提出来的。他们当时虽然没有提出辩证唯物主义的概念和思想体系，但他们的世界观和认识论是唯物主义的和辩证的，也是十分明确的。后来恩格斯提出了若干辩证唯物主义原理，狄慈根提出辩证唯物主义的概念，不过是把已经蕴涵于马克思主义创始活动中的思想，根据实际斗争的需要，加以表述和论证而已。其次，列宁和苏联哲学家的贡献也是根据实际斗争的需要，循着马克思和恩格斯的思路做出的，他们把世界观突出出来摆到历史观的前面，既符合客观逻辑，又彰显了历史观的重要地位，冠以马克思主义哲学之名是当之无愧的。第三，毛泽东和中国哲学家接过肇始于马克思和恩格斯、形成于列宁和苏联哲学家的辩证唯物主义和历史唯物主义，八十年来使马克思主义哲学深入人心，不仅使中国人民与知识界的哲学水平有很大提高，而且对中国革命运动发挥了很大的推动作用。辩证唯物主义与历史唯物主义在改革开放以来，发挥了更加巨大的作用，它本身也在经历着巨大的变化，酝酿着 21 世纪的崭新形态。在这段时间内中国最主要的实践是建设中国特色社会主义，最主要的理论突破是建设中国特色社会主义理论，即邓小平理论，而马克思主义哲学对建设中国特色社会主义理论和实践都发挥了指导作用。但是中国哲学界对于指导了建设中国特色社会主义的理论和实践的马克思主义哲学是什么，是有分歧的。有的学者认为是实践唯物主义，有的认为只是历史唯物主义，有的认为是实践哲学，我们认为是辩证唯物主义和历史唯物主义，下面做一些具体考察。

二、邓小平学习、信奉、坚持和运用的马克思主义哲学也是辩证唯物主义和历史唯物主义

邓小平成为马克思主义者以来，他学习、坚持和运用的马克思主义哲学就是辩证唯物主义和历史唯物主义，而不是任何别的哲学。他不是一个哲学家，但有自觉的哲学思想，而且自觉地坚持这种哲学，运用这种哲学，终生不渝。这种哲学除了辩证唯物主义和历史唯物主义，不可能是别的哲学。

邓小平1920年8月至1926年1月在法国勤工俭学期间已经成为一个马克思主义的共产主义者，1926年1月至12月的近一年时间在苏联莫斯科的中山大学学习，系统地学习了马克思主义的基本理论。根据温乐群在《邓小平的青少年时代》的记述，在这一年中，“除了俄语课外，邓小平还要学习中国革命运动史、世界通史（革命运动部分）、社会发展史、哲学（辩证唯物主义和历史唯物主义）、政治经济学（主要学习《资本论》）、经济地理学、列宁主义（主要学习斯大林的《列宁主义基础》）。这些课程，一般都由教师用俄语讲授，由翻译译成中文”[①]。当年哲学课的内容已无从查考。北京大学图书馆存有一本奥古斯特·塔尔海默1927年在中山大学讲授的哲学教材《马克思主义世界观辩证唯物主义导论》（1936年纽约英译本），其内容有：宗教两讲，哲学史八讲，唯物论一讲，认识论一讲，辩证法两讲，历史唯物论两讲，辩证法包括三个基本规律，未讲其他范畴。从这本书的内容可以看出，这些内容与30年代流行的辩证唯物主义和历史唯物主义基本一致，还可以大致推知邓小平在1926年学习的哲学课也是这些内容。1927年初邓小平回国，任职于有“西北黄埔”之称的西安中山军事学校，担任政治处长，同时为学生讲授革命理论课程。以后邓小平虽然没有从事专业的理论工作，但在担任各种革命领导工作中，一贯关注马克思主义理论的学习，坚持和自觉地运用，其中包括哲学，即辩证唯物主义和历史唯物主义。

邓小平回国以后的活动可以分为三个时期，他的哲学思想在这三个时期中表现出一个由隐到显、日益丰富、日益成熟的发展过程。

---

① 温乐群：《邓小平的青少年时代》，载北京《人民论坛》1994年4月号。

（一）1927年～1949年三次革命战争时期

在这期间，邓小平1927年任西安中山军事学校政治处长，除从事教育管理工作而外，还讲授过一些革命理论课程。1933年他主编红军总政治部机关报《红星》，直到1934年末长征开始，写了不少文章。除此之外，邓小平的工作都是党政军的工作，占时间最多的是军事工作，包括指挥战争和管理部队的工作。在这些工作中，邓小平作了不少报告，写了不少文章，提出了许多具有现实意义和理论意义的观点，其中包括不少有创造性的思想。这些文章探讨和论述的都是一些实际问题，不但没有研究哲学的文章，甚至在这些文章中也很少哲学命题，但这决不意味其中没有哲学思想，哲学思想往往蕴涵在论述实际问题的篇章之中，下面举一些例子。

中国工农红军在反围剿战争中形成了游击战的战术原则——“敌进我退，敌驻我扰，敌疲我打，敌退我追”，这是全体军民在实践中的创造，毛泽东和党中央肯定了这一原则。工农红军运用这一原则取得了多次胜利。在抗日战争中，我们运用这种战术也取得了许多胜利。但任何原则的运用都必须与具体条件相适应，不能机械照搬。邓小平提出在敌我犬牙交错的条件下，即当敌人对我军的“敌进我退”易于防范和破解时，我军则应采取“敌进我进”的战术，即深入敌人的薄弱部分，打乱敌人，争取主动。他说：“敌人一定要向我们前进，所以我们也一定要向敌人前进，才能破坏或阻滞敌人的前进，巩固我们的阵地……在此犬牙交错的复杂斗争中，要求我们细心地了解敌人，善于发现敌人的规律，善于利用缝隙钻敌人的空子，以争取主动。”[①] 显然这里蕴涵着普遍性与特殊性、原则性与灵活性的辩证关

① 《邓小平文选》第1卷，42页，北京，人民出版社，1994。

系的原理，是游击战的战术原则在不同条件下的特殊表现和灵活运用。

邓小平关于“黄猫黑猫只要抓住老鼠就是好猫”的脍炙人口的比喻，包含了丰富的哲学思想，最明显的有一切以时间、地点、条件为转移，理论与实践、动机与效果、原理的原则性与运用原理的灵活性相结合等思想，大家都知道这是邓小平在1962年谈“包产到户”时说的。其实这是他对战争经验的总结。他是这样说的：“刘伯承同志经常讲一句四川话：‘黄猫、黑猫，只要抓住老鼠就是好猫。’这是说的打仗。我们之所以能够打败蒋介石，就是不讲老规矩，不按老路子打，一切看情况，打赢算数。”①

在这些哲学思想的指导下，邓小平创造了多种多样的战术，并根据情况灵活运用这些战术，取得了一个又一个胜利，为解放战争的最终胜利作出了卓越的贡献。

邓小平在这一时期中的言论大抵如此。从表面上看，他的文章理论色彩不浓，但讨论实际问题的文章包含了深刻的理论内容，非哲学文章包含了丰富的哲理。新中国成立之后，他调到中央工作，成为中央领导集体的一员，参与全国性的领导工作，他的文章的理论性和哲理性就大大加强了。

（二）1949年～1977年社会主义改造和建设时期

邓小平于1952年调到中央工作，任过财政部部长、党中央秘书长等职，1956年任党中央总书记，达十年之久。1966年“文化大革命”中受到打击，离开领导岗位，1973年回中央工作，1976年再次离开了领导岗位，1977年再次恢复了领导职务。在此期间，中国社

① 《邓小平文选》第1卷，323页，北京，人民出版社，1994。

会主义建设经历了一条曲折前进的路径，邓小平的政治生涯也经历了顺达与挫折。邓小平由于是毛泽东、刘少奇、周恩来的主要助手，参与了社会主义建设道路的创造性探索，而社会主义建设事业的曲折发展和他个人的挫折又使他反复思考了国家的现状和前途，反复探索了中国社会主义的特色和命运。因此，邓小平的文章的理论性大大加强了，《邓小平文选》第1、2卷中写于1952年～1977年的文章的好多篇或者有很强的理论性，或者本身就是理论文章，例如《关于修改党的章程的报告》、《马克思主义要与中国的实际情况相结合》.《正确地宣传毛泽东思想》、《怎样恢复农业生产》、《建设一个成熟的、有战斗力的党》、《全党讲大局，把国民经济搞上去》、《“两个凡是”不符合马克思主义》。在这段时期写作的一些文章中，邓小平特别关注的是以下一些理论问题：

首先是关于马克思主义的普遍真理与本国实际相结合的问题。邓小平多次反复强调这一原则，认为：“马克思列宁主义的普遍真理与本国具体实际相结合，这句话本身就是普遍真理。它包含两个方面，一方面叫普遍真理，另一方面叫结合本国实际。我们历来认为丢开任何一面都不行。”① 两方面不结合，片面抓住一个方面而否定另一个方面，不是教条主义就是经验主义。“教条主义，就是只知道马克思列宁主义的词句，不从具体情况出发来运用，它使我国的革命遭受过失败和挫折。经验主义，就是只看到一些具体实践，只看到一国一地一时的经验，没有看到马克思列宁主义的原则。两者我们都反对。”② 这个思想贯穿于邓小平的各种文章中，当然也贯穿于邓小平的各种实

---

① 《邓小平文选》第1卷，258～259页，北京，人民出版社，1994。

② 同上书，259～260页。

践活动之中。

其次是如何正确对待毛泽东思想的问题。早在毛泽东思想最初出现的时候，邓小平就从马列主义普遍真理与中国革命实践相结合的角度称之为“中国化的马列主义”。在他看来，我们既不能离开马列主义谈毛泽东思想，也不能离开中国实际谈毛泽东思想。在社会主义建设的过程中，他同这两种错误倾向进行了反复的斗争。上世纪60年代初宣传部门在林彪大搞个人迷信的影响下，只强调学习和宣传毛泽东思想，不提或很少讲马列主义，邓小平针对这一情况指出：“毛泽东思想坚持了马克思列宁主义的普遍真理，并且在马克思列宁主义的宝库里面增添了很多新的内容。所以，不要把毛泽东思想同马克思列宁主义割裂开来，好像它是另外一个东西……一定不要忘记了马克思列宁主义，不要丢掉这个最根本的东西。”① “文革”结束后的一段时间内，“两个凡是”盛行，如何对待毛泽东和毛泽东思想成为中国社会发展道路的关键。邓小平在恢复领导职务以前就明确反对“两个凡是”② 的观点，主张把毛泽东思想当作科学体系来看待。这个问题后面将详述。

第三是中国社会主义建设道路问题。新中国成立后，我国顺利地走过了经济恢复时期，1952年同时开始了社会主义改造和社会主义建设。“文革”以前十多年，社会主义建设虽然也取得了不少进展，但由于工作上的原因，也走了一条曲折前进的道路。主观上主要有两个问题，一是求快心切，急于求成；一是迷信只有通过阶级斗争才能

① 《邓小平文选》第1卷，283页，北京，人民出版社，1994。

② 指1977年2月7日《人民日报》、《红旗》杂志、《解放军报》社论中提出的“凡是毛主席作出的决策，我们都坚决维护，凡是毛主席的指示，我们都始终不渝地遵循”。

推动社会主义建设快速前进。就是在这种思想支配下，“八大”作出的党的工作重心向经济建设转移的决定未能落实，“阶级斗争为纲”的路线逐渐形成，后来最终导致“文化大革命”。作为党的主席、副主席的主要助手，邓小平对于这条“左”的路线当然不能说毫无责任，但从他当时的言行来看，他对这条路线是抵制的，是尽可能在工作中加以弥补的，正因此，他才于“文革”初期被作为“第二号最大走资派”打倒。在1957年的一次报告中，邓小平指出：“今后的主要任务是搞建设。我们党的第八次全国代表大会提出的任务，就是要调动一切积极因素，调动一切力量，为把我国建设成为一个伟大的社会主义工业国而奋斗。”① 同时又指出：过去的几年，我们的成绩很大，“但同时也要看到，建设中暴露出的严重缺点，特别是最近一两年来，脱离实际的主观主义，主要是教条主义倾向，是值得引起我们严重注意的。”② 然而，这种倾向后来不但没有减弱，反而愈演愈烈。前面提到的“黄猫、黑猫”的著名比喻，是邓小平支持农村的“包产到户”，批判农业社会主义改造中的主观主义、教条主义提出来的。1973年邓小平从江西劳动地点回到北京，恢复了副总理的职务，经过一年多的准备，邓小平作为周恩来总理的主要助手，对国家各项工作，特别是工农业生产，进行了全面的整顿，颇见成效，这实际是对“左”的路线和主观主义、教条主义的一次全面清算，但由于“四人帮”的阻挠与破坏，邓小平再次被免职，整顿也半途而废。尽管邓小平在这段时期对社会主义现代化建设的努力被迫中断，但正是这些实践中进行的一些思考，使邓小平在“文革”结束后能够引导中国人民

① 《邓小平文选》第1卷，261页，北京，人民出版社，1994。

② 同上书，265页。

摆脱“左”的路线和教条主义的束缚而走上正确的社会主义现代化建设道路。

第四是关于建设中国共产党的问题。邓小平认为中国共产党执政以后，其环境和任务都发生了根本性的变化，给党的建设带来了新的问题。邓小平1956年在《关于修改党的章程的报告》一文中尖锐地提出了这个问题。他指出：在中国共产党的领导下，我国人民不但已经彻底完成了资产阶级民主革命阶段的任务，而且基本上实现了社会主义革命阶段的任务，我国的阶级关系发生了根本的变化。中国共产党本身也大大壮大了，党的组织和党员遍及祖国各地城乡，多数党员担任了各级国家机关、经济组织、文化组织和人民团体的各种职务。“执政党的地位，使我们党面临着新的考验。过去七年，一般说来，我们党经受住了这种考验，我们国家在各方面的进步是很显著的，我们绝大多数党员在自己的工作岗位上是努力的，工作是有成绩的。但是，七年的经验同样告诉我们，执政党的地位，很容易使我们同志沾染上官僚主义的习气。脱离实际和脱离群众的危险，对于党的组织和党员来说，不是比过去减少而是比过去增加了。而脱离实际和脱离群众的结果，必然发展主观主义，即教条主义和经验主义的错误，这种错误在我们党内也不是比前几年减少而是比前几年增加了。”① 在报告中，邓小平根据中国共产党成为执政党后所发生的变化提出了加强党的建设的若干措施，他说：“针对着这种情况，党必须经常注意进行反对主观主义、官僚主义和宗派主义的斗争，经常警戒脱离实际和脱离群众的危险。为此，党除了应该加强对于党员的思想教育之外，更重要的还在于从各方面加强党的领导作用，并且从国家制度和党的

① 《邓小平文选》第1卷，214页，北京，人民出版社，1994。

制度上做出适当的规定，以便对于党的组织和党员实行严格的监督。”①

可以看出，邓小平的这些思想以及其他思想在一定程度上为后来的邓小平理论的出现作了理论上的准备，成为邓小平理论的组成部分。也可以看出，在这些思想中蕴涵了丰富的哲学思想，例如对主观主义、教条主义和经验主义的批判、马克思主义普遍真理与中国实际相结合的思想、农业社会主义改造中生产关系要与生产力相适应的思想等等都是哲学思想，都是辩证唯物主义与历史唯物主义原理的运用。

（三）1977年以后的改革开放时期

邓小平于1977年7月党的十届三中全会上恢复了领导职务，他针对“两个凡是”的错误观点在会上发言主张“完整地准确地理解毛泽东思想”。以正确对待毛泽东和毛泽东思想为起点，邓小平在后来的工作中，对中国的社会主义现代化问题提出了一系列理论观点，不到一年的时间里他就科学、教育、军事、四个现代化、外交等问题发表了自己的观点。他的报告、讲话、文章坚持马克思主义的基本观点，实事求是，以理服人，鞭辟入里，通俗易懂，逐渐形成了拨乱反正，把颠倒了的是非颠倒回来的理论氛围。正是在以他为代表的中央领导集体的引导下，1978年5月中国理论界爆发了关于真理标准问题的大讨论。马克思主义实践标准理论得到绝大多数理论工作者和广大人民的支持，“两个凡是”观点受到全国人民的反对，1978年12月党的十一届三中全会批判了“两个凡是”的错误，标志中国社会主义改革开放时代的开始。从此以后，邓小平对国家生活的各个方面发表了

① 《邓小平文选》第1卷，215页，北京，人民出版社，1994。

他长期深思熟虑得出的理论观点，同时他也从改革开放的实践中总结出了许多新的理论观点，所有这些逐渐形成了建设有中国特色社会主义理论。这个理论是集体智慧的结晶，由于邓小平是这一理论的主要代表，我们把它命名为邓小平理论。

邓小平是在改革开放开始后四年于党的十二大开幕词中提出“有中国特色社会主义”这一概念的，他说：“把马克思主义的普遍真理同我国的具体实际结合起来，走自己的道路，建设有中国特色的社会主义，这就是我们总结长期历史经验得出的基本结论。”① 邓小平没有系统表述建设有中国特色社会主义理论的基本内容，也没有在其他文章中表述过这个理论的思想体系，但它的许多内容在提出这个概念以前，特别是以后，都分散地在他的讲话、报告、文章中提出来了，因而党的几次会议都作了系统化的努力。第一次对邓小平理论的系统概括是在 1987 年 10 月党的十三大报告中，包括十二个观点。1990 年 12 月党的十三届七中全会进行了第二次概括。江泽民在 1992 年 10 月党的十四大报告中进行了第三次概括，这次概括主要以邓小平《在武昌、深圳、珠海、上海等地的谈话要点》为根据，而《谈话要点》是邓小平对中国几十年社会主义改造和建设的实践经验，特别是改革开放以来十多年的实践经验的系统总结，明确地科学地回答了一系列改革开放中出现的主要问题，因而这次概括被认为是对邓小平理论的最完整、最确切的概括。可以说，自此以后，邓小平理论的思想体系最终确立了，或者说，基本上定型了，当然，它也在不断发展。根据党的十四大报告，邓小平理论包括以下九点内容：

在社会主义的发展道路问题上，强调走自己的路，不把书本当教

① 《邓小平文选》第 3 卷，3 页，北京，人民出版社，1993。

条，不照搬外国模式，以马克思主义为指导，以实践作为检验真理的唯一标准，解放思想，实事求是，尊重群众的首创精神，建设有中国特色的社会主义。

在社会主义的发展阶段问题上，做出了我国还处在社会主义初级阶段的科学论断，强调这是一个至少上百年的很长的历史阶段，制定一切方针政策都必须以这个基本国情为依据，不能脱离实际，超越阶段。

在社会主义的根本任务问题上，指出社会主义的本质是解放生产力，发展生产力，消灭剥削，消除两极分化，最终达到共同富裕。强调现阶段我国社会主义主要矛盾是人民日益增长的物质文化需要同落后的社会生产之间的矛盾，必须把发展生产力摆在首要位置，以经济建设为中心，推动社会全面进步。判断各方面工作的是非得失，归根到底，要以是否有利于提高人民的生活水平为标准。科学技术是第一生产力，经济建设必须依靠科学进步和劳动者素质的提高。

在社会主义的发展动力问题上，强调改革也是一场革命，也是解放生产力，是中国现代化的必由之路，僵化停滞是没有出路的。经济体制改革的目标，是在坚持公有制和按劳分配为主体、其他经济成分和分配方式为补充的基础上，建立和完善社会主义市场经济体制。政治体制改革的目标，是以完善人民代表大会制度、共产党领导的多党合作和政治协商制度为主要内容，发展社会主义民主政治。同经济、政治的改革和发展相适应，以“有理想、有道德、有文化、有纪律”为目标，建设社会主义精神文明。

在社会主义建设的外部条件问题上，指出和平与发展是当代世界两大主题，必须坚持独立自主的和平外交政策，为我国现代化建设争取有利的国际环境。强调实行对外开放是改革和建设必不可少的，应当吸收和利用世界各国包括资本主义发达国家所创造的一切先进文明成果来发展社会主义，封闭只能导致落后。

在社会主义建设的政治保证问题上，强调坚持社会主义道路，坚持人民民主专政，坚持中国共产党的领导，坚持马克思列宁主义、毛泽东思想。这四项基本原则是立国之本，是改革开放和现代化建设健康发展的保证，又从改革开放和现代化建设获得新的时代内容。

在社会主义建设的战略步骤问题上，提出基本实现现代化分三步走。在现代化建设的漫长过程中要抓住时机，争取出现若干个发展速度比较快、效益又比较好的阶段，每隔几年上一个台阶。贫穷不是社会主义，同步富裕又是不可能的，必须允许和鼓励一部分地区一部分人先富起来，以带动越来越多的地区和人民逐步达到共同富裕。

在社会主义的领导力量和依靠力量问题上，强调作为工人阶级先锋队的共产党是社会主义事业的领导核心，党必须适应改革开放和现代化建设的需要，不断改善和加强对各方面工作的领导，改善和加强自身建设。执政党的党风，党同人民群众的联系，是关系党生死存亡的问题。必须依靠广大工人、农民、知识分子，必须依靠各民族人民的团结，必须依靠全体社会主义劳动者、拥护祖国统一的爱国者的最广泛的统一战线。党领导的人民军队是社会主义祖国的保卫者和建设社会主义的重要力量。

在祖国统一的问题上，提出“一个国家、两种制度”的创造性构想。在一个中国的前提下，国家的主体坚持社会主义制度，香港、澳门、台湾保持原有的资本主义长期不变，按照这个原则来推进祖国和平统一大业的完成。

江泽民同志在十四大报告中还进一步指出：“在建设有中国特色社会主义理论的指导下，我们党形成了社会主义初级阶段的基本路线，这就是：领导和团结全国各族人民，以经济建设为中心，坚持四项基本原则，坚持改革开放，自力更生、艰苦创业，为把我国建设成为富强、民主、文明的社会主义现代化国家而奋斗。‘一个中心、两个基本点’，是这条路线的简明概括。同这条路线相适应，我们党还形成了包括经济、政治、科技、教育、文化、军事、外交等各个方面的一整套方针政策。”①

在1997年9月党的十五大报告中，江泽民同志就中国特色社会主义经济建设、政治建设和文化建设三个方面，进一步展开论述了邓小平理论的具体内容，重申了十四大报告所作的九点概括，指出邓小平理论“第一次比较系统地初步回答了中国社会主义的发展道路、发展阶段、根本任务、发展动力、外部条件、政治保证、战略步骤、党的领导和依靠力量以及祖国统一等一系列基本问题，指导我们党制定了在社会主义初级阶段的基本路线。它是贯通哲学、政治经济学、科学社会主义等领域，涵盖经济、政治、科技、教育、文化、民族、军事、外交、统一战线、党的建设等方面比较完备的科学体系，又是需要从各方面进一步丰富发展的科学体系”②。这就是说，这九点概括是一个比较完整的系统的开放的科学体系。江泽民同志担任总书记的十三年中系统阐释并大大发展了邓小平理论。特别是2000年提出的“三个代表”重要思想和2002年的十六大报告，把邓小平理论推上了一个新阶段。

正如马克思主义、列宁主义、毛泽东思想包含着丰富的哲学思想一样，邓小平理论也包含了丰富的哲学思想，这个哲学是什么呢？理

① 《十四大以来重要文献选编》(上)，13页，北京，人民出版社，1996。

② 同上书，12页。

论界的观点是分歧的。有的认为是实践唯物主义，有的认为是实践哲学，有的外国学者认为是实用主义。但有充分的根据可以证明，这个哲学并不是什么新奇的东西，而是马克思创立的辩证唯物主义与历史唯物主义。其根据有以下几点：

第一，从历史上看。根据前面提供的材料，邓小平最初在苏联莫斯科中山大学曾经系统地学过马克思主义哲学，即辩证唯物主义和历史唯物主义。在他于 1927 年回国以后，辩证唯物主义与历史唯物主义也作为马克思主义哲学的唯一形态传入中国，直到今天它仍居主导地位，尽管改革开放以来出现了不同观点。在改革开放之前，邓小平虽然很少明确谈论哲学问题，但仍有根据来证明邓小平没有改变自己的哲学立场。例如 1957 年他曾说："只有搞'百花齐放、百家争鸣'，各种意见表达出来，进行争辩，才能真正发展马克思主义，发展辩证唯物主义。"① 当时邓小平已经成为一个著名的辩证法信奉者，毛泽东曾说："要照辩证法办事，这是邓小平讲的。"② 1962 年他谈论"包产到户"时运用了生产关系必须适应生产力的发展的历史唯物主义原理，他说："生产关系究竟以什么形式为最好，恐怕要采取这样一种态度，就是哪种形式在哪个地方能够比较容易比较快地恢复和发展农业生产，就采取哪种形式"③。

第二，改革开放以后邓小平多次谈到自己的哲学是辩证唯物主义和历史唯物主义。1980 年他在《坚持党的路线，改进工作方法》一文中用完全肯定的语气说："马克思、恩格斯创立了辩证唯物主义和

---

① 《邓小平文选》第 1 卷，272 页，北京，人民出版社，1994。

② 《毛泽东文集》第 7 卷，200 页，北京，人民出版社，1999。

③ 《邓小平文选》第 1 卷，323 页，北京，人民出版社，1994。

历史唯物主义的思想路线，毛泽东同志用中国语言概括为‘实事求是’四个大字。”① 后来多次指出“实事求是”，或者说，“解放思想、实事求是”，就是辩证唯物主义和历史唯物主义的思想路线。大家知道，“解放思想、实事求是”是邓小平提出并大力倡导的马克思主义思想路线，也是他自己的思想路线，其哲学根据就是辩证唯物主义和历史唯物主义，可见，辩证唯物主义和历史唯物主义就是邓小平所信奉的哲学，就是邓小平的哲学。

第三，邓小平还经常运用辩证唯物主义和历史唯物主义各个组成部分。它的组成部分除辩证唯物主义和历史唯物主义二者而外，习惯上还有唯物主义、唯物主义辩证法、认识论等，邓小平经常谈到这些组成部分，反对相反的哲学观点，1978 年他在《在全军政治工作会议上的讲话》中就说过，“实事求是，是毛泽东思想的出发点、根本点。这是唯物主义。”② 他引用毛泽东的话说：“辩证唯物论的认识论把实践提到第一的地位。”③ 又说：如果反对实事求是，“那只能引导到唯心主义和形而上学”④。他主张按辩证法办事，认为“那种否定新的历史条件的观点，就是割断历史，脱离实际，搞形而上学，就是违反辩证法。”⑤ 他认为对立统一规律是辩证法核心，大力提倡“两点论”（矛盾论），反对一点论；主张“两手都要硬”，反对一手硬，一手软。他把辩证法运用于实际工作，有大量关于两点论的论述，他谈到和运用历史唯物主义的地方也很多，例如他在谈到没有人绝对正

---

① 《邓小平文选》第 2 卷，278 页，北京，人民出版社，1994。

② 同上书，114 页。

③ 同上书，115 页。

④ 同上书，118 页。

⑤ 同上书，121 页。

确、不犯错误时说："这是个重要的理论问题，是个是否坚持历史唯物主义的问题。"① 由于他的言论大多涉及中国社会主义建设和改革，他谈到或运用历史唯物主义的地方特别多。他关于生产力、科学技术、经济制度和体制、社会基本矛盾、经济基础和上层建筑、物质文明和精神文明的关系、群众观点和群众路线等等的观点，是运用历史唯物主义原理分析和解决中国问题的典范，这是大家都很熟悉的。1992 年他已经是 88 岁的高龄，还在其《在武昌、深圳、珠海、上海等地的谈话要点》中说："我坚信，世界上赞成马克思主义的人会多起来的，因为马克思主义是科学。它运用历史唯物主义揭示了人类社会发展的规律。"②

邓小平一生与辩证唯物主义和历史唯物主义结下了不解之缘，特别是在其生命最后的 20 多年里，在其思想和著作中充满了辩证唯物主义和历史唯物主义的原理和词句，无可怀疑地表明，他对辩证唯物主义和历史唯物主义的信奉、坚持、运用和发展，怎么可能设想邓小平的哲学不是辩论唯物主义和历史唯物主义而是别的什么哲学呢？

三、邓小平理论对马克思主义哲学的验证

人们在实践中运用某一观点、原理或理论也就是对这一观点、原理或理论的科学性和有效性的检验，如果得到了预期的效果，其科学性和有效性就得到了一次验证。人们的实践活动总是包含着对认识的运用和检验或验证。由于人类的实践活动总是具体的现实的，总是在不断发展的，这种验证总是相对的，不是最后的绝对的。经过上世纪

① 《邓小平文选》第 2 卷，38 页，北京，人民出版社，1994。
② 《邓小平文选》第 3 卷，382 页，北京，人民出版社，1993。

70年代末的关于真理标准问题的大讨论，这种观点对于自然科学的认识来说已经取得了多数学者的共识，但对社会科学知识，特别是哲学知识来说，人们的意见十分分歧。不少学者认为哲学命题根本是不能用实践来检验和验证的，因为只有经验科学命题才能用实践来检验，至于哲学命题，由于它们是普遍的永恒的无限的绝对的，亦即超验的，因而是不能用实践来检验的。西方现代实证主义哲学正足以此为理由提出“拒斥形而上学”的主张。就马克思主义哲学而言，不少学者也认为应当否定本体论、存在论或世界观，特别是辩证唯物主义世界观，因为本体论、存在论或世界观的命题都是不可验证的。因此，我们首先得解决这个问题：哲学命题是否可以用实践来检验？得到肯定答案后才可以研究：邓小平理论能否验证辩证唯物主义和历史唯物主义的原理？

（一）哲学命题最后也只有用实践来检验

哲学是一个复杂的知识部门，它的核心部分是世界观，历史上曾称为形而上学、本体论、存在论等，它是关于宇宙整体的理论，但它自古以来还包括许多部门哲学。部门哲学的研究对象是这个宇宙的各个部门，如自然哲学、社会哲学、经济哲学、政治哲学、人生哲学、艺术哲学、道德哲学等等，部门哲学是关于宇宙一定部分的整体研究，争论的焦点是世界观。世界观的命题都是关于整个宇宙的，因而它们都是最普遍的、永恒的、无限的、绝对的，但一次实践、多次实践提供的检验总是特殊的、一时的、有限的、相对的，那么，一次或多次实践怎么能验证绝对的哲学命题呢？因此，实证主义哲学认为这种形而上学命题是没有意义的，是既不能否定，也不能肯定的。显然，实证主义观点并非毫无道理，但它对实践检验的理解有片面性，因而作出了错误的结论。

首先，实证主义观点是自相矛盾的，不能自圆其说。对于否定或肯定一个经验事实，实践无疑可以做出确定无误的判断。但自然科学和社会科学的内容不仅仅是经验事实，大部分是具有一定普遍性必然性的一般命题，也不是人类的实践能够穷尽的。如果哲学不能由实践来检验，那么，自然科学和社会科学也不能由实践来检验，这样，人类的认识史中遗留下来的就只能是对经验事实的记录，没有任何原理、理论可言了，所有科学都被否定了。而且，实证主义也被否定了，因为实证主义正是对一个形而上学问题有所言说（否定普遍必然命题的可知性），同时肯定自己观点的普遍有效性。一个实证主义者如果要避免这种自相矛盾的窘境，只能缄口不言。

其次，哲学原理与科学原理并无根本性质的区别，只有抽象程度上的不同，检验它们的真理性的最后标准都是实践。现代实证主义是一种经验主义，经验主义在18世纪中叶（休谟：《人类理解研究》，1748）就已经对明天早上太阳是否从东方升起，即对自然科学原理的普遍有效性提出质疑，并进一步对客观世界的存在及其可知性，即对哲学原理提出质疑，开创了近现代从自然科学出发的怀疑主义哲学流派。可见，现代实证主义并不是崭新的流派，它的先行者休谟早就提出了否定哲学原理的观点。休谟的观点令哲学家和科学家都感到不安，因为如果休谟的观点能够成立，不仅哲学（形而上学、本体论）完结了，科学也完结了（当然，休谟的观点也完结了）。康德，作为科学家，当然不能同意休谟的结论，但他认为休谟的根据是有力的，人类确实无法从经验事实中去证明普遍性，那么，怎么才能证明呢？康德认为必须在根本方向上来一次哥白尼式的转变，即不是从经验事实到普遍原理，而是相反，以普遍原理接纳经验事实，普遍原理的有效性当然就成立了。这就是康德所说的“为自然界立法”的观点。事实上康德并没有正确回答经验主义对科学和哲学的挑战，不过是绕过了这个困难。普遍原理的有效性似乎是证明了，但普遍原理却变成了纯粹主观自生的虚假的东西，还有什么客观意义呢？这样不行，那样也不行，出路在哪里呢？马克思提出的实践真理标准解决了这个认识论问题。

正如恩格斯指出的，这确是哲学史上一道难题，但是“在人类的才智虚构出这个难题以前，人类的行动早就解决了这个难题”①。他的意思是：当这个问题在哲学史上出现时，人类早在它出现前就用实践解决了这个问题。人类出现之后必须多多少少以正确的知识为指导才能成功地改造世界，亦即进行成功的生产，从而使自己生存和发展下去。人类的历史从整体上说是人类成功的实践，否则人类不会在今天拥有比过去高许多倍的物质文明和精神文明，其中包括了与成功的实践相称的正确的认识。正确的认识来自实践并指导了成功的实践，成功的实践检验了认识并发展了正确的认识。因此，人类从来就主要是以实践来检验认识的，当然，这个过程始终是自发的，始终没有哲学家认识到这一点，直到 19 世纪中叶马克思才一语道破了这个难题的奥秘：“人的思维是否具有客观的真理性，这不是一个理论的问题，而是一个实践的问题。人应该在实践中证明自己思维的真理性，即自己思维的现实性和力量，自己思维的此岸性。”② 这就是有名的马克思主义真理标准观点：实践是检验认识的真理性的唯一标准。应该指出，检验是一个复杂的过程，它不是一次实践效果的检验，而是多次反复的检验；不是绝对的最后的检验，而是相对的不断的发展的检

---

① 《马克思恩格斯选集》第 3 卷，702 页，北京，人民出版社，1995。

② 《马克思恩格斯选集》第 1 卷，55 页，北京，人民出版社，1995。

验；不是简单的不加分析的检验，而是复杂的深入分析的检验。即使如此，仍有人不同意实践标准，因为实践标准仍有那些问题：今天的实践仍然是具体的、特殊的、此时的、有限的，等等。我们认为，实践标准观点所依靠的是整个人类社会实践的总和，是每一正常人的生活实践，是整个人类的认识史和科学史，是推动当代社会正常运转的哲学、自然科学和社会科学，有人不愿依靠这样的实践和认识，宁肯与之背道而驰，那就只能听之而已。

马克思是在1845年《关于费尔巴哈的提纲》中为了坚持唯物主义而又能纠正费尔巴哈哲学的缺点明确提出这一观点的，实际上这一观点在《1844年经济学哲学手稿》中已经出现了，他说："理论的对立本身的解决，只有通过实践方式，只有借助于人的实践力量，才是可能的；因此，这种对立的解决绝不只是认识的任务，而是一个现实生活的任务，而哲学未能解决这个任务，正因为哲学把这仅仅看作理论的任务。"① 真理的实践标准观点是马克思主义实践观点的重要组成部分，马克思当时以及后来对实践观点的论述，足以说明实践观点是马克思在哲学史上所实现的变革之一。对于这个观点，马克思主义另一创始人恩格斯多次作了阐发。除二人合写的《德意志意识形态》而外，恩格斯特别是在后来研究哲学问题时作了许多深刻的分析。恩格斯的《劳动在从猿到人的转变中的作用》一文论证了从人成为人那时开始，实践活动就是人的一切活动的基础了。实践观点贯穿了恩格斯的所有哲学著作中，特别是他的《社会主义从空想到科学的发展》的《1892年英文版导言》对实践观点的本质、来源、演变、作用等问题作了系统的论证。他提出了许多通俗易懂而又令人信服的分析，

① 《马克思恩格斯全集》第42卷，127页，北京，人民出版社，1995。

例如他说："在康德那个时代，我们对自然界事物的知识确实残缺不全，所以他可以去猜想在我们已知的为数很少的各个事物的背后还有一个神秘的'自在之物'。但是这些不可理解的事物，由于科学的长足进步，已经接二连三地被理解、分析，甚至重新制造出来了；我们当然不能把我们能够制造出来的东西当作是不可认识的。"① 这种论证入木三分，令人难以反驳，如果有人连这种明白如昼的论证也要反驳，那也就只好听之任之了。

从以上可以看出，实践标准不仅适用于科学，也适用于哲学，除非哲学不问是非，不管真假。几乎没有一个哲学家不认为自己的观点是正确的。那么，怎么检验某一哲学观点的真理性呢？一种途径是看它有没有科学根据，因为哲学观点是对自然知识和社会知识进行概括的结果，如果自然知识与社会知识能成立，以它们为根据的哲学观点就有可能成立；自然知识与社会知识的根据归根到底是人类的实践，因此，检验哲学观点的另一种途径就是实践。马克思和恩格斯谈到的实践检验标准显然包括科学知识和哲学知识，例如客观世界是否存在、是否可知、普遍性是否真实等等都是哲学问题。哲学与科学的区别不在于性质，只在于普遍性的高低。各种科学的对象有一定范围，故其普遍性有高有低；哲学的对象是作为整体的宇宙，其普遍性是最高的。但不管哲学原理的普遍性有多高，它总是通过不同层次的普遍性而与具体事物、具体实践相联系，因而哲学原理同其他普遍性层次较低的科学原理一样，归根到底可以而且必须以实践来检验。总而言之，科学原理来自实践，以实践来检验；哲学原理归根到底来自实践，归根到底以实践来检验。哲学原理与实践的这种密切联系在毛泽

① 《马克思恩格斯选集》第3卷，703页，北京，人民出版社，1995。

东的哲学思想中表现得特别明显，我们就以他为例说明这种关系。

毛泽东的哲学思想大部分主要来自学习，来自马克思主义哲学。当他把马克思主义哲学运用于指导中国革命斗争时，就检验了它，也发展了它。特别突出的是毛泽东把辩证唯物主义运用于战争，在军事哲学方面作出了杰出的贡献。毛泽东在其《中国革命的战略问题》、《论持久战》等著作中把矛盾规律用于生动具体的军事实践中从而检验了矛盾规律。他深刻地考察和巧妙地处理了战争中的复杂的具体的矛盾，例如战争与和平、我方与敌方、战略与战术、进攻与防御、围剿与反围剿、前进与退却、集中与分散、优势与劣势、持久与速决、内线与外线、后方和无后方、包围和反包围、大块和小块等等。在毛泽东的著作中，矛盾规律不是脱离实际和实践的抽象的苍白的理念，而是存在于有血有肉的社会实践中的客观规律。怎么能说毛泽东的哲学思想是无法用实践来检验呢？毛泽东在《实践论》中提出的“去粗取精，去伪存真，由此及彼，由表及里”，从感性认识过渡到理性认识的认识规律，实际上是他对战争认识过程的概括，怎能说，毛泽东的认识论思想是脱离实际和实践的抽象议论，不能用实践来检验的呢？

（二）邓小平理论是对马克思主义哲学基本原理的再一次验证

辩证唯物主义和历史唯物主义自出现以来就受到其创始人马克思和恩格斯的实践的检验和验证，当然也受到其他马克思主义者及其后继者的实践的检验和验证。这里所说的“实践”是广义的，包括认识活动或科学研究活动。列宁在《什么是“人民之友”以及他们如何攻击社会民主党人?》中曾谈到历史唯物主义最初只是一种“天才的假设”，后来马克思把它运用于研究人类社会的经济活动，创立了科学的政治经济学，其代表作就是《资本论》，“自从《资本论》问世以来，唯物主义历史观已经不是假设，而是科学地证明了的原理。在我们还没有看见另一种科学地解释某种社会形态……的活动和发展的尝试以前，没有看见另一种像唯物主义那样能把‘有关事实’整理得井然有序，能对某一社会形态做出严格的科学解释并给以生动描绘的尝试以前，唯物主义历史观始终是社会科学的同义词”①。列宁谈的就是《资本论》的研究和写作的实践，是对历史唯物主义的检验和验证，而且这个验证是相对的，并不排除将来的实践再次检验历史唯物主义时以一种新的更科学的理论取代它。当然，既然历史唯物主义已被多次验证为科学理论，其基本原理就不可能被完全推翻。

邓小平理论对马克思主义哲学的检验不只是邓小平理论的研究和写作的实践的检验和验证，而更主要的是邓小平理论指导下的中国社会主义改革和建设的实践的检验和验证，是中国特色的社会主义现代化对辩证唯物主义和历史唯物主义的检验和验证，因为邓小平理论从诞生到形成的过程不仅是一个理论过程，更是一个实践过程，因此，邓小平理论对马克思主义哲学的检验和验证是地地道道的实践的检验和验证。下面分几个方面加以阐明。

一、邓小平理论对辩证唯物主义基本观点的验证。辩证唯物主义世界观的内容十分丰富，但它的基本观点不外两个，一是承认现实世界是客观的物质世界，一是承认这个世界是普遍联系着和永恒发展着的，即它是物质的，又是辩证的。邓小平理论特别是它的思想路线——“解放思想、实事求是”，再一次验证了这些观点的科学性。

什么是思想路线呢？思想路线就是最根本的思想方法。各种原理用于指导实践和认识，就是各种思想方法。原理有层次之分，思想方

① 《列宁选集》第1卷，10页，北京，人民出版社，1995。

法因而也有层次之分，最高的或最根本的原理是哲学（宇宙观）原理，因而哲学原理用于指导认识和实践就是最根本的思想方法，即思想路线。马克思主义哲学是辩证唯物主义（和历史唯物主义），因而辩证唯物主义就是马克思主义思想路线，这条思想路线指导中国人民取得了民主主义革命的胜利，但后来形而上学唯心主义思想路线逐渐蔓延，直至在“文化大革命”中取代了辩证唯物主义，占据了统治地位。“文化大革命”结束后，邓小平多次提出要恢复马克思主义思想路线的权威，而且创造性地用一句话概括了它的根本精神，那就是“实事求是”或“解放思想、实事求是”。

“实事求是”是一句成语，毛泽东创造性地对它作了辩证唯物主义的解释，邓小平第一次把它提高到马克思主义的精髓或马克思主义思想路线的地位，有时又与解放思想联系在一起。现在理论界多数认为最准确最完整的提法是“解放思想、实事求是”。为什么八个字就可以表现出它的根本精神呢？因为这八个字确实充分体现了既辩证又唯物的马克思主义思想路线的根本特色。解放思想与实事求是是有区别的，二者不能等同。解放思想重在破，即破旧思想，破落后于实际的或与实际不符的思想；实事求是重在立，即立新思想，立与实际一致、与客观规律一致的思想。解放思想是实事求是的前提，为旧思想所束缚，就做不到实事求是；实事求是是解放思想所要达到的目标，不能为解放思想而解放思想。但也决不能把二者分开，二者本来是互相依存、互相渗透的，应该紧密结合。实事求是包含解放思想，因为不解放思想就做不到实事求是；解放思想可能不包含也可能包含实事求是，前者就是怀疑一切，后者是破除错误的，保留正确的。解放思想开路，经过调查研究，分析综合，揭示事物发展规律，并通过实践的反复检验，做到实事求是，并从而取得事业的成功。解放思想，实事求是思想路线的理论基础，就是辩证唯物主义。前面已谈到思想路线就是最根本的思想方法。思想方法来自哪里？来自理论，最根本的思想方法来自最根本的理论，即世界观；马克思列宁主义思想路线来自马克思列宁主义世界观，即辩证唯物主义；或者说，解放思想，实事求是，就是辩证唯物主义的运用。解放思想的根据是世界的发展、实践的发展和与之相应的思想的发展，实事求是的根据是世界及其规律的客观存在、世界及其规律的可知性。大致说，解放思想是辩证法的运用，实事求是是唯物主义的运用。确切说，解放思想和实事求是都是辩证法和唯物主义的运用，或者说，解放思想和实事求是是辩证唯物主义的运用。

邓小平理论不仅以其思想路线验证了辩证唯物主义的真理性，而且以在马克思主义思想路线指导下的中国社会主义现代化的实践及其伟大成就验证了辩证唯物观点的真理性。“文革”中形而上学猖獗，唯心主义横行，使中国人民遭受了长达十年之久的灾难，“文革”后恢复了马克思主义思想路线，使中国社会主义事业欣欣向荣，一日千里，这就从正反两面验证了辩证唯物主义基本观点的真理性。

二、邓小平理论对矛盾规律理论的验证。矛盾规律，即对立统一规律，是邓小平理论哲学基础的重要组成部分，他在许多问题上都创造性地运用了这一规律。任何事物当然不会只是一分为二或合二为一，而是一分为多或合多而一，但其中最根本的是一分为二或合二为一，因此，对任何事物我们都要看到它的多面，这就叫全面性，但其中最根本的要看到它的矛盾的两面，这就是矛盾的全面性。首先要抓住矛盾的两面，然后才谈得上真正的全面性。理论界关于矛盾规律是有争议的，有的学者认为一分为二并不普遍，普遍的是一分为三或一分为多。马克思主义哲学并不排斥一分为三或一分为多，但认为最根本的是一分为二，即矛盾规律或对立统一规律，认为它是辩证法的核心。邓小平理论广泛运用了矛盾规律，那么，矛盾规律是否经受住了邓小平理论与实践的检验呢？我们认为邓小平理论验证了矛盾规律的客观性。邓小平在以下几点上都运用了矛盾规律并取得了成功，证明了矛盾规律的存在。

第一，看问题不仅要看到它的正面，还要看到它的反面。我国新时期基本路线中的两个基本点就是矛盾的两个方面，邓小平说："要搞现代化建设使中国兴旺发达起来，第一，必须实行改革、开放政策；第二，必须坚持四项基本原则，主要是坚持党的领导，坚持社会主义道路，反对资产阶级自由化，反对走资本主义道路。这两个基本点是相互依存的。"① 这是最根本的全面性，只看见一个方面，忽视另一个方面，都是片面性。解放思想决不是片面地否定一切，"我们讲解放思想，是指在马克思主义指导下打破习惯势力和主观偏见的束缚，研究新情况，解决新问题。解放思想决不能够偏离四项基本原则的轨道"②。邓小平一贯强调反"左"，反"左"是重点，但从来也没有忘记反右，他说："三中全会以来，我们花了很大气力纠正'文化大革命'及其以前的一些政治运动和思想斗争中的'左'的错误，是完全正确的……但是，不少同志片面地总结历史教训，认为一讲思想斗争和严肃处理就是'左'，只提反'左'不提反右，这就走到软弱涣散的另一个极端。"③ 总之，反"左"时要防右，反右时要防"左"。

① 《邓小平文选》第3卷，248页，北京，人民出版社，1993。
② 《邓小平文选》第2卷，279页，北京，人民出版社，1994。
③ 《邓小平文选》第3卷，37、38页，北京，人民出版社，1993。

第二，在实践中要两手抓，两手都要硬。邓小平不但强调认识上的两点论，更重视实践上的两点论，这是矛盾规律在实践中的运用，即人们熟悉的“两手抓，两手都要硬”，只抓一手，或一手硬、一手软，都是片面性。邓小平在许多问题上都谈到过这个思想。他说：“搞四个现代化一定要有两手，只有一手是不行的。所谓两手，即一手抓建设，一手抓法制。”① 又说：“要两手抓，一手要抓改革开放，一手要抓严厉打击经济犯罪，包括抓政治思想工作。就是两点论。但今天回头来看，出现了明显的不足，一手比较硬，一手比较软。一硬一软不相称，配合得不好。”② 对一切矛盾都是如此，既要抓民主，也要抓专政；既要抓民主，也要抓集中；既要抓对外开放，又要抓自力更生；如此等等，不可偏废。

第三，不但要讲两点论，还要讲重点论。毛泽东曾经讲过，矛盾统一体的双方是不平衡的，一定有一方是主要的方面，即重点。邓小平很重视这个观点。特别注意把它运用于反对“左倾”、“右倾”。“文化大革命”是极“左”思潮的产物，“文革”结束后清算它的错误，理所当然要彻底批判“左”倾思想。所以，邓小平多次指出反“左”是重点，但也不要忘记反右。例如1981年他就说过：“解放思想，也是既要反‘左’，又要反右。三中全会提出解放思想，是针对‘两个凡是’的，重点是纠正‘左’的错误。后来又出现右的倾向，那当然也要纠正。”③ 1992年他也谈到这个思想：“中国要警惕右，但主要是防止‘左’。”④ 为什么呢？因为“左”倾路线不仅是“文化大革命”

① 《邓小平文选》第3卷，154页，北京，人民出版社，1993。

② 同上书，306页。

③ 《邓小平文选》第2卷，379页，北京，人民出版社，1994。

④ 《邓小平文选》第3卷，375页，北京，人民出版社，1993。

的指导思想，而且在中国革命史上有长期的历史渊源，“‘左’带有革命的色彩，好像越‘左’越革命。‘左’的东西在我们党的历史上可怕呀！”① 但也不应因此忘记反右，反“左”时往往出现右。这是客观规律，也是思维规律。

正是由于邓小平及时运用了矛盾规律，才避免了某些偏差，或把某些偏差的损失减少到最低限度，而使中国的社会主义改革开放事业取得了举世瞩目的成功。这无疑是对马克思主义矛盾规律理论的一次有力的验证。

三、邓小平理论对历史唯物主义的验证。邓小平理论运用历史唯物主义原理的地方甚多，相当全面系统地验证了历史唯物主义，我们着重谈一下邓小平对社会基本矛盾理论，特别是社会主义社会基本矛盾理论的运用和验证。这个理论是历史唯物主义的核心，对它的验证足以代表对历史唯物主义的验证。恢复马克思主义思想路线是中国实行改革开放的前提，但直接指导改革开放的理论则是社会主义社会基本矛盾理论。马克思和恩格斯最早提出人类社会的基本矛盾是生产力与生产关系、经济基础与上层建筑的矛盾，这两对矛盾是推动人类社会从一种社会形态转变为另一种社会形态的动力，并最后使资本主义社会转变为社会主义社会。社会主义社会中还存在矛盾吗？从逻辑上讲，马克思和恩格斯给予肯定的回答，而斯大林却作了否定的回答，认为在社会主义社会生产关系完全适合生产力的性质，那就是说，没有矛盾。毛泽东在《关于正确处理人民内部矛盾的问题》中肯定地说，生产力与生产关系、经济基础与上层建筑的矛盾仍然是社会主义社会的基本矛盾，但是，在他看来矛盾主要在于公有制的水平不够，似乎水平越高越

① 《邓小平文选》第3卷，375页，北京，人民出版社，1993。

适合生产力的发展,这就导致后来一味追求一大二公,而不问公有制水平是否能推动生产力发展的错误偏向。邓小平坚持并正确地运用了这个理论,开辟了中国社会发展的新时期。

1979年邓小平在《坚持四项基本原则》中说道:“关于基本矛盾,我想现在还是按照毛泽东同志在《关于正确处理人民内部矛盾的问题》一文中的提法比较好。毛泽东同志说,‘在社会主义社会中,基本的矛盾仍然是生产关系和生产力之间的矛盾,上层建筑和经济基础之间的矛盾。’……当然,指出这些基本矛盾,并不就完全解决了问题,还需要就此作深入的具体的研究。”① 这里所说的“深入的具体的研究”大有讲究,邓小平在这里没有做进一步说明,但在其他地方可以看出来他作了许多很深入很具体的研究。

早在1962年他针对“左”的偏向就说过:“农业本身的问题,现在看来,主要还得从生产关系上解决……生产关系究竟以什么形式为最好,恐怕要采取这样一种态度,就是哪种形式在哪个地方能够比较容易比较快地恢复和发展农业生产,就采取哪种形式;群众愿意采取哪种形式,就应该采取哪种形式,不合法的使它合法起来。”② 这里谈的就是生产关系必须适合生产力的发展。“文革”结束以后的党的工作重点的转移和“一个中心,两个基本点”的党的基本路线的制定,都是社会主义社会基本矛盾理论的正确运用。邓小平指出:“我们拨乱反正,就是要在坚持四项基本原则的基础上发展生产力。为了发展生产力,必须对我国的经济体制进行改革,实行对外开放的政

---

① 《邓小平文选》第1卷,181~182页,北京,人民出版社,1994。

② 同上书,323页。

策。”[①] 我国的经济体制改革就是改变生产关系，但主要是改变公有制的形式，也包括允许私有制的存在和发展，这也是为了发展生产力。经济体制改革先从农村开始，然后逐渐推广到城市，经过十多年的探索，邓小平于1992年总结这段时间的经验说：“革命是解放生产力，改革也是解放生产力……社会主义基本制度确立以后，还要从根本上改变束缚生产力发展的经济体制，建立起充满生机和活力的社会主义经济体制，促进生产力的发展，这是改革，所以改革也是解放生产力。”[②] 他并进一步指出，计划经济不是社会主义的本质，“计划多一点还是市场多一点，不是社会主义与资本主义的本质区别。计划经济不等于社会主义，资本主义也有计划；市场经济不等于资本主义，社会主义也有市场。计划和市场都是经济手段。社会主义的本质，是解放生产力，发展生产力，消灭剥削，消除两极分化，最终达到共同富裕”[③]。这就是说，社会主义公有制是可以同市场经济相容的，社会主义市场经济，即以公有制为主体的市场经济是完全可能的。同年党的十四大就明确规定以建立社会主义市场经济作为我国经济体制改革的目标。

经济体制改革是为了解决生产力与生产关系的矛盾，政治体制改革、教育体制改革、文化体制改革以及其他各种改革和精神文明建设则是为了解决经济基础与上层建筑的矛盾。甚至可以说，整个建设有中国特色社会主义理论都是社会主义基本矛盾理论的运用。这种运用是成功的，开辟了中国社会主义现代化建设的新阶段，这就再一次验

① 《邓小平文选》第3卷，138页，北京，人民出版社，1994。

② 同上书，370页。

③ 同上书，373页。

证了社会主义社会基本矛盾理论和社会基本矛盾理论的科学性，从而也验证了历史唯物主义的真理性。

以上只是邓小平理论验证马克思主义哲学的几个例子，不是对这个问题的全面的系统的论述，但仅仅这几个例子已足以说明，马克思主义哲学植根于人民群众的社会实践之中，它来自实践，因而只有实践能够给予它的最后的检验。中国的民主革命实践和社会主义革命和建设实践的成功与失败，从正反两方面验证了马克思主义哲学：当有了马克思主义哲学的正确指导时，实践就成功；当没有马克思主义哲学的指导或指导不正确时，实践就失败。历史的经验教训要永远牢记。

关于科学发展观和构建社会主义和谐社会理论的哲学思考*

以胡锦涛同志为总书记的党中央近年来提出的科学发展观和构建社会主义和谐社会理论是当代中国马克思主义，是毛泽东思想、邓小平理论、“三个代表”重要思想在21世纪的继承和发展。发表以来便引起我国理论界的极大关注，已有大量论著对其内容和意义作了多方面的解释和阐发，也引起了一些讨论。我在学习中也对其中若干哲学问题形成了一些看法，写下来求教于同志们。

一、科学发展观在马克思主义理论体系中的位置

理论界讨论过的一个问题是科学发展观与构建社会主

---

* 本文发表于《北京大学学报》2007年第5期，作者力图以辩证唯物主义和历史唯物主义为指导来理解科学发展观和构建社会主义和谐社会理论的性质、它们在马克思主义理论体系中的位置以及它们之间的关系，同时作者还对当前一些有争议的问题提出了自己的看法。

义和谐社会理论的关系问题，我认为只要弄清楚了它们各自在马克思主义理论体系中的位置，它们之间的关系就自然清楚了。我们先研究一下科学发展观。

过去在马克思主义理论体系中并没有一个相对独立的组成部分叫发展观，因此，“发展观”这个概念对一般读者来说是比较陌生的。其实，马克思主义世界观中就有发展观，即唯物主义辩证法。恩格斯说：“辩证法不过是关于自然、人类社会和思维的运动和发展的普遍规律的科学。”① 列宁也说过，“有两种基本的（或两种可能的？或两种历史上常见的？）发展（进化）观点”②，即我们常说的形而上学和辩证法。毛泽东也说过，“在人类认识史中，从来就有关于宇宙发展法则的两种见解，一种是形而上学的见解，一种是辩证法的见解，形成了互相对立的两种宇宙观。”③ 显然，科学发展观就是辩证唯物主义世界观的组成部分。

然而党中央提出的科学发展观并不是世界观的组成部分，因为它的重要内容之一是以人为本思想，这一思想显然不能用于人类外的自然界。自然界的存在与演化是不以人的意识为转移的，是与人无关的，不会以人为本，尽管人能按人的需要（以人为本）改造自然界，但这只涉及自然界的微乎其微的一部分，对整个自然界人是无能为力的。除非患了自大狂，人是不会认为自然界的存在与发展是以人为本。因此，我认为科学发展观实质就是科学的社会发展观，也就是历史辩证法，特别是社会主义社会发展观，或辩证法。改革开放以来，

---

① 《马克思恩格斯选集》第3卷，484页，北京，人民出版社，1995。

② 《列宁选集》第2卷，557页，北京，人民出版社，1995。

③ 《毛泽东选集》第1卷，300页，北京，人民出版社，1991。

我国理论界曾召开过多次社会发展理论或社会主义社会辩证法研讨会，其内容同我们今天谈的科学发展观是一致的。但今天谈的科学发展观针对我国社会主义社会发展中的问题，提出坚持以人为本、全面协调可持续发展的思想是过去社会发展理论的重大发展。按照这种理解，可以说，科学发展观是辩证唯物主义历史观的主要组成部分之一，是马克思主义世界观和方法论（辩证唯物主义和历史唯物主义）的集中体现。

二、科学发展观的基本内容以及以人为本思想在其中的位置

科学发展观包括哪些基本内容，我认为理论界研究得还不够。在我看来，根据前面的论述，科学发展观这一概念至少有三个层次的理解：宇宙发展观、社会发展观和中国社会主义社会发展观。宇宙发展观的基本内容应该是唯物主义辩证法。社会发展观的基本内容应该是社会发展及其规律的理论，也就是我们有时也谈到的历史辩证法，但历史辩证法在过去一直没有一个相对独立的思想体系，像唯物主义辩证法那样，因为社会结构理论（社会静态分析）和社会发展规律（社会动态分析）从来都是一起论述的，虽然二者在思想上是可以分开的，却没有形成两个组成部分。至于中国社会主义社会发展观，即中国社会主义社会辩证法，尽管过去讨论很多，出版了大量论著，也没有形成得到理论界多数人认同的思想体系。今天我们谈论的坚持以人为本、全面协调可持续的科学发展观，究竟包括哪些基本内容也是一个尚未明确起来的问题，但是，一、发展要以人为本，二、全面发展，三、协调发展，四、可持续发展。这几点是确凿无疑的。这几点在科学发展观中都具有恒久的价值，然而在今天具有特别重要的意

义，有极强的针对性。以人为本针对社会主义建设中忽视人的需要与要求的片面性，全面发展针对忽视政治、文化建设的片面性，协调发展针对忽视贫富差异、城乡差异、东西部差异等方面的片面性，可持续发展针对忽视生态平衡的片面性。看来，科学发展观的基本内容是一个有待进一步研究的问题。理论界讨论较多的是以人为本思想在科学发展观中的位置问题，其中也出现一些针锋相对的争论。主要的分歧是如何规定“以人为本”在科学发展观的位置，它是科学发展观的最根本的最高的原则呢还是只是它的主要原则之一？能说科学发展观就是以人为本发展观吗？我认为要回答这个问题，必须先回答下面三个问题。下面我们就谈谈这些问题。

首先是以人为本与人本主义的关系问题。对此主要有两种看法，一种看法认为二者只是形似，但本质上是不同的，以人为本是马克思主义观点，而人本主义源于西方人道主义传统，是非马克思主义。我持另一种看法，认为二者同出于人道主义传统，是同一思想的不同表述方式，从字义来讲，人本主义就是以人为本的主义，无法说清楚二者有什么本质区别。正如抽象的人道主义经过马克思主义的改造出现马克思主义的人道主义一样，人本主义与以人为本经过马克思主义改造而出现马克思主义的人本主义和马克思主义的以人为本。以人为本的提法是中国境内的几个跨国公司上世纪90年代提出来的，它最初是一个企业管理原则，这些公司提出这个原则是为了纠正企业管理中重视机器设备，轻视员工的偏向。这个原则后来逐渐为各行业所采用。我们总不能说这些跨国公司的管理原则是马克思主义的。

其次是对以人为本中的“人”应如何理解。中国古代如何理解，我们这里暂且不谈。今天主要有两种观点，一种观点认为这里的人就是人民，以人为本就是以人民为本。我持另一种观点，认为人与人民不能等同，人是所有的人，是人人，而人民是人的主体，人民主要由劳动者（包括体力劳动者与脑力劳动者）构成，其范围随时代的发展而有所变化。这两种观点与上面谈的两种观点是相应的：如果以人为本就是以人民为本，则以人为本是马克思主义命题；如果以人为本是以所有的人为本，则以人为本是人本主义命题。但正如马克思不是简单对待人道主义一样，马克思主义对以人为本也是采取分析的态度，即不但不排斥以人民为本，而且是在坚持以人民为本的基础上容纳以人为本。党中央过去一贯强调为人民服务，从不抽象地讲为人服务、为人人服务，从来都是把人民的根本利益摆在第一位。随着国内外形势的发展，涉及所有的人的事情越来越多，如生态平衡问题、交通问题、战争与和平问题，一句话，发展问题都涉及所有的人，而不仅仅是人民，于是把人民扩大为人人，采纳社会上已颇为通行的以人为本，同时也坚持以人民为本的核心，这是因为人民与人的区别还没有完全消失。因此，在我看来，以人为本中的人是人人、所有的人，而人民是人的主体。以人来排斥人民，取代人民，那是西方资产阶级的观点。

第三，以人为本思想的性质问题。以人为本是一种价值观，这是理论界认同的。价值观指的是社会发展的价值取向。社会发展以人为本作为价值观，就是社会发展最后要服务于人的根本利益，其成果归人享用。因此，社会发展的目的是由以人为本思想规定的。意见分歧发生在以人为本是否还是历史观，一种观点认为它既是价值观，又是历史观，而另一种观点认为它只是价值观，我赞成这种观点。这个问题涉及 1983 年那一场关于人道主义的争论。那次争论的一项成果可以说是世界人道主义史上的一次理论上的突破，即区分人道主义的两个方面：历史观与价值观，否定其历史观而肯定其价值观。空想社会主义以人道主义历史观为其理论基础，认为资本主义是违背人道主义的，社会主义是符合人道主义的，所以社会主义应该取代资本主义。马克思和恩格斯正是由于抛弃了人道主义历史观而创立了唯物主义历史观，才从空想社会主义转变为科学社会主义，但他们并未否定人道主义价值观，而是从科学社会主义立场改造了、吸收了人道主义，形成了马克思主义的人道主义价值观。但是，他们并没有明确地提出这些观点，因而在马克思主义理论领域内我们只看见人道主义与反人道主义的鲜明对立，看不见对人道主义的具体分析。这种分析于1983年才在中国理论界出现。如果不做这种分析而完全恢复人道主义，其结论必然是人道的社会主义而不再是科学的社会主义。

现在我们可以来考察以人为本在科学发展观中的位置了。

从我们关于以上三个问题的观点已经可以逻辑地推出这个结论：以人为本是科学发展观的重要原理之一，但不是它的最高的根本原理。那么，它的根本原理是什么呢？在我看来，科学的社会发展观的根本原理就是唯物主义历史观的根本原理，这就是人们熟悉的社会存在决定社会意识的原理。具体一点说，就是社会存在与社会意识相互作用的原理，即社会存在决定社会意识，社会意识能动地反作用于社会存在的原理，简称历史观，它是辩证唯物主义世界观的组成部分。1983年的讨论把人道主义价值观同历史观区别开来，主张从马克思主义立场继承人道主义价值观，即社会主义人道主义。但那时并未提出历史观与价值观的关系问题。历史观与价值观的关系决定价值观在科学发展观中的位置。我认为价值观从属于历史观，但不是历史观的根本原理。简单说，当我们制定改造社会、推动社会发展的战略时，首先要考虑的是时代的发展形势，掌握它的发展趋势、规律，其中就包括所有的人，特别是人民的利益和愿望，当然还有其他因素。人和人民的利益和愿望无疑是十分重要的，是我们实践活动的最终目的，此外没有别的目的，但这个目的的实现不是无正确思想指导的盲目的实践所能达到的，马克思主义社会主义之所以为科学社会主义而不称为人道的社会主义，马克思主义发展观之所以称为科学发展观，而不称为以人为本发展观，道理就在这里。

三、构建社会主义和谐社会理论的性质

和谐社会理论是什么理论，属于哪一学科部门，这是理论界一直在讨论的问题，这就是它的性质问题。我认为这个问题涉及以下几个具体问题。

第一，和谐社会是一种社会状态还是一种社会形态？多数学者认为它是一种社会状态，不是一种社会形态。按照一般的用语习惯，社会形态是社会类型，不同形态的社会之间的区别比较深刻，比较稳定，如封建社会、资本主义社会、社会主义社会。社会状态是社会内部关系、结构的外部呈现，变动性较大，如治世与乱世、战争与和平、贫穷与富裕等等。2002 年江泽民同志在党的十六大报告中说："集中力量，全面建设惠及十几亿人口的更高水平的小康社会，使经济更加发展、民主更加健全、科教更加进步、文化更加繁荣、社会更加和谐、人民生活更加殷实。"① 谈的是更高水平的小康社会所应呈现出来的六种状态，社会更加和谐是其中状态之一。胡锦涛同志对于社会主义和谐社会所呈现的状态曾作过一个简明扼要的概括："我们所要建设的社会主义和谐社会，应该是民主法治、公平正义、诚信友

① 《江泽民文选》第 3 卷，543 页，北京，人民出版社，2006。

爱、充满活力、安定有序、人与自然和谐相处的社会。”①

第二，如何理解社会主义建设的四位一体？胡锦涛同志在上述讲话中还指出，在党的十六届四中全会上“我们党明确提出构建社会主义和谐社会重大任务，就是要求全党同志在建设中国特色社会主义的伟大实践中更加自觉地加强社会主义和谐社会建设全面发展。这表明，随着我国经济不断发展，中国特色的社会主义事业的总体布局，更加明确地由社会主义经济建设、政治建设、文化建设三位一体发展为社会主义经济建设、政治建设、文化建设、社会建设四位一体。”②

大家知道，三位一体总体布局的根据是人类社会现象不外乎经济现象、政治现象、文化现象三大类，此外并没有第四类社会现象，现提和谐社会建设是不是说三分不周延呢？理论界只有两种观点，一种观点认为“在理论上，用经济、政治、文化三分法来规定‘社会’的外延，具有不周延性。”③ 对此我有不同的看法。我认为四位一体总体布局的提出不是因为三分法不周延，又新发现了另一类社会现象，而是由于形势的发展，经济、政治、文化三类现象共同具有的一种因素日益突出，有必要把它概括出来加以专门建设，因而形成了社会主义建设的四位一体。那么，这个共同因素是什么呢？它就是社会关系，建设和谐社会也就是通过人们的主观努力使不和谐或不够和谐的社会关系协调起来或更加协调。

和谐本来就是关系的定语，只有关系才有和谐不和谐的问题。上

① 胡锦涛：《胡锦涛关于构建社会主义和谐社会的讲话》，载《人民日报》2005年2月19日。

② 同上。

③ 毛惠彬、孟杰：《建设和谐的社会主义社会》，载《中国井冈山干部学院学报》，2006年1月。

面所引胡锦涛同志对和谐社会的描写“民主法治、公平正义、诚信友爱、充满活力、安定有序、人与自然和谐相处”，讲的都是社会关系，包括个人与个人、个人与人群、人群与人群、人与制度、制度与制度的关系；“充满活力”也可以说是一种关系，即人自己与自己的关系；人与自然的关系从实质上说也是社会关系，即这部分人与那部分人、这部分人与全人类、今天的人与子孙后代的关系，因为生态和谐或曰生态平衡的坐标系都是人类社会而不是自然界本身。人类社会中无处不存在社会关系，经济现象、政治现象、文化现象中也普遍存在社会关系，反过来社会关系也只能存在于人类社会的经济现象、政治现象、文化现象之中。社会关系不是第四种现象，而是经济、政治、文化的共同因素。可以说，构建社会主义和谐社会就是通过调整、协调使社会关系和谐。

有一种观点认为社会建设中的“社会”指由非政府组织、社区、社会群众举办和从事的活动，如社会救助、慈善活动、公益活动、民间活动等等。这些活动与经济、政治、文化活动是交叉的，也可以与它们区别开来而自成一类。这种观点当然不能说错，但似乎有点过窄，因为经济关系、政治关系、文化关系也是非常需要和谐的。

第三，如何理解和谐是社会主义的本质属性？前面谈到和谐社会是一种社会状态，不是社会形态，那么，它同社会形态的关系如何呢？《中共中央关于构建社会主义和谐社会若干重大问题的决定》中的一句话“社会和谐是中国特色社会主义的本质属性”①，看来就是对这个问题的回答。所谓本质属性就是由社会主义本质决定的一些属性，这些属性应该是很多的，如经济发达、政治民主、文化繁荣、共

① 《求是》，2006，(20)。

同富裕、道德高尚、关系和谐、秩序良好、公平正义、人人平等，这些属性都是具有很高程度的抽象性、普遍性，不仅社会主义社会可以具有这些属性，其他社会形态如资本主义社会也可以在不同程度上具有这些属性。这里涉及一个重要的理论问题即和谐社会或社会和谐与社会基本经济制度的关系问题。社会和谐是否只存在于社会主义社会中，不可能存在于非社会主义社会中呢？这个问题应进行深入的研究。

我认为人类社会中的关系是非常多样的、非常复杂的，而且是多变的，要做到一切关系和谐显然是很难的，甚至是不可能的，和谐只能是一定程度的。在社会主义社会中由于消灭了阶级对立，消灭了两极分化，由于人们在根本利益上是一致的，社会主义社会比较资本主义社会应该更容易构建和谐社会，因为在根本利益一致的基础上，差异更容易协调，矛盾更容易解决，因而可以达到更高程度的和谐。但是，搞不好，矛盾也会激化，社会也会像“文化大革命”那样动乱，那样不和谐。而在资本主义社会中，由于阶级对立和阶级剥削，由于贫富差别的扩大，由于人们根本利益的对立，资本主义社会更难实现社会的和谐，但开明的统治者只要善于找到恰当的协调差异、缓解矛盾的办法，也可以达到一定程度的和谐。可见，和谐与否，能否形成和谐关系，与社会经济制度之间并无固定的关系，尽管不同社会经济制度能够提供不同的构建和谐关系的前提，这些前提会对和谐的程度产生不同的影响。

我国现阶段还处于社会主义初级阶段，它在基本经济制度上的特点是以公有制为主体，与包括私有制在内的各种所有制同时存在和发展，它的社会关系比单纯的社会主义社会或资本主义社会都复杂。其经济体制的主要特点是社会主义市场经济，其中的社会关系比资本主义市场经济或社会主义计划经济也都要复杂。在社会主义初级阶段构建和谐关系，进而构建社会主义和谐社会，同其他社会形态比较起来既有有利的条件，也有不利的条件，但总起来看是更重要，更复杂，更困难，更有赖于科学的指导和理念的创新。党中央提出“构建社会主义和谐社会”，就是说尽管一般说社会主义社会的和谐关系是与社会主义制度一致的，也要加以有意的构建，否则也不会出现作为整体的和谐社会。

这里涉及一个根本利益上有分歧的两个阶级如资产阶级和无产阶级能否构建和谐关系的问题。这两个阶级在根本利益上是对立的，即不和谐的，但在资本主义制度继续存在的情况下，为了正常社会生活的延续，这两个阶级需要、也能保持一定程度的和谐关系。在我国虽然不能说存在一个完整的资产阶级，在民营企业内部仍然存在着在根本利益上互相对立的阶级关系，这种对立可以通过调整、协调、协商、互相让步来缓解，进而达到两利。如果这种阶级关系根本不可能达到和谐，在我国构建和谐社会就是不可能的。

四、构建社会主义和谐社会的指导思想和方法

《决定》对构建社会主义社会的指导思想、目标任务和途径作了非常具体详细的规定，我想就方法论问题谈些想法。我想谈三个问题。

第一，构建社会主义和谐社会的哲学基础。构建社会主义和谐社会的指导思想，简单说，就是马克思主义，对此理论界是没有分歧的。马克思主义包括马克思主义哲学，因此，构建社会主义和谐社会的哲学基础就是马克思主义哲学，即辩证唯物主义和历史唯物主义，也应该是没有分歧的，但事实上有着明显的意见分歧。

几年前就有同志提出过中国传统哲学中占主导地位的应该是和合

哲学。党中央提出构建社会主义和谐社会的目标以后，有同志认为其哲学基础就是和谐哲学或称和谐思维。还有同志认为它的理论基础就是和谐马克思主义。我感觉这里有一个问题不太明确，和谐哲学究竟是什么？是关于和谐的一套哲学理论还是异于马克思主义哲学、以和谐作为核心的哲学？大家知道，构建社会主义和谐社会的目标是对现阶段建设中国特色社会主义总目标的具体化，而建设中国特色社会主义的哲学基础是马克思主义哲学，那么，构建社会主义和谐社会的哲学基础当然是马克思主义哲学，不应该也不可能是任何其他哲学。但是过去马克思主义哲学在其理论体系中虽说不排斥和谐（和谐是对立面的统一原理中的内容之一），毕竟没有具体论述过这个问题，更没有把构建社会主义和谐社会作为一个目标，因此，今天我们应具体研究这个问题，在马克思主义的辩证唯物主义和历史唯物主义的基本原理指导下构建一个和谐理论，并称之为和谐哲学，我想这不但是可以的，而且是应该的，这正是哲学工作者应该承担的任务。然而，如果把和谐哲学和马克思主义分离开来，甚至对立起来，并以和谐哲学取代马克思主义哲学，那就错了。不敢说有人明确这样立论，但这种倾向是存在的。

有一种观点似乎有此倾向。这种观点认为马克思主义哲学是斗争哲学，是革命时期的哲学，而现在是建设时期，应该以和谐哲学取代斗争哲学。在我看来，我国历史发展确实是从革命时期转变到了改革与建设时期，革命时期确实强调斗争，但马克思主义哲学不管在什么时期都有指导意义，都是全面的哲学或辩证的哲学，不是片面的哲学或形而上学哲学；都是对立面的统一和斗争的哲学，不是斗争哲学或统一哲学。毛泽东曾说过：“资产阶级政治家说，共产党的哲学就是斗争的哲学。一点也不错。”这决不能被看成是毛泽东对共产党的哲学的正式的称呼。他一生无疑是强调斗争的，但绝没有忽视统一。他对斗争性与统一性的辩证关系的论述在他所有的哲学论文中是一贯的。他曾批评过斯大林的《论辩证唯物主义与历史唯物主义》只讲斗争，不讲统一。当他谈到马克思主义哲学时多次使用的称呼是辩证唯物论、唯物辩证法和唯物史观，也完整地称呼过辩证唯物论和历史唯物论，如《新民主主义论》中就这样叫过。

有的同志认为马克思主义哲学之所以是斗争哲学有一个理论根据，就是因为它主张斗争是绝对的，统一是相对的。大家知道，这个原理是列宁根据恩格斯提出的运动是绝对的，静止是相对的提出来的，毛泽东也是坚持的。许多人认为这个观点难以成立，因为斗争也是相对的，毛泽东也谈到过“斗争形式依时代不同而有所不同”的相对性。这里有两个问题：第一，斗争的绝对性和统一的相对性能否成立？我认为是可以成立的。在辩证范畴中，一方绝对一方相对的范畴是很多的，除运动与静止、斗争与统一而外，还有整体与局部、共性与个性、普遍性与特殊性、本质与现象等等。当我们把矛盾双方对比，说一方是绝对的，另一方是相对的时，并没有否认在一定条件下绝对的一方可以是相对的，相对的一方也可以是绝对的，列宁也说过绝对与相对的区别也是相对的，我们不能因此否认斗争的绝对性和统一的相对性。第二，承认斗争的绝对性和相对性，是否就是承认斗争哲学？我认为不能，因为这个原理没有否定统一，相对绝对只标明地位或特点的不同，并不是说绝对高于相对，绝对是重要的，相对是无关紧要的。

总之，构建社会主义和谐社会的哲学基础就是，而且只能是辩证唯物主义，这就是马克思主义思想路线，其中国当代形态就是解放思想、实事求是、与时俱进。它只能被新的科学的哲学原理或从其他哲学引进的哲学原理所丰富和发展，而决不能被推翻或被其他哲学所取代。哲学基础或思想路线也就是总的思想方法或者说最根本的改造世界的方法，此外，当然还有很多其他方法，对于构建社会主义和谐社会来讲，我认为有两个方法是至关重要的，一是构建和谐关系的方法，一是构建和谐社会的方法，下面分别谈一谈。

第二，求同调异是构建和谐关系的有效方法。大家知道，新中国成立之初中国政府就主张通过求同存异的方式来达到同亚非国家和平共处的关系，提出了和平共处五项原则。这五项原则最早是 1953 年由周恩来向印度提出的，得到印度政府的赞赏。1954 年五项原则被写入中印、中缅《联合声明》之中，1955 年在印度尼西亚万隆会议上得到更多国家的认同，后来随着冷战时代的结束，和平共处五项原则几乎得到了全世界的认同。和谐共处与和平共处有明显的差别，和平只是不打仗，而和谐则是互相协调、互相合作、互利双赢，因而从和平共处发展为和谐共处便使国际关系进入一个新的阶段，但二者的联系也是不可忽视的。和平共处可以说是和谐共处的初级阶段，而和谐共处是和平共处的高级阶段。首先必须和平共处，才谈得上和谐共处，和谐共处符合和平共处的前进趋势。实际上和平共处五项原则中也有和谐共处的因素。五项原则最初是：互相尊重领土主权、互不侵犯、互不干涉内政、平等互惠与和平共处。其中“平等互惠”就是和谐共处的因素。1955 年万隆会议通过的《关于促进世界和平和合作宣言》，就把“合作”，也就是“和谐”，在宣言的标题中明确提出来。今天胡锦涛总书记明确提出构建和谐世界的建议，正是新中国建国以来一贯的和平共处方针向和谐共处方针的顺理成章的必然的发展。

我认为以求同存异来达到和平共处和以求同调异来达到和谐共处的区别和联系，不仅适用于国与国之间的关系，也适用于人与人之间的关系。当然，国际关系与人际关系不能混为一谈，但道理是一致的。

我们一般谈到求同存异时指的都是国际关系，不把求同存异看作处理人际关系的原则。我认为这个原则对于处理人际关系也是有意义的。一定条件下，人们之间的分歧当然可以通过争论来解决，但在不同情况下求同存异也许更合适，这就是我们经常谈的宽容。但宽容毕竟还不是和谐，为了达到和谐，有必要协调差异，即求同调异。

和谐社会应当指这样一种社会，其中各式各样的人的关系都是和谐的，或者说，基本上是和谐的。但是，人与人之间的关系并不是天生就和谐的，即不是自发地和谐。毋宁说人与人之间的关系往往是自发地不和谐的。这是因为人与人之间总有许多差异，差异并不就是矛盾，并不就是对立或冲突，但差异往往会导致矛盾、对立，乃至冲突，特别是在阶级社会中阶级之间的差异天生是不和谐的、矛盾的，更易导致对立和冲突。在社会主义初级阶段的社会中，虽然不存在完整的资产阶级，但剥削关系是存在的，这种关系往往导致不和谐。其他不和谐因素也不少。因此，和谐关系必须构建。但怎样构建？第一步是求同，第二步是调异。同不等于和谐，但也不等于不和谐；异不等于不和谐，但也不等于和谐。但是，找到了两个人之间的共同之处则易于导致和谐；找到了两个人之间的相异之处，则易于理解两个人不和谐的根源，再加以协调，就可以达到和谐。

因此，如果我们仅仅把差异保留起来，还达不到和谐，必须加以调整，使差异成为互补而不是互伤，相生而不相克，两利而不两害，才谈得上和谐。如何才能做到呢？以中国社会内部人际关系而言，首先是求同，要求得共同基础，这就是中国社会发展的共同需要和中国人民的共同愿望，即社会主义现代化。一个半世纪以前鸦片战争使越来越多的中国人意识到中国社会发展大大落后于西方，中国现代化渐渐成为中国人的普遍愿望。中国人最初希望通过封建主义的形式实现现代化，失败了；后来希望通过资本主义的形式实现现代化，也失败了；最后尝试通过社会主义的形式，获得了巨大的成功，虽然走了十分曲折的道路。今天，社会主义现代化已成为中国人的共识，这就是中国人能够构建和谐关系的共同基础。但是，中国人之间也有许多差异，这些差异不会由于有了共同基础而消失，仅仅加以保留，差异发展了就可以导致对立和冲突，因此，达到和谐的第二步就是调异，要协调中国人之间的千差万别的差异。

两个主体构建和谐关系有多种手段或多种途径，最主要的手段当然是协调两个主体之间的差异，而协调差异是一个非常复杂的过程。一方面是思想的协调，这就需要对话、交流、理解、解释；另一方面是利益的协调，这就需要改革、创新、调整、新的安排，总之，想方设法使双方互补、互利。有时还需要调和、妥协，调和、妥协在过去曾被完全否定，调和、妥协都是贬义词，但事实上调和、妥协广泛使用于处理社会关系的实践之中。看来既不能完全否定也不能完全肯定调和、妥协，而应具体分析，如果不违背原则而又有必要，调和、妥协是应该允许的；如果违背原则，或并无必要，则应采取其他途径来协调关系。列宁在《共产主义运动中的“左派”幼稚病》一书中专门用一节来讨论妥协问题，他把妥协分为两种，“一种是为客观条件所迫的妥协”，“另一种是叛徒的妥协”。① 他谈的是革命运动中的问题，我认为这对于处理社会主义社会内部关系也有借鉴意义。有分歧，有对立，就有斗争。斗争的形式是多样的，有你死我活的斗争，也有心平气和的论辩；解决对抗性矛盾要斗争，解决非对抗性矛盾也要斗

① 《列宁选集》第4卷，177页，北京，人民出版社，1995。

争；判刑是斗争，批评也是斗争。在社会主义初级阶段，摆事实讲道理的论辩、与人为善的批评是大量存在的，也是十分需要的，甚至对抗性的斗争也不是完全不需要的。总之，不能把和谐与斗争绝对地对立起来，认为和谐就排斥斗争，事实上，斗争是实现和谐的必要手段之一。当然，从总体上说，我们主要还是依靠协调差异的途径来实现和谐。我想用十六个字来概括这种方法：分析同异，从同出发，协调差异，构建和谐。

说到这里，我想对孔子的名言“君子和而不同”谈点与众不同的看法。

中国有崇尚和谐的传统。孔子被看作倡导和谐的代表。他和他的弟子的一些尚和的话脍炙人口，例如“和为贵”。但是应该指出他的另一个同样脍炙人口的话“君子和而不同”在表达方式上却是不确切的。根据上面我们的论述，不要同是达不到和谐的。准确的表达应该是：“君子不仅要同，还要和”，而不是“君子要和不要同”。因此，历代注疏家都不按照字面来解释“君子和而不同”，而是加以纠正，把它解释成“君子要和而不仅要同”。因此，我认为对于孔圣人的话也有个正确理解的问题，不能简单引用。

第三，全局着眼，局部着手是构建和谐社会的有效方法。中国社会是一个复杂的系统，是由无数局部构成的有机的全局，它的局部就是各式各样的因素，有空间（地域）各个部分，也有高高低低的层次，还有经济、政治、文化的各个方面，还有每一个人及其家庭。要由这些因素形成一个中国和谐社会，不但要各个因素构建起它们各自的和谐关系，而且要构建起各个局部之间的和谐关系，其复杂性和艰巨性可想而知，不可能一蹴而就。为了有效地建构社会主义和谐社会，我们必须树立全国一盘棋的全局观点，全局着眼，局部着手，从现在做起，从自己做起。

《中共中央关于构建社会主义和谐社会若干重大问题的决定》就是一个把构建社会主义和谐社会这一总目标分为若干局部来加以说明的文件。它把从现在到2020年构建社会主义和谐社会的主要目标区分为八个方面，它们是政治法律方面、经济生活方面、就业和社会保障方面、公共服务与管理方面、思想文化方面、创新能力方面、社会公共秩序方面和生态环境方面。这个《决定》的整个结构就是论述不同方面或不同层次的构建工作，全文分为八章，除第一、二章带有总结性质而外，其余六章就是构建工作的六大部门，每一部门又区分为低一层次的若干部分，例如第三章“坚持协调发展，加强社会事业建设”又区分为七个部分即城乡协调、区域协调、劳动关系协调、促进教育公平、加强医疗卫生服务、满足人民文化需要和促进生态和谐。实现社会主义和谐社会的构建，有待于所有这一切大大小小的部分内部的和谐关系的构建。可见，这种构建决不仅是一个个部分工作的完成，而且是各个部分形成为有机整体的实现。例如，我们不仅要构建一个个和谐城市，而且要构建各个城市间的和谐关系；不仅要构建城市的和谐关系和农村的和谐关系，而且要构建城市与农村的和谐关系。具体说，就是要贯彻工业反哺农业、城市支持农业的方针，加快建立有利于改变城乡二元结构的体制机制，推进农村综合改革，促进农业不断增收，农村加快发展，农民持续增收等等。

协调工作是非常复杂和艰巨的，两个庞大事物之间的协调，比两个人、两个单位之间的协调要难得多。例如东部与西部，无疑都是要实现社会主义现代化的，但它们之间的差异并不因此而消失。改革开放以来，它们都大大发展了，但它们之间的差异不是缩小了，而是加大了，这种发达与不发达的差异将成为导致不和谐的根源。这就需要统筹，也就是分析差异和协调差异，使有些差异互相适应、互相补充，使有些差异逐渐缩小，达到东部与西部的和谐关系，即双利双赢的关系。东部地区与西部地区不仅有发达程度上的差异，而且有自然环境、资源、人口、民族、科技水平、资金、文化、历史等等方面的差异，其中许多差异如协调适当，是可以互补双赢的。东部在科技、资金、文教卫生上优于西部，而西部在自然资源、国土资源、劳动力数量等方面具有相当大的优势，而且由于西部发达程度低，具有比东部更大的发展可能性，如能优势互补，东西部在发达程度上的差异便可以缩小，东西部之间的和谐关系便可以构建起来了。

中共中央关于构建社会主义和谐社会若干重大问题的《决定》要求全党和全国人民“立足当前，着眼长远，量力而行，尽力而为，有重点分步骤地持续推进”，这正是全局与局部的辩证法的充分体现。

科学发展观与构建社会主义和谐社会理论都是马克思主义、毛泽东思想、邓小平理论和“三个代表”重要思想的继承和发展，马克思主义中国化的最新成果，它们之间的关系怎样，也是近年来理论界关注的问题。经过上面的论述，特别是明确了它们各自在马克思主义理论体系中的位置，关系问题就清楚了。按学科分类，马克思主义理论体系主要包括三门学科，即哲学、政治经济学和社会主义理论，哲学是社会主义理论的最高理论前提，社会主义理论是无产阶级以哲学为思想武器改造和建设现代社会的理论，它们是互相包含的。科学发展观属于社会主义理论范畴，它们也是互相包含的。它们是有区别的，然而关系是非常紧密的，它们将互相作用，互相推动，共同发展。二者的紧密关系体现了科学发展与和谐社会建设的紧密关系，我国社会的科学发展将大大推动和谐社会建设；和谐社会建设也将大大促进我国社会的科学发展。

建立一个完整严密的科学体系是马克思主义哲学建设和发展的重要任务*

1978年真理标准讨论的重大意义不仅在于它是我国改革开放的思想先导，从而开辟了我国历史的新阶段，还在于它为我国的学术繁荣提供了必要的前提，因为只有解放思想，独立思考，自由讨论，诉诸实践，学术事业才有可能繁荣起来。20年来关于马克思主义哲学的意见分歧和热烈讨论是我国学术繁荣的一个组成部分，其中关于马克思主义哲学的科学体系的讨论对于马克思主义哲学来讲，是一个带有全局性的问题。在今年纪念真理标准讨论20周年之际，我愿意就此问题谈谈我的想法。

一、一门科学的体系的完整严密的程度是它的发展水平的标志之一

在极“左”路线统治下，讲科学体系，特别是讲哲学

---

* 本文发表于《社会科学战线》1998年第6期。本文简略而系统地介绍了作者关于马克思主义哲学学科建设的想法，可以说是作者对20年来思考马克思主义哲学科学体系构建问题的一次总结。

体系，被认为是教条主义或烦琐哲学，常常受到责难和批判，致使哲学的体系问题，长期不能解决。其实，思想体系是普遍存在的，任何一种理论、任何一篇文章，都是一个思想体系。甚至一篇反对建立体系的文章，只要它不是武断的零乱的，而是讲道理的有论证的，也是一个体系。问题不在于有没有体系，而在于自觉还是自发，在于建立怎么样的体系。人们对体系还有一种误解，认为搞体系就是建构永世不变的绝对真理。其实一门科学的思想体系是一个具体的东西，是有条件的，当然会随着对象的变化和人类认识水平的提高而不断变化的。

人的思想、理论、科学都表现为体系是不足为奇的。为什么呢?所谓思想体系不过是由各种观点按一定的结构而构成的系统。任何文章、理论、科学都是对某一客观对象的反映，而任何客观对象都是或大或小、或高或低的系统，反映它的文章、理论、科学当然都应该是系统。恩格斯在《反杜林论》中曾经讽刺当时德国几乎每一个大学生都有一个哲学体系，哲学体系像雨后春笋般产生出来。这使人误认为恩格斯根本反对建立哲学体系，这并不符合事实，他的《反杜林论》就是一个思想体系，他研究自然辩证法的目的就是要建立一个自然辩证法体系。他反对的是那些臆想出来的昙花一现的种种体系，它们决不是科学体系。

由于思想体系反映的是事物的内在联系，即规律性联系，因而这种反映应当不仅是正确的，而且应当是完整的严密的，即系统的。完整严密的程度越高，这种科学的发展水平也越高。所谓完整，指包含一门科学的主要内容，而不是残缺不全；所谓严密，指具有内在的逻辑联系，而不是杂乱无章，或机械罗列。由于完整，一门科学同其他科学的界限就清楚了，不属于这门科学的思想就被排除了；由于严密，错误的东西就不容易厕身其间了。一门科学如果只有一些观点、论断、思想，其主要内容是什么还弄不清楚；如果它的内容已经十分丰富，但还没有一个严密的体系，那么，我们就可以说，这门科学基本上还没有形成，或者说，它没有完全形成。亚里士多德以前，希腊哲学家已有了很丰富的逻辑思想，例如埃里亚学派及其主要代表巴门尼德、芝诺的哲学，但一直要到亚里士多德的《工具论》写成，逻辑科学才算形成。马克思在1844年发表或写成的《黑格尔法哲学批判·导言》和《1844年经济学—哲学手稿》已提出了许多唯物史观思想，有的同志据此认为唯物史观已经形成了，我们认为这未免言之过早，为什么呢？因为唯物史观的思想体系还未建立起来，那时唯物史观还是一些零散不全的观点，例如缺乏关于生产力和生产关系的观点；在马克思的思想中还存在着一些非唯物史观的观点，例如人道主义历史观的观点，1845年～1846年写作的《关于费尔巴哈的提纲》和《德意志意识形态》是唯物史观形成的标志，为什么呢？因为唯物史观的理论体系产生了。在这两本著作中，马克思不仅彻底批判了人道主义历史观，而且提出了一整套唯物史观的观点。在《德意志意识形态》中，尽管作者用大量篇幅来批判德国流行哲学和人道主义社会主义，却并不缺乏对唯物主义历史观的相当系统的论述，其系统的程度不下于十多年后马克思在《政治经济学批判·序言》中对唯物史观所作的系统的概括。当然，并不是说任何完整严密的思想体系都是科学，许多思想体系是完整严密的，但并不是科学，因为它们没有正确反映客观对象的内在联系。

二、马克思主义哲学有一个科学体系，但不够完整，不够严密

马克思主义当然是一个科学体系，它的三个组成部分当然也是三个科学体系，但三个体系的情况不完全一样。作为资本主义政治经济学的《资本论》是一个完整严密的科学体系，它是马克思吸取了黑格尔建立哲学体系的合理思想而精心构造出来的，它的系统性是得到公认的。科学社会主义的理论体系也是比较完整严密的，《共产党宣言》相当充分地表达了它的系统性。至于哲学，专就辩证唯物主义来说，在马克思和恩格斯那里，却连《共产党宣言》这样的体系也没有。马克思曾经计划写一本系统阐述唯物辩证法的书，但未能实现，只留下了“《资本论》的逻辑”。恩格斯研究自然辩证法显然不想把自己限制在自然界的范围之内，他关于自然辩证法的许多篇章都超出了自然界而涉及整个世界，如他谈到的物质世界的大循环、辩证法的三个主要规律，但他未能构成完整严密的哲学体系。在后人给他整理出版的《自然辩证法》中，他只提出了一些带有系统性的思想，提出了辩证唯物主义的大量观点，这本书本身仍然是一本由论文、大纲、论文片断、笔记编纂起来的集子。恩格斯的《反杜林论》和《费尔巴哈与德国古典哲学的终结》是两本哲学专著。著作本身当然有其思想体系，但能否说它们是马克思主义哲学的思想体系呢？对这个问题难以简单地回答是或不是。就辩证唯物主义来说，一方面他在这些著作（包括《自然辩证法》）中确实提出了不少带有系统性的思想，如哲学基本问题、关于物质、运动、时间、空间、世界的物质统一性的原理、辩证法的基本规律和范畴、关于认识的实践基础的理论，等等。我国许多学者根据这些事实认为恩格斯对辩证唯物主义的形成作出了重要贡献，这决不过分，但另一方面也应该说，他并没有提出一个完整的辩

证唯物主义的科学体系。他甚至没有提出“辩证唯物主义”这一名称，尽管他多次提到过“辩证法”和“唯物主义”的名称，还提到过“唯物主义辩证法”的名称。

据考证，最早使用“辩证唯物主义”来称呼马克思主义世界观的是狄慈根（见他于1886年出版的《一个社会主义者在认识领域中的漫游》一书），其次是普列汉诺夫（见他于1891年发表的《黑格尔逝世六十周年》一文）。后来列宁多次使用这个名称，特别是在《唯物主义和经验批判主义》一书中用得最多，书名中的“唯物主义”实际就是辩证唯物主义的简称。他在《向报告人提十个问题》的提纲中提的第一个问题就是“报告人是否承认马克思主义哲学是辩证唯物主义?”① 并在这十个问题中提到辩证唯物主义的基本内容。他们都没有提出过表达辩证唯物主义的完整体系的著作或文章，甚至没有提出过由他们有意建构的辩证唯物主义体系的框架，尽管列宁后来在若干哲学笔记中确实提出过一些如何建构辩证唯物主义或唯物主义辩证法（这两个称呼是同义的）的科学体系的思想和若干可以看作体系框架草图的笔记，其中“辩证法要素”十六条是最著名的。

第一篇以“辩证唯物主义”命名的文章和第一本以“辩证唯物主义”命名的著作都是德波林撰写的。但文章和著作的内容都只是认识论，后来经过布哈林、阿克雪里罗德、米丁、卢森堡等众多哲学家的努力，才逐渐形成了人们今天所熟悉的框架：唯物论（哲学基本问题、世界的物质统一性、运动、时间与空间）、认识论、辩证法（三个基本规律、若干范畴）、历史唯物论。这个框架的通行的名称就是辩证唯物主义和历史唯物主义。这个框架在30年代流行于中国，首

---

① 《列宁全集》第18卷，1页，北京，人民出版社，1984。

先是一些苏联哲学家的著作的译文流行起来，然后出现了一批中国人采用这个框架自己写作的马克思主义哲学著作，如沈志远的《现代哲学的基本问题》、艾思奇的《大众哲学》、李达的《社会学大纲》等，毛泽东的《辩证法唯物论（讲授提纲）》也采用了这个框架，但同时也吸收了中国传统哲学的内容和形式（如多数篇名称“××论”），中国特色十分突出。1938 年苏联出版了《联共党史》，其中第 4 章第 2 节专门介绍哲学，篇名叫《辩证唯物主义和历史唯物主义》，它把当时流行的框架简化为辩证法四个特征、唯物主义三个特征、历史唯物主义四个特征，同时删去了不少内容。这篇文章相传是斯大林所作，由于个人迷信作祟，这个简化的体系被错误地当成马克思主义哲学的最新创造和唯一的科学体系，统治马克思主义哲学界十余年，斯大林逝世后终于为哲学家们所抛弃，二三十年代形成的苏联体系恢复了原来的地位。中国也不例外，中国人编写的马克思主义哲学教材至今仍采用这个体系，尽管其中加进了毛泽东、邓小平和专业哲学家的思想内容，体系结构也有改变。有人认为“辩证唯物主义与历史唯物主义”是斯大林创立的，这完全违背事实。那么，既然马克思和恩格斯都没有建立这样的体系，甚至没有使用过这一称呼，能说它是马克思主义哲学吗？我看完全可以。

唯物史观是马克思和恩格斯共同创立的，恩格斯后来改称历史唯物主义，历史唯物主义作为马克思主义哲学应该毫无问题（至于有人硬要置马克思本人的话于不顾，就不必反驳了），问题在于辩证唯物主义。辩证唯物主义成为问题的不是唯物主义，而是辩证法，其关键在于辩证法除了是方法而外，还是不是客观辩证规律的反映？或者说，马克思是否承认客观辩证规律？马克思确实在许多地方讲过辩证法是方法，但他从没讲过辩证法只是方法，只是主观的东西，不是客观的东西的反映。相反，他明确声明他的辩证法与黑格尔的辩证法是对立的，他的辩证法“不外是移入人的头脑并在人的头脑中改造过的物质的东西而已”①。辩证唯物主义的许多原理确实是恩格斯提出来的，不是马克思提出来的，但二人的基本思路是完全一致的。

二三十年代在苏联逐渐形成的“辩证唯物主义与历史唯物主义”的体系是苏联哲学家们根据马克思和恩格斯的论述以及列宁的一些论述创立的，但重要的问题不在于它根据谁的论述，不在于是谁创立的，而在于这个体系是不是科学的，有多强的科学性。只问它是谁创立的，不问它的科学性如何，显然不是正确的态度。我认为为了建立一个科学的哲学体系，我们不能不对这个体系的科学性作一番评价。我的评价是辩证唯物主义和历史唯物主义基本上是一个科学体系，但不够完整和严密。这个评价可以从三个方面来说明：

（一）从对象看

对象是否明确是一门科学能否成立的首要前提。历史唯物主义的对象是明确的，即人类社会及其历史，故称历史观。辩证唯物主义的对象基本上是明确的，即作为整体的宇宙及其一般规律，故称宇宙观或世界观。如物质、运动、时间、空间、辩证规律（包括三个基本规律和其他范畴所揭示的规律）都属于这方面的内容。但其中有些内容不属于宇宙观而属于认识论或实践论，即哲学基本问题和关于认识过程的理论。哲学基本问题是思维与存在的关系问题，或意识与物质的关系问题，其实质是主体与客体的关系问题或人与外部世界的关系问题。这里的问题是，哲学基本问题是不是宇宙观的对象？有的人认为是，这就把客观世界同人与客观世界的关系混为一谈了。显然，没有

---

① 《马克思恩格斯选集》第2卷，112页，北京，人民出版社，1995。

人就没有研究世界的宇宙观；但没有人，宇宙照样存在，怎能把宇宙的存在与宇宙观的存在混为一谈呢？有人认为，人无法脱离人与世界的关系来谈世界，是的，人只要谈世界，就进入人与世界的关系，但科学（包括马克思主义唯物主义）总是力求去认识那个在人之外的世界，否则科学的客观性或科学性就丧失了，至于有多强的客观性或科学性，那是另一个问题。我认为人与世界的关系主要有三个方面，它们是实践、认识和价值。应分别成为实践论、认识论和价值论的对象。这三门学科的对象，不能与宇宙观的对象混为一谈。因此后来有不少人把认识论从辩证唯物主义那里区别出来，摆在历史观之后。看来，哲学的对象究竟是什么在新体系中不很清楚。

（二）从内容看

一门学科的对象，决定学科的内容。一门学科的内容不外两个方面，一是静态，一是动态；一是对象的主要组成部分及其结构，一是对象的运动及其规律。就宇宙观讲，其内容一是宇宙的图景（组成部分和联系），一是宇宙的运动及其规律；就历史观讲，其内容一是人类社会的结构，一是社会发展的规律。辩证唯物主义和历史唯物主义均有这些内容，但由于对象不很明确，其内容自然不很完整。例如认识是不是哲学的对象？实践是不是哲学的对象？价值是不是哲学的对象？都不清楚，其内容自然也不清楚。

（三）从内容安排看

从抽象到具体，从简单到复杂，从静到动，从客观到主观，这几乎已成为任何科学构成体系的顺序。这种顺序符合认识的规律，符合认识的历史，也便于读者对一个思想体系的理解。辩证唯物主义与历史唯物主义的各个原理的安排基本上是符合这一原则的，但有些安排很不合理，例如认识论内容作为辩证唯物主义的内容之一摆在历史唯物主义前面，就不合理，因为认识是一种人类社会现象，应放在历史唯物主义之后。又如思维与存在关系问题往往摆在最早讲，这也是不合理的，按照上面的说法，应摆在历史唯物论中，在讲自然界和社会的关系时讲。

总起来看，辩证唯物主义和历史唯物主义可以说是马克思主义哲学的一个科学体系，因为：①它是符合马克思主义创始人和多数马克思主义者的观点的；②它力求与外部世界相一致，这是一切科学的共性；③它主张哲学应接受实践的检验，随社会实践的发展，随自然科学与社会科学的发展而发展，这也是一切科学的共性；④它有明确的对象和与对象相一致的原理，形成宇宙观、认识论和历史观三个组成部分；⑤有一个基本符合从抽象到具体原则的逻辑体系。

但这个体系不够完整严密，大大影响了它的科学性，因为：①它的对象究竟是什么，是一个还是几个，这几个的关系怎样，都不清楚；②因而它究竟有哪些组成部分，各个部分之间的关系怎样，也不清楚；③20 世纪特别是 20 世纪后半期，世界形势与科学均有巨大的发展，这些发展为哲学提供了哪些内容，都还来不及吸收，甚至西方当代哲学发展中合理的东西以及传统中优秀成分也还来不及充分吸收；已有的若干合理的范畴当然也有进一步发展的问题；④作为一个严密的逻辑体系，它从何开始，如何展开，还有许多问题需要研究，前后次序需要调整。总之，墨守成规，纹丝不动是不行的，彻底推翻，另起炉灶也是不行的。我主张在坚持其基本性质的基础上创建与世纪之交的科学与实践水平相适应的科学的马克思主义哲学体系。

三、怎样建构新的马克思主义哲学的科学体系

建立任何一门科学体系的首要前提，是它能否是一种知识，能不

能成为一门科学。对于哲学这是至今未能解决的问题。有人认为它只是信仰，有人认为它只是方法，果然如此，科学体系当然就无从谈起了。这个问题说来话长，而且多数人总是把马克思主义哲学看成一门科学，这里就不多说了。我暂时把它看成一个假设吧。其次一个前提是明确对象。绝大多数科学都是以其对象来命名的。哲学不是以对象来命名的，这说明哲学的对象自古以来就不明确。但哲学的基本性质，即它是一种知识，是明确的，知识总有对象，哲学中有了明确对象的知识就慢慢地分离出去，这就是科学的分化过程，也是各种科学的形成过程。对象明确的分化出去了，剩下的仍叫哲学，仍是不明确。哲学的对象是什么，一直是哲学家们争论的问题。有人认为哲学的对象是经常变化的，它没有固定的对象，哲学史是这样，但这毕竟是哲学的前科学状况，如果它要成为科学，它就必须有明确的对象，而且明确以后也是不会有根本变化的。马克思主义哲学的对象就比较明确了，但哲学不够明确，现在应加以进一步明确。

历史唯物主义的对象是明确的，但辩证唯物主义的对象不明确。它至少由两部分组成，即世界观和认识论，这样就有两个对象，世界和认识。这样我们就有了三个对象，但严格讲，不是三个，而是三层：世界包括人类社会，人类社会包括认识。认识显然太窄，它只是精神领域的一个方面。精神领域至少还应包括方法（知识的运用）和价值。人类社会的基础是实践，而原体系只在辩证唯物主义认识论中讲一点实践，看来有必要在历史唯物主义的开头讲实践。此外，还有自然观似乎也应有一个合适的地位。但自然界从广义说包括人类社会，即世界整体，自然观与世界观如果要分开来讲，二者必然有大量重复。因此，我认为马克思主义哲学作为一门科学，其核心对象是世界，即把世界作为整体来研究，它的一部分是唯物主义（世界的物质图景），一部分是辩证法（世界的一般辩证规律），这就是辩证唯物主义世界观，其中包括自然观。历史唯物主义就是辩证唯物主义历史观，或辩证唯物主义社会论，它的组成部分是实践论、人类社会结构论和人类社会规律论（人类社会辩证法）。由于它的重要性，我们可以把精神论或意识论从历史观中分出来并与之并列，精神论的组成部分包括认识论、价值论和方法论。

为什么要把马克思主义哲学的对象规定为三个层次呢？首先，第一个层次的对象是绝对不可少的。在过去哲学无所不研究，无所不包，后来许多科学一个一个地分化出去了，这一分化过程至今还在继续，有没有可能哲学的领地被分光呢？不可能，最终总有一个领地不会被占领，那就是作为整体的世界或世界的最一般的东西。如果它也被占领了，占领它的就是哲学。从古以来，哲学中的这一组成部分被称作哲学的哲学、第一哲学、形而上学、本体论，最确切的称呼就是世界观或宇宙观。只有实证主义否定它，但没有否定得了，因为实证主义本身就是一种世界观。因此，辩证唯物主义世界观是马克思主义哲学的核心。

其次，从目前的实际情况和现实的需要出发，马克思主义哲学还应有第二、三层次的对象。所谓实际情况，是指有些组成部分还没有完全分化出去；所谓现实需要，是指人类社会生存与发展的需要。现在通行的由学位委员会审定的研究生专业目录，哲学是一个学科门类，其中还包括了逻辑学、伦理学、美学、宗教学等。这种安排也反映了这些学科与哲学若即若离的关系。我上面所说的第二、三层次更是如此。历史观很难同世界观截然分开，人类社会在宇宙中虽然是微乎其微的，但对于人类来讲却是至关重要的。精神、意识也是如此。实践观虽然是马克思主义的一大特点，但马克思主义哲学中过去没有作过专门研究。价值论、方法论也是如此。第二、三层次虽然包含在哲学之中，却并不妨碍各自作为独立学科来发展。

第三是规定内容。对象决定内容，这个“决定”不是一成不变的，同是那个对象，但在不同的时代或不同的条件下，亦即不同的实践水平的基础上，内容也是有变化的，如果对象本身也有变化，内容的变化当然更大了。恩格斯在《反杜林论》和《自然辩证法》中提出的世界观的那些内容（原理、规律、范畴等）吸收了传统哲学中合理的因素和当时科学发展的新成就。20 世纪的宇宙比之 19 世纪的宇宙变化不大，但实践前进了，科学发展了，世界观的内容自然也会有很大的变化，一方面要增加许多新的内容，另一方面旧的内容也会有变化。例如时空的相对性、微观粒子的不确定性、信息、系统、自组织、无序和有序等，是 19 世纪没有的内容；决定性和非决定性、必然性和偶然性、规律及其他是旧有的，20 世纪有了明显的变化。至于人类社会领域、精神领域，这些对象本身已经有了很大变化，哲学内容的变化就更大了。但不管怎样，规定马克思主义哲学内容不外乎两个途径，一是在马克思主义哲学已有的内容中取舍，一是从外部（自然科学、社会科学、传统哲学、当代非马克思主义哲学）汲取。

第四是这些内容的安排，即构成体系。如何构成体系，列宁在《哲学笔记》中吸收黑格尔的合理思想，提出了一些观点。这些观点对于今天构建哲学体系，我认为还是有效的。这些观点大致可以概括为下列几点：第一，任何一门科学的思想体系，就是表述这门科学的全部内容的思想过程，这个过程必然是从抽象到具体，这是符合人的认识过程的，人认识一个对象时总是从抽象到具体，因而也最便于人对这个对象的了解。从抽象到具体的过程也是从少到多、从简单到复杂、从表层到深层、从平面到立体、从静到动、从现象到本质、从客观到主观的过程。因此，第二，一个科学体系的起点应该是这个体系最抽象的东西。黑格尔认为存在是最抽象的，存在便成为他的哲学体系的起点。马克思认为商品是人类现代经济生活最抽象的东西，商品便成为他的政治经济学的起点。第三，推动从抽象到具体过程的内在动力是对立统一规律，每一个原理应该采取矛盾运动形式。用列宁的话来讲，这就是对立统一规律是辩证法的核心。马克思的《资本论》是通过矛盾运动展开的，而在黑格尔的体系中，矛盾运动则表现为正反合的三段论的形式，列宁认为马克思是唯物主义地改造了黑格尔的三段式。

要实现第一、二条对于任何一门科学都是不困难的，只要它已经基本上形成为一门科学，事实上，许多科学的思想体系往往是自发地按照这两条来构建自己的体系的。哲学由于在学科性质、对象、内容等方面还未达成共识，意见分歧，科学体系当然无从谈起。就马克思主义哲学来说，尽管别人不承认，马克思主义者内部是承认其科学性的，因此，马克思主义哲学体系基本上是符合前两条的，但第三条只在辩证法部分实现了。整个说来，马克思主义哲学体系的建构，缺乏自觉性，如认真按这三条来要求，当然还有许多工作要做。

把马克思主义哲学作为一个科学体系来建构，作为一个与时代相适应、能反映现代科学水平的科学体系来建构，决不是几个人花几年时间所能完成的。我个人更没有这种奢望来在我有生之年实现这个任务。我在 20 年前曾根据列宁在《哲学笔记》中建构体系的思想，把当时马克思主义哲学中谈到的那些内容概括为 36 对范畴，以存在与无为起点，按照从抽象到具体的原则，建构了一个哲学体系。它不仅是一个尝试，而且毫无自命为现代体系的意图，因为其中根本没有涉及 20 世纪科学和哲学发展的新成就。现在大家对建构马克思主义哲学新体系的兴趣不大，但对于马克思主义哲学中国化、马克思主义哲学现代化、马克思主义哲学的现代形态等问题，议论倒也不少，这些问题都与马克思主义哲学的科学体系有关。因此，趁《社会科学战线》为纪念真理标准讨论20周年向我索稿之机，把我20年来关于哲学体系的想法写出来（实际上这篇稿子十几年前已写了一小部分，这次写完），求教于哲学界同仁。

论马克思主义哲学的性质、对象和哲学史*

哲学在我国乃至世界作为一门学科是得到公认的，经过 20 多年的讨论，哲学界目前出现了哲学学科建设的高潮，但是对几个带根本性的问题，仍存在很大意见分歧，这种情况将阻碍哲学学科建设取得积极成果，我深感有必要把这些问题讨论清楚。我想就三个互相关联的问题谈谈我的看法，这三个问题是：一、哲学是不是一门科学，或者说是否可能成为一门科学？二、它的研究对象是什么，或者说，作为整体的现实世界是不是它的最主要的对象？三、哲学史是一个怎样的过程，或者说，是哲学从非科学到科学的过程还是各个哲学流派此伏彼起，永无休止的过程？

---

* 本文发表于《江海学刊》2006 年第 1 期，原标题为《哲学三题》。作者对当前哲学界争论很大的三个问题提出了见解，其中心思想是主张把哲学作为科学来建设。

一

哲学性质问题实际上是哲学与自然科学、社会科学的关系问题。哲学与自然科学、社会科学当然是有区别的，但区别有多大呢？是科学内部的区别呢还是非科学与科学的区别呢？对这个问题进行公开的直接讨论的论著似乎少见，但意见分歧事实上是存在的，这特别表现在人们主张以“人文社会科学”的提法取代“哲学社会科学”的提法的看法上。

据我所知，“哲学社会科学”这个提法在我国出现于新中国成立之后，此前哲学属于文科，其性质与文学、史学相同，三者合称文科；而政经法则合称法科，数理化生地等合称理科。文学是文科的代表，法学是法科的代表，物理学是理科的代表。为什么这样称呼？怎么理解？始于何时？有何根据？反正约定俗成，人们均习以为常，不再深究。大致说来人们是这样理解的：文科是人文学科或人文科学，法科是社会学科或社会科学，理科是自然学科或自然科学。新中国成立后，这一学科分类逐渐为自然科学和哲学社会科学所取代。什么时候改的，为什么改成这样，我没有研究过，《粤海风》2004 年第 6 期上一篇文章做了一点考证。据作者讲，20 世纪 50 年代的大学文科学报的写法都是《××大学学报》(人文科学报)，第一个写作“哲学社会科学版”的是 1962 年《复旦大学学报》，为什么要改没有说明。《北京大学学报》也一直写作“人文科学版”，最早于 1973 年改作“哲学社会科学版”，不久各个大学文科学报也都写作“哲学社会科学版”，直到今天。作者据此认为“哲学社会科学”表述方式是“文革时期的行政管理术语”，“实际上都是外部政治力量的强加”，“哲学”当头……是对哲学的政治控制。在作者看来，这是不合理的，因为哲学也是人文学科之一，不能用它来取代整个人文学科的地位。大家知道，“哲学社会科学”这一表述方式不仅用于学报，而且是党和政府文件中、许多组织、章程的称呼中的规范用法，例如2001年江泽民同志在北戴河作的关于哲学社会科学与自然科学同样重要的著名讲话中，党中央2004年发布的《关于进一步繁荣发展哲学社会科学的意见》中，都是把“哲学社会科学”与自然科学并列；又如“全国哲学社会科学规划办公室”、教育部2004年6月制定的《高等学校哲学社会科学研究学术规范》中都称“哲学社会科学”。当然也有不少地方只用“社会科学”，如社会科学院、社会科学联合会，其中都包含哲学，但大家都理解这是为了简便，不是说哲学已成为一种社会科学。但是近年来情况已有所改变，有些文件、文章、机构的名称已不再使用“哲学社会科学”而以“人文社会科学”取代之，这就表现了对学科分类的不同看法，其中也包含了对哲学性质的不同看法。

用“哲学社会科学”提法取代过去的“文科与法科”或“人文社会科学”（这实际是今天的提法，但与过去的学科分类一致）的提法，无疑有政治因素作用，但问题不在这里，而在于究竟哪种提法合理。在我看来，“哲学社会科学”的提法比“人文社会科学”的提法更明确些。用“哲学社会科学”取代“人文社会科学”决不是简单地以“哲学”取代“人文科学”。这里有三个问题要弄清楚：

第一，何谓人文科学？何谓社会科学？作为两类科学，它们之间的区别是什么？具体考察一下文史哲与政经法的学科性质，“人文科学”概念是不清楚的。文学包括两部分，一是文学作品的创作与欣赏，一是文学作品的研究，前者可以叫作学科，不是科学；后者是科学或可以成为科学。文学诚然是一种人文科学，由于文学也是一种社会现象，为什么不可以叫作社会科学呢？史学也有两部分，一是历史的叙述，一是历史的研究，这里说的历史是人类社会的历史。历史是人文历史，也是社会历史，历史的研究为什么只能叫人文科学，不能叫社会科学呢？至于哲学，它的研究范围不仅包括社会、人文，还包括自然界，把它看成一种人文科学，合理吗？至于政经法，当然是社会科学，能说它们不是人文科学吗？我们很难说清楚人文科学与社会科学作为两类科学之间的本质区别。在我看来，人文现象是人类社会的文化现象，是离不开人类社会的，不能在人类社会之外谈什么人文，把人文科学与社会科学截然分开是不科学的。

第二，哲学究竟是什么？许多学科或科学都是顾名而知其对象，如天文学研究天文，地理学研究地理，生物学研究生物，经济学研究经济，政治学研究政治，教育学研究教育，人们从来没有争论过这些学科的研究对象是什么。哲学的对象是不是就是“哲”呢？哲是智慧，哲学是不是就是智慧学或认识论呢？确有这种观点，但持异议的大有人在。哲学的对象问题已聚讼2000多年，至今没有解决。当然，决不能认为这是名字惹的祸，哲学的对象或说哲学是什么确实是一个问题，正因此，哲学缺乏一个规范的名字。在哲学史上，哲学曾被认为是形而上学、存在论、本体论、人学、方法论、认识论、世界观、价值论、道学、理学、玄学等等，哲学对象问题，下面将作专门讨论，在这里我们只想指出，所有这些称呼可以分为两种，一是把现实世界作为整体来研究，论述它的主要组成部分之间的普遍联系和作用于整体的普遍规律；一是把现实世界的某一局部或方面作为整体来研究，论述它的主要组成部分之间的普遍联系和作用于这个局部整体的普遍规律。从现代观点来看，前者是哲学或基础哲学，只有一种，后者是部门哲学或分支哲学，种类很多。从上面所列举的名字来看，形而上学、存在论、本体论、世界观、道学、理学、玄学都是基础哲学，人学、方法论、认识论、价值论都是部门哲学，部门哲学还有研究自然界的自然哲学、物理哲学、生物哲学等，研究人类社会的社会哲学、历史观、政治哲学等。这样就逐渐形成了狭义的哲学与广义的哲学的概念，狭义的哲学即基础哲学或哲学本身，广义的哲学包括部门哲学，是哲学群。马克思主义哲学以辩证唯物主义世界观作为基础哲学，并认为它是自然知识和社会知识的概括和总结，显然不能把它归属于自然科学或社会科学，于是新中国成立之后在学科分类中出现了哲学、自然科学和社会科学三足鼎立的格局。由于哲学从业人员少，由于哲学工作更多与社会科学工作结合在一起，于是形成哲学社会科学与自然科学并立的局面。这只表明了哲学超越自然科学与社会科学（包括人文科学）的性质，并不是以哲学取代了人文科学。

第三，哲学是一种科学吗？或说能成为科学吗？这是哲学史上的一个带根本性的大问题。哲学发展进入现代以后，实证主义哲学在学院哲学中逐渐占据了主流地位，它的一个哲学思想就是“拒斥形而上学”，即否定基础哲学能够成为科学，其主要理由是：历史上形而上学之所以观点分歧，莫衷一是，就是因为形而上学观点都是普遍的、无限的、绝对的、超验的，因而是不可证实的，不能肯定或否定的，是非科学。马克思在实证主义刚刚露头的时候就坚决批判过它，马克思主义哲学一直坚持认为世界观是有是非的，世界观可以成为科学，并对哲学的学科建设进行了艰苦的研究工作。新中国成立初期，哲学工作者们感受最深的就是：马克思主义所实现的哲学的革命变革就是把是非难辨的哲学变成了科学，并以这种科学的哲学作为思想路线指导无产阶级的革命实践。但是，西方的学院哲学一直停留在哲学非科学的状态中。在中国，由于民主革命和社会主义改造的胜利，马克思主义哲学是科学的观点，在新中国成立后一直处于主导地位，但近年来由于种种原因，哲学非科学的观点也逐渐流行起来，甚至形成了对马克思主义哲学的挑战。

究竟哲学是不是科学？哲学有什么理由可以同自然科学和社会科学平起平坐呢？我认为哲学同自然科学和社会科学是有区别的，其区别在于对象的范围和层次不同，但它们都是科学，它们的性质是相同的。具体说来，它们作为科学的共同点是：第一，它们都有明确的对象；第二，它们的内容（范畴、原理、理论）都是与各自的对象相一致的；第三，它们的内容都是通过归纳与演绎、分析与综合的方法获得的，都具有具体性与抽象性、实证性与思辨性；第四，它们的真理性最后都是由实践来检验的；第五，它们都具有逻辑与历史相统一的科学的思想体系。当然，由于对象的层次不同，其内容的实证性与思辨性的比重有高低，但这只是程度的差别，哲学的思辨性是最高的，但并非没有实证性；实证科学的实证性是很强的，但并非没有思辨性。哲学是，或者说，应该是，可能是科学家族的一员，哲学与自然科学、社会科学三足鼎立，分庭抗礼，绝非僭越。

二

如果哲学是或可能是一门科学，它的对象究竟是什么是必须回答的问题，因为对象决定它的内容和它在科学家族中的地位。上面对此问题已有所涉及，有必要专门讨论一下意见分歧的根据。

不管历史上哲学家们对哲学对象的观点分歧多么大，但绝大多数哲学家的观点中都包含承认哲学的对象是现实世界的整体及其普遍联系，前面提到的形而上学、本体论、世界观、道学、玄学、理学不过是这一观点的种种说法，马克思主义提出的世界观是所有这些名字中最简明准确的称呼。因此新中国成立以来，世界观在哲学中的基础哲学的地位逐渐取得了共识。但近20多年来，这一共识不断受到挑战。

挑战之一是来自对恩格斯的一段理论的误解。大家知道，恩格斯的理论工作对马克思主义世界观作出了特殊的贡献，他倡导的“自然辩证法”研究的就是现实世界的一般联系，他多次使用过“世界观”一词，但是他也说过，“现代唯物主义本质上都是辩证的，而且不再需要任何凌驾于其他科学之上的哲学了。一旦对每一门科学都提出要求，要它们弄清它们自己在事物以及关于事物的知识的总联系中的地位，关于总联系的任何特殊科学就是多余的了。于是，在以往的全部哲学中仍然独立存在的，就只有关于思维及其规律的学说——形式逻辑和辩证法。其他一切都归到关于自然和历史的实证科学中去了。”① 这话经常被误解为过去哲学曾经以现实世界作为自己的对象，后来自然科学和社会科学从哲学中一一分化出来，把哲学的地盘一块一块地分割出去，最终只剩下一个思维领域，因此哲学的对象不再是现实世界，而只是思维领域，以现实世界的整体及其普遍联系作为研究对象的基础哲学就不再存在了。这种研究是凌驾于实证科学之上的陈旧过时的本体论或形而上学，或者说本体论思维方式已转换成认识论思维方式或实践论思维方式，或者说，哲学对象转移了。这种理解符合人类的哲学史、科学史、认识史吗？符合恩格斯原意吗？否！

科学史中确实有过各种实证科学从哲学中分化出去的过程，这也就是各门科学形成的过程，但从此得不出哲学今后只有认识或实践可以研究，对现实世界的整体研究就不再需要了的结论。问题在于，现实世界的总联系，即普遍联系，究竟还要不要研究？恩格斯说的是：“凌驾于其他科学之上的哲学”（如黑格尔的绝对理念哲学）不再需

① 《马克思恩格斯选集》第3卷，364页，北京，人民出版社，1995。

要，没有一般说不需要，在我看来，建立在自然科学与社会科学基础上的对现实世界的整体研究是永远需要的，这就是基础哲学。这种哲学是不能以对思维的研究来代替的，思维也只是现实世界的一个很小的局部，不能以局部研究来取代整体研究。如果把恩格斯的整个言论联系起来看，实际上他并不否定对现实世界的整体研究，就在上述引文所引用的同一本著作《反杜林论》中，他就明确讲“辩证法不过是关于自然、人类社会和思维的运动和发展的普遍规律的科学。”① 普遍规律就是整个现实世界的总联系。恩格斯岂能如此自相矛盾？

挑战之二是来自对恩格斯的“基本哲学问题”的误解。有的论者认为哲学基本问题就是哲学的对象，因此，哲学的对象就是物质与意识的关系，或说思维与存在的关系，或说人与自然的关系、人与现实世界的关系，也就是中国哲学所说的天人之际，即天人关系，而不是作为整体的现实世界及其一般规律，甚至认为研究作为整体的现实世界是旧唯物主义。恩格斯的“哲学基本问题”的提法不是他对哲学对象的表述，只能说其中包含了恩格斯对哲学对象的理解，但这个理解是肯定现实世界之作为哲学对象，而绝不是把天人关系同现实世界对立起来，而否定现实世界作为哲学对象。恩格斯认为哲学基本问题有两个方面，一般认为第一方面是本体论方面，第二方面是认识论方面，这是符合恩格斯的原意的。本体论方面就包含了承认现实世界作为哲学对象的思想。第一方面是：精神对自然界何者是本原的，何者是派生的，即存在与思维、物质与精神何者是原物，何者是产物，这里谈的是产出关系。就马克思主义的回答来说，其中包含了承认原物是整体、产物是部分，物质世界是整体、精神是部分，精神离不开物

---

① 《马克思恩格斯选集》第3卷，484页，北京，人民出版社，1995。

质世界的思想，这些思想都属于唯物主义本体论或世界观，都是科学的。至于认识论方面，其内容属于认识论，不属于世界观，但它也有其本体论或世界观前提，即是否承认认识客体的客观实在性。可见，恩格斯提出的哲学基本问题思想决不排斥世界观内容。那种认为人类只能认识自己与世界的关系，不能认识世界的观点是把对象与认识对象的渠道混为一谈了。人们认识对象必须通过自己与对象的关系，因为认识就是一种关系。自己与对象的关系当然可以成为认识对象，但不能认为既然要通过关系来认识，对象本身就不能认识了，那就陷入了历史上的不可知论了。人能不能认识不以人的意识为转移的世界，对于学院哲学或思辨哲学是一个无法超越的难关，但对于以实践作为最后检验标准的马克思主义来说，不是不可超越的。这一点我们后面有进一步说明。

挑战之三是实证主义思潮。这是一种源远流长的经验主义思潮，在近代起源于休谟。休谟是一个彻底的经验主义者，把认识死死地禁锢于自我经验之中，拒绝承认经验以外的任何东西，神、物质、一般、规律均在拒斥之列，现代逻辑实证主义“拒斥形而上学”的主张，即否定世界观以世界整体作为研究对象的可能性的观点，是休谟主义的现代版。实证主义标榜实证科学，即经验科学，但把经验无限地膨胀、拔高到了极端，就走到了自己的反面。按其本意，逻辑实证主义是要坚持知识的科学性的，但“拒斥形而上学”的结果实际是拒绝探索客观对象及其普遍规律，拒绝了一切科学，把自己拒绝于科学大门之外。马克思首先提出、恩格斯多次阐发的实践标准的观点论证了世界及其规律的可知性，论证了世界观的可能性，并对科学的世界观进行了具体的构建，先后提出了唯物主义历史观思想体系和辩证唯物主义世界观思想体系，实现了哲学史上的革命变革。在今天的世界哲学界，实证主义思潮虽然颇占优势，但除了马克思主义以外，研究世界观的仍然大有人在，科学的世界观随着时代的发展也在不断地丰富和发展。世界观的研究并未被压垮。

实证主义思潮的兴起倒并不只是对世界观研究起消极作用，也产生了积极的结果。这就是现代哲学中部门哲学大为兴旺。国外如此，国内也如此。部门哲学不是对现实世界的整体研究，而是对现实世界的各个组成部分的整体研究。部门哲学古已有之，当某一部门的分科研究出现时，部门哲学实际上就出现了，因为任何一门自觉的分科研究中都包含对该部门的整体研究，它就是该学科的部门哲学。因此部门哲学可以说是哲学与某一学科的交叉研究的产物。历史哲学是哲学与历史学的交叉，物理哲学是哲学与物理学的交叉。某一部门的部门哲学为该部门科学所必需，部门哲学的研究可以大大推动该门科学的建设和发展。逻辑实证主义拒斥形而上学的结果激发了语言哲学和科学哲学的兴起，再加上时代与科学发展的需要，部门哲学在 20 世纪大大发达起来，意志哲学、意识哲学、价值哲学、道德哲学、生存哲学、人的哲学、经济哲学、政治哲学、文化哲学、人生哲学、生活哲学……不胜枚举。在中国，马克思主义哲学除了世界观外还包含历史观、认识论等部门哲学，由于改革开放，其他部门哲学也大大发展起来了。近年来关于哲学对象的争论，即哲学的对象是现实世界的整体还是认识，或是实践，或是人，或是主体性等等，都带有“拒斥形而上学”倾向，但实际上都是在扩展哲学研究的领域，发展部门哲学的研究。我国目前关于哲学对象的不同意见，如果把它们看成关于一门学科的对象的不同意见，那么，它们是互相排斥的，不相容的；如果把它们看成谈的是多门学科的对象，那么，它们则是相容的，互补的。

三

哲学虽然已经有两千多年的历史，却始终没有出现一种哲学得到多数哲学家们的认同。辩证唯物主义与历史唯物主义虽然曾经在苏联、中国等社会主义国家中被哲学家们认同，但这毕竟不在全世界，而且今天在前苏联与东欧国家中它早已失去原有的地位。即使在中国它仍然保持着主导的地位，但这种地位已岌岌可危。因此，不仅在传统哲学中，即使在今天，在多数哲学家看来，哲学与哲学史是等值的，哲学就是哲学史，哲学史不过是多种哲学学派前后相继，各领风骚若干年的历史。这种状况是与新中国成立初期的状况截然不同的。在新中国成立初期，哲学史曾被视为科学的哲学萌芽、诞生和发展的历史，科学的哲学就是马克思主义哲学。同时，由于苏联哲学的影响，哲学史又被等同于唯物主义与唯心主义的斗争史，这一观点当时已有少数哲学家提出异议，改革开放以来更为多数哲学家所摒弃。这些情况引出了一系列问题：哲学史不是唯物主义与唯心主义的斗争史，但是，哲学史中是否存在唯物主义与唯心主义的斗争呢？不能把唯物主义等同于真理，唯心主义等同于谬误，但是，唯物主义与唯心主义的基本观点是否有是非之分呢？或者笼统点说哲学史上的争论是否有是非之分呢？作为人类认识史的一部分，哲学史是不是一部不断前进的历史，一个从较少真理性认识走向更多真理性认识的过程呢？或者说，哲学史是不是一部科学史，是不是哲学作为科学萌芽、诞生、发展的历史呢？或者说，哲学史是不是哲学从非科学或前科学走向科学的历史？在我看来，既然哲学是或可能是一门科学，对这些问题都应作肯定的回答。

我认为，从人们都承认其为科学的那些学科的情况来看，一门科学至少要满足三个条件：首先要有一个明确的对象，其次它的观点、原理在当时条件下是正确的，第三这些内容构成一个完整严密的逻辑体系。当然，对这些条件的满足都是相对的，而不是绝对的。下面我们不妨按照这三个条件来考察一下哲学及其历史在目前所达到的水平。

第一，哲学的对象是否明确了？哲学最初几乎是学问、知识、理论的同义词，其对象无所不包，这种对象当然是不明确的，笼统的。随着人类认识和科学的发展，各种科学不断诞生，特别是近代以来人类分门别类的研究大为兴旺，新兴科学的出现如雨后春笋，各自分割现实世界的某一领域作为自己的对象，几乎把现实世界分割殆尽，然而不管科学怎样分割哲学原来的领地，最终还是有一块不会被分割，那就是作为整体的现实世界及其一般规律，如果有一门科学把这块领地也分走了，那么，这门科学不是别的，它正是哲学本身，这就是说，哲学的对象终于这样明确起来了，它不是笼统的现实世界而是作为整体的现实世界及其一般规律。但是，哲学怎样掌握现实世界的整体呢？除了通过它的主要组成部分的整合，没有别的途径。整体包括借以构成整体的各个主要组成部分，即它的各个局部。这样，哲学还包括以各个主要组成部分为研究对象的分支，即部门哲学。因此，哲学史上的哲学家除了研究作为整体的现实世界以外还研究若干局部，换句话说，除了有自己的形而上学、本体论或世界观而外，还有自然哲学，或社会哲学，或精神哲学，或认识论，或价值论，即多式多样的部门哲学。这样，哲学的对象有了两个层次，作为整体的现实世界和它的主要组成部分。其实，其他科学莫不如此。例如生物学，除了以生物作为对象以外，还不能不以微生物、古生物、植物、动物作为对象，从而有微生物学、古生物学、植物学、动物学等部门生物学。

当代部门哲学方兴未艾，几乎是有一门科学就有一门部门哲学，如果都进入“哲学”之列，这将重蹈哲学史上哲学是一切科学的总和之覆辙，因此，应该研究将哪些主要部门哲学纳入“哲学”之中。对这个问题，我想应另作研究和讨论。

第二，关键问题，亦即争议最大的问题是：如何确保哲学命题的真理性？前已说到，实践的检验总是有限的，而哲学命题在时空上都是无限的，有限的实践怎么可能证实或证真无限的哲学命题呢？这正是实证主义“拒斥形而上学”的最强有力的武器，不回答这个问题，哲学的科学性就无从谈起。这确是人类认识史上的一个难题。不仅哲学有此难题，一切科学均有此难题。例如历史上曾把太阳每天都从东方升起这个命题看成永恒真理，其实对于一切带有普遍性的命题来说，都是证伪容易证真难。我们只能说迄今为止太阳每天从东方升起，不能肯定它明天一定从东方升起，因为我们的观察限于今天，不包括明天。涉及个体的命题尚且如此，涉及类的命题就更加如此。例如“物质是本原的，意识是派生的”，如果这个命题在这里经过实践检验是正确的，不能保证在那里一定经得起实践的检验；如果过去和现在经过实践检验是正确的，也不能保证将来一定经得起实践的检验。为了解决这个难题，康德提出了他的先验论，把这种普遍性命题的有效性从主观与客观一致颠倒过来，变为客观与主观一致，即把现象世界中的普遍关系看成是主体以先验思维形式接纳感性材料的结果，正如戴蓝色眼镜的人的世界被他看起来是蓝的一样。他把这种转变叫作“哥白尼式革命”（把太阳绕地球颠倒成地球绕太阳旋转）。但康德的做法只是回避了问题，并未解决问题，因为他所说的“先验思维形式”的真理性仍然没有可靠的根据。马克思提出的实践是检验认识的真理性的唯一最终标准的观点才真正解决了这个难题。实践标准往往被误解为一次实践就可以证真一个普遍性命题，这种理解正是休谟提出他的难题的依据，当然解决不了这个历史性难题。马克思提出的、恩格斯、列宁等人后来加以阐发的实践标准思想说的乃是整个人类社会的实践的总和是检验人类全部认识的真理性的最终唯一标准。仍以太阳从东方升起命题为例，其普遍真理性的根据并不在于太阳过去和现在都是从东方升起的，而在于经过整个人类实践及其科学成果的检验，我们不仅能肯定它明天和将来在一定时间内会从东方升起，而且能肯定它有一天终将不再从东方升起。又如“物质是本原的，意识是派生的”，其真理性的根据也不简单是此时此地的实践检验，而是人类实践的总和，其中包括各门科学的发展，还包括人类对无机物演变成有机物、低等动物演变成高等动物、古猿演变成人类、感觉经验演变成理性思维的认识，还包括人类对意识作为大脑的机能与主观内容的起源和发展的认识。由此看来，哲学原理的真理性与科学原理的真理性得以成立的根据是一致的，即人类实践总和，如果哲学原理的真理性原则上不能成立，科学原理的真理性原则上也就不能成立了，科学也就不能存在了。当然，哲学原理的真理性同科学原理的真理性一样，都是相对的，都是对对象的接近，而不是对对象的绝对地一致，因此，这些原理都会与时俱进，都会随社会实践的发展而发展，即有坚持、有否定、有修正、有限制、有扩展、有完善、有突破，总之，日新月异，永不停息。

第三，有了明确的对象，有了正确的原理，哲学如何构建成为完整严密的逻辑体系呢？所谓完整，就是要具有主要的范畴、原理、规律和主要的组成部分；所谓严密，就是各个原理和各个组成部分要按照从抽象到具体的原则构成一个逻辑体系。这种逻辑基本上是与历史顺序一致的。如果这个体系基本上达到了完整和严密的水平，科学的哲学就诞生了，完整与严密的水平愈高，其成熟的程度也就愈高。

哲学史上有哪一个哲学体系符合上述条件呢？据我所知，似乎只有马克思主义哲学——辩证唯物主义和历史唯物主义基本上符合以上条件。它的核心部分是世界观，此外还有两个部门哲学——认识论和历史观。它的原理基本上经得起实践的检验。它的体系大体符合从抽象到具体的原则。但是，作为一个科学的逻辑体系，它的问题还不少。我认为为了重建马克思主义哲学的科学体系，也是为了建构哲学的科学体系，我们应以对辩证唯物主义和历史唯物主义体系的考察和评论为起点，按照哲学的科学体系的要求，构建进一步完整严密的科学的哲学体系，力求使哲学成为一门科学。我坚持哲学史是从前科学走向科学的过程，不会永远停留在前科学的状态。

关于马克思主义哲学科学体系的构想*

哲学体系问题关系到哲学有没有资格成为一门科学，进而关系到哲学的前途命运。哲学需要一个科学体系。下面谈一下我对如何构建马克思主义哲学科学体系的一些想法。

一、构建马克思主义哲学科学体系应遵循的几个原则或前提

第一个前提，真正承认哲学是一门学科。笼统说，很多人都承认哲学是一门学科，但不一定真正承认，因为他们不承认它有明确的对象。但我认为这个前提应该明确，应该坚持。

第二个前提，既然哲学是一门学科，那么它就一定要有明确的研究对象。哲学这个概念所反映的对象比较含糊。

* 本文是作者在北京大学哲学系赵光武教授主持的复杂性理论系列报告会上所作的报告，由袁吉富、秦兰茹记录、整理、加工成文，发表于《北京行政学院学报》2006 年第 2 期，从正面系统地简略概括了作者近年来构建马克思主义哲学的科学体系的初步设想。

许多学科都能望名而知其对象，如气象学是研究气象的，动物学是研究动物的，宗教学是研究宗教的，民族学是研究民族的，但我们不能望文生义地说哲学是研究哲学的。哲学是什么？哲学就是思想，就是聪明、智慧。那么，哲学是否就是智慧学呢？很难这样说。当然，有些人认为哲学就是研究认识的，但从哲学史上看得不出这个结论，因为哲学史上的大量哲学流派，就不仅仅是研究智慧、研究认识的。哲学的研究对象究竟是什么，现在到了需要弄清楚的时候了。

如果哲学有明确的对象，那么，它就有可能成为一门科学。这个问题现在争论非常大。很多人不承认哲学能成为一门科学，或者承认它有可能成为一门科学，但又认为它同真正的科学有本质的区别，二者根本不能相提并论。我认为，只要确认哲学有明确的对象，是一门学科，那么，这门学科终归要变成科学。

第三个前提，哲学应当有许多经过实践检验而成立的原理。关于哲学的对象有许多判断、命题，或者说原理。这些原理应该是真实、客观的，是经过了实践检验能够成立的。当然，对这个问题的争论也很多。很多人认为，哲学不是实证的，实证的问题才存在实践检验的问题，因而，哲学的命题根本不是由实践检验的。我认为，哲学命题不是纯思辨的，它最终还是实证的。也就是说，我们还是应该承认哲学命题也是要经过实践检验的，或者说，归根到底，它是要经过实践检验的。这当然不是说用一次实践、二次实践、多次实践就能检验哲学命题，就能证明它或者否定它。哲学的命题是建立在整个人类实践的基础上，建立在整个社会科学和自然科学成果的基础上，建立在整个人类认识的基础上。所以，我认为，在哲学中有许多与客观对象相符合的真实的命题，这一点它和其他科学都是一致的。

第四个前提，这些原理构成了一个前后一贯的完整严密的体系。

对于任何一门科学，体系都是不可少的。一个比较完整的、严密的体系是一门学科成为科学的根本标志。马克思主义哲学要建设成为一门科学，就一定要遵循逻辑与历史（客观史和认识史）一致的原则，即从抽象到具体，从简单到复杂的原则，把它的全部原理组织起来，形成一个完整严密的体系。

二、原有辩证唯物主义和历史唯物主义体系的得失

原来的马克思主义哲学体系是辩证唯物主义和历史唯物主义，这也是目前唯一的一个相对科学的、相对成熟的体系。近年来，很多同志经过研究，认为马克思主义哲学是实践唯物主义，而且提出了一个实践唯物主义的思想体系。但是，实践唯物主义的思想体系还很不成熟，争议很多。在这种情况下，如果我们要构建一个新的马克思主义哲学体系，不能丢开原有的辩证唯物主义和历史唯物主义体系，而必须深入研究和评价这个体系，并以客观的评价为起点，提出新的体系。

首先，应澄清一种误解。辩证唯物主义和历史唯物主义体系可以说是苏联的体系，但绝不是斯大林体系。多年来，有一种观念，认为辩证唯物主义和历史唯物主义体系是斯大林模式。其实，这种讲法是对这一体系的误解。最近，我看了一些资料，搞清楚了一些老同志也有此误解的缘由，原来这些老同志是在解放初期学的辩证唯物主义和历史唯物主义，那时苏联专家在中国按斯大林体系讲授马克思主义哲学，就先入为主地形成了它是斯大林体系的看法。实际上，我们后来写的教科书不是根据斯大林的体系即联共党史四章二节的体系，而是根据四章二节以前的苏联体系。这个过程我是清楚的，因为我不是解放后从苏联专家那里学的辩证唯物主义和历史唯物主义，而是在“七

七事变”以前就接触辩证唯物主义和历史唯物主义了，而我接触到的这一体系是苏联20世纪二三十年代建立起来的，这也是李达、艾思奇、毛泽东所学的那个体系。这个体系的出现最初与斯大林没有关系，但斯大林是支持它的。斯大林体系是1938年才出现的，该体系对原来的体系不仅做了简化，而且做了很大改变。从时间来说，斯大林体系是从1938年到斯大林逝世，即到1953年这一段时间内流行的，在他逝世以后就不再流行了，特别是赫鲁晓夫批判斯大林以后，苏联就再也不用这个体系了。在中国，尽管斯大林体系在新中国成立后流行了几年，但毛泽东对斯大林体系的一些提法有不同意见，所以，在苏联批判斯大林以后，中国就不用这个体系了。随后，胡绳、艾思奇在编写辩证唯物主义和历史唯物主义教材时，就恢复了20世纪二三十年代的体系。

其次，原有体系在对象和组成部分方面的得失。旧体系坚持把作为整体的世界、宇宙作为研究对象，坚持了世界观、宇宙观在哲学中的核心地位，是正确的。旧体系所说的宇宙，其内容包括了整个的宇宙，对于这个宇宙，它既形而上地研究，也形而下地研究，而且把形而上与形而下统一起来进行研究；它既研究本质，也研究现象，而且还把现象和本质统一起来研究；它既研究一般的东西，也研究个别的东西，而且还认为一般的不能脱离特殊，不能脱离个别，等等。旧体系的这种研究，显然与过去的形而上学形成了显著的区别。由此可见，在研究对象方面，旧体系坚持了正确观点，这点我们不能否定。在组成部分方面，旧体系是不明确的，这种不明确与它对对象的具体理解有关。旧体系主要是三部分，即唯物主义、辩证法、历史唯物主义，其中唯物主义里面包括认识论。如果要认真地从对象来加以区分的话，旧体系的三部分不应是这三部分，而应该是世界观、认识论、历史观，辩证法应属于世界观。辩证法这个概念中文翻译得不好。中文辩证法这个概念，极易理解为辩证方法，其实辩证法主要不是这个意思。辩证法首先是观点，是理论，是辩证论。可以说，唯物主义是研究世界的物质本性的，而辩证法，即辩证论实际上是研究世界的联系、运动、变化、发展的一般规律的，这两部分合起来才是一个完整的宇宙观。所以，完整的辩证唯物主义世界观，既研究世界整体，也研究世界整体的联系和发展规律，这就是唯物主义和辩证法，或叫作辩证唯物主义宇宙观、世界观。认识论应该是哲学里面的一个部门哲学，因为认识论所研究的对象是认识，而认识是人类社会的一种现象，所以它应该从宇宙观中区分开来，而旧体系没有区分。我的意思不是说要把认识论从宇宙观中割裂出来，而是说作为不同的组成部分，要相对区分开来。在旧体系中，历史观那一部分的内容和地位比较清楚。辩证唯物主义与历史唯物主义的关系从对象上讲是作为整体的宇宙与作为部分的人类社会的关系，这种关系非常清楚。历史观也是一个部门哲学。

第三，旧体系在内容方面的得失。从内容上讲，旧体系的大部分原理是应该给予肯定的，其中不少原理，不论自然科学和社会科学怎么发展，是很难推翻的，如物质第一性原理以及辩证法的许多原理等。这些年来，马克思主义三个主要组成部分比较起来，马克思主义哲学原理变化比较小，原因就是马克思主义哲学原理具有极高的普适性，能够经受住实践的检验。当然，对于这些原理我们也需要用新的科学事实、新的经验去丰富它们，去发展它们。对旧体系对原理的论证方法也应给予正确的评价。现在大家经常批评和反对的一点就是旧体系中原理加例子的做法，这里面存在着一些误解乃至曲解。如果旧体系仅仅是在原理下面举几个实例，这显然是一种简单化的做法，但这种做法的原意是用事实来论证原理，不能否定。现在，哲学界有一种趋势，就是大搞思辨哲学，不讲事实，只是从一个概念推到另一个概念，从一个推论推到另一个推论，完全抽象地讲。旧的体系在这个问题上的基本做法体现了哲学原理要经过实践检验的精神，当然，我们也不能仅仅停留在罗列事实的水平上，而是要分析，要论证，但决不能不讲事实。

原有的体系在内容上存在着一系列问题。首先是实践在世界观中的地位问题，这在原来的体系中不清楚，或处理得不妥当。原来的体系是在认识论中讲实践，但实践首先不是认识论范畴，而是历史观范畴。有人类社会就有实践，有实践才有认识。旧体系仅仅在认识论中讲实践，这是不合适的。在我看来，实践主要还是应该在历史观中去讲。在讲世界观时当然要讲实践，因为实践是现实世界的一个重要因素，不讲实践就难以完整理解现实世界。但如果把实践抬高到世界观的基本范畴，与物质、运动等范畴并列，甚至超过它们，而成为世界观的首要的基本范畴，那就太过分了。其次的一个问题是对一般规律的概括，我认为这一问题旧体系讲得也不清楚。在旧体系中，唯物主义部分讲的是原理，而没有说原理是规律。在辩证法中讲三个规律及若干范畴，但规律是不是范畴、范畴是不是规律呢？可见，在旧体系中，范畴、规律、原理这些概念都是不够清楚的，必须加以进一步明确。第三是方法论问题。现在我们都在讲宇宙观和方法论的统一，但旧体系没有一个叫作方法论的组成部分。当然，旧体系包含了很多方法，因为每一个原理都是方法，但方法不等于方法论。方法论应该是关于方法的系统的理论，是把方法作为对象来研究，它应当研究什么是方法、有多少种类方法、方法的作用等问题。这些都需要我们系统地加以研究。第四是人的地位和作用问题。西方马克思主义总是批评辩证唯物主义中没有人，不见人，特别是他们认为讲唯物主义就是敌视人，这完全是误解或是污蔑。讲唯物主义就一定会忽视人吗？不能这样说。但原来的体系尽管涉及人，它在研究人时，侧重研究的是人民群众、阶级，而对于构成社会的细胞的一个个的人，却缺乏专门的充分的研究。现在，人的问题越来越突出，已变成社会发展的重大问题，这就特别需要我们加强对人的专门研究。第五是价值问题。旧体系对价值问题是忽视的，在这个问题上存在缺口。实际上，价值对于实践活动是不可或缺的，列宁讲实践里有目的，目的包含价值、价值取向或价值观。一般来讲，我们的实践是由三个因素来支配的，一个是认识，一个是价值评价、价值观或价值取向，另外一个是方法，这里的方法是指思想方法。旧体系对价值论采取了否定态度，认为它是唯心主义的，这是不正确的。实际上，价值论可以是唯心主义的，也可以是唯物主义的。在过去的 20 多年中，我国学者对哲学价值论作了专门研究，这种研究是非常必要的，在建构马克思主义哲学新体系时，一定要注意吸取其中的有益成果。

第四，旧体系在体系的构成方面的得失。在旧体系中，先讲唯物主义，后讲辩证法，再讲历史唯物主义，这个顺序应该说是合理的。但它在历史唯物主义前面讲认识论，甚至在辩证法前面就讲认识论，这就不合适了。因为认识是一种人类社会现象，人类社会还没讲就讲认识，这在逻辑上是说不通的。造成这种状况的原因与按物质和意识、存在和思维这个哲学基本问题构建体系有关，因为在讲哲学基本问题时，就把唯物主义世界观和认识论捆在一起讲了。我认为，不应该机械地按照哲学基本问题来安排，认识问题应该放在后面讲。特别让我感到体系安排不顺的一个问题是原来的教材很早就讲意识，在实践还未讲时就讲它，这恐怕也与哲学基本问题有关。我认为，意识应放在实践后讲，因为意识是人的意识，人的意识归根到底是一种社会意识，是实践的产物，早讲讲不清楚。

三、对马克思主义哲学新体系的构想

根据我对构建哲学体系的一般原则的理解和对旧体系的评价，对新体系提出如下一些构想。

第一，关于马克思主义哲学的研究对象和组成部分。马克思主义哲学的研究对象应该包括三个层次。第一个层次是整个宇宙，整个世界；第二个层次是人类社会，人类社会可分为人类社会和人；第三个层次是人的精神活动，或者说精神领域，其中主要是认识、价值、方法。这样一来，马克思主义哲学就有六个组成部分。第一个层次是宇宙观或世界观；第二个层次有两个组成部分，一个是历史观、一个是人学；第三个层次有三个组成部分，即认识论、价值论、方法论。这样安排同许多科学的做法是一致的。哲学研究的是宇宙的整体，即对整个宇宙进行宏观研究。哲学要对整个宇宙进行研究，就不能不对宇宙的某些局部进行研究。除研究整个宇宙第一层次外，特别需要研究的局部就是人类社会。人类社会是由人来构成的，这就又特别需要专门研究人。从人出发进一步具体化，还要研究人的活动，而人的最主要的活动就是实践活动，这就又需要我们特别关注人类实践活动中的几个关键部门，这就是认识、价值、方法。由六大部分构成的新体系并不是要囊括所有哲学部门，只是包括了关键的哲学部门。最主要的层次是宇宙观层次，这一点不能够忽视，一旦忽视，哲学就失去了根本。

第二，关于新体系的基本原理。在新体系中，哲学原理应该分层次，并应该根据相应层次的现代科学所提供的带有一般性的科学原理，概括出每个部门中一般性的哲学原理。当然，我们要利用过去已经形成的许多原理，但我们要特别关注新的原理。这方面，不少同志已经做了大量的工作，例如在世界观、历史观、人学、认识论、价值论、方法论以及文化学等方面，都已经取得了不少新成果，总结出了一些新原理。我认为，现在已经到了从建构新体系的高度把这些原理进一步加以概括、筛选的时候了。

第三，关于原理如何构成体系的问题。构成体系的原则要强调逻辑与历史一致。历史首先是客观历史，其次是认识的历史，或者说科学的历史。逻辑与历史一致，首先是与客观的历史一致，如果有些东西没有客观的历史可言，那就要与认识的历史一致。当然，有时指的是客观历史的时间，有时指的是认识历史的时间，这一点也须注意。逻辑与历史相统一的原则是黑格尔首先提出来的，马克思、恩格斯、列宁对这一原则都表示了认同。把这一原则再加以通俗、简单的概括，就是从抽象到具体、从简单到复杂。从这个原则还可以引申出很多原则，如先讲静止，后讲运动的原则；先讲客观，后讲主观的原则；先讲感性，后讲理性的原则，等等。

可以说，如果按照逻辑与历史一致的原则来构建马克思主义哲学体系，一个比较科学的新体系是可以建立起来的。

论实践论在马克思主义哲学中的地位*

一、实践在现实世界中的地位

马克思主义哲学是关于现实世界的科学，要搞清楚实践论在马克思主义哲学中的地位，首先要搞清楚实践在现实世界中的地位。

现实世界是什么？这在哲学界也是一个争论很大的问题。我认为它是指我们面对的现实世界，是客观的物质世界，它的存在先于人和人的意识，不依赖于人和人的意识。这个观点是唯物主义的基本观点。

实践是什么？从狭义说，它是人改造现实世界的有意识的活动：从广义说，它是人的一切有意识的实际活动。实践是一种关系。它的关系者一头总是人，另一头可以是

---

* 本文发表于《教学与研究》1996年第1期。针对当时一些争论，本文认为，要认识实践论在马克思主义哲学中的地位应明确三点：(1) 不能把实践论等同于马克思主义哲学；(2) 实践论属于历史观的范围，不是世界观；(3) 实践论是历史观的核心部分，比认识论更重要。实践的观点是马克思主义哲学基本观点之一，但不是马克思主义哲学首要的观点，更不能用“实践唯物主义”取代辩证唯物主义。

自然界，可以是社会，可以是他人，可以是自己；可以是物体，可以是关系，可以是运动，可以是精神。因此，实践总离不开人。人是实践的人，实践是人的实践。社会生活在本质上是实践的。也可以说，人在本质上是实践的，实践在本质上是人的。

在人的实践活动中，人无疑是中心，是最重要的，一切事物都应服从于人或人类的生存和发展。我不同意那种认为人与自然是平等的，人不应征服自然的观点。人类就是在征服自然中出现的，也是在征服自然中不断发展起来的，被认为主张天人合一的中国人概莫能外。这种征服还要继续下去，一天也不能停止。正是由于人类的征服（改造）自然的活动，今天的地球才成为这个宜于人类现代生活的样子。生态环境危机的出现不是由于人类征服自然，而是由于在征服自然中有错误，因此，问题不在于是否应征服自然，而在于应怎样征服自然，在于应怎样在征服自然中恰当地把眼前利益与长远利益、局部利益与整体利益结合起来。在人类实践领域中，我赞同人类中心论，否定人类中心，侈谈人与自然的平等，侈谈植物和动物的生存权利，必然导致否定人类的生存权利。

但是，就整个宇宙来说，人或人类决不是中心，科学史告诉我们，无论从时间上还是空间上说，宇宙都是无限的。实践不过是现实世界的一个微不足道的组成部分，这就是实践在现实世界中的地位。

二、实践论在马克思主义哲学中的地位

毛泽东的《实践论》实际上是认识论，并不是以实践作为研究对象的实践论，它之所以称为“实践论”只是因为它把实践看成认识的基础，在实践基础上论述认识论的全部内容。近年来有不少文章提到实践论和认识论的区别，不同意把二者混为一谈，主张把实践论作为

一门相对独立的哲学学科来建设，我认为是有道理的。那么，实践论包括些什么内容呢？它在马克思主义哲学中处于怎样的地位呢？要搞清楚这个问题，必须从马克思主义哲学的内容谈起。

马克思主义在哲学上实现了几个突破，特别是真理标准的突破、唯物主义与辩证法的自觉结合、唯物史观的创立，把哲学变成了科学，或者说，开始把哲学作为科学来追求和建设，但马克思主义并未根本改变哲学研究的对象。马克思主义哲学在继承传统哲学的基础上实际上也形成了一个学科群。就以马克思主义哲学的核心部分——辩证唯物主义和历史唯物主义来讲，它实际上是三四门学科：世界观（唯物主义和辩证法）、认识论、历史观，自然辩证法（自然哲学）同世界观混在一起难于分开，方法论实际上贯穿于整个体系之中，没有独立成章。实践论在这个体系中也没有独立成章，这是一个缺点。

马克思主义的创立，实践概念起了关键性的作用。这个关键性作用主要表现在两个方面：一个是历史观，一个是认识论。传统的体系强调第二个方面，而忽视第一个方面。马克思在《1844 年经济学哲学手稿》中是循着费尔巴哈的思路前进的，没有超出人道主义历史观的范围，但已有所突破，即引进了劳动、实践的概念。正是由于引进了劳动、实践的概念，马克思在《关于费尔巴哈的提纲》和马克思、恩格斯在《德意志意识形态》中着重阐明了实践在人类社会历史中的作用，并在此基础上发现了社会有机体的内部结构和演化规律，创建了唯物史观。

与此同时，马克思和恩格斯也提出了实践是检验认识的真理性的标准的思想。马克思在《1844 年经济学哲学手稿》里已有这个思想，他说："理论的对立本身的解决，只有通过实践方式，只有借助于人的实践力量，才是可能的；因此，这种对立的解决绝不只是认识的任务，而是一个现实生活的任务，而哲学未能解决这个任务，正因为哲学把这仅仅看作理论的任务。”①《关于费尔巴哈的提纲》的第二条是专门谈这个问题的，这是人们都很熟悉的。马克思和恩格斯在《德意志意识形态》中也重申了这个思想。这个思想的提出解决了哲学史上长期争论不休的一个重要问题。

但是，马克思和恩格斯并未建立一般实践论的科学体系，实践论的若干内容都融入历史观和认识论之中，传统的马克思主义哲学体系因袭了这种做法。由于辩证唯物主义包含世界观和认识论，传统体系在认识论开头对实践作了简略的一般论述，在历史观中只论述各种具体的实践形态，如生产、阶级斗争、革命运动、科学实验、艺术实践等等。这样，在传统体系中，实践论的具体内容虽然谈得很多，特别是在历史唯物主义中，但一般实践论的科学体系就没有了。70 年代末关于实践标准的讨论不但为改革开放提供了思想前提，也为马克思主义哲学的建设和发展开辟了道路，实践问题的讨论自然会引出建立实践论的任务。我国哲学界理所当然地应承担起这个任务。

这里，我着重谈谈实践论在马克思主义哲学中的地位。首先，不能把实践论等同于马克思主义哲学。道理很简单，马克思主义哲学是一个学科群，而实践论仅仅是其中学科之一，显然不能把部分与全体等同起来。其次，实践论属于历史观或社会观的范围，不是世界观。实践在现实世界中是微乎其微的。在人类社会中有普遍性，而在现实世界中没有普遍性。在马克思主义哲学中，世界观是最高的（层次最高，范围最大），是核心部分，实践观不是最高的，不是核心部分，不能以实践论取代世界观。第三，实践论的地位很重要，它是历史观

① 《马克思恩格斯全集》第 42 卷，127 页，北京，人民出版社，1979。

的核心部分，比认识论更重要。它对社会领域的各门学科都具有直接的指导意义。

这里我想顺便谈谈一种十分流行的观点，即主张实践观点是马克思主义哲学的基本的首要的观点。我认为说它是基本观点之一是可以的，说它是首要的观点就过分了。这话显然是从列宁的“生活、实践的观点，应该是认识论的首先的和基本的观点”这句话套来的。每一学科当然有若干基本观点，其中最根本的是首先的基本观点。由于实践是认识的基础，认识是在实践的范围内发生的，离开实践难以判定认识的真伪，故实践观点（列宁主要指实践是真理标准的观点）是首先的基本观点。列宁的这个观点能否扩展到其他学科领域呢？我认为可以扩展到历史观以及关于人类社会的其他部门哲学，如经济哲学、政治哲学、文化哲学、科学哲学、伦理学、美学等，但不能扩展到自然哲学、世界观，因为在自然界、现实世界，实践并不普遍存在，它不是自然观、世界观范畴，只是历史观、社会观范畴。而马克思主义哲学首先是世界观，怎能笼统说实践观点是它的首要的基本观点呢？如果一定要问它的首要的基本观点是什么，我认为它只能是客观实在的观点或物质的观点，然后还有联系的观点、运动的观点、矛盾的观点，等等，只有进入社会领域，实践才能扮演首要观点的角色。主张实践观点是哲学首要观点的同志有一种辩解，即认为既然认识的基础是实践，而哲学是一种认识，因此，哲学的基础也是实践，所以实践观点是哲学的首要的基本的观点。这种辩解是把世界观问题同认识论问题混为一谈了。这里有两个层次，一是认识层次，一是客观实在层次。在认识层次，实践观点是认识论的首要观点，其根据在于在客观实在层次，实践是认识的基础。同理，在认识层次，如果实践观点是世界观的首要观点，那么，其根据应在于在客观实在层次，实践是世界的基础。但是，前面已经谈过，世界是无限广大的，微乎其微的实践怎能是它的基础呢？这就回到了马克思的那句著名的论断：实践"正是整个现存的感性世界的基础"①。我认为马克思说的是地球，不是整个世界。

总之，应该实事求是地恰当地估计实践论在马克思主义哲学中的地位，缩小是片面的，夸大也是片面的。

三、实践唯物主义只能是唯物主义实践论

有不少学者主张以实践唯物主义来为马克思主义哲学命名，取代原来的名称——辩证唯物主义和历史唯物主义，并写出了几本题为《实践唯物主义》的专著。我曾写文反对过这样命名。现在我仍然对此不敢苟同。且不说这些《实践唯物主义》的具体观点，单单这个名称就可以引起不少思想混乱。我不想重复已经说过的观点，只想就名称本身作一翻推敲。

"实践唯物主义"是从马克思的一句话："实际上，而且对实践的唯物主义者即共产主义者来说，全部问题都在于使现存世界革命化，实际地反对并改变现存的事物"② 引申出来的。在这里，"实践的"即共产主义的、革命的、改造世界的，后面马克思又称为"共产主义的唯物主义者"③，因此，"实践的"说的是这种唯物主义者的一种特征。从这里引申出"实践的唯物主义"，我认为是可以的，其含义也是说明了这种唯物主义的一种特征。这种唯物主义显然是马克思的哲

① 《马克思恩格斯选集》第1卷，77页，北京，人民出版社，1995。
② 同上书，75页。
③ 同上书，78页。

学，它的主要内容在当时是唯物史观。把马克思和恩格斯的哲学的一个本质特征标明出来，称之为“实践唯物主义”，我想是可以的，但这不能作为它的标准的名称，因为它的本质特征很多，除“实践的”而外，我们可以举出“革命的”、“科学的”、“辩证的”、“共产主义的”等等。对“实践唯物主义”，还可作另一种理解，即把“实践”理解为对象，实践唯物主义就是以实践作为研究对象的唯物主义理论，正如历史唯物主义就是以人类社会历史作为研究对象的唯物主义理论一样。这样，它就是唯物主义实践论。唯物主义实践论，作为马克思主义哲学的一个组成部分，当然是可以成立的，但如果以它取代辩证唯物主义世界观，成为马克思主义哲学的称呼，那就以局部取代了整体，实际上把世界观取消了。不仅如此，甚至把历史观也取消了，因为尽管人类社会历史是一切人们的社会实践的总和，但历史观与实践论研究的对象还是不同的，历史观研究的是作为一个整体的人类社会历史，而实践论研究的是构成人类社会历史的实践活动，二者大体上是一致的，有许多交叉，但不能完全等同起来，正如世界观与物质论大体一致，但不能等同一样。

这里附带谈一谈能否把唯物史观等同于马克思主义哲学的问题。马克思早期的唯物主义的主要内容是唯物史观，这是事实，但其中逻辑地蕴涵了唯物主义世界观，即以世界观作为唯物史观的逻辑前提，有时马克思也有一些世界观论断，只是没有提出世界观的科学体系。但是，从这种情况引申出这样的观点：马克思没有世界观，他的哲学就是历史观；甚至引申出这样的观点：唯物史观就是马克思的世界观，马克思不承认离开人类社会的客观世界，那就离开唯物主义太远了。

总之，实践唯物主义这一称呼的含义值得推敲。在我看来，这里有个两难的局面：如果“实践”是对这种唯物主义的特征的描写，当然是可以的，但意义不大；如果“实践”是这种唯物主义研究的对象，它就是唯物主义实践论，称之为实践唯物主义是容易引起误解的。

四、辩证唯物主义是马克思主义哲学的最确切的名称

马克思主义哲学过去通行的名称是“辩证唯物主义和历史唯物主义”，这个名称受到各式各样的批评，如说它是斯大林的体系，不是马克思的体系；说它是一种板块结构，两大块并列破坏了世界观与历史观的有机联系；说它脱离了实践观点，是19世纪的直观唯物主义，等等，我认为这些批评都不是实事求是的。我想先回答一下这些批评，再作正面的论述。

说这个体系是斯大林的体系的说法甚为流行，甚至出于一些资深学者之口，我颇感惊奇。近30多年来，我国通行的哲学教材采取的体系是艾思奇主编的1961年《辩证唯物主义和历史唯物主义》，近10多年来才出现了一些变动较大的教材，但除一些《实践唯物主义》而外，并无根本性变化。艾本体系恰恰不是斯大林的体系，而基本上是苏联30年代的教材体系，但增加了一些中国的特色。斯大林体系流行时间不长，主要在1938～1956年之间，不足20年。把马克思主义哲学称作“辩证唯物主义和历史唯物主义”其实不是斯大林的创造，而是苏联二三十年代的通称。

板块结构的指责也不是实事求是的。马克思、恩格斯、列宁和所有马克思主义哲学教材都指出过，从逻辑上而不是从历史上讲，历史唯物主义是以辩证唯物主义的一般原理为指导研究人类社会历史而得出的理论，是辩证唯物主义在人类社会历史领域的体现，它们之所以

并列起来，一是为了叙述的方便，二是为了突出历史唯物主义的重要性。这个结构不是板块结构，而是层次结构。

说它是直观唯物主义更不可取。它之所以被给予“直观唯物主义”的称号是由于它承认唯物主义的根本原则——现实世界的不以人的意识为转移的客观存在。这个原则是一切唯物主义所共同承认的，也是一切社会实践和科学所反复肯定了的，永远推不翻的。它不是19世纪的结论，是自有唯物主义以来就有的思想，21世纪也不可能被推翻。如果实践唯物主义不承认这个原则，它就不是唯物主义了。

最后我们推敲一下“辩证唯物主义和历史唯物主义”这个名称。“唯物主义”是关于现实世界是什么的一种观点，显然是一种世界观。唯物主义一元论、唯心主义一元论、二元论、多元论是几种基本的世界观。辩证唯物主义无疑是一种唯物主义。“辩证”是什么？英文是Dialectical，来自Dialectics，这个词一般汉译为“辩证法”。这一译名易使人把它仅仅理解成方法。其实，它固然是方法，但首先是理论，译为“辩证论”是更确切的。马克思谈到Dialectics时指的多是方法，而恩格斯则明确讲它是“关于自然、人类社会和思维的运动和发展的普遍规律的科学”①，即关于世界的辩证规律的理论。因此，“辩证唯物主义”的“辩证”应指对象，即辩证规律，这样，“辩证唯物主义”就是关于现实世界及其一般辩证规律的唯物主义理论。当然，也可能把辩证理解为这种唯物主义的特征，Dialectical本来是一个形容词，当然可以指特征，但这种唯物主义之所以具有辩证的特征是因为它的对象是辩证的，即按辩证规律运动的。这样理解的辩证唯物主义显然是世界观，即辩证唯物主义世界观。马克思主义哲学的各个组成部分

① 《马克思恩格斯选集》第3卷，484页，北京，人民出版社，1995。

都可以说是辩证唯物主义的，如辩证唯物主义自然观（自然辩证法）、辩证唯物主义历史观（历史唯物主义）、辩证唯物主义实践论、辩证唯物主义认识论、辩证唯物主义价值论，等等，因此，辩证唯物主义是马克思主义哲学的核心，而它之所以能成为核心，是因为它是世界观。所以，只有辩证唯物主义能代表马克思主义哲学这一学科群，马克思主义哲学可以简称为辩证唯物主义。至于历史唯物主义的“历史”，英文为 Historical，来自 History。如果把它理解为特征，则历史唯物主义成了具有历史性的唯物主义理论，即变化发展着的关于现实世界的唯物主义理论，这样，历史唯物主义同辩证唯物主义都是世界观，二者就没有什么区别了，二者并列就没有意义了。这显然同恩格斯的原意不符。按恩格斯的原意，这个“历史”是人类社会历史，“历史唯物主义”是关于人类社会历史的唯物主义理论，即以唯物主义一般原理为指导思想而建立的历史观，它不是世界观。历史唯物主义的“历史”应该指对象，而不是指特征。

总之，我的看法是：辩证唯物主义在马克思主义哲学的各种名称中是最确切的名称，为了突出历史唯物主义的重要地位而把二者并列起来，称为辩证唯物主义和历史唯物主义当然也是可以的。

社会实践是检验认识的真理性的唯一的最终标准*

一、20 世纪 70 年代末的一场大讨论

1978 年 5 月 11 日《光明日报》以“本报特约评论员”的名义发表了《实践是检验真理的唯一标准》一文，引发了一场大讨论，这就是影响广泛而深远的关于真理标准问题的大讨论。不仅哲学界，而且整个理论界，不仅理论界，而且整个知识界以及各级干部都卷入了这场讨论。集中的讨论虽然只有两三年，但遗留下来的理论问题至今还在讨论。特别值得注意的是它又引发了许多理论问题的讨论，如后来关于人道主义和异化问题、人的活动的主体性问题、实践唯物主义问题、人学问题、中国现代文化建设问题等等的讨论都可以说是这场讨论的延续。这场讨论开辟了新

---

* 本文发表于《高校理论战线》1998 年第 4、第 5 期，追溯了真理标准理论的近代哲学史背景，并主要对实践标准理论的几个有争议的问题发表了看法，认为应该区分真理标准和检验真理的标准（方法、手段），从最终意义理解唯一标准，逻辑推理在一定意义上也有检验真理的作用，实践检验不是简单用实践的效果检验，而是一个复杂的过程。

中国成立以来理论工作的新时代，即百家争鸣的新时代。

但是，这场大讨论的首要意义不在理论上，而是在政治上。对马克思主义哲学来讲，真理标准问题在基本观点上是已经解决了的，《光明日报》的文章不过是重申了一个马克思主义哲学的基本观点，为什么会引起如此强烈的反响和如此广泛的讨论呢？因为它适应了中国社会发展的需要。1976 年 10 月“四人帮”被粉碎后，随着揭批“四人帮”罪行的深入，广大人民群众迫切要求清算和纠正“文化大革命”中的错误，包括理论上、纲领路线上、组织处理上的错误，为“天安门事件”以及一大批冤假错案平反，把我国社会引上社会主义现代化建设健康发展的道路。但是，这些要求受到了党中央主席华国锋的阻挠和压制。他还提出“两个凡是”的观点，即“凡是毛主席作出的决策，我们都坚决维护，凡是毛主席的指示，我们都始终不渝地遵循”，作为党的指导思想。这个观点最早见于 1977 年 1 月按照他的意见为他准备的一份讲话草稿内，1977 年 2 月 7 日公开发表于《人民日报》、《红旗》杂志、《解放军报》社论《学好文件抓住纲》中，1977 年 3 月他在中央工作会议上又重申了这一观点。[①] 按照这一观点，深入揭批“文化大革命”、拨乱反正、平反冤假错案都无从谈起了。这一形势引起了全国人民，尤其是广大理论工作者的沉思：究竟什么是党的思想路线？究竟什么是检验真理的标准？

颇有意思的是，1978 年 3 月 26 日，即在“两报一刊”发表“两个凡是”观点之后一年又一个多月，《人民日报》发表署名文章《标准只有一个》，认为“真理的标准，只有一个，就是社会实践”。批评

---

① 参见《关于建国以来党的若干历史问题的决议》注释本，457 页，北京，人民出版社，1983。

“有的同志不愿承认或不满足于马克思主义的这个科学结论，总想在实践之外，另找一个检验真理的标准”。后来作者张德成谈到此文时说：“文字只有千余字，但是指出的问题确是当时我国政治生活中的一个大问题：是继续搞‘两个凡是’还是坚持马克思主义的思想路线。文章的锋芒是针对‘两个凡是’的，是反对‘左’倾错误的。”①这可以说是第一枝报春花，然而没有引起强烈的反响。

又一个多月后，1978年5月11日《光明日报》以本报特约评论员的名义发表《实践是检验真理的唯一标准》一文。文章一开头就提出：“检验真理的标准是什么？这是早被无产阶级革命导师解决了的问题。但是这些年来，由于‘四人帮’的破坏和他们控制下的舆论工具大量的歪曲宣传，把这问题搞得混乱不堪。为了深入批判‘四人帮’，肃清其流毒和影响，在这个问题上拨乱反正，十分必要。”文章重申“实践不仅是检验真理的标准，而且是唯一的标准”。“任何理论都要不断接受实践的检验”，“革命导师们不仅提出了实践是检验真理的唯一标准，而且亲自作出了用实践去检验一切理论包括自己所提出的理论的光辉榜样。”最后说：“党的十一大和五届人大，确定了全党和全国人民在社会主义革命和社会主义建设新的发展时期的总任务……我们要完成这个伟大的任务，面临着许多新的问题，需要我们去认识，去研究，躺在马列主义毛泽东思想的现成条文上，甚至拿现成的公式去限制、宰割、裁剪无限丰富的迅速发展的革命实践，这种态度是错误的。我们要有共产党人的责任心和胆略，勇于研究生动的实践生活，研究现实的确切事实，研究新的实践中提出的新问题。只

① 张德成：《九十年代与中国社会主义》，60～61页（自序），长春，东北师大出版社，1994。

有这样，才是对待马克思主义的正确态度，才能够逐步地由必然王国向自由王国前进，顺利地进行新的伟大的长征。”文章不但论证了实践是检验真理的唯一标准，而且指明了这个观点的重大实践意义，几乎直接批驳了“两个凡是”的观点。

这篇文章的作者胡福明发表在《开放时代》1996 年第 2 期上的回忆文章《真理标准大讨论的序曲》曾谈到他写此文时的心态，他说：“粉碎‘四人帮’后，我以为，‘文革’要结束了，社会主义现代化建设的新时期要开始了，中国历史发展要出现重大转变。‘两个凡是’出来后，问题复杂了。‘两个凡是’的本质是维护‘文革’的理论、路线、方针、政策……党、国家、民族处于十字路口。”经过半年多的沉思与摸索，作者“才确定以‘实践是检验真理的标准’作基本论点，批判‘两个凡是’”，并写好了上述文章，1977 年 9 月初寄给了《光明日报》，又经过半年多的修改补充才正式发表。

一石击起千层浪，文章引起了强烈的反响。文章发表当天，新华社全文播发。次日，《人民日报》和《解放军报》全文转载。全国绝大部分报纸后来都陆续转载了。广大人民群众、干部和知识分子绝大多数赞同文章观点，认为文章发表得非常适时。各报刊陆续发表了大量讨论真理标准的文章。但这只是一方面的情况，另一方面文章也引起了坚持“两个凡是”的党中央领导人和负责思想战线领导职务的少数领导人的强烈反对和压制，力图缩小其影响。① 时代的潮流不可阻挡，坚持“两个凡是”、反对实践标准的思想路线终于彻底失败。1978 年 12 月 22 日闭幕的党的十一届三中全会对这场两条思想路线的

① 张德成：《关于真理标准问题的讨论始末》，见《九十年代与中国社会主义》，文中对正反两方面的反响都有颇为详细的介绍。

较量作了结论，全会公报指出：“会议高度评价了关于实践是检验真理的唯一标准问题的讨论。认为这对于促进全党同志和全国人民解放思想，端正思想路线，具有深远的历史意义。一个党，一个国家，一个民族，如果一切从本本出发，思想僵化，那它就不能前进，它的生机就停止了，就要亡党亡国。”

大家知道，十一届三中全会是新中国成立以来党的历史上具有深远意义的伟大转折，它结束了1976年10月以来党的工作在徘徊中前进的局面，开始全面地认真地纠正“文化大革命”中及其以前的“左”倾错误，标志着党的马克思主义的思想路线、政治路线和组织路线的重新确立，作出了实现全党工作重点转移的重大决策，开辟了改革开放的新阶段。对于这个历史转折的出现，真理标准问题讨论发挥了思想先导的作用，这就是这场讨论的伟大的政治实践意义之所在。

马克思主义哲学是经得起实践检验的，它的基本观点是不会被实践推翻的，但经过一次检验会被修正、被深化、被丰富、被发展，实践标准的观点当然不能例外。

作为一个理论问题、学术问题，真理标准问题的讨论也具有发展马克思主义哲学理论的重要意义，这不仅表现在由于正确的思想路线的确立而产生的整个马克思主义哲学理论的发展，而且表现在实践标准观点本身的深化和发展。这场讨论的文章在十一届三中全会以前多强调实践标准观点的政治意义，在十一届三中全会以后则多强调它的理论意义。对于深化和发展马克思主义实践标准观点有着理论意义的问题，《中国哲学年鉴》（1982年）曾概括为三点，即：

（一）实践是不是检验真理的标准？认为实践不是检验真理的标准的同志并不是主张“两个凡是”或本本主义，而是认为认识是否具有真理性，只能看它是否与客观对象相符合，检验真理的标准只能是客观事物本身。

（二）实践是不是检验真理的唯一标准？有的同志认为实践是检验真理的最终标准，不是唯一标准，逻辑证明在一定条件下也可以起检验真理的作用。

（三）实践怎样检验认识的真理性？有的同志认为实践检验认识就是由实践的成败来检验，而实践的成败则由实践的目的来衡量。目的不同，对同一实践的结果就可以有不同的看法。有的同志则认为实践诸要素是一个不可分割的整体，实践作为检验真理的标准应该从整体上，从实践的全过程的总和上来理解，而不能孤立地抽取其中某一个要素单独作为标准。①

《年鉴》确实抓住了实践标准问题讨论中的几个主要理论问题，但它只是客观地介绍了争论双方的观点，没有作进一步分析。我认为这些争论中包含了几个没有解决或没有完全解决的理论问题，解决了将推动马克思主义哲学的发展。那么，有些什么问题呢？

（一）何谓“真理的标准”？或者说，“真理的标准”的含义是什么？就当时讨论的问题来说，“真理的标准”一词是省略语，说全一点则是“检验真理的标准”，更全一点是“检验某一认识是真理还是谬误的标准”或“检验某一认识是否符合外部世界的标准”，换句话说，就是用什么方法、方式、手段来检验、验证、证明某一认识的真理性。有的同志则是把真理的标准理解成为某种尺度，人们把某一认识同它相比较来确定其真理性，好比人们把一匹布同尺子相比较来确

① 《中国哲学年鉴》（1982 年），42～44 页，北京，中国大百科全书出版社，1982。

定这匹布的长度那样。因此，他们认为客观世界是真理的标准，认识的真理性就在于认识与它是否符合或符合多少。究竟怎样理解“真理的标准”，这是必须解决的问题。

（二）如果把“检验真理的标准”理解为“检验真理的方法、方式、手段”，那么，我们就可以问是不是只有一种方法？如果有多种方法，其中有没有一种是最终的或最根本的，其他方法是由它派生出来的？当时讨论涉及较多的是逻辑证明的地位问题，有三种可能的回答：第一，它根本不是检验真理的标准；第二，它是检验真理的标准之一，但不是最终的标准，实践是唯一的最终的标准；第三，它是检验真理的标准之一，与其他标准是并列的。究竟哪一个回答比较确切，这还是需要解决的问题。

（三）实践怎样检验认识？前面谈到的第一个回答是一种比较简单的回答，它把实践检验等同于实践效果的成败的检验，而实践的成败又以主观目的为标准，这就可能导致真理论的相对主义，因为效果只能判定认识是否与我的目的一致，而不能判定认识是否与客观世界一致。事实上，符合我的目的的认识不一定是真理，不符合我的目的的认识不一定是谬误。实践检验认识无疑是一个综合的复杂的过程，是大有文章可做的。有不少论著涉及这个问题，作了一些分析，但其间的一些具体问题，没有展开深入的讨论。可以说，对实践检验认识的具体过程的研究还没有形成完整的系统的理论，因此，这将是马克思主义认识论的一个新的生长点。那么，其间有些什么具体问题呢？

由于人们谈得较多的是实践的成败证明认识的正确与错误，所以首先应该研究的是实践的效果在检验认识的真理性中究竟起什么作用？夸大或缩小它的作用显然都是不对的。由此引起的第二个问题就是主体的目的与真理的关系问题，或者说，在实践检验认识的过程中认识判断与价值判断的关系问题。第三是实践的其他因素如感性经验、已有的理论（包括理论前提与相关知识）、逻辑推理等在检验认识的过程中的作用。第四是作为一个系统工程的实践检验认识的全过程是怎样的？最后是为什么实践能够成为检验认识的真理性的唯一标准？可能还有其他问题。总之，实践检验认识的过程是非常复杂的，许多问题都还没有得到满意的解决。本文尝试对这些问题作出可能的回答。为了真正抓住要害，本文拟先谈一下哲学史上问题之提出与回答，然后再具体回答这些问题。

二、实践观点的提出从根本上解决了认识论史上长期争论不休的一个重大问题

19 世纪 40 年代，人类思想史上发生了一场革命，那就是马克思主义的诞生，其主要标志是马克思和恩格斯在思想上从人道主义历史观过渡到唯物主义历史观，从空想社会主义过渡到科学社会主义。这个过渡的关键就是实践观点的提出。首先是马克思在《1844 年经济学哲学手稿》中提出人的本质是劳动、实践，这时他虽然还主张人道主义历史观（以人的劳动的异化和异化的扬弃解释人类社会历史和论证共产主义），但已离开费尔巴哈的人道主义历史观（以人的理性的异化和异化的扬弃解释人类社会的历史）。后来马克思在《关于费尔巴哈的提纲》中又进一步提出社会的本质是实践（劳动），这导致他们在《德意志意识形态》中抛弃人道主义历史观，提出唯物主义历史观，以社会生产（劳动、实践）中生产力和生产关系的矛盾运动来解释人类社会的发展。与此同时，马克思在《手稿》和《提纲》中都提出了实践是检验真理的标准的思想，科学地回答并解决了认识论史上长期没有解决、争论不休的重要问题——人类凭什么判定自己的认

识，特别是带有普遍性必然性的理性认识符合或不符合外部世界？这就是检验认识的真理性的标准、方法、方式或手段问题。

中外古代哲学史都提出了这个问题，但缺乏严密的论证，只是随感式地独断式地摆出自己的观点而已，针锋相对的辩论是近代的事，那是在西方近代经验科学的基础上发生的。由于这场延续几百年的争论同我们讨论的问题直接有关，所以我们要分析一下这场争论如何导致马克思提出实践标准观点。

培根可以说是近代经验科学的哲学代表。他是一个唯物主义经验论者，不怀疑感觉可以向我们提供外部世界的真实消息，但“感觉本身乃是一种不可靠和容易发生错误的东西”，所以“一切比较真实的对于自然的解释，乃是由适当的例证和实验得到的。感觉所决定的只接触到实验，而实验所决定的则接触到自然和事物本身”①。这是一种自然科学的素朴的实践标准观点。恩格斯在谈到世界是否可知这个问题时说：“人们在论证以前，已经先有了行动。‘起初是行动’。在人类的才智虚构这个难题以前，人类的行动早就解决了这个难题。”②不仅科学家自发地以科学实践（实验）来检验科学认识，一切正常人在日常生活中也是自发地以生活实践来检验自己的认识。培根具有这种素朴的实践标准观点当然是不足为奇的，但他的观点仅限于科学实验，也缺乏系统的理论论证和彻底的科学性，无法回答唯心主义和不可知论的挑战。

代表唯心主义和不可知论提出挑战的是贝克莱和休谟。贝克莱夸

① 培根：《新工具》，352页，见《西方哲学原著选读》上卷，北京，商务印书馆，1981。

② 《马克思恩格斯选集》第3卷，702页，北京，人民出版社，1995。

大感觉经验的主体性，否定其客观内容，把感知的对象等同于经验，他说："它们的存在就是被感知，它们不可能在心灵或感知它们的能思维的东西以外有任何存在。"[①] 这样，他就在实际上根本否定了真理问题，也就否定了真理标准问题。但实际生活的需要使他不能不区别一下真实与虚幻、真理与谬误，他便提出区分二者的标准在于感觉是否来自上帝，亦即是否为人们所共有。在他看来，在圣餐会上，如果在座的人喝了圣水都嗅到酒香，尝到酒味，感到酒的效力，就不应该怀疑酒的真实性。

如果说贝克莱是以感知的主体性为论据向认识的真理性提出挑战，休谟则是直接向普遍的必然的认识或科学认识的真理性提出了挑战。他的论据也是经验主义的。他这样提出问题："我们凭什么论证能够证明人的心中的知觉一定是由和它相似（如果这是可能的）而实际完全差异的一些外物所引起的呢？我们凭什么论证来证明它们不能由人心的力量生起呢？我们凭什么论证来证明它们不能由一种无形而不可知的精神的暗示生起呢？我们凭什么论证来证明它们不能由更难知晓的一种别的原因生起呢？"[②] 这不是逻辑问题，而是事实问题，事实问题只能由经验来回答，"但是经验在这里，事实上，理论上，都是完全默不作声的。"[③] 因为经验只能回答经验内的问题，而这个问题已超出经验之外。显然休谟的挑战较之贝克莱的挑战更具有辩论性。休谟把矛头直接指向因果性知识，即科学知识。他认为科学上所说因与果只是一种先后关系，而不是产生关系，人们只看得见A在B

---

① 贝克莱：《人类知识原理》，见《西方哲学原著选读》上卷，503页，北京，商务印书馆，1981。

② 休谟：《人类理解研究》，135页，北京，商务印书馆，1957。

③ 同上。

先，看不见A产生B或A作用于B，因此“只能说，一个物象，或一件事情，跟着另一个、另一件，而不能说，这一个产生了另一个，这一件产生了另一件”①。例如火焰与热只是先后关系，热的结果是不能从火焰中发现的。休谟认为从经验中也不能发现普遍性、必然性，因为经验总是特殊的、或然的，各种正面与反面的事实都可以出现，例如从经验我们得不出“太阳明天要出来”的结论，“太阳明天不出来”是一样可以理解的，一样不自相矛盾的。② 这样，休谟就把科学知识、理论的客观性否定了。那么，科学知识是什么呢？是习惯。任何一种个别的动作或活动重复了多次，便会产生一种倾向，使我们并不凭借任何推理或理解过程，就可以重新进行同样的动作或活动。这就是习惯。“根据经验来的一切推论都是习惯的结果，而不是理性的结果。”③ 他对科学理论采取了实用主义的态度，认为“习惯就是人生的最大指导。只有这一条原则可以使我们的经验有益于我们”。④ 否定科学可以可靠地从特殊推出一般，从现象认识本质，从偶然上升为必然，也就否定了科学。显然，休谟并不是故意与科学为难，而是有理有据地向科学提出了一个重大理论问题：科学的真理性的根据是什么？科学作为真理性认识能成立吗？这使作为科学家的康德惴惴不安，他决心解决这个问题。

康德在提出他的《纯粹理性批判》的主要问题“先天综合判断如何可能？”时说：“形而上学的成败取决于这个问题的解决，或者说，取决于否定这种可能的充分的证明。在众多哲学家中，只有大卫·休

① 休谟：《人类理解研究》，75页，北京，商务印书馆，1957。

② 同上书，26页。

③ 同上书，42页。

④ 同上书，43页。

谟最接近于提出这个问题，但仍缺乏充分的确定性和普遍性。他的探讨只限于有关因果联系的综合命题，而且他相信他已证明了这种先天综合判断是不可能的。如果我们接受他的结论，那么，我们所说的形而上学就是纯粹谬误了，而这种形而上学正是我们借以设想我们能够对来自经验的东西和在习惯的影响下形似必然的东西进行理性的考察。如果他能在一切领域中都正视这个问题，他也许不会犯这个对全部纯哲学具有毁灭性的错误。因为他也许会认识到，按照他的思路，纯数学，包括先天综合命题也是不可能的；按照这个思想，他只有求助于正常的常识了。”① 康德所说的先天综合判断实即普遍的必然的科学原理，包括数学原理，因为他认为经验中没有普遍性和必然性，普遍的必然的东西一定是超越经验的，即先天的。康德认为普遍必然的科学原理不仅是可能的，而且是实际存在的，根本没有是否可能的问题，但在休谟的诘难下如何可能确是一个问题，必须解决。所谓“如何可能”也就是科学原理之所以普遍地必然地与对象一致的根据是什么，或者说，普遍必然的原理怎样成为真理，这实际就是检验认识的真理性的标准是什么的问题。康德本人也用过真理的标准这个概念，他说：“真理的字面上的定义，即真理是认识与对象的一致，是被假定得到公认的；问题是，任何和每一认识的真理性之普遍的和确实的标准是什么。”② 这里没有篇幅来详尽介绍和评论康德对这个问题的回答，下面只能极其简略地考察一下康德解决这个问题的基本思路。

康德把判断分为两大类：分析判断和综合判断。分析判断是人们

① 康德：《纯粹理性批判》（英译），55 页，MacMillane Co. Ltd.，1956。

② 同上书，97 页。

通过对主语的分析而得出的判断，其谓语已逻辑地蕴涵在主语之中，这种判断的普遍性和必然性当然是成立的，但它实际是同语反复，没有提供任何新知识，如四方形是方的这类判断。谓语不包含在主语中，把谓语与主语综合起来的判断是综合判断，这种判断才能提供新知识，数学原理、自然科学原理和哲学原理都属于这种判断。如果这种综合判断是经验的，其正确与否凭经验可以确定；如果是普遍的必然的，即先天的，其正确与否，按照休谟的说法，无法证明了。康德认为休谟是对的，但人类的知识也是不能否定或怀疑的，那么，出路何在呢？康德于是提出了他的观点：这个难题之所以产生是由于人们要求先天综合判断与外部世界一致，如果颠倒一下，要求外部世界与先天综合判断一致，其普遍性和必然性就是确定无疑的了。他说："如果直观必须与对象的结构一致，我就看不出我们如何能先天地认识对象的什么东西；但是如果对象（作为感觉的对象）必须与直观能力的结构一致，我就感不到这种可能性有任何困难。"① "我们只能先天地认识我们放到事物中的东西。"② 对感性认识中的先天综合判断（数学原理）是如此，对知性认识中的先天综合判断（自然科学原理）也是如此。换言之，如果认识是从客观到主观，其普遍性必然性就是不可能的；如果认识是从主观到客观，其普遍性必然性就是可能的。康德把这条思路称作"哥白尼式革命"，就像哥白尼以日心说取代托勒密的地心说一样。康德就是按照这个思路构建了他的认识论体系，把时间和空间看作先天直观形式，它们使数学和几何学的普遍必然的综合判断成为可能；把实在性、实体性、因果性、交互性等十二范畴

---

① 康德：《纯粹理性批判》（英译），22 页，MacMillane Co. Ltd.，1956。

② 同上书，23 页。

看作先天知性形式，它们使自然科学的普遍必然的综合判断成为可能；至于哲学的普遍必然的综合判断，由于其对象如宇宙、上帝、灵魂等是超越经验的，存在于现象的彼岸，关于它们的判断都是互相矛盾的，或者说，正反两个判断都是可以证明的，即康德所说的“二律背反”，因此，这些东西都是自在之物，是不可知的。

显然，按照康德的思路，他实际上并没有解决真理标准问题，而是取消了真理标准问题，因为真理标准问题提出的是：根据什么来判断某一认识是否与外部世界一致，而康德回答的却是：外部世界是不可知的，我们具有的知识根本没有是否与外部世界一致的问题。在康德看来，我们所面临的现实世界并非自在之物，而是我们的主观认识能力与自在之物交互作用的结果，对于这个世界（现象）的认识不过是人的认识能力的表现，其普遍性和必然性当然来自人的认识能力。他说：“理性必须一只手拿着协调一致的现象赖以构成规律的原则，另一只手拿着它根据这些原则设计的实验，走向自然，向自然请教。然而它这样做时不是像小学生那样老师讲什么就听什么，而是像正式的法官那样命令证人回答他提出来的问题。”① 对真理标准问题的这种先验主义的唯心主义的回答决不是毫无积极意义的，它的积极的贡献在于提出思维形式在检验真理的过程中的作用问题，亦即认识的主体性问题或理论前提问题，但是康德夸大了思维形式的作用，以为思维形式可以保证普遍必然的综合判断的真理性，这只是使问题深入了一个层次，问题仍然没有解决。尽管康德的回答至今在西方哲学界还有很多信奉者，今天在我国也颇有影响，这种回答毕竟是违背康德的初衷的。他本意是要为科学找一个牢固的基础，而实际是把它悬在虚

① 康德：《纯粹理性批判》（英译），21页，MacMillane Co. Ltd.，1956。

空了。这种观点不仅受到了唯物主义者的反对，也遭到了客观唯心主义者黑格尔的驳斥。

看来在经验和理论的范围之内都不能解决真理标准问题，但是，康德前后的唯物主义者以及黑格尔都对真理的实践标准有一定的猜测和认识。

自培根以来，近代西方唯物主义者一贯主张以科学实验作为检验真理的标准。略早于康德的狄德罗说过："我们有三种主要方法：对自然的观察、思考和实验。观察搜集事实；思考把它们组合起来；实验则证实组合的结果。"① 他认为："事物仅仅在我们理智中，就是我们的意见，就是一些概念，它们可能是真的，也可能是假的，可能被认可，也可能被反对。它们只有和外界的东西联系起来时才坚实可靠。"② 靠什么联系呢？"或者是一条由许多实验连成的不断的锁链，或者是一条由许多推理连成的不断的锁链，这锁链一端连着观察，另一端连着实验；或者是一条由许多实验穿插在许多推理之间造成的锁链。"③ 这里实践标准思想应该说是十分明确的，但它仍把问题限制在自然科学实验的范围之内，未能彻底解决真理标准问题。

黑格尔在其绝对唯心主义的思想体系中以思辨的方式正确处理了认识和实践的关系，猜测到了实践是检验真理的标准。对此，列宁在《哲学笔记》中作了深刻的分析。列宁认为黑格尔的《逻辑学》中有两个地方的范畴推演体现了实践标准的思想，一处是黑格尔在论述《概念论》的第二部分《客观性》如何向第三部分《观念》过渡时，

① 《西方哲学原著选读》下册，155页，北京，商务印书馆，1982。

② 同上书，153页。

③ 同上书，153～154页。

把目的性范畴作为中间环节，特别是另一处黑格尔作了从认识范畴经过实践范畴而达到绝对观念的推演。黑格尔把真理看作绝对观念，即主观性与客观性的绝对同一，它是怎样达到的呢？他认为认识消灭了主观性的片面性，实践消灭了客观性的片面性，认识与实践的统一就达到了主客观的绝对同一，对这一套思辨唯心主义的说法，列宁说："无疑地，在黑格尔那里，在分析认识过程中，实践是一个环节，并且也就是向客观的（在黑格尔看来是'绝对的'）真理的过渡。"① 但猜测毕竟是猜测，唯心主义者当然不可能真正解决检验真理标准问题。

作为19世纪的唯物主义者的代表，费尔巴哈对科学实验的作用当然是肯定的。在同唯心主义者的论战中，他也深深地意识到真理标准问题不仅是一个理论问题，因而他往往用实践标准观点来驳斥唯心主义，认为："唯心主义的根本错误就在于：它只是从理论的角度提出并解决经验的主观性或客观性、现实性或非现实性的问题。"② "在哲学和神学的讲坛上竭力谩骂科学的唯物主义，而在公共餐桌上却醉心于最粗俗的唯物主义，这多么有失体统啊？"③ 列宁高度评价了费尔巴哈的这些思想，认为他"把人类实践的总和当作认识论的基础。"④ 但费尔巴哈的观点还局限于科学实验和生活实践，对作为改造世界的实践活动的整体，特别是对最根本的实践活动——生产劳动缺乏明确的理解，因而还停留在直观唯物主义的水平。科学的实践观点的确立是马克思从人道主义（历史观）者转变为历史唯物主义者，亦即从直

① 《列宁全集》第55卷，181页，北京，人民出版社，1990。

② 《列宁选集》第2卷，102页，北京，人民出版社，1995。

③ 同上书，102～103页。

④ 同上书，102页。

观唯物主义者转变为实践唯物主义者的关键，正是在这个转变过程中马克思总结了哲学史的长期争论，提出了实践是检验真理的标准的观点，从而从原则上最终解决了这个问题。虽然马克思从1842年以来已开始了思想和立场的转变，但直到他写作《1844年经济学哲学手稿》时他仍然是一个人本主义者，没有跳出费尔巴哈的自然主义（唯物主义宇宙观）和人本主义（历史观）的思想框架，主张人类社会的历史是人的本质的异化和异化的扬弃的历史。但是，马克思对人的本质的理解不同于过去的人本主义者。卢梭把自由平等看成人的本质，从而把历史看成自由平等的丧失与恢复的历史；费尔巴哈把理性看成人的本质，从而把历史看成理性的迷误与复归的历史；马克思把人的劳动、实践看成人的本质，从而把历史看成人的劳动的异化与异化的扬弃的历史，这就是著名的劳动异化理论。尽管劳动异化理论并未打碎人本主义历史观的大框架，但它把劳动、实践看成社会历史发展的基础，已经突破了这个框架。正是劳动、实践成了马克思从人本主义历史观通向唯物史观的桥梁。当马克思通过对劳动、生产、实践的研究而发现了人类社会的经济生活的规律及其在整个社会结构中的地位和作用的时候，人本主义历史观就被唯物史观取代了。马克思正是在建立唯物史观的过程中终于解决了检验真理的标准问题。过去的哲学家们始终企图在认识范围之内解决认识与认识以外的世界是否一致的问题，找不到连结内外的桥梁。感觉经验无疑是一座这样的桥梁，但它只能把感性认识却不能把理性认识与外部世界连结起来。马克思认为人和人类社会都是实践的，人类社会的历史就是人的实践活动的总和，认识活动是实践活动的一个因素，实践活动是主体与客体、人与外部世界的直接交往，因此，检验认识是否是真理，即是否与外部世界一致的标准只能是实践。早在《1844年经济学哲学手稿》中马克思就指出过："理论的对立本身的解决，只有通过实践方式，只有借助于人的实践力量，才是可能的；因此，这种对立的解决绝不只是认识的任务，而是一个现实生活的任务，而哲学未能解决这个任务，正因为哲学把这仅仅看作理论的任务。"① 第二年他在《关于费尔巴哈的提纲》中提出了关于检验真理的著名论断："人的思维是否具有客观的真理性，这不是一个理论的问题，而是一个实践的问题。人应该在实践中证明自己思维的真理性，即自己思维的现实性和力量，自己思维的此岸性。"② 我认为马克思是原则地解决了检验真理标准问题，尽管他并未展开他的论述，仔细推敲他的这些话，还是可以看出，他决不是随意这样讲的，而是针对哲学史上的长期争论的。后来恩格斯、列宁、毛泽东和其他马克思主义哲学家都作了进一步的论述。

恩格斯在《劳动在从猿到人的转变中的作用》中提出"劳动创造了人本身"的观点，并作了相当详尽的论述，这一观点可以说是马克思关于劳动、实践是人和社会的本质的观点的组成部分。同马克思一样，恩格斯也把检验真理标准问题的解决建立在实践的基础上。他在《社会主义从空想到科学的发展》的《1892 年英文版导言》中说：不可知论"这种论点，看来的确很难只凭论证予以驳倒。但是人们在论证之前，已经先有了行动。'起初是行动'，在人类的才智虚构出这个难题以前，人类的行动早就解决了这个难题。布丁的滋味一尝便知。当我们按照我们所感知的事物的特性来利用这些事物的时候，我们的感性知觉是否正确便受到准确无误的检验。如果这些知觉是错误的，我们关于能否利用这个事物的判断必然也是错误的，要想利用也决不

---

① 《马克思恩格斯全集》第 42 卷，127 页，北京，人民出版社，1979。

② 《马克思恩格斯选集》第 1 卷，55 页，北京，人民出版社，1995。

会成功。可是，如果我们达到了我们的目的，发现事物符合我们关于该事物的观念，并产生我们所预期的效果，这就肯定地证明，到此时为止，我们对事物及其特性的知觉符合存在于我们之外的现实”①。往后恩格斯对这个检验过程用实例作了具体分析。恩格斯说“虚构”出这个难题是过分了，但他指出人类实践早就解决了这个难题这一点是很深刻的，也是很重要的，因为人类之所以能够作为人类生存和发展，是由于它能够按照外部世界的规律来改造世界，如果世界对人类是不可知的，人类最多只能过一种动物式的适应环境的生活。尽管人类若干万年来并未在理论上科学地解决检验真理问题，而在实践上确实自发地以实践作为检验真理的标准，否则不仅人类不能生存和发展，一个人要生存和发展也是不可能的。恩格斯的这个思想说明检验真理的实践标准在人类历史中可以说是源远流长，根深蒂固，马克思不过是发现了这个事实并加以理论表述而已。恩格斯的表述也是非常准确的，他强调的是我们按照我们对外部世界的认识来改造世界，其结果是否成功便是它与认识是否一致，从而就检验了认识是否与世界一致，这就划清了与实用主义的界限，实用主义简单地以效果为标准来区分真理与谬误，认为有效用的认识是真理，没有效用的认识是谬误。恩格斯还指出具体实践活动的局限性，明确讲“到此时为止”，这就包含了实践检验的相对性的思想。此外，恩格斯在《自然辩证法》、《反杜林论》、《费尔巴哈论》中都对实践标准问题作了深刻的论述。列宁除了完全赞同马克思和恩格斯的观点而外，还提出了一些新的观点。他提出的“生活、实践的观点，应该是认识论的首要的和基本的观点”是非常著名的，同时他还指出：“实践标准实质上决不能

① 《马克思恩格斯选集》第3卷，702页，北京，人民出版社，1995。

完全地证实或驳倒人类的任何表象。这个标准也是这样的‘不确定’，以便不让人的知识变成‘绝对’，同时它又是这样的确定，以便同唯心主义和不可知论的一切变种进行无情的斗争。”① 这实际上是实践检验的相对性和绝对性的思想，其中包含了把人类社会实践的总和看作检验真理的标准的思想，因此列宁有时就直接使用“人类实践的总和”的字眼。在《哲学笔记》中列宁把实践总和看成推理和逻辑的式的根据，说：“人的实践经过亿万次的重复，在人的意识中以逻辑的式固定下来。这些式正是（而且只是）由于亿万次的重复才有着先入之见的巩固性和公理的性质。”②

毛泽东的《实践论》大家都是很熟悉的，它的特点不仅在于把人类认识活动看成人类实践活动的组成部分，而且在于把实践检验认识看成认识活动的组成部分；不仅在于强调在一个认识过程中实践与认识的相互作用及其循环往复，而且在于强调在整个人类认识过程中实践与认识的相互作用及其循环往复。其中包含的关于实践检验认识的标准的思想可以说是从宏观上对马克思以来马克思主义哲学家的实践标准理论的系统的总结。

不管其他哲学家同意不同意，检验真理的标准问题，在马克思主义范围之内是已经解决了的，但是，第一，理论上解决了不等于实践上解决了，我国的个人迷信和教条主义根本违背了实践标准，导致了“文化大革命”的严重后果，1978 年开始的一场大讨论才恢复了实践标准的权威。第二，从微观上看，理论上仍然存在一些问题，其中有些问题是由于理解上的不同产生的，有些问题是由于研究不够产生

① 《列宁选集》第 2 卷，103 页，北京，人民出版社，1995。

② 《列宁全集》第 55 卷，186 页，北京，人民出版社，1990。

的，不管是哪种问题，都需要作进一步研究。

三、关于实践标准观点的若干理论问题

（一）检验真理的标准和真理的标准

许多争论往往都有概念理解问题掺杂其中，哲学争论尤其如此，必须首先加以澄清，争论才能进入实质性问题。检验真理标准问题的讨论中，“检验真理的标准”常被理解为“真理的标准”而产生意见分歧，就是一个明显的例证，这种争论完全是概念上的，而不是实质性的。

在日常语言中，标准、准绳、尺度等词是同义的，以 m 来衡量、比较 a、b、c……m 就是标准，a、b、c……是被衡量者、被验检者。例如 m 是一条法律条文，a、b、c 是人的行为，用法律来断定 a、b、c 是否犯罪或犯罪的程度，这叫作以法律为准绳。按此理解，真理的标准应该是衡量一种认识是不是真理或真理性程度的尺度，按照唯物主义的观点，这种尺度只能是外部世界，因为所谓真理就是与外部世界一致的认识，一致的程度越高，真理性就越高。因此，有些同志认为真理的标准是客观世界，这是完全正确的。现在的问题是：我们凭什么说某种认识与客观世界一致或不一致，有多少一致或不一致，这就是用什么方法、手段来检验认识的真理性的问题，即哲学史上所说的检验真理的标准问题。在西文中，这个“标准”是 Criterion，而不是前面所说的“标准”（Standard、Normal、Model）。Criterion 源出自希腊文，有标准、方法、手段、过程等涵义，西方哲学已习惯于用它来指检验真理的手段、方法等。如果汉语把它译为手段或方法，那么，检验真理的手段就可以同真理的标准明显区别开了。真理的标准是客观世界，它显然不能是检验真理的方法，因为检验的方法所要做

的工作正是要把认识和客观世界相比较，客观世界本身当然无能为力。语言使用中的习惯改起来很难，不必勉强把检验的标准改为检验的方法，只要明确地区分开真理的标准和检验真理的标准，概念理解上的争论就可以避免了。当然，这绝不是说，关于真理的标准没有实质性问题，其实，真理的标准问题就是真理是什么的问题，即真理是不是与客观世界一致的认识问题，这个问题在哲学史上长期争论不休，于今尤烈，由于它超出了本文的范围，这里就不讨论了。本文承认唯物主义的真理定义并以它为立论的前提。

（二）感性经验活动是检验真理的标准之一

理论界有一个争论：感性认识是否可以是真理？有的同志认为真理指的都是理性认识，即理论或理论观点，不能是感性认识。感性认识既然无所谓真理不真理，因而也没有检验问题。这是说不通的，感性认识既然是认识，认识就有真伪问题，就需要检验。怎样检验感性认识的真伪？最顺理成章的回答就是：以感性经验活动来检验。例如“长城蜿蜒于崇山峻岭之间”、“长江的水清澈见底”这两个判断，只要到长城、长江看一看就知其真伪了，哲学史上的唯物主义的经验主义者以感觉经验，特别是以多数人的感觉经验作为检验认识的标准，不是没有道理的。但是一般的说感觉经验是检验真理的标准是不行的，这种观点在哲学史上已被驳倒，这里还可以做进一步说明。

不能否认感觉经验检验真理的一定作用，一些比较简单的感性认识是否正确，能够而且只能通过感觉经验来检验，舍此别无他途。正常人在正常状态下的感觉经验是可靠的，是能够正确地反映外部世界现象的。人们在其实际生活和活动中通过感觉经验来获得正确的信息，从事有效的活动，从不怀疑感觉经验的一定的可靠性。只有处于精神失常状态，或者由于理论上的需要，人们才怀疑感觉经验的可靠性。但是感觉经验检验不能与实践检验并列，更不能取代实践检验，为什么呢？第一，对于检验感性认识来说，感觉经验有很大的局限性，过大过小，过快过慢，条件变化，环境干扰，都可使感觉经验产生错觉，无法辨其真伪，例如地面本是球形，看起来却是平的；实际上是地球在旋转，看起来却是太阳在绕地球转；电影实际上是断断续续的，看起来是连贯的；一半没入水中的筷子实际上是直的，看起来是折断的等等。其次，对于理性认识，感觉经验更加无能为力。理性认识所反映的是事物的本质和规律，而本质和规律都是看不见摸不着的，是抽象思维能力对经验材料进行归纳、演绎、分析、综合而获得的，但经验材料即便是真实的，也是有限的、特殊的、偶然的，而理性认识在一定层次上总是无限的、普遍的、必然的，怀疑论者正是根据这一论据否定理性认识的客观性，因此，恩格斯说："的确，单是某些自然现象的有规则的前后相继，就能造成因果观念：热和光随太阳而来，但是这里不存在任何证明，而且就这个意义来看，休谟的怀疑论说得很对：'有规则的 Post hoc（此后）决不能为 Propter hoc（由此）提供根据。"① 又说："单凭观察所得的经验，是不能充分证明必然性的。Post hoc 然而不是 Propter hoc。非常正确，不能从太阳总是在早晨升起便推断它明天会再升起，而且事实上我们今天已经知道，总有一天太阳在早晨再也不升起。"② 第三，简单的感性认识的可靠性及其得到人们的普遍认同（包括唯心主义者、怀疑论者的认同）实际上只是一种素朴的信念，这种素朴信念是需要论证的。正是

① 《马克思恩格斯选集》第 4 卷，328～329 页，北京，人民出版社，1995。

② 同上书，330 页。

它的素朴性使唯心主义者和怀疑论者有机可乘，得以从根本上否认它的可靠性。它的可靠性的根据是社会实践以及在实践基础上树立起来的现代科学，特别是生理学、心理学、脑科学的实验和理论，因此，从归根到底来讲，检验感性认识的标准是实践，而不是感性经验活动。

总之，在实践检验真理的过程中，感性经验活动是不可缺少的因素之一。最根本的社会实践是物质生产，物质生产是一种感性活动，没有感觉经验就没有物质生产，决不能轻视感性经验活动在实践检验真理过程中的作用。因此，感觉经验活动本身也有一定检验真理的作用，即局限于比较简单的感性认识。

（三）逻辑推理也是检验真理的标准之一

逻辑推理在一定范围内能不能起检验真理的标准的作用？这是争论较多的一个问题。尽管有充分的事实作根据，有的同志认为如果承认逻辑推理是检验真理的标准之一，就会否定实践作为检验真理的唯一标准的地位，因而千方百计论证逻辑推理不是检验真理的标准，而只能在实践检验真理的过程中起一定的、甚至重要的作用。但是事实毕竟是事实，逻辑推理正在单独地起着检验真理的标准的作用，而且在数学、逻辑学领域里起着唯一的检验真理的标准的作用。

人们并不否认一个几何学的定理我们只能用逻辑推理来证明它或证伪它，舍此并无他途。例如一个极普通的几何学定理“一个三角形的三内角之和等于二直角”，不是靠实地测量来证明的，而是靠逻辑推理来证明的。但是人们说这并不是用逻辑推理来检验这个定理的真理性，因为逻辑推理本身所使用的推理形式来自实践，作为前提的定义、公理、其他定理也来自实践，结论也需要用实践来验证。我认为这实际上是承认了逻辑推理是检验数学命题的真理性的直接标准，但在逻辑推理的背后有实践标准支持它，因而最终的标准仍然是实践而不是逻辑推理。

不仅在数学领域，就是在实证科学领域，逻辑推理也常常发挥着直接检验真理标准的作用，不必一定处处都要由实践来检验，当然，在这些地方，只有实践才能最后地检验理论或观点的真理性。无论是写关于自然的文章还是写关于社会的文章，甚至写哲学文章，我们都离不开论证。所谓论证就是以准确无误的事实为根据，以已经证明的原理为前提（有时并不把前提明确讲出来），运用各种逻辑形式，推演出我们要证明的论断。如果事实材料是真实的，前提是正确的，推理也是正确的，那么，结论就得到了真理性的验证。例如毛泽东的《论持久战》以关于国际形势、中日双方的强处与弱处的事实材料为根据，以若干讲出的和没有讲出的原理、公理为前提，经过逻辑推理，得出了抗日战争是持久的，最后胜利是中国的这一结论，这一结论最后当然要由实践来检验，但也应该承认它已得到了真理性的验证，并不是一个猜测或假定。这个例子比较复杂，当时的日本军人不会承认，有部分中国人（速胜论者和亡国论者）也不承认，我们不妨举一个简单的例子。到承德旅游过的人都知道，承德附近有一棒槌山，山上有一顶天矗立的形似棒槌的巨石，高约 70 米，上粗下细，倒立在那里，在市区里即能望见。根据上述情况，根据石头在空气中会风化的原理和地心引力的原理，我们可以引出棒槌石总有一天会倒塌的结论，这个结论的真理性是否一定要等巨石倒塌那一天才能确证呢？否，这个结论单凭逻辑推理就是可以肯定的，当然，最后的检验仍然是实践。

在现实生活中，人们在考虑一个命题的真假时，多数是凭借已经获得的真的知识，通过逻辑推理来加以验证，因为这种验证虽然不是最后的，却是比较简便的，也是可靠的。时时处处事事都要靠实践来检验，将不胜其烦，事实上是做不到的，真要做也是极其浪费的。

（四）社会实践总和是检验认识的真理性的唯一的最后的标准

我认为这是对“实践是检验真理的唯一标准”这一命题的完整的表述。“实践总和”意味着多次反复的实践，而不是一次实践或几次实践。“唯一的最后的标准”意味着感性经验活动和逻辑推理虽然也是检验真理的标准，但它们不是最后的，能够最后地检验真理的只是实践，不能在实践之外去寻求更根本的检验真理的途径。对于这一观点，下面分为几点加以详悉论述：

1. 作为检验真理的标准的实践包含那些因素？实践，就其最根本的规定而言，就是改造世界的活动，包括改造自然界、人类社会和人的主观世界，关键在于“改造”，即变更对象。但参与改造活动的还有很多必不可少的因素，其中硬件有主体（人）、客体和工具，软件有目的（包括被检验的认识），供使用的思想、方法和价值标准，感性活动，理性活动，意志和情绪，效果等等。在这些因素中，感性活动和理性活动在一定条件下也可以起到检验真理标准的作用，其他因素根本不是活动，不可能起这种作用。这些因素都是必要的，没有硬件，改造活动就完全是虚幻的；没有软件，改造活动就不过是一种纯粹盲目的自然现象而已。因此，以实践来检验一种认识的真理性就是人的改造活动和以上因素互相结合起来，形成复杂的种种关系，借以弄清楚被检验的认识（原理或理论）是否与世界一致，有多大程度的一致。

应该指出，实践总是人的实践，人的实践总是社会实践，没有非人的实践，也没有人的非社会的实践。即使是单个人的实践，也是社会实践。这是因为人都是社会人，都是社会的一分子，他的实践活动，无论是与他人合作进行的还是他一个人单独进行的，都是整个社会实践活动的组成部分。不仅如此，参与实践活动的各种因素也都是离不开社会的，例如工具，是社会提供的，又如思想、方法和价值标准，也是在社会的历史过程中形成的。

2. 实践检验真理的过程是怎样的？人们往往把实践检验误解成实践效果的检验，认为如果按照某一认识的指导来进行实践，得到了预期的效果，那么，这就证明了这一认识是同客观世界一致的；反之，如果没有得到预期的效果，那么，这就证明了这一认识是同客观世界不一致的，简单说，通过实践得到了预期效果的认识就是真理，反之就是谬误。这就把实践检验过程简单化了，为什么呢？第一，按照正确认识来实践不一定能得到预期的效果，因为要干成一项工作有时是一个很复杂的过程，尽管认识基本上是正确的，但只要有一点点不正确，就会导致失败，由于这一点点错误就把认识否定，显然是不对的。即使认识完全正确，在实践中的一个环节的失误也会导致失败。此外，也还有可能出现了意外的情况，从而导致实践的失败。如果一次失败就把原来的认识否认掉，人类的科学认识是很难发展起来的。第二，也有相反的情况，指导实践的认识，即受检验的认识，并不正确，然而却得到了预期的效果，即俗话所说“歪打正着”，效果的出现可能另有尚未了解的原因，却被认为是某一认识指导的结果，因此，这并不能说明认识的正确。举一个非常浅显的例子。人们历代都认为太阳每天都绕着地球转，月亮也是如此东起西落，我们按照这种认识实践，每一次都能得到满意的效果，甚至今天人们都完全可以按照这一认识活动而得到预期的效果。那么，这种认识是不是真理呢？在科学日益发达，地心说被证明是错误的之后，人们知道不是太阳围着地球转，而是地球每天在自转。这类事例在科学史上和日常生活中都是很多的。第三，以效果如何来检验认识，难于同实用主义划清界限。列宁曾指出："实用主义……认为实践是唯一的标准"①，这个"实践"就是实践的效果，因而列宁又说："在唯我论者看来，'成功'是我在实践中所需要的一切，而实践是可以同认识论分开来考察的。"② 在实用主义那里，有用就是真理，真理没有是否与客观世界一致的问题。我国也有人持这种观点，认为既然检验真理的标准是实践的效果，而效果是成功还是失败，则以主观目的为转移，因此，真理的标准变成了主观目的而不是客观世界，这是唯心主义认识路线。

马克思主义认为，实践检验真理是在反复的实践过程中检验认识是否与客观世界一致，有多少一致，有多少不一致的复杂过程。列宁说："生活、实践的观点，应该是认识论的首要的基本的观点。"③ 又说："实践标准实质上决不能完全证实或驳倒人类的任何表象。这个标准也是这样的'不确定'，以便不让人的知识变成'绝对'，同时它又是这样的确定，以便同唯心主义和不可知论的一切变种进行无情的斗争。"④ 这是对实践检验认识的过程的特征的概括，而毛泽东的《实践论》则包括了从宏观上对这一过程的系统的比较完整的论述。下面根据我的了解概略描述一下这个过程。

第一步是确定实践的目的，即确定以实践来检验什么认识、命题或理论。第二步是提出实践的计划，即根据这个被检验的认识来进行设计，提出一个适当计划，使计划的实现能够检验认识的真理性。第

① 列宁：《唯物主义和经验批判主义》，见《列宁全集》第18卷，358页，北京，人民出版社，1984。

② 同上书，141页。

③ 同上书，144页。

④ 同上。

三步是实行计划，使计划的实现获得一定的效果。第四步是分析结果，即分析结果中有多大成分符合或不符合最初的预期，这一步十分重要，但往往为人所忽视，而简单地被认为得到了预期效果，便证明被检验认识是真理；得不到预期的效果，便证明被检验认识是谬误。这种观点是不正确的，实际上，得到了预期的效果的认识不一定是真理，没有得到预期效果的认识不一定是谬误，因此，需要分析清楚为什么得到了这样的效果，预期的效果是怎样出现的，没有预期的效果是怎样出现的，正如俗话所说，不仅要知其然，而且要知其所以然。第五步就是根据这种分析，重新制定实践计划，所谓重新制定也许是完全抛弃原来的认识而以新的认识来指导新的实践，如果经过分析，证明它是根本错误的；也许是根本肯定原来的认识，只是加以局部的修改，如果经过分析，发现它只是部分错误；也许是根本抛弃原来的认识，但保留其部分正确的东西，如果经过分析，原来的认识还有部分东西并不错误。第一种情况较少出现，绝大多数是第二、三种情况，也会出现第四种情况，即经过分析原来的认识完全正确，无须修改，但这只限于那些极其简单的认识。第六步就是把新的计划付诸实践，并对其结果进行分析，以便再次制定新的计划，再次实践。如有必要，这个反复实践的过程可以无限地进行下去。就是在这个反复进行的过程中，人们对客观世界的认识在广度上日益扩大，在深度上日益深刻，这就是人类的认识史和科学史。为了更加具体地了解这个过程，我们按照上述四种情况举例略作说明。

第一种情况往往发生于为某种疾病寻求一种特效药，科学家不知作过多少次试验，推翻过多少次方案，有的终于找到某种特效药，有的药名就叫九一四或者六〇六，以纪念最终找到特效药的次数。有的至今还在寻求与试验之中。当然，这个过程决不是实用主义者所说的盲目的“trial and error”（尝试与错误），而是根据一定的理论和经验对试验对象进行了选择的。第二、三种情况是科学史上经常出现的，例如以太说曾经得到许多学者的肯定，后来被科学的实践推翻了，但以太说中包含的一些合理思想并未被抛弃，这些思想启发了后来的场论。又如原子论，科学实践并未推翻原子论，而只是否定了它把原子看成物质的不可分割的最小单位的观点。这些情况在社会科学中也是常见的。例如马尔萨斯的人口论，把人类社会的发展归结为人口的增长减少，认为人口的增长率远远大于生活资料的增长率，因而引起动乱，人口减少，导致社会安定和发展，这种理论是根本错误的，但其中包含的关于由于人口过度增长而出现的社会问题的观点则是合理的。又如列宁关于俄国社会武装革命的理论从根本上说是正确的，但也有其局限性，因此，用这种理论指导中国革命时取得了失败的结果，如因此而加以根本否定也会导致失败。毛泽东分析了失败的原因，没有根本否定它，而是改变了城市中心的形式，采取了开展农民革命运动，建立农村革命根据地，以农村包围城市，最后夺取城市的形式。中华人民共和国的建立也证明了列宁武装革命理论的正确性。第四种情况虽然是属于简单的认识，却是极其重要的。所有的公理都是十分简单的，有许多定理也是很简单的，这些公理和定理的真理性得到了几乎一切正常人的认同，其本身从被人们发现以来也几乎没有变化，尽管它们的适用范围也有一定限制。那么，它们的真理性是否需要检验呢？过去认为它们是自明的，甚至认为是人生而自然具有的，因而无须检验，但这个理由是不能成立的，它们仍要检验，实践仍然是最终的途径。这就是人们千百年来无数次生活实践和科学实践的复杂检验，正如前面所引列宁所说的，“人的实践经过亿万次的重复，在人的意识中以逻辑的式固定下来。”

正是由于这些建立在无数次反复实践基础上的简单的具备无可怀疑的真理性的公理和定理，逻辑推理才在一定意义上具有检验真理的标准的作用，如果逻辑推理的前提不是如此简单，它就难于起到检验真理的标准的作用了。

3. 为什么只有实践才能成为检验真理的最后标准？这是由实践在整个社会现象中的地位以及认识与它的关系决定的，这可以从几方面加以说明。

第一，实践是人与客观世界的交往关系中最根本的关系，是人之所以为人的本质，也是社会之所以为社会的本质，马克思说："社会生活在本质上是实践的。"① 也就是这个意思。人们是活动的主体，客观世界就是客体，人离开客观世界无法产生、生存和发展，因而人与世界发生了千丝万缕的联系和交往，其中实践最为根本。因为在实践中，人按自己的要求改变了世界，从而也改变了自己，这种交往是最深刻的，非其他交往可以相比。例如认识，它也是人与社会的一种重要的交往，但其深度远逊于实践，正如列宁所说，认识只具有普遍性而无外部现实性，而实践不但具有普遍性，而且具有外部现实性，即改造现实世界的作用。

第二，认识是实践的产物。从某种意义上说，一切社会现象，一切人的活动，都是实践的产物，认识，作为一种社会现象，作为一种人的活动，当然不能例外。这里涉及一个哲学史上长期争论不休的问题，究竟实践在先还是认识在先？实践产生认识还是认识产生实践？马克思主义认为实践在先，实践产生认识，是从归根到底的意义来讲的，决不是承认在任何条件下都是实践在先，事实上，实践活动既然

---

① 《马克思恩格斯选集》第1卷，60页，北京，人民出版社，1995。

是人的自觉的有意识的活动，人在活动开始以前，一定已先有了某种思想，有的人正是根据这种情况断言认识先于实践，有怎样的认识就有怎样的实践。那么，先于此实践的此认识又是从那里来的呢？是与生俱来的吗？是上帝给予的吗？科学告诉我们，上帝是无稽之谈，与生俱来的是认识的器官和认识的机能，而不是认识，认识只能有两个来源，一个是前人传授，一个是实践活动（包括感性与理性的认识活动），而前人的认识归根到底也来自前人或前人的前人的实践活动。因此，人在从事一种实践活动时总是先已有了某种认识，但我们不能由此得出结论：认识在先，因为归根到底还是实践在先，而且人们只有在实践中才能进一步发展已有的认识，增加新的认识，创造新的理论。人们总是用归根到底在实践中产生的认识来指导后来的实践。总之，从根本上说，我们既不能承认认识先于实践，认识产生实践的观点，也不能承认认识和实践难分先后、彼此互相产生的观点，而主张实践先于认识，产生认识，并在此前提下承认认识与实践的相互作用。

第三，认识是实践的组成部分之一。前面已谈到实践的诸因素之中，认识占有重要的地位，那么，认识能否离开实践而独立存在呢？当然能够，认识有相对独立性，无论是存在于人的头脑中还是存在于其他物质实体如书本、电脑中，都可以是离开实践的，但是当认识与实践结成一个统一体时，实践活动则是整体，认识活动是部分，认识是实践的一部分。当然，如果以一个认识过程作为考察对象，我们也可以说其中的实践是认识这个整体的部分，但就一个人、一个集体、一个民族、一个国家，乃至整个人类社会的实践总和而言，实践是整体，认识只是部分，不管是多么重要的部分。

实践在先这个原理对于实践标准论也是适用的，正如恩格斯曾指出的，人类历史发展到提出这个问题很久以前，人类实际上已把实践看成检验认识的最后标准，只是不自觉罢了。今天不管人们自觉不自觉，赞成还是反对，人们也在把实践看成检验认识的最后标准，只是由于种种原因，许多人还不承认，甚至反对。我相信，由于社会的进步和科学的发展，马克思主义作出的这个伟大的理论贡献，不仅会在社会主义的中国得到普遍的认同并在建设有中国特色的社会主义现代化强国中发挥巨大的作用，而且将在全世界得到普遍的认同并在谋求全世界的永久和平和共同富裕的事业中发挥其伟大的作用。

马克思主义人学的基本问题*

一、当代中国人学热兴起的社会背景

我们都是人，当然对人并不陌生，但对人学却很陌生。不但古代没有所谓人学，近代以来也没有。直到20世纪后半叶才出现这个概念，但在基础科学目录中，至今没有人学的位置。新中国成立以来，我国理论研究涉及人的当然很多，但由于对人道主义、人性论的全盘否定，人学研究实际上成了一个理论上研究的禁区。改革开放20年来，这个禁区不但被打破了，而且逐渐出现了人学研究的热潮，特别是20世纪80年代末以来，不少学者把人学作为一门科学来研究和建设，发表了大量的文章和专著，呈现出繁荣兴旺之势。有的学者认为人学将是21世纪的新兴学科。我国人学热的兴起不是偶然的，有其广泛而深刻的社会背景。

（一）认识史和科学史的背景

人类很早以前就有认识，认识的发展是一个过程，即

---

* 本文为作者主编的《人学原理》（广西人民出版社2000年出版）的《导论》，系统论述了作者关于马克思主义人学的各个基本问题的观点，可以说是作者20年来人学研究成果的一次概括和总结。标题是新加的。

从少到多、从浅到深、从简单到复杂、从零散到系统、从自然到社会、从客观世界到主观世界、从外部世界到人自身的过程。当认识从零散到系统形成思想体系便产生了科学，科学的发展也是一个从少到多、从浅到深、从简单到复杂、从分化到综合、从自然到社会、从客观世界到主观世界、从外部世界到人自身的过程。大体说来，自然科学出现得最早，社会科学出现得较晚，人的科学更晚。一些自然科学如天文学、力学、数学在古代已经出现，社会科学在近代才开始出现。至于人，古希腊德尔菲（阿波罗）神庙上的一句箴言"认识你自己"，说明古代人已有了认识人的要求，但人的科学一直到近现代才出现，其中出现得最早的也是关于人的自然科学，即人体科学。但人体科学如人体解剖学、人体生理学也晚于其他生物科学，至于关于人的社会科学不但晚于人的自然科学，也晚于其他社会科学。而作为对人的整体研究或综合研究的人学直到20世纪后半叶才作为一门基础学科提出来，尽管在18、19世纪以来已经出现了Anthropology（人学或人类学）、Science of man（人的科学）等概念，但直至今天国际上还没有一个得到多数学者认同的科学的人学思想体系。人类的认识和科学发展到今天，建立一门基础学科——人学的必要与可能条件已经成熟，它迟早是会诞生的。

（二）国际背景

中国人学热的兴起决不是一国现象，而首先是世界历史发展的产物。其国际背景大体可以区分为以下四个方面：

1. 对两次世界大战的反思。自古以来，人类历史便充满了战争，但像20世纪两次世界大战那样涉及世界大部分国家，规模空前巨大，损失空前惨重，生命的死亡空前众多，特别是在第二次世界大战中，德国法西斯和日本军国主义成十万、成百万地集体屠杀平民，实行空前残酷的种族灭绝，更是历史上不曾有过的，这些都是善良的人们难以想象的。二战之后，人们痛定思痛，深感有必要恢复和提高人们的人权意识，发扬人道主义精神，不断改进人权状况。有远见的政治家们通过联合国这一国际组织发表了《世界人权宣言》，为国际人权事业提供了指导文件。在《宣言》的指引和推动下联合国又通过了一系列人权文件，国际社会的人权状况整个说来也不断有所改善。在这个过程中，人们自然要反复思考并研究人的问题。

2. 发达国家中民主运动和发展中国家民族民主运动的兴起。二战虽然消灭了德国法西斯和日本军国主义，但资本主义国家内部矛盾依然存在，发达国家与发展中国家之间矛盾依然存在。号称民主国家内部，几十年来物质生活水平虽然有较大提高，但贫富悬殊的情况不但没有减轻，而且日益加剧，阶级压迫、种族歧视也愈演愈烈，这些情况不断激起一次又一次的民主运动。即使西方发达国家，黑人运动、妇女运动、学生运动、反战运动、工人运动也不断发生。资本主义国家之间的竞争和垄断，超级大国之间的争霸斗争，被压迫被剥削的发展中国家要求独立、要求民主、要求发展的民族民主运动不断兴起，许多殖民地附属国独立了，许多国家富强起来了，其中还包括社会主义运动，出现了一批社会主义国家。和平与发展逐渐成为世界各国人民的强烈要求，终于成为时代的主题。人民不但要求生命有保障，而且要求温饱、要求富裕、要求公平、要求平等，反对贫富悬殊，反对种族歧视。这些情况也促使人们思考人的问题，特别是研究人际关系。

3. 科学技术的高度发展引起的生态环境的破坏。人类的生态环境由于生产上的错误而遭受破坏的现象很早以前就出现了，在这个地球上被人类遗弃了的角落，甚至被毁灭了的文明比比皆是，但人类历史上的这种现象都是局部的，没有引起足够的重视。20世纪下半叶，人们在恢复战争创伤的基础上实现了新的科技革命，实现了人类历史上空前的工业大发展和生活水平大提高，出现了全球性的生态平衡的破坏，如大气污染、温室效应、海洋污染、森林减少、沙漠扩大等。如果长此下去，其结果将不是一地一区的毁灭，而是作为适宜于人类的生存与发展的地球的毁灭。但是，至今人类还找不到另一个可以大量移民的星球来代替被破坏、被毁灭的地球。这就引起人们对人类前途与命运的思考，对人类在自然界的地位、人类与自然界的关系的思考。

4. 国际人权思潮、人道主义思潮与人学思潮的兴起。二战以后的国际经济、政治在思想上的反映就是人权思潮与人学思潮的兴起，而二者又是密不可分的。人学思潮是人权思潮的理论上的升华。人权运动有两个方面，一是实践活动，一是理论活动，即人权思潮。受剥削受压迫的人民，特别是发展中国家人民以争取自己的经济政治社会的人权作为解放自己的旗帜，在联合国以及其他场合进行不懈的斗争，这一斗争得到了社会主义国家的参加和支持，而发达国家也打着人权的旗帜来遏制发展中国家和社会主义国家。尊重人权也就是实行人道主义，人权思潮实际就是人道主义思潮，人权的旗帜实际就是人道主义旗帜，二者是无法分开的。人权和人道主义无疑是人的一个重要方面，要弄清楚人权和人道主义问题当然离不开对作为整体的人的研究，即人学的研究，人学便应运而生了。对人作整体研究并形成一股思潮是第二次世界大战以后的事情，其中主要代表人物都同马克思主义有一定的关系。这是因为只有马克思主义承认人类社会发展是有规律的，可以成为科学研究的对象，而非马克思主义否认这一点，虽然它也谈了许多关于人的思想，却并不想建立关于人的科学。萨特、加罗蒂、弗洛姆、沙夫以及一大批从事人学研究的苏联学者如弗罗洛夫等人都是人学的著名代表，也都是马克思主义的研究者。

（三）国内背景

1. 对“文化大革命”的反思和关于人道主义和异化问题的讨论。由于“左”的影响，我国直到20世纪70年代末人学研究仍然是一个理论禁区。“文化大革命”使“左”倾路线走到了极端，出现了大量骇人听闻的反人道的现象。物极必反。“四人帮”垮台了，“左”倾路线得到了纠正，人们开始反思“文化大革命”：为什么在社会主义的中国也会广泛出现反人道的野蛮现象？许多学者提出，过去对人道主义和人性论的全盘否定是其思想根源之一。尽管毛泽东早就提出过“救死扶伤，实行革命的人道主义”，党的理论、国家的宪法和政策也都包含人道主义的内容，但作为一种理论的人道主义和人性论始终是批判的对象。这种情况导致人们思想中只有阶级斗争观念，缺乏把任何人当人看的人道意识和人权意识，这不能说不是“文化大革命”中反人道行为的原因之一。痛定思痛，肯定人道主义的价值观是正确的，也是必要的。但有的学者认为，过去对马克思主义的了解是根本错误的，唯物主义见物不见人、敌视人，不是马克思本人的思想，不是马克思主义，真正的马克思主义是现代人道主义。这种观点受到了另一些学者的反对。于是在80年代初出现了一场关于人道主义和异化问题的大讨论，这一讨论在1983年纪念马克思逝世一百周年时达到了高潮。讨论后来渐趋沉寂，但问题并没有完全解决，它给理论界留下了一个问题：究竟应如何看待人道主义？如何看待人？人在马克思主义中应占什么地位？人们从这场讨论中得到启发：应该把人学作为一门科学来研究和建设，应该建立马克思主义人学，即科学的人学。

2. 改革开放和建立社会主义市场经济的需要。改革开放是思想解放的结果，又是促进思想进一步解放的原因。改革开放要人来推动，解放思想也是解放人的思想，因此，调动人的主动性、积极性和创造性便成为一个迫切问题。市场经济更是需要具有现代文化素质，高度主体性、创造性思维和极强应变竞争能力的人，亦即充分现代化的人。同时在改革开放和建立市场经济的过程中，由于生活水平的不断提高和富裕程度差距的日益拉大，人们的私欲和贪心也高度膨胀起来，加之健全的体制还没有完全形成，各种腐败现象，如以权谋私、行贿受贿、生活腐化、道德败坏等也日益猖獗起来，违法乱纪、触犯刑律现象广泛出现。这种情况一方面呼唤着激发人的思想和行动的主动性的理论，另一方面呼唤规范人的思想和行动的理论。为了适应这种需要，我国理论界广泛而深入地研究人的各个方面，关于人的科学纷纷登台，其中有的是老学科，如人性论、心理学、认识论、美学、伦理学、宗教学、管理学等，有的在我国是新学科，如人才学、领导学、人权论、人的存在论、人的本质论、人的价值论等。可见，无论是客观形势的发展还是理论形势的发展，都需要建立一门将人的各个方面综合起来研究的学科，即对人作整体研究或把人作为一个整体来研究的学科，即人学。实际上，人们在研究人的某一方面时都自觉不自觉地设定了人学理论前提，并以之指导自己的研究，人学的研究不过是把潜在的东西变为自觉的理论体系而已。

3. 中国生产发展引起的生态环境问题。生态环境破坏在全球各地的表现是不同的，在发展中国家比发达国家更加直接、更加严重，这是由于发展中国家把注意力集中在发展上，往往忽视生态环境问题，而且这些国家治理环境的手段和力量也远不如发达国家。中国20年来在经济上取得了巨大的进展，但在生态环境上也付出了巨大的代价。毁林垦荒、水土流失、围湖造田、水面缩减，是造成 1998 年长江大洪灾的重要原因之一。黄河每年断流的时间越来越长，许多人惊呼黄河有成为内陆河、甚至成为一串湖泊的危险。全国绝大多数河流遭到工业废水的严重污染，各地不少矿藏被胡乱开采，不但导致资源浪费，而且污染环境。大城市空气污染和环境污染越来越严重，像北京这样的城市，作为全国政治文化中心，空气污染一直十分严重。尽管政府和社会为了解决生态环境问题作了极大的努力，形势仍然十分严峻。这样，人与自然界的关系问题、人在自然界中的地位问题，不仅作为一个一般问题，而且作为一个现实的直接的紧迫的问题提到了中国人面前。党和政府面对这一问题提出了可持续发展战略，这是完全正确的，但怎样实施这一战略，其中有许多科学技术问题，也有许多人的问题，人的问题需要人学来研究。

4.“双百方针”在学术研究上的认真贯彻。自由思考、自由研究、自由讨论，是学术事业兴旺发达的前提。体现学术自由的“双百方针”是 20 世纪 50 年代提出来的，但这一方针的真正贯彻是从真理标准讨论才开始的。从哲学的发展来讲，真理标准讨论直接推动了实践问题本身的讨论，而后是人道主义和异化问题的讨论，随之而来的是主体性问题的讨论，然后是实践唯物主义的讨论，同时进行的还有价值问题以及哲学各领域、马克思主义哲学各原理和体系问题的讨论，90 年代初，人权问题的讨论也形成了高潮。在这个过程中，邓小平理论开始形成和发展，其哲学基础也是学者们研究和讨论的一个热点。在这一系列讨论中，人们可以看出，大部分的讨论都围绕一个中心——人，人学热正是直接从这些讨论中自然而然地出现和形成的。最初出现的是关于人的某一方面的讨论，讨论的方面多了便引出了对人作整体研究的要求和实际努力，这就是建立一门人学的科学体系的努力。这种努力起初是零散的，第一个有组织的集体努力是80年代后期《人学词典》的编写，此书于1990年出版。1995年出版了《人学大辞典》。据统计，从1987年到1997年已发表的人学文章达1355篇，其中关于人学基本原理的文章875篇，关于中外人学思想史的文章415篇，关于现代化建设中人学问题的文章165篇；已出版人学著作107本，其中包括一些系统阐发人学基本内容的著作。[①] 此外，北京大学在国家教委支持下举办过两届高级人学研讨班，为各高校培养人学教学人才。河北省、河南省先后成立了人学研究会，全国人学研究会也在筹备之中。小型的、地方性的人学研讨会已开过多次，全国性的人学研讨会也已在1997年、1998年召开过两次。

二、中国人学思想

人学作为一门科学虽然出现很晚，但人学思想却是源远流长。无论中国外国，几千年前就有了丰富的人学思想，即关于人的思想。

与中国人学思想相比，西方人学思想的发展具有鲜明的阶段性。古希腊、罗马时期人学思想发达，人的地位崇高；中世纪神学大盛，人成了神的奴仆，理论成了宗教的工具；文艺复兴运动恢复了人的地位，人学思想再度成为思想界的主潮。中国人学思想的发展没有这种鲜明的阶段性。中国古代人学思想十分发达，虽然同时也出现了很多神学思想，但神学思想没有压倒过人学思想。中国封建时期出现了势力强大的佛教、道教思想，有时也取得了统治阶级的尊崇，但它们始终没有取代过人学思想的统治地位。中国人学思想始终随着中国社会

① 《全国人学主要论著索引》，554～624页，见《人学与现代化》，桂林，广西人民出版社，1998。

的发展和中国社会文化的发展而不断变化和发展。下面分为四个方面介绍中国人学思想的特色和贡献。

（一）关于天人关系的思想

天人关系也就是人与自然的关系，亦即人在自然中的地位，这是人学的首要问题，也是十分古老的问题。近年来十分流行一种观点，即认为中国传统文化强调天人合一，即人与自然的和谐，而反对天人二分，或曰主客二分，即人类征服、奴役自然。中国古文化中的“天”是个多义词，它的最普通的含义是天空，即大气和日月星辰，不包括地，天与地才是今天所说的自然界。神秘主义把天空理解为“天上”，即天堂。天堂是神所居之地。天又被理解为神，甚至是最高的神，即上帝。当天人并列时，天便相当于自然界。古代的“天人之际”可以归纳为两个含义：人与自然的关系和人与神的关系。但即使天人感应论把天理解为有意志的神，这个天也不是离开自然的神，而是人化或神化的自然。因此，我们说古代所说“天人之际”就是人与自然的关系是可以的。

在中国传统文化中，关于天人关系的几种可能的观点都出现了。

第一种观点是天人合一思想。天人合一思想十分复杂，颇多歧义。一种观点认为天人本是一体，人是天的一部分，人无所逃于天地之间，从而认为人是渺小的、微不足道的，古代道家有这种观点。例如庄子说：“吾在天地之间，犹小石小木之在大山也。……计中国之在海内，不似稊米之在大仓乎？”（《庄子·秋水》）《庄子·则阳》把人类看作蜗牛角上的国家里的人民，真是微乎其微。但是，这只是一种主观的猜测，当时的人不可能像今天的人那样知道人在宇宙间究竟有多大。

老庄的著作主要主张另一种天人合一思想，即高度评价人的地位，人应顺天而行，把天人融为一体，有的甚至认为人可以成为天的主宰，单凭人的精神驾驭宇宙。老子说："故道大，天大，地大，人亦大。域中有四大，而人居其一焉。人法地，地法天，天法道，道法自然。"（《老子》二十五章）因此，老子主张无为，像自然那样无为而无不为。庄子把天人合一夸大成"天地与我并生，而万物与我为一"（《庄子·齐物论》）。当然，这不是每一个人都能做到的，只有"至人"、"神人"、"圣人"才能做到，他们"乘天地之正，而御六气之辩，以游无穷"（《庄子·逍遥游》）是"无所待"的，即浑然一体的绝对，无内外之分、高低之别、大小之异。这种天人合一的最高境界是神秘主义的，但它强调"合一"，即人应与自然一致，也是合理的。

儒家关于天人关系的思想也是不一致的。孔子一般回避这个问题，"夫子之言性与天道不可得而闻也"（《论语·公冶长》），但他也相信天命，说："君子有三畏，畏天命，畏大人，畏圣人之言。"（《论语·季氏》）"五十而知天命。"（《论语·为政》）很难否定孔子所谓"天命"的神秘色彩，也不能说其中没有顺应自然的猜测。无论如何，在孔子那里，天人是合一的，或说，应该是合一的。而孟子则大谈天命，认为："莫之为而为者，天也；莫之致而至者，命也。"（《孟子·万章上》）孟子把天人合一甚至提高到天我合一，提出"万物皆备于我"的命题，认为心、性、天是一脉相承的，因此，"尽其心者，知其性也。知其性则知天矣"（《孟子·尽心上》）。可以看出，儒家与道家的天人合一思想差别并不很大，道家更多神秘浪漫色彩，儒家更多伦理实用色彩，因为他们都主张人在天地间具有重要地位，是最可宝贵的。孔子的核心思想是"仁"，孔学可以说是"仁学"，"礼"是"仁"的表现。什么是"仁"？孔子有各式各样的回答，描述了"仁"

的各式各样的表现，其根本定义恐怕只能是：爱人（“樊迟问‘仁’，子曰‘爱人’。”（《论语·颜渊》））孔子的全部理论都是关于“仁”的理论，由此可见孔子对人的重视。孔子诚然有明显的等级思想，但不能认为他所爱的人只是贵族而不包括普通人。孟子转述过孔子的一句话：“始作俑者，其无后乎!”（《孟子·梁惠王上》）这说明孔子连俑殉都反对，当然更反对奴隶制的人殉了。孟子直接提出“仁者爱人”的命题，多方面论证和发挥了孔子的仁学，进一步还提出“民为贵，社稷次之，君为轻”（《孟子·尽心下》）的命题。孟子虽然主张爱有差等，但也赞成普遍的爱，这是很明显的。

第三种天人合一思想是天人感应说，西汉的董仲舒是这一思想的代表。董仲舒以天人同类来论证天人感应，即天人合一。他说：“天地之精所以生物也，莫贵于人。人受命乎天也，故超然有以倚。”（《春秋繁露·人副天数》）人与天地是同类的，一一相应的。“人有三百六十节，偶天之数也；形体骨肉，偶地之厚也；上有耳目聪明，日月之象也；体有空窍理脉，川谷之象也。”（《春秋繁露·人副天数》）因此，自然现象与社会现象是互相感应的，“凡灾异之本，尽生于国家之失。国家之失乃始萌芽，而天出灾害以谴告之。谴告之而不知变，乃见怪异以惊骇之。惊骇之尚不知畏恐，其殃咎乃至。以此见天意之仁而不欲陷人也。”（《春秋繁露·必仁且智》）这就把天人合一说变成了宗教。不管董仲舒出于什么动机（巩固封建统治或警恶劝善），这种观点总是一种牵强附会。

概括起来，天人合一思想有这样三种类型：一是人只是天的一小部分；二是天人合为一体；三是天人相互感应。持第一种观点的甚少，多数学派持第二种观点，尽管其中有的学派有些神秘主义色彩。持第三种观点的实际是各种宗教，他们都主张天人相通，即神人相通，主张有的人可以与神交往，代表神支配人，代神赏善罚恶。秦汉以后的整个封建时代，中国思想家们关于天人合一的观点不外以上三种。至于人的地位，只有第二种观点肯定人在宇宙中的重要地位，另两种观点都轻视人、贬低人。

按通行的观点，关于天人关系还有第二种不同的观点，即天人相分，一般认为这派的代表有荀子、王充、刘禹锡等人。下面以荀子为例作些分析。荀子提出“明于天人之分”的学说：“天行有常，不为尧存，不为桀亡。应之以治则吉，应之以乱则凶。强本而节用，则天不能贫；养备而动时，则天不能病；修道而不贰，则天不能祸……故明于天人之分，则可谓至人矣。”（《荀子·天论》）又说：“大天而思之，孰与物畜而制之？从天而颂之，孰与制天命而用之？望时而待之，孰与应时而使之？”（《荀子·天论》）这两段引文，用现代语言加以诠释，包含了以下思想：第一，自然现象的变化发展是有规律的，是不以人的意志为转移的，而社会现象则是人们有意识活动的结果，二者不能混为一谈。第二，自然现象对人是福是祸取决于人的态度，如能根据自然规律加以改造，节约资源，发展生产，就能过上幸福的生活。第三，与其把自然界作为偶像来顶礼膜拜，消极地等待它降福于人，何不掌握其规律，按照人的需要而改造之？荀子的思想今天看来也是很精彩的。其实，孟子也有这种思想，他说：“不违农时，谷不可胜食也；数罟不入洿池，鱼鳖不可胜食也；斧斤以时入山林，材木不可胜用也。”（《孟子·梁惠王上》）这就是说，按自然规律耕种，不竭泽而渔（不过度用网打鱼），养林与采伐相结合，生产才能持续发展。古代的法家也有这种认识，如韩非说：“随时以举事，因资而立功，用万物之能而获利其上，故曰：‘不为而成’。”（《韩非子·喻老》）这里实际上是把老子的消极的无为改造为积极的无为，即遵循自然规律而为，而不是把主观意愿强加于自然界，这样就能获得成功。这种观点在中国古代著作中是很多的。显然可见，这种天人相分思想与天人合一思想并不冲突，实际上是相辅相成的。这种天人相分思想，并不是主张天人割裂、对立，不是否定合一，相反，是主张把天人区别开来，以便把天人统一或合一起来，实际上也可以说成是一种天人合一思想。其实，前面所说那些天人合一思想也无不以天人相分为前提。天人合一思想中逻辑地包含着天人相分，如果天人没有分别，合一也就无从谈起了。反之亦然，天人相分思想中逻辑地包含着天人合一，如果天人不是一体，从何加以区分？

以上关于天人关系的观点具有代表性，我们只举出古代的几个代表，限于篇幅，后来的就不一一论述了。

（二）关于人际关系的思想

人际关系包括个人与个人、个人与人群、个人与社会、人群与人群之间的关系，其中关键性的关系是个人与个人、个人与社会的关系，这里我们就来评价中国古代关于这两种关系的思想。

有一种观点认为，根据马克思的三社会形态论，在第一种社会形态中人依赖于人，即自然经济社会，其价值观是整体主义或群体主义；在第二种社会形态中人是独立的，但依赖于物，即商品经济社会，其价值观是个人主义；在第三种社会形态中，人是独立的、自由的，又是互相依赖的，即自由人的联合体或产品经济社会，其价值观是集体主义。有的作者把第一种社会形态看作传统社会，把第二种社会形态看作现代社会，现阶段的中国社会正处于从传统社会向现代社会转轨或转型之中。这种观点回避了所有制的区别，这是这种观点的一个根本问题，这里不拟讨论。这种观点从这里引申出一个结论，我国传统社会的价值观是群体主义（包括新中国成立后的集体主义），转轨后的社会的价值观应该是个人主义，只有个人主义才适应市场经济，即商品经济。这里也不拟讨论新中国成立后占统治地位的价值观是什么，今天社会应该具有怎样的价值观，我们只讨论从事实上看中国传统文化中占统治地位的价值观是不是群体主义。

我们把强调群体利益高于个人利益的观点叫作群体主义，把强调个人利益高于群体利益的观点叫作个人主义；把主张人人平等的思想叫作平等思想，把主张个人有等级之分的思想叫作等级思想。按照这种理解，中国古代社会关于个人与群体的关系有以下几种观点：

第一，等级群体主义。在中国古代社会，群体大致可以分为几个层次：家族、宗族、民族或国、中国，早期中国被看成天下，后来天下被看作全世界或全人类。在中国封建等级社会里，家长是家族的代表，君主是国的代表，于是，个人与家族的关系便成了家族成员与家长的关系，处理他们之间关系的原则一个是孝（对家长），一个是慈（家长对成员）；个人与国的关系便成了臣民与君主的关系，处理他们之间关系的原则是忠（对君主），至于君主对臣民的原则说法不一。个人与个人之间视其关系之不同而有不同的原则，夫妇、兄弟、朋友之间的原则都不同，如夫为妻纲、夫唱妇随，兄友弟恭，只有朋友是平等的，要互相信任。因此，在封建等级社会中并没有真正的个人平等，到处充满了单方面的依附关系。个人与社会不是直接发生关系，而是通过一系列复杂的中间环节发生关系。中国传统文化中群体主义确实占据着统治地位，但这是在等级制基础上的群体主义，即等级群体主义，下面将引用一些言论来证明这点。

孔子的仁说就是一种等级群体主义。仁是孔子学说的核心，他谈论仁的地方甚多，说法也各不一样，但一切说法中无不包含“爱人”的意思。后来孟子也讲仁者爱人。可以说，仁的界说就是“爱人”，其他说法，如“己欲立而立人，己欲达而达人”（《论语·雍也》），“己所不欲，勿施于人”（《论语·卫灵公》）等，都是仁的具体表现。在孔子那里，仁不仅是对人的态度，而且是人生的目的。在孔子看来，人一刻也离不开仁，“君子无终食之间违仁，造次必于是，颠沛必于是”（《论语·里仁》）。按仁的原则管理国家就是“仁政”。用今天的话来讲，仁就是为人民服务、为社会服务，把人民、社会、他人的利益摆在第一位。孔子的仁显然具有普遍性，仁的主体是所有的人，仁的客体也是所有的人，看不出孔子有把仁的主体与客体限于一定范围的意思，但是“爱人”并不是一视同仁，而是有等级的。“颜渊问仁。子曰：克己复礼为仁。”（《论语·颜渊》）“礼”是周礼，其核心是等级制度，这就是说，要按照等级制度来爱。孟子明确讲“爱有差等”，虽然他没有具体讲有些什么差等。孟子甚至明确批判墨子的“兼爱”，认为：“杨氏为我，是无君也；墨氏兼爱，是无父也。无父无君，是禽兽也。”（《孟子·滕文公下》）对于反对等级制度的杨墨，孟子不惜无限上纲。孟子的等级思想比孔子更明确。孔子轻视劳动人民，称他们为“野人”、“小人”，而他们所说的“圣人”、“贤人”、“君子”都是统治者；孟子虽然讲过“民为贵，社稷次之，君为轻”（《孟子·尽心下》），但这并不意味着君主与人民是平等的，他认为统治者与被统治者的区分是天经地义：“有大人之事，有小人之事……故曰：或劳心，或劳力。劳心者治人，劳力者治于人；治于人者食人，治人者食于人，天下之通义也。”（《孟子·滕文公上》）孔子和孟子的等级群体主义并不否定个人的利益，相反，他们强调国家要努力满足人民的利益的言论是很多的。“子贡问政。子曰：足食、足兵，民信之矣。”（《论语·颜渊》）“子适卫，冉有仆。子曰：庶矣哉！冉有曰：既庶矣，又何加焉？曰：富之。”（《论语·子路》）“足食”、

“富之”都是主张使老百姓温饱和富裕起来。孟子则有很多详细论述如何使人民富裕起来的言论，大大发展了孔子的仁政思想。他说：“明君制民之产，必使仰足以事父母，俯足以畜妻子，乐岁终身饱，凶年免于死亡。然后驱而之善，故民之从之也轻。”（《孟子·梁惠王上》）对于如何“制民之产”，他根据古代井田制提出了一种封建的劳役耕种制：“方里而井，井九百亩，其中为公田，八家皆私百亩，同养公田；公事毕，然后敢治私事。”（《孟子·滕文公上》）。他甚至连养老问题也考虑到了：“五亩之宅，树之以桑，五十者可以衣帛矣。鸡豚狗彘之畜，无失其时，七十者可以食肉矣。百亩之田，勿夺其时，数口之家，可以无饥矣。”（《孟子·梁惠王上》）不仅儒家，中国古代多数流派，都主张群体利益与个体利益兼顾的，中国古代的群体主义决不是只管群体利益，不管个体利益，但他们多数也都认为在群体利益与个体利益之间总有一个轻重先后之别，二者不能两全时，要牺牲个体利益来成全群体利益，这就是中华民族两千年来被多数人所一致推崇的原则：杀身成仁，舍生取义。孔子说：“志士仁人，无求生以害仁，有杀身以成仁。”（《论语·卫灵公》）孟子说得更加有说服力：“鱼，我所欲也，熊掌亦我所欲也，二者不可得兼，舍鱼而取熊掌者也。生亦我所欲也，义亦我所欲也，二者不可得兼，舍生而取义者也。”（《孟子·告子上》）当然，这个“仁”、“义”在封建社会里，有时不是真正的群体，即人民、国家与民族，而是君主与皇帝，但作为一个一般原则确实激励了仁人志士赴汤蹈火，前仆后继，甚至也激励了今天许多人民的烈士。后代范仲淹的“先天下之忧而忧，后天下之乐而乐”，文天祥的“人生自古谁无死，留取丹心照汗青”，顾炎武的“天下兴亡，匹夫有责”，都可以说是这种群体主义的名言。

第二，平等群体主义。持平等群体主义的主要代表应该说是主张兼爱的墨家。墨家主张兼爱，反对爱有差等。他们甚至为了兼爱而不顾个人的利益，成了利他主义和苦行主义。墨子认为天下大乱，国与国、人与人互相倾轧、互相伤害，甚至互相杀戮，其原因就在于不相爱，因此，只要“有力者疾以助人，有财者勉以分人，有道者劝以教人”（《墨子·尚贤下》），大家都能做到“视人之国若视其国，视人之家若视其家，视人之身若视其身”（《墨子·兼爱中》），就可以天下大治了，这就是他的“兼相爱，交相利”的主张。他并不彻底否定等级，但认为不能像儒家那样不同等级有不同待遇，主张“兼以易别”，“不党父兄，不偏贵富”（《墨子·兼爱中》）。他并不否定个人利益，但认为只有兼爱才能实现每个人的利益，他说：“夫爱人者，人必从而爱之；利人者，人必从而利之；恶人者，人必从而恶之；害人者，人必从而害之。”（《墨子·兼爱中》）墨子不但坐而言，而且起而行，奔走呼号，到处宣传他的主张，希望统治者实行他的主张。孟子虽然坚决反对他的主张，但也承认：“墨子兼爱，摩顶放踵利天下，为之。”（《孟子·尽心上》）《庄子·天下篇》记载，墨子最崇拜大禹那种不惜牺牲自己来为人民造福的伟大精神，说大禹“使后世之墨者，多以裘褐为衣，以跂蹻为服，日夜不休，以自苦为极，曰：‘不能如此非禹之道也，不足为墨’”。儒家的爱和墨家的爱都采取了一般形式，即普遍的爱，但儒家的爱是从统治者的立场出发的，而墨家的爱是从劳动者的立场出发的，故儒家的爱是有等级的，墨家的爱是人人平等的，虽然墨家也承认等级。墨家的平等群体主义在一定程度上反映了原始公社和个体劳动者的平等观念。

这种平等群体主义在《礼记·礼运》中有更明显更集中更强烈的表现：“大道之行也，天下为公，选贤与能，讲信修睦。故人不独亲其亲，不独子其子。使老有所终，壮有所用，幼有所长，矜寡孤独废疾者，皆有所养。男有分，女有归。货，恶其弃于地也，不必藏于己；力，恶其不出于身也，不必为己。是故谋闭而不兴，盗窃乱贼而不作。故外户而不闭，是谓大同。”从这短短一段107个字中，我们可以看出这个天下为公的大同世界有如下特点：（1）生产资料公有，生活富裕；（2）没有等级制度，男人平等，但妇女地位低于男人；（3）没有君主，公务管理人员由选举产生；（4）人人安居乐业，各尽其能，生活困难的人受到特殊照顾；（5）人人互相友爱，互相帮助，道德高尚，生活节俭；（6）社会秩序良好，民事纠纷和刑事犯罪活动极少发生。《礼记》被认为是儒家典籍之一，但这篇《礼运》所反映的是父权制原始公社的理想情景，与儒家的基本观点有明显的区别，它基本上属于平等群体主义，而儒家的观点属于等级群体主义。宋代儒家张载的《西铭》也表露了这种兼爱思想，显然受了《礼运》的影响，他说：“民吾同胞，物吾与也。大君者，吾父母宗子；其大臣，宗子之家相也。尊高年，所以长其长；慈孤弱，所以幼其幼。圣其合德，贤其秀也。凡天下疲癃残疾、茕独鳏寡，皆吾兄弟之颠连而无告也。”（《正蒙·乾称篇》）张载一方面把仁爱扩大到自然界（物吾与也），然而另一方面又明确地承认等级，因此，《西铭》的思想只能属于等级群体主义。两千多年来，大同思想一直受到多数思想家的赞许和推崇，直至近代具有资产阶级革命思想的政治活动家如洪秀全、康有为、谭嗣同、孙中山等也都推崇大同思想。

第三，个人主义。个人主义是反对等级的，但它并不反对群体利益，只是反对把群体利益摆在前面，主张个人利益才是最基本的，应该把个人利益摆在群体利益的前面。个人主义的极端形态就是自我主义，它反对平等，把自我看作至高无上。个人主义的现代经济基础是资本主义私有制，但在古代也有其经济基础，即私有制，包括封建制和个体生产者，特别是手工生产者，但手工生产者的价值观不一定是个人主义，如前面谈到的墨家还是属于平等群体主义的范畴，其平等的主张就是小手工业者思想的反映。古代的个人主义的主要代表人物是杨朱。

杨朱是中国古代最著名的个人主义者，但其著作已散失，今天我们只能从他人的转述和评价中了解杨朱的思想。孟子说："杨子取为我，拔一毛而利天下不为也。"（《孟子·尽心上》）韩非也说他"不以天下大利易其胫一毛"（《韩非子·显学》）。这可能有些夸大。韩非又称他为"轻物重生之士"（《韩非子·显学》），这比较符合他的实际思想。所谓"重生轻物"就是把个人的生命与生存看作第一重要，而其他一切都是为个体的生存服务的。一般认为《吕氏春秋》中的《本生》、《重己》、《贵生》等篇基本上反映了杨朱派的观点，从这些篇的内容来看，杨朱并不主张损人利己，而是认为如果人人都能独善其身，那么，天下就太平了。他们主张满足人的物质欲望，但并不主张纵欲。但是，个人主义既然以个体为中心，就非常容易转变成为损人利己的极端个人主义和纵情享受的享乐主义。曹操青年时逃离董卓，访故人成皋吕伯奢，伯奢不在，其五子设宴款待，孙盛《杂记》曰"太祖闻其食器声，以为图己，遂夜杀之。既而凄怆曰：'宁我负人，毋人负我！'遂行。""宁我负人，毋人负我"这是一个极端个人主义的命题。但是，在中国古代的思想家中，像杨朱那样主张个人主义的并不多，像曹操那样吐露内心深处思想的就更少了。因此，在中国古代的文字资料中，人们看见的多是宣扬群体主义的书籍，其实个人主义和极端个人主义思想，特别是个人主义和极端个人主义的实践是很多的。尽管如此，从整体上看，特别是从保存在文字中的文化传统来看，群体主义占有较大的优势，只是决不能否认个人主义在中国传统文化中的存在。

关于人与人、人与群体的这三种观点在中国历史上的作用，我们都应抱一分为二的具体分析的态度。它们都有其合理因素和历史局限，对中国社会的发展都发挥过积极的推动作用和消极的阻碍作用。我国目前实际上存在着的两种基本的价值观就是集体主义与个人主义，弄清楚我国历史上的群体主义与集体主义的区别和联系、历史上与今天的个人主义的区别和联系，对于今天如何正确对待集体主义与个人主义都是有重要的现实意义的。

（三）关于人性的思想

人性论是中国人学思想史上争论极多、内容也十分丰富的一个问题，具有浓厚的中国特色。中国哲学史中没有人的本质的概念，但人性问题实质上就是人的本质问题，亦即人与动物的根本区别问题，因为中国思想家们不管在人性善恶上意见有多大分歧，但有一点共识，即都想从人的伦理道德方面来区分人与动物，把伦理问题看作是人的最根本问题。伦理关系，扩大一点讲，实际上就是社会关系。从这里可以看出中国传统文化的一个特点，即特别重视人际关系或社会关系。于是，中国思想家们围绕着人性是善还是恶争论了两千多年。对这个问题回答可能有四：人性善、人性恶、人性无善无恶、人性有善有恶。这四种观点在中国人学思想史上都有其代表，当然，大的派别中也包含一些小的派别。

第一，性善论。性善论是儒家人性论的主流，孟子是最主要的代表。孔子不谈性（人性）与天道，只说过“性相近也，习相远也”（《论语·阳货》），没有说人性是善还是恶，但可以看出他所说的性是先天的，习是后天的，这就是说人在先天方面是接近的，差别是后天的环境与生活造成的。孟子明确提出性善论，而且作了论证。他认为："人之性善也，犹水之就下也，人无有不善，水无有不下。"（《孟子·告子上》）但确切地讲，他并不是说人生来就是道德高尚的人，只是说人生来具有良好品德的萌芽，即仁义礼智的善端。他说："恻隐之心，仁之端也；羞恶之心，义之端也；辞让之心，礼之端也；是非之心，智之端也。人之有是四端也，犹其有四体也。"（《孟子·公孙丑上》）"仁义礼智，非由外铄我也，我固有之也。"（《孟子·告子上》）因此，一个人要成为道德高尚的人，主要的方法是内求诸己，他说："学问之道无他，求其放心而已矣。"（《孟子·告子上》）"求则得之，舍则失之。"（《孟子·告子上》）孟子从性善论引申出他的仁政思想，主张启发人的善性，与人为善，使人人都成为善良的人，则天下太平了。性善论在中国历史上产生了极大的影响，后来有许多思想家信奉性善论，如张载、程颐、谭嗣同等人都有性善论的言论。不仅如此，性善论在普通人的思维和言谈里已成为许多论断的前提，如我们把二战的德国法西斯和日本军国主义的暴行称作灭绝人性，把极端道德败坏的行为称作禽兽不如，可见性善论影响之深。严格地说，这是不确切的，因为这些恶行正是人的行为，恶也是一种人性，禽兽是无所谓善恶的。

第二，性恶论。性恶论是儒家中唯物主义者荀子的主张。荀子直接提出人性恶的主张，反对性善论，认为："人之性恶，其善者伪也。"（《荀子·性恶篇》）他所说的"伪"不是虚伪，指的是人为，他说，"凡性者，天之就也，不可学，不可事"，"不事而自然"，而伪则是"可学而能，可事而成"（《荀子·性恶篇》）。荀子所说的"性"实际是人生而具有的动物本能，如生存的本能（食）、繁殖的本能（色），但他认为这就是恶，因为"从人之性，顺人之情，必出于争夺，合于犯分乱理而归于暴"（《荀子·性恶篇》），所以，他主张以道德礼义来教化人民和自我修养。他说："古者圣王以人之性恶，以为偏险而不正，悖乱而不治，是以为之起礼义、制法度，以矫饰人之情性而正之，以扰化人之情性而导之也。"（《荀子·性恶篇》）可见，荀子的性恶论与孟子的性善论对人性看法虽然截然相反，但他们都主张以提倡道德法度来使人从善去恶，不过在孟子看来，这是发扬人所固有的东西；在荀子看来，这是增添人所没有的东西。稍后一点的韩非也主张性恶论，但整个历史上主张性恶论的不如主张性善论的多，这可能是由于人们总想把人说得好一点的缘故。

第三，性无善无不善论或性无善无恶论。这派的创立者是告子，但告子的论著早已佚失，他的思想由于孟子的反驳而得以流传。根据《孟子》的记载，告子认为"生之谓性"，"食色，性也"，比荀子更明确地指明性是人的本能，也更正确地指明性无所谓善恶。他用比喻来说明这个问题："性犹杞柳也，义犹桮棬也，以人性为仁义，犹以杞柳为桮棬。"（《孟子·告子上》）这就是说，人性好比是木材，善恶好比是木材做成的酒杯，不能把木材和木器混为一谈。他又比喻说："性犹湍水也，决诸东方则东流，决诸西方则西流。"（《孟子·告子上》）这就是说，人性本身是无所谓善恶的，正如流水本身是无所谓方向的，人成为善人与恶人是后天造成的，因此，"文武兴，则民好善；幽厉兴，则民好暴"（《孟子·告子上》）。后来主张性无善无恶论的颇不乏其人，如罗隐、王安石、苏轼、王守仁等。

第四，性善恶混论或性有善有恶论。这个理论的创立者是战国时的世硕，但他的著作《世子》已佚失，其思想在王充的《论衡》中有记载。王充说："周人世硕，以为人性有善有恶，举人之善性，养而致之则善长；性恶，养而致之则恶长……密子贱、漆雕开、公孙尼子之徒，亦论情性，与世子相出入，皆言性有善有恶。"（《论衡·本性》）扬雄也是这一观点的著名代表，他说："人之性也善恶混，修其善则为善人，修其恶则为恶人。"（《法言·修身》）后代的司马光等也信奉此论。还有一种叫作性三品说的观点实际上是性有善有恶论的亚种，即主张在善品、恶品之间还有一种中品，这种观点可以董仲舒为代表，他认为人有三等，圣人是天生的善人，非教诲所致；斗筲之徒（小人）是天生的恶人，教诲对他不起作用；只有中民通过教诲可以为善，通过不良习染可以为恶。这种三品说实际是从二品说引申出来的，还可以引申出多品说。后来王充等人也持此说。

把这四种可能的观点综合起来分析，可以看出它们有一个共同的前提：人性是生而具有的。它们都不区分生而具有的自然属性和在社会生活中形成的社会属性，实际上它们找到的人性不外这两种东西：动物本能和伦理意识。性善论和性善恶混论的人性是伦理意识。性恶论的人性实际是动物本能，但错把它说成是社会属性。性无善无恶论实际上区分了自然属性与社会属性，但没有自觉地认识到这一点。中国历史上的这场争论，如果以马克思主义为指导加以总结，可以使我们得到一点启发：应该对"人性"这个概念加以合理的规定。我们认为对"人性"概念不能理解得太宽或太窄。如果太宽，人性就是人的属性，包括自然属性和社会属性；如果太窄，人性就是人的本质；如果加以合理的理解，人性应该是社会性。这样，人的本质是社会实践；人性是各种社会性；人的属性是人的一切属性，包括人的本质、人的社会属性（精神属性）和自然属性。人的自然属性就其一般性而言不能把人和动物区别开来；人的社会属性，即人性则可以把人和动物区别开来。伦理性或曰善恶性是一种人性，能把人与动物区别开来，也就是说，动物无所谓善恶，只有人的行为与思想才有善恶之分。但伦理性不是唯一人性，还有其他人性可以把人与动物区别开来。中国古代思想家热衷于人性善恶的争论，对其他人性论述不多，但也多少有些论述，如《尚书·泰誓上》说："惟天地万物父母，惟人万物之灵。"这就是把智慧、思想、理性看作人性。《庄子·天地》也说："大惑者终身不解，大愚者终身不灵。"成玄英疏："灵，知也。"这个思想也接近于把理性看作人性。在中国古代明确提出理性为人性的是王充，他认为"人，物也"，但"天地之性人最为贵"，为什么？人是"万物之中有智慧者也"（《论衡·辨祟》）。但以理性为人性的观点在中国古代不像在西方那样受重视，因而没有得到充分的研究。

荀子的人性论思想应该得到更高的重视与研究。荀子以性恶论的代表著名，这反而掩盖了他的一般人性论思想，他的一般人性论思想其实是很丰富的，尽管其观点也有自相矛盾之处。首先，他明确地科学地提出了人性问题，说："人之所以为人者，何已也？"（《荀子·非相》）"何已"即何以，也就是说，人之所以为人而异于禽兽的根据是什么，也就是我们今天所说的人性或人的本质是什么。荀子回答说："故人之所以为人者，非特以其二足而无毛也，以其有辨也，夫禽兽有父子而无父子之亲，有牝牡而无男女之别。故人道莫不有辨，辨莫大于分，分莫大于礼。"（《荀子·非相》）至于"饥而欲食，寒而欲暖，劳而欲息，好利而恶害，是人之所生而有也，是无待而然者也"（《荀子·非相》），用今天的话来讲，这些属性都是自然属性，是人的生理和本能，是与动物共有的，不是人性。荀子在谈到物类的区别时也表述过同样思想，说："水火有气而无生，草木有生而无知，禽兽有知而无义。人有气，有生，有知，亦且有义，故最为天下贵也。力不若牛，走不若马，而牛马为用何也？曰：人能群，彼不能群也。人何以能群？曰分。分何以能行？曰义。"（《荀子·王制》）在这段话里，荀子的有些观点是不对的，如不区分动物的知觉与人的理性，颠倒了群（社会性）和义（道德）的关系，但他提出了群这一重要的人性，重申义是一种人性，人不仅与禽兽有共同之处，而且与草木（有机物）、水火（无机物）也有共同之处。此外，荀子虽然没有明确指出实践（改造世界）是人的本质，但在他的“制天命而用之”的著名思想里已透露了对实践的重要地位的猜测。他说：“大天而思之，孰与物畜而制之？从天而颂之，孰与制天命而用之？望时而待之，孰与应时而使之？因物而多之，孰与骋能而化之？思物而物之，孰与理物而勿失之也。愿于物之所以生，孰与有物之所以成，故错人而思天，则失万物之情。”（《荀子·天论》）字里行间透露出人之所以高于万物而最为贵者，以其能认识世界与改造世界也。荀子的这些思想确实是很可宝贵的。

不管在人性问题或人性善恶问题上有多大分歧，有一点是得到中国古代所有思想家认同的，那就是：人所以区别于动物的最根本的东西就是伦理道德，伦理道德是处理人际关系的多种规范，扩大一点说，就是封建社会秩序，亦即君君臣臣父父子子或“三纲五常”。从今天的观点来看，伦理道德无疑是一种人性，但不是最根本的人性或人的本质，只有极个别的像荀子这样的思想家对真正的人的本质才有所认识，尽管认识还不很明确。尽管伦理道德规范有很强的时代性、阶级性、相对性，仍不失为一种重要的人性，中国古代思想家对这个问题的贡献是不可否定的。

（四）关于理想人格的思想

理想人格也是中国人学思想史上受到多数思想家关注的问题，颇具中国特色，下面分几点加以简短的评介。

第一，中国古代最高理想人格是圣人，其次是君子。古代主张三品说的颇不乏其人，三品说的一种形态是性三品说，即主张人性中有善性恶性与中间性，这在前面已有所介绍；另一种形态是人三品说，即主张人有三等，上等、中等与下等，多数人是中等，上等与下等是少数，而上等尤其少，那就是君子，君子中的极少数出类拔萃人物就是圣人，儒家公认的圣人只有尧、舜、禹、汤、文、武、周公、孔子、孟子。孟子以后的韩愈、二程、朱熹，都想成为圣人，但迄今未得到公认。人三品说始自孔子，他说："生而知之者，上也；学而知之者，次也；困而学之，又其次也；困而不学，民斯为下矣。"（《论语·季氏》）又说："唯上智与下愚不移。"（《论语·阳货》）上等用不着教，下等教也无用，中等是可以教育的，又可以分为较好与次好两等。孔子不敢自认为上等，说："我非生而知之者，好古敏以求之者也。"（《论语·述而》）看来他把自己摆在中等偏上。他曾如此评论自己通过学习和教育而不断成长的过程："吾十有五而志于学，三十而立，四十而不惑，五十而知天命，六十而耳顺，七十而从心所欲不逾矩。"（《论语·为政》）可见他在七十岁时已达到很高的人生境界，但也说明他并不是生而知之者，所以他又说："若圣与仁，则吾岂敢？"（《论语·述而》）除了生而知之可以说是圣人的一种品格而外，孔子没有明确提出其他品格，但他确实把唐、虞、夏、商、周的全盛时期看成理想社会，把这些时期的最高统治者尧、舜、禹、汤、文、武看成圣人。他说："殷因于夏礼，所损益可知也；周因于殷礼，所损益可知也；其或继周者，虽百世可知也。"（《论语·为政》）就是说，夏、殷、周是一脉相承的。他赞叹道："周监于二代，郁郁乎文哉！吾从周！"（《论语·八佾》）"颜渊问为邦。子曰：'行夏之时，乘殷之辂，服周之冕，乐则韶、舞'。"（《论语·卫灵公》）韶是虞代的音乐。因而他对当时的最高统治者也赞美之至，他说："大哉，尧之为君也！

巍巍乎，唯天为大，唯尧则之！荡荡乎，民无能名焉！巍巍乎，其有成功也！焕乎，其有文章！”（《论语·泰伯》）又说：“巍巍乎，舜、禹之有天下也，而不与焉！”（《论语·泰伯》）《论语》记载：“舜有臣五人，而天下治。武王曰：‘予有乱臣十人’。孔子曰：‘才难，不其然乎？唐虞之际，于斯为盛。有妇人焉，九人而已。三分天下有其二，以服事殷，周之德，其可谓至德也已矣！’”（《论语·泰伯》）孔子又说：“禹，吾无间然矣！菲饮食，而致孝乎鬼神；恶衣服，而致美乎黻冕；卑宫室，而尽力乎沟洫。禹，吾无间然矣！”（《论语·泰伯》）概括孔子对他所崇拜的圣人的品格的理解，圣人所具有的品格应是叔孙豹所说的“三不朽”。《左传》记载，范宣子问：“古人有言曰，‘死而不朽’，何谓也？”叔孙豹答：“太上有立德，其次有立功，其次有立言，虽久不废，此之谓不朽。”（《左传·襄公二十四年》）此话是公元前549年讲的，孔子生于公元前551年，看来“三不朽”说已成为当时理想人格的公认标准，孔子也从这三个方面（道德、功业、文章，用现代话讲就是道德、事业、学术）评价圣人，但孔子所说圣人还有一个共同点，即都是最高统治者。后来儒家一致推崇的圣人还有至圣孔子、亚圣孟子，他们的政治地位都不高，但也被视作精神领袖，甚至称孔子为“素王”，许多朝代都封以王位。儒家的王道、王政、德治等思想都是从这种理想人格引申出来的。尽管其他学派如道家、墨家、法家都不完全赞同这种理想人格，但儒家的理想人格影响很大，而且不断有所发展，董仲舒把圣人同天联系起来，认为“圣人法天而立道”；张载则把理想人格概括为“为天地立心，为生民立命，为往圣继绝学，为万世开太平”；甚至孙中山也受到影响，把人分为三等：先知先觉、后知后觉与不知不觉。

比圣人低一个层次的理想人格是君子，很多人都可以成为君子，因而孔子对君子的论述也比较多，特别是有许多把君子与小人作比较的言论。很难说哪一句话是孔子对君子所作的界说，哪一段话是孔子对君子的品格的全面而系统的论述。把孔子以及其他思想家对君子的论述综合起来看，君子指社会政治地位高贵的人，但更多是指思想品德高尚的人。孔子的核心思想是仁，仁是人的最高品德，其他品德是从仁引申出来的，君子应该就是实行仁的原则的仁者，并具有从仁引申出来的其他品德。孔子说："君子无终食之间违仁，造次必于是，颠沛必于是。"(《论语·里仁》)又说："志士仁人，无求生以害仁，有杀身以成仁。"(《论语·卫灵公》)可见仁是君子的核心品德，从仁可以引申出其他品德。我认为以下这段话可以说是对君子的比较完整的论述。孔子说："君子道者三，我无能焉。仁者不忧，知者不惑，勇者不惧。"子贡接着说："夫子自道也。"(《论语·宪问》)仁、知、勇后来成了中国传统美德的三条通用标准。对于人应具有的那些美德，古代的思想家们有各种概括，管仲有"礼、义、廉、耻"，孔子还有"恭、宽、信、敏、惠"，孟子有"仁、义、礼、知"，董仲舒有"五常"(仁、义、礼、智、信)等等，这些都可以说是君子应具有的品德。仔细分析起来，还是孔子的"仁、知、勇"的概括简明而又全面：仁指方向(爱人)，知指才能，勇指胆略，三者结合才可以成为比较杰出的人物(君子)，这三条与西方的情、知、意相当。

后来的中国思想家对此三者都有许多发挥。如"先天下之忧而忧，后天下之乐而乐"(范仲淹语)，仁也；"天下兴亡，匹夫有责"(顾炎武语)，知也；"富贵不能淫，贫贱不能移，威武不能屈"(孟子语)，勇也。三者缺一，难以完成伟大的事业。

古代思想家所说的君子无疑是属于统治阶级的杰出人物，劳动者当然不在君子之列(除非他从劳动者上升为统治者)，所以君子具有明显的阶级烙印。不仅如此，当统治者处于腐朽没落时期，其道德信条已成为其腐败行为的遮羞布和麻痹人民斗争性的鸦片烟的时候，“君子”便成为伪善者的代名词，现代人谈到“君子”至今也难免有这种印象。但是，对于中国古代思想家所提出的君子的美德，特别是孔子所提出的“仁、知、勇”对于各个时代的人都是适用的，在今天也是适用的，当然在不同的时代、不同的地区还有其特殊性。总之，古代思想家关于理想人格的思想还是有许多合理因素值得汲取，不能因其历史和阶级的局限而加以全盘否定。

第二，圣人与君子的品德都是可以培养起来的。尽管有些思想家认为圣人是天生的，但更多思想家认为人人都可以成为圣人。中国古代文化的等级观念，不像西方那样绝对化。例如柏拉图不仅把奴隶区别出来，而且把其他人分成三等，统治者是金子制成的，军人是银制成的，平民是铜制成的，前两等与第三等之间界限分明，不容混淆。亚里士多德甚至把奴隶说成是能说话的工具。孔子虽然认为圣人是生而知之的人，但他们是极少数，绝大多数人都是可塑的，因为孔子认为人“性相近也，习相远也”（《论语·阳货》）。他强调通过学与习来提高自己的品德，主张有教无类，开辟了中国两千多年来的平民教育制度。孟子虽然主张性善论，但天生的不过是善端而已，品德高尚的人的成长有待于善端的发展。他虽然认为圣王要五百年才能出现一位，但仍强调人人都是可以成为圣人的，他明确地说：“圣人，与我同类者。”（《孟子·告子上》）“人皆可以为尧舜。”（《孟子·告子下》）“舜何人也，予何人也，有为者亦若是。”（《孟子·滕文公上》）主张“人性恶，其善者伪也”的荀子不承认什么天生圣人更是当然的，他说：“凡人之性者，尧、舜之与桀、跖，其性一也；君子之与小人，其性一也。”（《荀子·性恶》）因为他们的本性都是恶的，没有区别。

因此，一个人“可以为尧、禹，可以为桀、跖，可以为工匠，可以为农贾，在势注错习俗之所积耳”（《荀子·荣辱》；“势”为衍文，“注错”意为措置，即安排处置、立身行事，全句意为：一个人之成为好人或坏人全在于环境和本人行为的积累的结果）。荀子甚至认为路上随便一个人都可以成为大禹那样的圣人，他说：“涂之人可以为禹，曷谓也？曰：凡禹之所以为禹者，以其为仁义法正也，然则仁义法正有可知可能之理。然而涂之人也皆有可以知仁义法正之质，皆有可以能仁义法正之具，然则其可以为禹明矣。”（《荀子·性恶》）荀子不仅承认尧、舜、禹、汤、文、武是圣人，今人也可以成为圣人，而且认为今圣超过古圣，承认了历史的发展，他说：“王者之制，道不过三代，法不贰后王。道过三代谓之荡，法贰后王谓之不雅。”（《荀子·王制》）荀子指的是三代以前时代久远，难以确认，遵循三代之道（治国原则）就可以了，而法（具体的制度）则应与后王一致。后王指谁？不明确。《儒效篇》也谈到“法后王”，其中谈到仲尼、子弓是“大儒”（他把人分为四等：俗人、俗儒、雅儒、大儒，大儒是最高等，也就是圣人），赞美了周公辅成王，有的学者认为后王就是周公、孔子，这是可能的。无论如何，荀子有不太明确的今圣胜于先圣的思想，法家韩非的“不期修古，不法常可”的思想可能是对荀子这个思想的进一步引申和明确化，他说：“今有构木钻燧于夏后氏之世者，必为鲧、禹笑矣；有决渎于殷、周之世者，必为汤、武笑矣；然则今有美尧、舜、汤、武、禹之道于今之世者，必为新圣笑矣。是以圣人不期修古，不法常可，论世之事，因为之备。”（《韩非子·五蠹》）时代变了，不用今圣之道治理国家，而用古圣之道，必为今圣所笑，所以圣人不拘泥于古法，不效法一成不变的东西，而是审时度势，因时而动。中国古代对于理想人格的这种理解也就是《易传》所说的“天行健，君子以自强不息”（《周易·乾·象》）的意思，“自强不息”就是不断前进，一个君子一生自我不断前进，不同时代的君子也在不断前进。

第三，理想人格是通过实践和自我修养培育和形成起来的。中国古代思想家非常重视自我修养，包括学习和教育，使自己逐渐具备理想的人格。特别值得重视的是，他们还很重视通过实践来提高自己，在待人接物的活动中提高自己，而不是闭户静修，自我陶醉。中国几乎各家各派都有自己的理想人格，也都有自己的修养方法。孔子就有很多这方面的论述。《论语》第一句话就是“子曰：‘学而时习之，不亦说乎！’”这个“习”就是练习、实习。孔子是中国历史上第一个平民教育家，有许多论述教育和学习的言论，其中许多都已成为两千多年广泛流传的至理名言，说“克己复礼为仁”是教人自我控制的；“学而不思则罔，思而不学则殆”是教人学习与思考相结合的；“不耻下问”、“三人行必有我师焉”是教人向别人虚心学习的；“知之为知之，不知为不知，是知也”是教人实事求是的；“君子耻其言而过其行”是教人言行一致的；“君子欲讷于言，而敏于行”是教人注重实践的；“政者正也，子帅以正，孰敢不正”是教人以身作则的等等。可以说，孔子是中国历史上创立比较系统的正确的学习和修养方法的第一人。孟子也非常重视理想人格的修养。孟子的修养论有一定的神秘主义色彩，但剔除其神秘性，也包含有许多合理的思想。他的修养方法——养浩然之气就是一例。他说：“我善养吾浩然之气……其为气也，至大至刚，以直养而无害，则塞于天地之间。其为气也，配义与道；无是，馁也。是集义所生者，非义袭而取之也。行有不慊于心，则馁矣。”（《孟子·公孙丑上》）什么是气？他解释说：“夫志，气之帅也；气，体之充也。夫志至焉，气次焉。”（《孟子·公孙丑上》）可见，气的本质是志、义、道，换言之，是高尚的精神状态，但气小则充满身体，大则充满宇宙，又是物质性的东西。怎么养？孟子主张性善，因而强调内省，通过内省发扬内部善端，剔除外部干扰。他认为一天之内内省最好的时刻是黎明，他说："其日夜之所息，平旦之气，其好恶与人相近也者几希。则其旦昼之所为，有牿亡之矣。牿之反覆，则其夜气不足以存。夜气不足以存，则其违禽兽不远矣。"（《孟子·告子上》）这就是说，白天外部干扰（"牿"应为"梏"，即桎梏、蒙蔽、侵蚀）很多，至夜人之善性丧失殆尽，经过一夜休息，黎明时刻善性逐渐恢复，因此，平旦之气的本质就是善，平旦之气应该就是浩然之气，黎明（或清夜）扪心反省，最利于一个人去恶从善。这是同孟子的"求放心"的修养方法一致的，他说："仁，人心也；义，人路也。舍其路而弗由，放其心而不知求，哀哉！人有鸡犬放，则知求之，有放心而不知求。学问之道无他，求其放心而已矣。"（《孟子·告子上》）浩然之气难以捉摸，孟子也说过"难言也"，不免带几分神秘色彩，其理论基础性善论也是唯心主义的，但他谈的内省的修养方法是合理的，也比孔子所谈深入具体，对后世影响很大。同时，孟子也很重视在艰苦的条件下磨炼自己，使自己杰出地成长起来。他在列举了舜、傅说等历史人物为何在微贱中历经磨难而终成伟人之后说："天将降大任于是人也，必先苦其心志，劳其筋骨，饿其体肤，空乏其身，行拂乱其所为，所以动心忍性，增益其所不能。"（《孟子·告子下》）他还进一步解释人在实践的磨炼中之所以能"动心忍性，增益其所不能"，在于他能有意识地吸取有益的经验、教训，从而增强自己的思想水平和实践能力，他说："人恒过，然后能改；困于心，衡于虑，而后作；征于色，发于声，而后喻。"（《孟子·告子下》）。这里谈到三种能力增强了，一是纠正自己错误的能力增强了，二是通过深思熟虑行动的自觉性增强了，三是通过言谈举止表达自己的能力提高了。孟子的这些话，两千多年来激励了成千上万的中华儿女为建功立业进行艰苦卓绝的奋斗，造就了一代又一代的杰出人物。由于中国传统文化重视道德品格，中国古代思想家也都很重视道德修养，有大量关于修养和修养方法的言论。这些思想家大多是封建制度的代言人，他们的修养论当然有其阶级性，即束缚人民的思想和行为、维护封建制度的作用，而且有很大的虚伪性，但也不能因此全盘否定古代修养论的意义。

中国古代有非常丰富的人学思想，这里只是就几个重要问题作了评述，而且对每个问题的评述也不是完全的，只限于少数代表人物的代表思想，聊以表现中国人学思想的特色而已。

三、西方人学思想

自春秋战国以来，中国人学研究始终占据思想领域的主导地位，直到今天仍未出现宗教神学独占统治的历史阶段，但西方则否。在古希腊罗马时期，人的地位十分崇高，古希腊政治家伯里克利明确地提出：“人是第一重要的。”因此西方古代思想家都很重视对人的各个方面的研究，提出了丰富的人学思想，人学思想在他们的整个思想中占很大的比重。古希腊罗马的神话十分发达，不但非常丰富，而且非常系统，但他们的神实际上也是人化了的，他们像人一样有喜怒哀乐、贤愚善恶，像人一样生活和恋爱、搞阴谋诡计、争权夺利、互相残杀，充满了人情与人性，缺乏后来西方宗教那种神圣的超凡脱世的不可侵犯的灵光。但西方中世纪的封建统治者的头上却笼罩着神的统治，世俗的阶级统治变成了神对人的统治，神成了宇宙与人世的核心，一切都围绕着神旋转，宗教不但成了统治的意识形态，而且成了唯一的意识形态，或者说，意识形态的各个组成部分都成了宗教的附庸。当然，中世纪也有人学思想，但是作为神学的部分而存在。总之，人被神淹没了，人学思想以及其他一切思想被神学淹没了。仅仅坚持人的独立性的思想都被视为异端而受到教廷的迫害和镇压。随着资本主义的萌芽与成长，资产阶级出现了，作为新兴资产阶级意识形态核心的人道主义（亦译人文主义或人本主义）也逐渐萌芽成长和发展，形成了西方近代一股强大的思潮，中间虽有曲折，但仍绵延至今。人道主义是西方人学的主要内容。这股思潮最初表现为14～16世纪的文艺复兴运动（Renaissance），它的主要表现形式是文学艺术，故译为“文艺复兴”，但如从其思想实质来讲，它所复兴的是人道，即恢复古希腊时期人在社会生活中的核心地位，以人道取代神道，以人权取代神权，以人性取代神性，强调人及其个性的发展。人道主义思潮的第二种历史形态是十七八世纪的启蒙运动，其特点在于启蒙思想家们把文艺复兴时期蕴涵在文学和艺术作品中的人道主义思想加以理论化，形成一些人道主义理论体系。其代表人物有英国的霍布斯、洛克，法国的卢梭、狄德罗，德国的康德、费尔巴哈等人。人道主义思潮在19世纪下半叶至20世纪上半叶由于资本主义的弊端日益显露和工人阶级的革命运动不断高涨以及马克思主义对抽象人道主义的虚伪性的揭露和批判而逐渐进入低潮。资产阶级除少数政治家如林肯外不再高举人道主义旗帜，而后来的马克思主义由于否定人道主义历史观把人道主义价值观也否定了。德国法西斯与日本帝国主义在二战期间的种族灭绝行为的发生，与忽视人道主义原则不能说毫无关系。二战后，有远见的政治家如罗斯福，许多国家特别是受侵略受蹂躏的国家以及全世界人民都深感高举人道主义旗帜的必要，人道主义思潮在20世纪下半叶再度高涨起来，这就是人道主义思潮的第三种历史形态——世界人道主义，其代表作就是联合国通过的《世界人权宣言》以及后来的一系列国际人权文书。

但是，第三次人道主义思潮的性质和内容十分复杂，大致包含五种倾向：一是广大被侵略、被蹂躏国家的人民有鉴于二战中的反人道行为的惨痛教训，深感弘扬人道主义精神之必要。二是发达国家的一些富于人道主义精神的政治家们和开明人士，他们也反对德国法西斯主义和日本帝国主义的种族灭绝的政策和行动。三是西方国家中的人本主义流派的思想家们重新举起了人道主义的理论旗帜，其中包括西方马克思主义中的人道主义思潮，如存在主义、法兰克福学派、存在主义马克思主义等。四是社会主义国家中的人道主义思潮，这个思潮是在斯大林逝世后兴起的，是对斯大林错误的一种反思。五是西方发达国家70年代以来采取的针对社会主义国家和发展中国家的人权外交，先以苏联为主要攻击对象，后以中国为主要攻击对象，提出“人权高于主权”、“人道主义干涉”等口号作为干涉他国内政的借口，借以推行其霸权主义，这种“人道主义”实质上是对人道主义的反动。

就是在这第三次人道主义思潮中出现了把人学作为一门科学来建立和建设的要求和思想，世界历史已经发展到能够把人作为整体来研究的地步。为了建立人学，我们有必要追溯一下西方人学思想史，限于篇幅，我们集中研究以下几个问题：

（一）关于人和自然的关系的思想

人和自然的关系问题实际上是人在宇宙中的地位问题，具体说，这个问题包括：

1. 人是从哪里来的？是自然界产生人还是人产生自然界？

2. 人出现以后，是人支配自然界还是自然界支配人？

3. 谁更重要？是自然界更重要还是人更重要？对于这些问题，

古希腊以来的西方哲学家们都作了明确的回答。

对于第一个问题基本上有两种回答：一种是唯物主义，认为人也是一种物质存在，来自自然界，最终回到自然界。另一种是唯心主义，认为自然界是人所创造的，依存于人的。此外，还有另一种回答，即宗教的回答，它认为自然界和人都是神所创造的。

原始宗教或神话都认为自然界和人都是神所创造的，世界各国差不多都有类似的传说，认为神首先创造了今天的宇宙，然后按照自己的模样创造了人类。这种观点在原始社会是把自然力神化的结果。随着人类知识的发展，人们逐渐都认识到今天的宇宙是自己演变而成的(不管怎么演变)，人是从自然界中演变出来的，神创自然界和人不过是人类在幼年时期的一种想象，但后来人们仍然相信神的存在，世界的状态及其变化都是神安排的、支配的，这是因为还有许多现象科学解释不了，人力驾驭不了。人们需要一个神作为自己的精神寄托和终极关怀。特别是在阶级社会中，人们不能掌握自己的命运，总感到冥冥之中有一种神秘的力量在支配着自己的祸福成败。因此，在人类社会进入阶级社会以后形成了至今仍然存在的各种宗教，可以说，现代宗教所信仰的神是把人神化的结果。所以，归根到底，对于第一个问题基本的回答仍然是两个，下面我们就来简单回顾一下西方哲学中的这两种回答。

古希腊最早的哲学学派——米利都学派就抛弃了神创说，认为自然界是本来存在的，他们要探索的是构成自然物的最后因素而不是谁创造了它。至于人，他们认为人不是自然界的创造者，而是自然界长期发展的产物，例如阿那克西米德认为从温暖的水和土中产生出与鱼类似的动物，这种动物爬到岸上逐渐变成了人，他的理由是人的胚胎同鱼很相似。这当然是一种素朴的幼稚的猜测，但其中包含的人产生于自然界的思想是正确的。古代素朴唯物主义不能科学地解释人的精神现象，但他们根据唯物主义世界观认为精神不是超自然的，而是一种物质现象，例如阿那克西米德认为人与动物靠空气生活，空气就是灵魂与智慧。这种猜测表明他是在努力用唯物主义来解释精神现象。又如著名的原子论哲学家伊壁鸠鲁虽然不否定神的存在，但把神排除在自然界之外，坚持从唯物主义立场来解释人。他认为人是由原子构成的，这不仅包括人体，也包括人的灵魂。文艺复兴时期的唯物主义思想家们则逐渐摆脱了古代的素朴性，更明确地回答了人与自然的关系。例如布鲁诺虽然还保留着泛神论因素，却明确地指出人的一切都是自然界这个整体的一部分。人从自然分化出来，似乎与自然对立，但可以通过对自然的认识而达到与自然的统一。近代建立在实证科学基础上的机械唯物主义进一步认清了人对自然界的依赖关系，他们用大量自然科学的证据驳斥了神的创世说，康德提出的星云说是对神创说的沉重打击。拉马克的进化说已经初步论证了生命起源于无生命物质，人是从动物演化而来的观点。人体解剖学、生理学和医学的发达已基本上论证了人的精神活动离不开人脑，灵魂不灭是无稽之谈。有的哲学家，由于强调人与自然的一致，甚至抹杀了人的特殊性，提出人是机器的论断。这个观点是笛卡儿首先提出来的，当时的许多哲学家都有这种看法，拉美特利甚至写了《人是机器》一本书来论证这个观点，但其中包含的唯物主义思想是不能否定的。例如拉美特利认为："人的身体是一架钟表，不过这是一架巨大的、极其精细的、极其巧妙的钟表。"① 同时也认为思维是大脑的机能，是"有机物质的

① 拉美特利：《人是机器》，67页，北京，三联书店，1956。

一种属性”[①]。现代自然科学、马克思主义唯物主义以及其他唯物主义流派以新的实践和科学成果反复论证了自然界的固有的客观的存在、人的自然来源和人对自然的依赖，但是直到今天仍存在着对这个问题的唯心主义的回答。

唯心主义可以说是唯物主义的孪生兄弟，对人与自然的关系的唯心主义回答在古希腊就出现了。其中最著名的就是普罗泰戈拉的观点：“人是万物的尺度，是存在的事物存在的尺度，也是不存在的事物不存在的尺度。”[②] 对这个命题的理解与评价不管有多大分歧，但有一点比较明显，这是人类中心主义的最早表现。由于人类中心主义是至今理论界争论不休的问题，也是对人类的兴衰成败至关重要的问题，这个问题的最早提出无疑是人学史上的重大事件。从今天的观点看，把人类看作中心，作为宇宙观是唯心主义的、错误的；作为价值观则有可能是唯物主义的、正确的。普罗泰戈拉把人看作事物存在与不存在的尺度，这种人类中心主义是一种宇宙观的观点，即认为事物的存在与否依赖于人，当然是唯心主义的，尽管没有资料说明他如何解释他的观点。但如果把人或人类作为事物价值的尺度，这就是对人或人类的主体性的第一次明确的意识，这是了不起的。一个事物是否有价值，有多大价值视其是否能在多大的程度上能满足人或人类的需要而定，因此，如果在唯物主义前提下来理解“人是万物的尺度”，这个命题在当时的历史条件下确实是了不起的。当然，即使在普罗泰戈拉这是一个唯心主义命题，它对哲学和人学所起的推动作用也是巨大的。普罗泰戈拉的后继者高尔吉亚在人和自然的从属关系问题上作

---

① 拉美特利：《人是机器》，65页，北京，三联书店，1956。

② 《古希腊罗马哲学》，138页，北京，三联书店，1957。

了明确的回答。他提出过著名的三命题：客观的事物是不存在的，即使存在也是不可知的，即使可知也是不能表达的。其根据就是：知识限于感觉经验，而感觉经验是主观的，不能从感觉经验肯定客观事物的存在，所以实际存在的是人的经验。高尔吉亚虽然没有明确讲人创造了世界，但在他那里世界是从属于人的。柏拉图则是从理性的角度论证了世界从属于人。柏拉图虚构了一个客观存在的理念世界，理念不是客观的现象世界的反映，现象世界反而是观念世界的摹本，有一个什么理念才有一类什么客观事物。实际上在人之外之前并不存在什么理念世界，理念完全是人类所特有的东西，因此，柏拉图实际上把现象世界（包括自然界）从属于人了。古希腊哲学在人与自然界的关系上开辟了两条唯心主义路线——主观唯心主义和客观唯心主义，或者说经验的唯心主义和理性的唯心主义，这两条唯心主义路线在近现代西方哲学中都有其代表，贝克莱、休谟、实证主义各流派属于主观唯心主义路线，黑格尔、唯意志论者、新实在论者属于客观唯心主义路线。

对于第二个问题，即人与自然谁支配谁的问题，基本上也有两种回答，不是主张自然支配人，就是主张人支配自然，但并不能说唯物主义者都主张自然支配人，唯心主义者都主张人支配自然。一般说，唯物主义者承认人是自然的产物，也是一种自然物，因此承认人也要受自然规律的支配，例如赫拉克里特认为宇宙中存在着“逻各斯”(Logos)，即规律，它不仅支配着自然现象，也支配着人和人的主观世界，支配一切。当然，这种“支配”并不是像唯心主义者所说的那种命运的支配，不过是说人的行为也要受自然规律的制约。但这种观点是笼统、素朴的，他们不了解人类社会本身的特有规律。古罗马时代的唯物主义者对人的行为有了进一步了解，例如卢克莱修不仅充分肯定自然规律的重大意义，而且对于人能掌握自然规律，通过实践来改造自然以满足人的需要有所理解，他在《物性论》中探讨了人类的起源和文明的发展，描述了人类从穴居和采集到建房、种地、织布、用火和制造工具以及建立国家、积累和传授知识的过程。被马克思誉为“英国唯物主义和整个现代实验科学的真正始祖”① 的培根在西方哲学史上第一次明确地在近代自然科学的基础上提出人类只有掌握了关于自然规律的知识才能成功地改造自然，他说，“人的知识和人的力量结合为一”，② “达到人的力量的道路和达到人的知识的道路是紧挨着的，而且几乎是一样的”，③ 后人把这些思想概括为一句口号：“知识就是力量。”这句口号不是主张被动地受自然规律的支配，而是在承认自然规律的客观性的前提下主张以人的利益为核心运用自然规律，借以充分发扬人的主体性，满足人的需要。这种思想对近现代科学技术的发展和人类社会的发展发挥了巨大的作用。尽管在培根逝世后三百多年间，由于科学发展水平的限制和哲学家们轻视劳动的偏见，培根这一思想没有得到哲学理论的充分重视，唯物主义一直停留在机械的直观的水平，但从本质上说，知识就是力量的思想不是机械唯物主义思想，而是辩证唯物主义思想，后来成为自觉的辩证唯物主义，即马克思主义哲学的理论来源之一，马克思主义的实践观可以说是这一思想的继承与发展。马克思主义实践观就是辩证唯物主义实践观，它主张充分发挥人的主体性，但不是摆脱自然规律去发挥，而是在掌握自然规律以及社会规律的前提下改造自然和社会。这就是人们

① 《马克思恩格斯全集》第2卷，163页，北京，人民出版社，1957。

② 《十六—十八世纪西欧各国哲学》，9页，北京，商务印书馆，1975。

③ 同上书，47页。

熟知的马克思主义关于必然与自由的关系的观点（自由是对必然性的认识和对客观世界的改造）。在马克思主义以前倒是唯心主义更加强调人对自然的作用。

宗教认为神是自然和社会的主宰。在原始宗教，神是自然的神化；在一般宗教，神是人的神化或人的精神的客观化。因此，原始宗教的自然神论是一种唯物主义，而一般宗教的有神论是唯心主义。这里我们只探讨唯心主义关于人和自然的关系的观点。

古希腊最大的唯心主义者柏拉图认为理念是万事万物的原型、本体。整个宇宙都是理念世界的派生物，而使理念世界派生出现象世界的就是神。理念世界实际上是人的精神世界，因此，这个神显然是人的化身。人在改造自然界时当然要运用自己的理念，柏拉图实际上承认了人假手于神而支配自然，即改造了自然。这可以说是对人的实践能力的猜测和夸大。古希腊的经验唯心主义者既然认为世界的存在与不存在都以人为尺度，那么，人是怎样的，人的感觉是怎样的，世界也就是怎样的，人的感觉支配了世界。近代唯心主义在处理人和自然的支配关系上也不外乎这两大流派：夸大理性的唯心主义和夸大经验的唯心主义，康德、黑格尔可以说是理性唯心主义代表，贝克莱、休谟可以说是经验唯心主义的代表。康德承认自然界的规律性，但这种规律性不是自然所固有的，自在之物根本是不可知的，自然界的规律是由理性“颁布”的，尽管理性颁布规律不是随意的，康德实际上仍然承认了人对自然界的支配。黑格尔摆脱了康德的扭扭捏捏的态度，直截了当地把人的理性客观化为“绝对理念”，认为它支配着整个自然界、人类社会和人的精神世界。贝克莱与休谟尽管在世界本体问题上的态度有所不同，但都把自然现象看成感性经验，离不开人的感性活动，为人的感性活动所支配。总而言之，无论是理性唯心主义还是经验唯心主义，都大大夸大了人对自然的作用，而把客观物质世界置于似有似无的暧昧的境地。现代唯心主义夸大了更多的精神领域。理性与感性还属于认识的范围，现代唯心主义除了有的夸大认识范围中的理性与感性而外，有的夸大人的认识领域以外的因素，如唯意志论夸大意志的作用，实用主义夸大实践的作用，存在主义夸大情感的作用。唯意志论的主要代表是叔本华和尼采。叔本华把只有人类才具有的精神能力——意志夸大为一切生命体的本质，又进一步夸大为一切事物的本质，他说，意志“既是每一特殊事物的本质和核心，也是全部事物的本质和核心，它既表现于盲目的自然力中，也表现于人的自觉的行为中”。[①] 他虽然承认人是宇宙的一部分，但实际上把人的意志变成了支配宇宙的力量。尼采在意志中区别出权力意志，并把它夸大成为宇宙一切事物的本质。在他看来，“这个世界就是权力意志——岂有他哉!”[②] 他不但把动物觅食，人追求财富、权势看成权力意志的表现，甚至把物体的互相吸引与互相排斥也看成权力意志的表现。这样他就在实际上把人的权力意志看成了支配宇宙的力量。叔本华和尼采的唯意志论把人凭借自己的体力与智力只是在较小的范围内对自然的征服夸大成了对自然的绝对的征服。尼采更是把这种征服夸张到了极端。实用主义关于人与自然的关系的观点本来属于经验唯心主义的范畴，但它特别强调实践及其效果。对于经验唯心主义，存在就是被感知，对于实用主义，存在不仅是被感知，而且是被利用。詹姆士说：“实在只是意味着对于我们的情感生活和能动生活的关系。

---

① 全增嘏主编：《西方哲学史》下册，410 页，上海，上海人民出版社，1985。

② 同上书，422 页。

这就是人们在实践中所说的这个名词的唯一意义。……因此，一切意志的基础和起源，无论从绝对的或实践的观点来看，都是主观的，亦即我们自己。"[①] 詹姆士还从这里引申出实用主义真理论，认为真理就是有用、有效的观念，而不是对客观世界的正确摹本。存在主义的"存在"诚然是现实的存在，但他们认为这个存在就是，而且只是人的存在，而不是不以人的意志为转移的客观的存在。所谓人的存在不仅是指人所面对的对象，而是指它离不开人的感情、情绪，特别是忧虑、悲伤、烦恼、失望、痛苦、恐惧、绝望、毁灭的情绪。存在主义实际是把现代资本主义社会中消极方面夸大为整个人类和自然的历史。总的来看，在这些唯心主义观点看来，归根到底是人支配了自然，而不是自然支配人，正如马克思所说，"和唯物主义相反，唯心主义却发展了能动的方面，但只是抽象地发展了"。[②] 由于抽象地发展，就夸大了人的能动的方面，当然，马克思这里所说的"唯物主义"是直观唯物主义，决不是辩证唯物主义。

对于第三个问题，古代多数思想家都认为人是重要的，包括唯物主义思想家。有人认为唯物主义者忽视人，眼中无人显然是不符合事实的。前面提到的普罗泰戈拉的命题"人是万物的尺度"中已包含了对人重要性的至高评价。古希腊雅典著名政治家伯里克利最早提出"人是第一重要的"命题。他说："我们所应当悲痛的不是房屋或土地的丧失，而是人民生命的丧失。人是第一重要的，其他一切都是人的劳动成果。"[③] 这个观点一直为其他思想家所尊崇。古代的唯物主义

① 全增嘏主编：《西方哲学史》下册，558页，上海，上海人民出版社，1985。

② 《马克思恩格斯选集》第1卷，58页，北京，人民出版社，1995。

③ 《人学词典》，714页，北京，中国国际广播出版社，1990。

者虽然把人看成一种自然物，但也认为人是各种自然物中的最高者。有的古代思想家也承认神的存在和神对人的支配，承认神高于人，但这并不是古代思想的主流。直到中世纪，这种古代的人本主义或人道主义的主导地位才为神道主义或神本主义所取代。神道主义鼓吹上帝创造一切，人不仅是上帝的创造，而且生而有罪，即所谓“原罪”，因而人必须皈依上帝，一切服从神意，才能得到上帝的宽恕，回到天堂。神权至上，而神权的唯一代表就是教会，人接受神的支配也就是受教会的支配。文艺复兴以后，神道主义和神权的主导地位才逐渐为人道主义和人权的主导地位所取代，许多思想家再度论证了人的重要地位。例如布鲁诺认为人及其意识都是自然这个无限的整体的一部分，因此人和宇宙相比是渺小的、微不足道的，然而在所有自然物中只有人能运用自然所赋予的能力来认识自然和改造自然，因此，人又是伟大的、崇高的。这种观点现在看来也是科学的。后来的唯物主义者斯宾诺莎进一步发挥了这一思路，认为自然是有规律的，人作为自然的一部分，当然要受自然规律的制约，但人并不是完全被动的，只要认识了自然的必然性，在行动中遵照必然性，也是可以得到自由的。自由并不是受着感情的支配而为所欲为。他说：“凡是仅仅由自身本性的必然性而存在，其行为仅仅由它自身决定的东西，就叫作自由的。”① 这话对于人来讲，就包含了以必然性来指导自己行为的意思。这就是斯宾诺莎的著名观点：自由是对必然性的认识。康德提出的“人是目的”这一命题非常深刻地表明了人在宇宙中的重要地位，他说：“人，总之一切理性动物，是作为目的本身而存在的，并不是仅仅作为手段给某个意志任意使用的，我们必须在他的一切行动中，

---

① 《西方哲学原著选读》上卷，416页，北京，商务印书馆，1981。

不管这行动是对他自己的，还是对其他理性动物的，永远把他当作目的看待……人之为物，其存在本身就是目的，而且是这样一种目的，这种目的是不能为任何其他目的所代替的，是不能仅仅作为手段为其他目的服务的，因为如果没有人，就根本没有什么具有绝对价值的东西了。”① 这一段话包含了几点关于人的地位的重要思想：(1) 人是宇宙中唯一具有绝对价值的东西；(2) 人是目的本身；(3) 人也是手段，但不是单纯的手段，即使在为他人服务时也不仅仅是手段。这就是说，人是宇宙中价值的主体、核心，没有人就无所谓价值，而且在这一点上人人都是平等的。这里已经涉及人际关系问题，这个问题下一节将专门讨论。著名诗人歌德也提出过他关于人在自然界中的地位的观点，他认为人是大自然不断发展的终极产物，是宇宙中的最高贵者，无所不能，周围的一切不过是人所使用的工具。歌德实际上是把人摆到了宇宙中至高无上的地位。

人与自然的关系问题，也就是人在宇宙中的地位问题，是人学的基本问题之一，也是人类生存与发展的基本问题之一，也是理论界争论最大的热点之一，尖锐对立的争论双方就是人类中心主义和反人类中心主义。从西方人学史来看，显然占优势的是人类中心主义。由于科学技术的飞速发展而出现生态环境恶化问题、非再生资源枯竭问题、人口增长过快问题都对人类中心主义提出了严重的挑战，那么，我们今天是否应该放弃人类中心主义而采取反人类中心主义呢？这个问题的解决主要依据当代人类社会的实践经验和科学发展，但人学史也给我们提出了有益的启发。作为一种自然物，人是宇宙的一部分，决不是宇宙的中心，但作为价值主体，截至现在，地球人是唯一的，

① 《西方哲学原著选读》下卷，317页，北京，商务印书馆，1982。

万事万物有无价值、有正价值还是负价值、有多大的价值，都是以人及其需要为标准。作为宇宙观，人类中心主义是错误的；作为价值观，人类中心主义是正确的。

（二）关于人际关系、人与社会的关系的思想

人在现实生活中不仅随时随地都要处理人与自然的关系问题，还要随时随地处理人与人的关系问题，扩大一点说，即人与社会的关系问题。因此，自古以来的思想家们提出了不少关于人际关系的观点和处理人际关系的原则。很古以来人们就认识到人生活在人际关系之中，而且不能不生活在人际关系之中，都主张处理好人际关系，只有极少数人主张离群索居、与世隔绝。例如亚里士多德认为人生来就是合群的，人是政治的动物，离不开国家与社会，只有野兽或者神怪才能离开自己的同类而生存下去。

人际关系问题也就是人在社会中的地位问题，这里主要有两个问题，一是人与人是有等级的还是平等的？二是个人是中心、本位，还是整体、社会是中心、本位？对于每一个问题都有两种基本观点，争论了几千年，关于第一个问题的两种对立的观点是等级思想与平等思想，关于后一个问题的两种观点是个人主义与整体主义，或者个人本位主义与整体本位主义，个人中心主义与整体中心主义。下面分别简略评述。

平等思想早于等级思想。在原始社会，人类就是有组织的，有组织就有领导与被领导之分，原始部落、氏族、公社的首领就是领导者，一般成员就是被领导者，但首领与成员在社会地位上是平等的，并无等级之分，这就是原始平等思想，它是原始公有制在思想上的反映。由于生产力的提高和物资交换的发展，私有制和随之而来的国家政权逐渐产生和发展了，人们也开始了贫富、等级和阶级的划分，最终出现了奴隶制国家，等级思想最初是奴隶制的反映。在古希腊罗马，等级思想无疑是占主导地位的，但平等思想并不少见，它一方面是广大平民和有觉悟的奴隶的追求，另一方面是奴隶主内部民主派的有限度的平等思想。有的奴隶主思想家一方面具有明确等级思想，另一方面又具有奴隶主内部民主思想。例如：雅典执政官梭伦是奴隶主的政治代表，但他反对按出身来规定平民与贵族的政治权利，主张按收入的多少把他们分为四个等级，采取一定的民主原则来管理国家。著名政治家伯里克利也是一个主张在自由民和贵族内部实行民主的代表。哲学家柏拉图则是奴隶主贵族派的思想代表，他不仅有系统的等级思想，而且对等级制度作了哲学论证。在他看来，奴隶与奴隶主的区别是天生的、天经地义的，奴隶根本不是人。除奴隶外，奴隶主与自由民可以分为三个等级，即国家的统治者（政治家）、军人和工商业者，他们都是由不同的质料构成的（他形象地把不同质料比喻为金、银、铜、铁），但一个人的等级是可以改变的。亚里士多德的等级思想也很明确。他认为奴隶是奴隶主的“会说话的工具”，主奴之分是天经地义的。他也把奴隶主和自由民区分为三个等级，但不是按出身与社会地位来区分，而是按财富来区分为富有的、中等的和贫穷的。他认为富有者与贫穷者的缺点很多，只有中间等级才是社会稳定的主要力量，因为他们人数众多，缺点较少，其地位利于调整富有等级与贫穷等级之间的矛盾、奴隶主与奴隶之间的矛盾。亚里士多德动摇于唯物主义与唯心主义之间，也动摇于贵族派与民主派之间。他赞成君主制，反对暴君专制；赞成贵族制，反对寡头制；赞成贵族共和制，反对民主共和制。中世纪封建社会没有废除等级制，不过是把奴隶主的等级制转变为封建主的等级制。奴隶主的等级制与封建主的等级制并无根本性的区别，但由于西方中世纪的封建制度为宗教气氛所笼罩，人似乎被神所淹没了，其实神的统治仍是人的统治，人对人的统治表现为神对人的统治，因此，文艺复兴运动的矛头不仅以人类的名义对准了神权，而且以一般人的名义对准了人的统治，对准了封建的等级制度。

文艺复兴运动的先驱薄伽丘用文艺形式表达了人人生而平等的思想。他通过一个公主之口认为人类的骨肉都是同样的物质构成的，品德、才能才是衡量人的标准，身份门第不能说明一个人的高贵与低下，那些身居高位的人往往是平庸之辈，而贤能俊杰却埋没在草莽之中。后来的启蒙思想家们明确提出人人平等的思想，指出平等是合理的，等级的区别是不合理的。他们一般都用自然权利说来论证这一思想。自然权利说又称天赋人权说，即认为人生而具有某些权利，甚至认为这些权利是上天、上帝所赋予的，这就是人作为人不能没有的人权，如生命权、生存权和多种平等、自由的权利。例如卢梭说："每个人都生而自由、平等。"美国 1776 年《独立宣言》说："人人生而平等，他们都从他们的造物主那边被赋予了某些不可转让的权利，其中包括生命权、自由权和追求幸福的权利。"① 法国 1789 年《人权与公民权宣言》说："在权利方面，人们生来是而且始终是自由平等的。"② 说这些基本人权是天生的、自然界所赋予的，甚至是上帝所赋予的当然是错误的，人权是社会所赋予的、社会所承认的，但其中包含了一些至今仍然正确的思想，即反对等级思想、特权思想，每个人一出生就具有某些基本人权。自然权利说的著名代表有荷兰的格劳秀斯、斯宾诺莎，英国的霍布斯、洛克，法国的伏尔泰、卢梭等人。

---

① 《中国人权百科全书》，875 页，北京，中国大百科全书出版社，1998。

② 同上书，871 页。

其中有的人不仅批判了等级制度和等级思想，而且进一步分析了等级制度的根源，如卢梭指出人类社会不平等的根源就是私有制，他说："从人们发觉一个人拥有两个人的粮食是有利的那一刻起，平等就消失了，所有制就采用了，劳动就变成强迫的了，辽阔的森林就成了必须用人们的汗珠去浇灌的良田沃野，我们马上就看到奴役和贫困在这片田野上与庄稼一同繁荣滋长。"① 这种论证显然是简单的，却也抓住了问题的关键。但是，他却没有得出消灭私有制的结论，天真地认为只要推翻了君主制，建立了共和制，人间不平等就可以消失了。其实，在资本主义制度内，人们表面上是独立的、平等的，实际上是不平等的，正如马克思所指出，资本主义不过是以人对物的依赖，即掩盖着的人对人的依赖，取代了赤裸裸的人对人的依赖。但是，无论如何，人类历史发展到现代，等级思想受到了广泛的谴责，平等思想受到了普遍的赞同，这在 1948 年联合国大会通过的《世界人权宣言》中有充分的表达，它的第一条说："人人生而自由，在尊严和权利上一律平等。他们赋有理性和良心，并应以兄弟关系的精神相对待。"② 当然，直至今天、直至共产主义实现之日，等级制度和等级思想是不会消失的，因为私有制还存在，有私有制就必然有等级制和等级思想，不管是公开的还是隐蔽的等级制和等级思想。

从整个历史来看，包括阶级社会历史阶段，平等思想、反等级思想在大部分时间中处于优势，为多数人所赞同；而等级思想居于劣势，经常受到批驳，不过在阶级社会中，等级思想在等级制度的支持下实际上是占优势的。私有制终将消失，等级思想也终将消失。

---

① 《西方哲学原著选读》下卷，73～74 页，北京，商务印书馆，1982。

② 《中国人权百科全书》，781 页，北京，中国大百科全书出版社，1998。

个人主义与整体主义的争论不仅在今天是一个热点问题，历史上也不曾停止过。个人主义确切点讲可称为个人中心主义或个人本位主义，从马克思主义观点来看，与它对立的是社会中心主义或社会本位主义，当然也可简称社会主义，但社会主义一词已习惯地用于一种社会制度，因而在马克思主义术语中，把与个人主义对立的观点称作集体主义。严格讲，集体主义一词并不确切，因为集体有大有小，集体的层次有高有低，马克思主义的集体主义中的“集体”决不是任何小集体，而是社会，因此，马克思主义集体主义就是社会主义集体主义，为了把历史上与个人主义对立的观点同马克思主义集体主义区别开来，我们称之为整体主义，这个“整体”不等同于社会，可以是各式各样的整体，一个家庭是整体，全人类也是整体。整体主义确切地讲也可称为整体中心主义或整体本位主义。“中心”、“本位”就是核心、根本、基础、主体（主要部分）、主要方面的意思，中心、本位决不排斥非中心、非本位，没有非中心、非本位的东西，中心、本位就不存在了。因此，在一般情况下，中心、本位与非中心、非本位是不冲突的、统一的，但是，二者也有对立或冲突的时候，这时，二者就不能两全了，保什么丢什么就取决于什么是中心、本位，什么是非中心、非本位。举例说，当个人与整体不能两全时，个人中心主义就保个人而丢整体，整体中心主义则保整体而丢个人。

西方古代整体主义占优势，柏拉图、亚里士多德都是整体主义的主要代表。柏拉图从他的等级思想出发，认为不同等级在国家中都有自己的适当的地位，“每个人应当只做一件适合他的本性的事情”①，就是做自己的事情而不干预别人的事情，否则就会给国家带来灾难和

① 《西方哲学原著选读》上卷，115页，北京，商务印书馆，1981。

祸害，而国家的利益是至高无上的，每个人都应维护国家的利益。亚里士多德的名言“人是政治的动物”中就包含了整体主义的思想。在他那里，整体就是国家、社会，人是社会的人、国家的人，如果国家、社会是一个有机体，每一个人都是这个机体上的一个有机组成部分，是不能离开这个机体的，正如手离开了人体就不再是手一样。国家高于个人，个人只有作为国家的某一适当的组成部分才能发挥自己的才能。只有野兽或者神才能离开国家、社会而存在。亚里士多德的整体主义是他的等级思想的表现，这同柏拉图是一致的。他们所说整体是排除奴隶的，奴隶不是人，而是会说话的工具，但亚里士多德不像柏拉图那样强调一般人对最高奴隶主贵族（最好的“哲学王”）的服从，而是强调依靠中等富裕奴隶主，如工商业奴隶主，因为他们人数最多，既不像贵族奴隶主那样专横暴虐，为非作歹，也不像破落的贫穷的奴隶主那样不择手段地谋求甚至劫掠财富，破坏社会稳定。他认为中等阶级“是一个国家中最安稳的公民的阶级”,①“最好的政治社会是由中等阶级的公民组成的”。② 古希腊罗马的斯多葛学派也有比较明显的整体主义思想。他们认为每个人都应爱人如爱己，人生而倾向于互相合作，互相敌对是违反人的本性的。他们都提出了大同世界的理想，认为每个人都是大同世界的一员，因此，人人都应当服从整体的利益，自觉地把整体利益置于个人利益之上。

在古代西方把个人利益摆在中心的是一些唯物主义原子论者和快乐主义者的思想家们。德谟克利特和伊壁鸠鲁认为人和人的灵魂都是由原子构成的，原子是互不干涉的独立实体，因而每个人也是一个独

① 《西方哲学原著选读》上卷，158页，北京，商务印书馆，1981。

② 同上。

立自觉的个体，是一个小宇宙，人类社会同任何物体一样都是由独立自足的原子构成的。人生的意义在于满足个人本性的要求，人的本性是快乐，每一个人天生趋乐避苦。他说："我们的一切取舍都从快乐出发，我们的最终目的乃是得到快乐，而以感触为标准来判断一切的善。"① 他们在政治上属于奴隶主民主派，德谟克利特认为自由胜于奴役，在一种民主制度中受穷，也比在专制统治下享福强。但在古希腊罗马，这种个人主义的声音是微弱的，到了中世纪被完全淹没于神的整体主义之中。

在中世纪，神和神的代表——教会对人的精神领域建立了绝对的统治，神学和宗教认为神是最高的主宰，无所不知，无所不能，一切人都要绝对信仰和服从神和教会，形成一个完整的整体，个人无任何独立性和自由可言。当然，教会只是一种伪装，掩盖了封建等级制度。因此，整个中世纪也时常爆发教权与王权之间的斗争，但不管教权也好，王权也好，都是一种整体主义，都是对人的自由、民主权利的限制和剥夺。但是个人主义在中世纪也不是毫无踪影。例如，唯名论者威廉·奥卡虽然是一个王权的拥护者，也认为人的本性是平等的，个人私有制财产不能侵犯，都有参与国家立法的权利，这些思想反映新兴的市民阶层的要求。

文艺复兴不仅是针对神权的人道主义的复兴，也是针对封建等级制度的个人主义的复兴。文艺复兴的思想家们推崇人性，强调发扬人的个性，高度赞扬人的高贵品德，例如艺术大师达·芬奇认为人应当以理性为经验的舵手，以科学为实践的统帅；既要满足正当的物质需要，又要具有高尚的灵魂；既要有丰富的感情，又要有严肃的思考。

① 《西方伦理学名著选辑》上卷，103页，北京，商务印书馆，1964。

但是把个人主义作为一种理论观点加以系统地论证和阐发的是启蒙运动的思想家们。

个人主义（Individualism）这个词是德国19世纪中叶的政治评论家托克维尔提出来的。他说："个人主义是一种新的观念创造出来的一个新词。我们的祖先只知道利己主义（Egoism）。利己主义是对自己的一种偏激的和过分的爱，它使人们只关心自己和爱自己甚于一切。个人主义是一种只顾自己而又心安理得的情感，它使每个公民同其同胞大众隔离，同亲属和朋友疏远。"① 他声明他之所以提出这个名词是要说明在资本主义时代"每个人是怎样使其一切感情以自己为中心的"。② 他已经意识到个人主义盛行与时代的关系，但当他区别个人主义与利己主义时却说："利己主义来自一种盲目的本能，而个人主义与其说来自不良的感情，不如说来自错误的判断。个人主义的根源，既有理性欠缺的一面，又有心地不良的一面。"③ 托克维尔显然是把利己与利己主义混为一谈了，利己是一种本能，一切动物都有这种本能；但利己主义则是一种自觉地处理自己与他人、社会的关系问题的原则，同个人主义并无区别。利己是利己主义或个人主义的自然基础，如果人没有利己的本能，自然不会有利己主义或个人主义，但利己不就是利己主义或个人主义，利己主义或个人主义是社会存在的反映，是在私有制社会中形成的一种观点。如果要加以区别，可以说利己主义是一般的个人主义，个人主义是一种特殊的利己主义，即资本主义时代的利己主义。托克维尔不完全了解个人主义与资本主义

---

① 转引自《西方人权学说》上卷，311页，成都，四川人民出版社，1993。

② 同上书，311页。

③ 同上。

的关系，而误认为个人主义是一种错误的判断。撇开名词上的区别不谈，个人主义在文艺复兴时期就逐渐盛行起来，后来的启蒙思想家们更是它的主要代表。

西欧启蒙运动的旗帜是人道主义，这种人道主义的立脚点是一般的人、抽象的人，即个人，抽象人道主义实质上是个人主义。个人主义一词虽然出现于19世纪，但个人主义思想在启蒙思想家的著作中是很明显的，如英国的培根、洛克、霍布斯、斯密，法国的伏尔泰、卢梭、狄德罗，德国的康德、费希特、费尔巴哈、施蒂纳等等。当然他们的个人主义思想又各有其特点。例如洛克，他是一个快乐主义者，认为快乐就是幸福，但什么是快乐呢？他从个人出发来理解快乐，认为快乐与否完全视个人的好恶而定，“如果你觉得享用美酒比使用目力快乐更大，那么酒可以说对你是最好的；但是你如果觉得看物比饮酒更为快乐，则酒是全无价值的。”[①] 因此，“人们所选择的事物虽然可以有别，可是他们所选择的都是正确的”。[②] 但洛克反对只顾个人利益而损害社会利益，主张以理性来指导自己的行为，把眼前利益与长远利益、个人利益与社会利益结合起来。洛克的这种思想反映了新兴资产阶级思想家中合理利己主义这一派。斯密直接把个人主义与市场经济联系起来，更加鲜明地反映了这种思想与经济制度的关系，这是一种功利主义的利己主义。他认为利己是人的天性，人人都有利己心，即支配个人在某一问题上根据利害观点选择某一行动的原则，正是这种利己心支配了人们之间的商品交换，他说：“不论是谁，如果他要与旁人做买卖，他首先就要这样提议：请给我以我所要的东

① 洛克：《人类理解论》上册，238页，北京，商务印书馆，1959。

② 同上书，239页。

西吧，同时，你也可以获得你所要的东西。”[1] 所以，人们在进行交易时考虑的不是他人的利益，而是自己的利益，但这种个人主义并不损害他人的利益，相反，也有利于他人的利益，对于整个社会来讲是最有利的。他说：“用不着法律干涉，个人的利害关系与情欲，自然会引导人们把社会的资本，尽可能按照最适合于全社会利害关系的比例，分配到国内一切不同用途。”[2] 这就是那只著名的“看不见的手”（价值规律）在起作用。在此基础上，斯密提出了同情论，主张人性中存在着关心他人命运与幸福的感情。如果说斯密是揭示了合理利己主义与市场经济的关系，那么，费尔巴哈则是阐述了合理利己主义的具体内容。罗国杰、宋希仁把费尔巴哈所说到的各种利己主义概括为四种：一是“二元论的利己主义”，即两面派的利己主义，只利自己，不利他人；只要求他人为自己服务，自己决不为他人服务；自己只是目的，他人只是自己的手段。这就是不合理的利己主义，今天我们称为极端个人主义。二是“双方面的利己主义”，即两个人之间互利互惠的思想，正当的自愿性的关系是这种利己主义的表现。三是“多方面的利己主义”，即三人以上互利互惠的思想，和顺友爱的家庭是这种利己主义的表现。四是“普通的利己主义”，即全社会成员之间互利互惠的思想，费尔巴哈认为这种利己主义是最高级的。[3] 实际上是两种利己主义，第一种是不合理的利己主义；第二种、第三种、第四种是不同范围和层次的合理利己主义，这两种利己主义的界限是相对

---

① 斯密：《国民财富的性质和原因的研究》上册，13 页，北京，商务印书馆，1979。

② 同上书，14 页。

③ 罗国杰、宋希仁编著：《西方伦理思想史》，516～517 页，北京，中国人民大学出版社，1988。

的，在实际生活中是经常互相转化的。历史上公开主张不合理的利己主义，即极端个人主义的并不多见，但也不是没有，费希特、施蒂纳、尼采都有这种思想。例如施蒂纳说："我既不关心神，也不关心人，我不关心善、正义、自由等。我关心的只是什么是我，它不是一般的东西，而是唯一者，就好像我是唯一者一样。对我来说，除我自己以外，就没有别的东西了。"① 那么，这个世界呢？他说："我……把世界作为我心目中的世界来把握，作为我的世界、我的所有物来把握：我把一切都归于我。"② 这种观点无疑是十分荒谬的，但直至今天仍颇有市场，特别是在实际生活中，有的人口头上并不这样讲，而实际上却是这样做的。

近现代的西方，由于资本主义制度占据了绝对的优势，个人主义价值观也一直占据着绝对的优势，但整体主义仍然存在，并有不小影响。有的启蒙思想家如爱尔维修也反对等级思想，认为利己是人的本性，承认个人利益的正当性，主张平等、自由，但强调个人离不开社会，社会利益高于个人利益，个人利益应服从社会利益，必要的时候应牺牲个人利益来成全公共利益。又如黑格尔具有国家整体主义的思想，认为只有在国家中个人的权利和义务才能统一起来，个人只有对国家尽了多少义务，才能享受多少权利。他的国家无疑是普鲁士君主立宪国家。具有更加自觉的社会整体主义思想的是空想社会主义者，这种整体主义不同于古代宗族的等级的整体主义而与今天的社会主义集体主义接近。空想社会主义者都主张废除私有制，实行公有制，这

① 全增嘏主编：《西方哲学史》下册，339 页，上海，上海人民出版社，1985。

② 同上。

就为他们的社会整体主义提供了经济制度的根据。《乌托邦》的作者莫尔批评在资本主义社会中人人都把个人利益置于社会利益之上，导致各种不公平、不合理的现象层出不穷，他认为必须在社会利益的基础上把个人利益和社会利益结合起来，“乌托邦”的理想才能实现。

傅立叶尖锐批判利己主义，认为在资本主义制度下利己主义支配着一切人的行为，对社会的稳定和进步产生破坏作用，只有博爱（集体主义）才能促进全人类的幸福和个人幸福的实现。欧文也认为私有财产或私有制，过去和现在都是人们所犯的无数罪行和所遭的无数灾祸的原因。圣西门也说：“人们应当把自己的社会组织得尽量有益于最大多数的人，人们应当把在最短期间内用最圆满的方式改善人数最多阶级的精神和物质的事业，作为自己的一切劳动和一切活动的目的。”①

在西方历史上，个人主义与整体主义的状况和作用都是很复杂的，从大体上说，整体主义在古代占优势，个人主义在近现代占优势，它们对社会发展所起的作用在不同条件下也是不同的，既有推动的作用，也有阻碍的作用。马克思主义的创始人在启蒙思想家们的影响下曾经是人道主义者和个人主义者，当他们转变为科学社会主义者以后，就转变成为社会主义的集体主义者，但他们十分强调个人利益与社会利益的最大可能的结合，主张在自由全面地发展个人中发展社会，在充分发展社会中发展个人，尽可能使个人发展与社会发展协调起来。

（三）关于人的本质的思想

人的本质所要回答的问题就是人是什么的问题，人类很早就提出

① 《圣西门选集》下卷，226页，北京，商务印书馆，1962。

了这个问题。古希腊德尔菲神庙上的一句箴言“认识你自己”就包含了这个问题。人是什么？有名的斯芬克斯之谜作了最早的也是最肤浅的回答：人是幼年爬行、成年直立行走、老年扶策而行的动物。这也就是后来亚里士多德的从形体上对人的界说：人是二足无毛的动物。对人是什么的深一步研究就是提出了人性或人的本性的概念，人性或人的本性不同于属性，属性是各式各样的，有共性、有个性，有深的、有浅的，而人性或人的本性则是人的类属性，即人人共同具有而能把人类同其他的类，主要是动物这个类区别开来的属性，因此，根据人性我们就能回答人是什么。在西方哲学史上，柏拉图可能是第一个作这种思考的哲学家，尽管他没有明确地作这种说明。柏拉图在其《理想国》中有一段讨论人应该具有哪些品德的对话。他认为一个国家的统治者应该具有智慧的品德，军人应该具有勇敢的品德，所有的人，无论是奴隶、自由民、武士或者贵族，都应该具有节制的品德和公道的品德。他所说的节制和公道其实是一回事，即各安其分、各司其事，不要侵入他人的领域，换句话说，就是奴隶规规矩矩劳动，自由民规规矩矩地从事工商业，武士专心卫国，君主与大臣管理好国家。这实际是以后西方传统中人的三种品德——知、意、情的萌芽，即综合的人性。后来的思想家们循着这一思路对人是什么或人性是什么的问题各自提出了自己的回答。人性（Human nature）一词在启蒙时期已很流行，霍布斯有本著作就叫《人性论》（*Human Nature*）。人的本质一词是费尔巴哈提出来的，他说他所说的本质是“使一个事物成为这事物的那个东西，根据这个东西它才像它这样存在和活动”。[①] 那么，人的本质是什么呢？他说：“在人中间构成类、构成真

① 《西方哲学原著选读》下卷，468页，北京，商务印书馆，1982。

正的人类的东西是什么呢？是理性、意志、心情。一个完美的人，是具有思维的能力、意志的能力和心情的能力的。思维的能力是认识的光芒，意志的能力是性格的力量，心情的能力就是爱。理性、爱和意志力是完善的品质，是最高的能力，是人之所以为人的绝对本质，以及存在的目的。”① 从以上论述可以看出，西方哲学史上所说人是什么、人性或人的本性、人的本质这些概念基本上是一个意思，即人之所以为人而不同于动物的根本特性，它对于人说是普遍性、共性，但与动物相对而言则是特殊性、个性，而且不是无关紧要的表面的特性，而是带有根本性质的特性，因此，它不是与动物共同具有的自然本能，也不是为某些特殊人群所特别具有的小范围的特性，如阶级性、职业性、时代性、地域性、种族性等。那么，它是什么呢？或它们是什么呢？西方哲学史上的思想家作了各式各样的回答，以下我们概括一下这些回答。

1. 人是一个小宇宙，是由原子构成的。这是古希腊的唯物主义者德谟克利特和伊壁鸠鲁的回答。表面上看来，这是一种素朴的幼稚的回答，但他们所说的构成人的原子包括构成身体的物质原子和构成灵魂的精神原子，这实际上是说人是由身体和灵魂构成的，分为物质与精神两部分，但对精神是什么，精神与物质的关系是什么还缺乏正确的理解。

2. 人是理性的动物。这个命题是亚里士多德首先提出来的，两千多年来，为许多思想家所重复，几乎得到所有思想家的认同，尽管对于理性的具体内容、理性在人的精神领域中的地位，人们的理解有分歧，而且随着时代的发展不断有进步。亚里士多德说的原话是：

① 《西方哲学原著选读》下卷，468 页，北京，商务印书馆，1982。

“对每一事物是本己的东西，自然就是最强大、最使其快乐的东西。对人来说这就是合于理智的生命。如果人以理智为主宰，那么，理智的生命就是最高的幸福。”① 这就是说，理智是人的最根本的东西，即本质。人之所以为人而异于动物，就是因为他有理智，或曰理性。亚里士多德所说的理智或理性就是人的认识能力，他也说过：“求知是所有人的本性。”② 他的这种观点可以说是古希腊的“爱智慧”的传统的一种总结。古罗马的许多思想家也把理性摆到区别人与动物的重要的地位，例如，著名政治家西塞罗也认为理性是上帝和人所共有的，任何人都有理性，人只有在理性主宰下才是道德的，其行为才能合乎法律。在中世纪神权统治一切，宗教蒙昧主义盛行，盲目信仰代替了理性，但是也有许多思想家采取间接的方式肯定理性的重要地位。例如后期罗马有的政治家、神学家也认为宇宙中至高无上的是上帝，但上帝却是以理性来主宰宇宙，而人的本质也是理性，所以人虽在上帝之下，却在万物之上。人之所以作恶、犯罪就是由于违反了理性。又如中世纪哲学家伊里杰纳认为应该同等重视理性和对上帝的信仰，二者是可以统一的，甚至认为理性高于信仰。唯名论哲学家阿伯拉尔反对盲目信仰，认为应该先理解而后信仰，主张通过怀疑与验证来寻求真理。

文艺复兴和启蒙运动更是高举理性的旗帜，以弘扬人的理性来反对神权、特权和蒙昧主义，理性主义与人道主义差不多是同义词。但丁认为人之所以区别于其他事物的特性就是理解力。薄伽丘在《十日

---

① 苗力田译：《亚里士多德全集》第8卷，228页，北京，中国人民大学出版社，1997。

② 苗力田译：《亚里士多德全集》第7卷，27页，北京，中国人民大学出版社，1997。

谈》中的一个主题就是嘲弄愚昧、赞美智慧，认为聪明才智是幸福与快乐之源，而愚昧只能忧愁苦恼。启蒙思想家们更是鲜明地举起理性主义的旗帜。在认识论上，理性主义是与经验主义对立的，近代理性主义的代表们主要在欧洲大陆，笛卡儿是其创始人，重要代表有斯宾诺莎、康德、黑格尔等人；近代经验主义主要在英国，培根是其创始人，重要代表有霍布斯、洛克、贝克莱、休谟等。但是，从人学的角度看，他们都是理性主义者，因为他们都把认识、智慧、知识看作人的本性，看作人之所以为人的最主要的东西。培根提出了“知识就是力量”的思想，认为人之所以能控制自然、做自然的主人，就在于他掌握了自然的规律，掌握了科学。霍布斯认为自然状态是每一个人对每一另外的人的战争状态，但是正是人的理性这样要求人们：“每一个人只要有获得和平的希望，就应该力求和平；在不能得到和平时，他就可以寻求并且利用战争的一切帮助和利益。”“这条基本的自然规律，是命令人们力求和平”①。英国的经验主义者虽然强调知识的感性的来源，但重视知识，把知识、理性看成人的主要因素是与理性主义者一致的。斯宾诺莎强调人的行为只有受理性的指导才能做到公平、忠诚、高尚。他主张“运用普遍的自然规律和法则去理解一切事物的性质”,② 也同样去理解和控制情感，不能以理性控制情感就是不自由，“因为一个人为情感所支配，行为便没有自主之权，而受命运的宰割”。③ 这就是著名的认识必然才能获得自由的思想的最初形态，后来黑格尔进一步发挥了斯宾诺莎的这一思想。黑格尔把理性主

---

① 《西方哲学原著选读》上卷，397～398页，北京，商务印书馆，1982。

② 同上书，440页。

③ 同上。

义发展到它的极端，以理性囊括一切，理性不仅是人的本质，而且是整个宇宙的本质，理性无所不包、无所不有、无所不在，这就是绝对理念，其实它不过是人的理性的客观化、扩大化、无限化。

3. 人的本质是知、意、情的统一。西方哲学史上并没有这样的现成的命题，但许多思想家都有这种思想。在古代柏拉图已经有这种思想，这些前面已经谈到。在近代康德哲学的三大批判(《纯粹理性批判》、《实践理性批判》和《判断力批判》)可以说是这一思想的最系统的阐发。三大批判可以说是康德的人学体系，它主要论述了人的精神领域的三大组成部分：认识、道德评价和审美，简称知、意、情，与它们相当的结果就是真理、善意和美感。在康德那里，理性有广义与狭义之分，广义的理性就是人的精神领域或主观世界，认识是纯理性，道德是实践理性，审美是判断理性；狭义的理性就是纯理性。按康德的安排，纯理性，即一般所说的理性，是最主要的。后来费尔巴哈把康德的观点明确规定为人的本质，这就是前面谈到的“理性、爱和意志力”，即知、情、意。他说：“一个完善的人，是具有思维的能力、意志的能力和心情的能力的。思维的能力是认识的发达，意志的能力是性格的力量，心情的能力就是爱。”① 费尔巴哈认为此三者并不是为人所占有的外部的东西，它们是人的组成因素，他说：“理性(想象、幻想、表象、意见)、意志、爱或心情并不是人所具有的力量——因为没有它们人就不能存在，人之所为人只是靠它们，它们是建立人的本质的元素，而人的本质并不是人的所有物，也不是人所制造的。”②

① 《西方哲学原著选读》下卷，468～469页，北京，商务印书馆，1982。

② 同上书，469页。

4. 人是政治的动物，是社会的动物。“人是政治的动物”这个命题是亚里士多德提出来的，其根本含义是强调人的社会性，人是社会的动物。亚里士多德对有机体的整体与部分的关系有着深刻的认识，认为离开人体的手就不再是手，整体不是部分的机械的总和。在他看来，人与社会的关系就是这样。他说：“人天生是一种政治动物，在本性上而非偶然地脱离城邦的人，他要么是一位超人，要么是一个鄙夫。”[①] 他进一步解释说：“当个人被隔离开时他就不再是自足的，就像部分之于整体一样。不能在社会中生存的东西或因为自足而无此需要的东西，就不是城邦的一个部分，它要么只是禽兽，要么是个神，人类天生就注入了社会本能。”[②] 亚里士多德的这个思想是很重要的，但这个命题同他的另一个命题“人是理性的动物”的关系怎样，理性与社会性孰轻孰重，他却没有作进一步的说明。这说明了他的观点的素朴性。古代的整体主义者大都认为个人不能离开社会。近代天赋人权论的思想家们承认自然状态的人，即组织成社会以前的人，但法国的唯物主义者如爱尔维修、狄德罗却承认“人是环境的产物”，即社会的产物，个人当然是离不开社会的。

5. 人是制造工具的动物。这是富兰克林提出来的。马克思是赞成这个界说的。马克思说：“劳动资料的使用和创造，虽然就其萌芽状态来说已为某几种动物所固有，但是这毕竟是人类劳动过程独有的特征，所以富兰克林给人下的定义是《a toolmaking animal》，制造工具的动物。”[③] 这个定义实际上已触及人性的核心——实践。早在亚

---

① 颜一、秦典华译：《亚里士多德全集》第 9 卷，6 页，北京，中国人民大学出版社，1997。

② 同上书，7 页。

③ 《马克思恩格斯全集》第 23 卷，204 页，北京，人民出版社，1972。

里士多德以前，古希腊唯物主义者阿那克萨戈拉就提出过人的智慧来源于手，这实际是对智慧来自实践的一种形象的不确切的说法，就是说，手比头脑更根本，实践比理性更根本。亚里士多德反对这种说法，认为“阿那克萨戈拉声称，正是人类有手才使自己成为最有智慧的动物。但合乎根据的说法是：正是因为人类是最具有智慧的动物他才有手。”① 从字面看，这个争论是没有意义的，人类既不是有了手才有智慧，也不是有了智慧才有手。争论的实质是：人类是有了实践才有智慧还是有了智慧才有实践？两种相反的回答当然都是有根据的，因为科研成果来自实践并在实践中完善和发展，实践出真知；任何人类的实践都是自觉的活动，实践离不开智慧的指导。智慧与实践互为因果，互相推动，但是从整体上、从根本上讲，实践是整体，智慧是部分，实践比智慧更根本。

6. 人是符号的动物，文化的动物。这是德国新康德主义哲学家卡西尔提出的命题。他的代表作《人论》提出了“人是符号的动物”的命题，他说：“我们应当把人定义为符号的动物，来取代把人定义为理性的动物，只有这样，我们才能指明人的独特之处，也才能理解对人开放之路——通向文化之路。”② 符号（包括语言、文字）、文化当然是人所特有的属性，可以把人和动物区别开来，但把符号、文化与理性、政治对立起来，则是错误的，如果人没有理性，人还能创造文化吗？如果人没有政治、社会生活，还有什么文化生活呢？卡西尔显然是过分夸大了符号、文化的地位和作用，割裂了符号、文化与理

---

① 崔延强译：《亚里士多德全集》第5卷，131页，北京，中国人民大学出版社，1997。

② 卡西尔：《人论》，87页，上海，上海译文出版社，1985。

性、政治的联系。

7. 人的本质是自由。这主要是卢梭的观点，后来萨特又加以绝对化。自古以来，特别各个时代的有民主思想的思想家都主张人要有自由，启蒙运动代表人物卢梭第一个把自由提到人的本质的高度，他说："人生下来是自由的，可是到处受到束缚……这种人人共有的自由，是人的本性的结果。人的第一条法则是维护自己的生存，人最先关怀的是他自己；人一达到理性的年龄，但凭自己来判别适于自保的手段，就立即从而成为自己的主宰。"① 看来，卢梭并未否定理性的地位。理性、自由、平等是启蒙运动的几面共同的旗帜，其矛头指向封建主义。20世纪马尔库塞针对资本主义认为自由是人区别于动物的本质，说："人的普遍性——与动物的本质局限性不同——就是自由，因为动物只是在直接的肉体需要的支配下生产，而人只有不受这种需要的支配时才进行真正的生产。"② 但这种自由在资本主义社会中受到了限制。萨特则进一步夸大自由的作用，以至否定理性。他认为人的存在先于人的本质，"假如存在确实是先于本质，那么，就无法用一个定型的现成的人性来说明人的行动，换言之，不容有决定论，人是自由的，人就是自由。"③ 在他看来，一个人的道路完全是人自由选择的结果，有的人不选择，其实不选择也是一种选择，即选择了不选择，因此，自由是绝对的。但是，这种绝对自由在任何条件下都是不存在的。

---

① 《西方人权学说》上卷，115页，成都，四川人民出版社，1994。

② 《〈1844年经济学哲学手稿〉研究》，313页，长沙，湖南人民出版社，1983。

③ 萨特：《存在主义是一种人道主义》，见《存在主义哲学》，342页，北京，商务印书馆，1963。

8. 人的本质是物质需要，即食欲和性欲。人有物质需要，自古以来思想家们都是承认的，但不认为它是人的本质。提出这个观点的是弗洛姆。他受弗洛伊德的影响，认为人的本质先于人的存在。他认为人的欲望区别为绝对的和相对的，绝对的欲望是不变的固定的，如食欲和性欲，它们只能在不同的文化中所采取的形式上和方向上有所改变；相对的欲望起源于一定的生产和交换的条件。绝对的欲望是人的本性的组成部分，相对的欲望不是。诚然，食欲和性欲是普遍的绝对的，人的本质也是普遍的绝对的，但不能因此把食欲和性欲看作人的本质，因为抽象的食欲和性欲不能把人和动物区别开来，能作这种区别的恰恰是一定的生产与交换的条件，即人类社会实践及其各种产物。

对于人的本质是什么、人是什么的问题可能还有其他回答。除第1、第8两种理解而外，第2种至第7种都能把人和动物区别开来。第3种实际是理性、道德、审美三种，除理性重复外，还余二种，所以，实际有七种回答，即涉及人的本质特征的七个方面。无疑，要对人作出完整的回答，应把这七个特点以及其他综合起来，仅仅抓住一个方面即使不是错误的，也是片面的。这里就出现一个问题：这几个特点的关系如何呢？有没有一个是最根本的，是起最后的决定作用的呢？马克思好像是对历史上的这些观点做了回答："可以根据意识、宗教或随便别的什么来区别人和动物。一当人开始生产自己的生活资料的时候，这一步是由他们的肉体组织所决定的，人本身就开始把自己和动物区别开来。人们生产自己的生活资料，同时间接地生产着自己的物质生活本身。"① 这就是说，在这些人的本质特征中最根本的

① 《马克思恩格斯选集》第1卷，67页，北京，人民出版社，1995。

是劳动，或者扩大一点说，是社会实践。中国理论界在80年代以来的讨论中形成了三个有区别有联系的概念：人的属性、人性和人的本质。人的属性最宽泛，指人的任何性质，包括大的小的、高的低的、深的浅的；人性指能把人和动物区别开来的任何性质，对人带有根本性质，是人的属性中范围比较小、层次比较高、深度比较深的那部分；人的本质是最根本的人性，只有一个，即人的社会实践。历史上谈到的人的物质性、生命性、动物性、社会性以及其他性质都是人的属性，其中各种社会性是人性，人性中的社会劳动或社会实践是人的本质。这三个概念的提出可能是对历史上人性问题的争论的最妥善的解决，至于马克思关于人的本质的理论，后面有专题论述，这里就不赘述了。

（四）关于人生意义的思想

西方古代的思想家们虽然没有明确提出人生意义问题，但他们根据自己对人在自然中的地位、人在社会中的地位、人的本质是什么等问题的看法，也提出了各种关于人生意义的观点，即人生观，下面把他们对这个问题的回答区分为若干类型一一加以评述。

1. 快乐主义人生观。人人都有物质欲望，其中最主要的是食欲和性欲。物质欲望的满足会给人带来快乐，但是，人的物质欲望是否应得到充分的满足，物质欲望的满足应有多大限制，却是一个长期争论不休的问题。其中有一些思想家公开宣称满足人的物质欲望，享受感官的快乐是正当的，而且人生的意义就在于享受这种快乐。从古到今，有这种主张的思想家为数不少，我们称这种主张为快乐主义。古代最著名的快乐主义思想代表是唯物主义者伊壁鸠鲁。他认为人生的目的就是追求快乐，说："快乐是幸福生活的开始和目的。因为我们认为幸福生活是我们天生的最高的善，我们的一切取舍都从快乐出发；我们的最终目的乃是得到快乐。”① “如果抽掉了嗜好的快乐，抽掉了爱情的快乐以及视觉与听觉的快乐，我就不知道我还怎么能够想象善。”② 在他看来，快乐是最主要的，智慧与文化的最后的根源就是快乐。伊壁鸠鲁针对柏拉图主义的禁欲主义的长期禁锢，理直气壮地主张满足物质欲望的正当性，对于人学、哲学以及整个社会的发展都是有进步意义的，但无疑他的观点是片面的，过分夸大了感官快乐的作用。

经过了中世纪的禁欲主义的思想统治，文艺复兴时期的许多思想家也公开举起了快乐主义的旗帜。意大利诗人彼特拉克在《秘密》一书中反对那种认为肉体上的爱情会玷污和浇灭纯粹精神上的高尚的爱情的观点，认为他之所以能够获得今日巨大的声誉与光荣得归功于他对他的夫人的爱情。他说正是这种性爱激活了他的昏昏欲睡的精神，焕发了大自然埋藏在他心灵中的智慧，使他朝气蓬勃、艰苦努力，才作出了卓越的成就。荷兰人文学者爱斯拉谟也认为大自然把情欲给予人，人就应顺应自然，就有权利享受这种情欲，情欲给人快乐，比理性更能消除人生的苦恼。他甚至颂扬人在情欲中的疯狂。爱斯拉谟的观点显然有些过分了。

启蒙运动的思想家对人的物质欲望都抱肯定的态度，但强调用理性来加以适当的约束。例如爱尔维修认为：“人是能够感觉肉体的快乐和痛苦的，因此他逃避后者，寻求前者。就是这种经常的逃避和寻求，我称之为自爱。”③ 这就是启蒙运动思想家们所一致肯定的人的

① 《西方伦理学名著选辑》上卷，103页，北京，商务印书馆，1964。

② 同上书，95页。

③ 《18世纪法国哲学》，503页，北京，商务印书馆，1963。

趋乐避苦的本性，这实际就是人的情欲。爱尔维修高度评价情欲的作用，认为它不仅推动了人类物质文明的发展，而且推动了人类精神文明的发展，伟大的情欲可以产生出伟大的创造和伟大的人物，甚至创造一个伟大的时代。但是他不赞成不顾一切地放纵情欲。他认为情欲的满足需要一定的物质利益，因此，一个人追求个人利益是无可厚非的，但他认为不能以个人利益损害公共利益，“要行为正直，就应当仅仅倾听和信任公共利益”。① 前面提到的费尔巴哈的合理利己主义也持这种观点。他把理性、爱情和意志看成人的本质，这包含了肯定人的物质欲望，又主张以理性来控制物质欲望，使个人的情欲得到满足而又不损害他人的利益。但是在剥削制度条件下，在剥削阶级意识形态的支配下，合理利己主义很容易过渡到极端利己主义，快乐主义很容易转化成享乐主义，甚至纵欲主义。在阶级社会中，公开主张、宣扬纵欲主义的思想家在历史上是很少的，但实践纵欲主义者在统治者中是非常普遍的，皇帝、国王、王公大臣、豪绅、阔佬，穷奢极欲，纵情声色，腐化堕落，从古到今，不胜枚举。如何使快乐主义不致转化为享受主义、纵欲主义是一个时时要加以解决的问题。

2. 禁欲主义人生观。这种观点认为物质欲望的满足是坏事，应极力加以限制，使之减少到最低限度。禁欲主义往往同信仰主义联系在一起，许多宗教都要求限制物质欲望，甚至提倡苦行主义。古希腊的毕达哥拉斯学派认为肉体和多种物质欲望是对灵魂的拖累，灵魂只有摆脱了这种拖累才能得到解脱，因此，物质欲望越少越好，越少越能净化灵魂。柏拉图也是古希腊禁欲主义的著名代表。柏拉图完全同意上述毕达哥拉斯学派的观点，进一步指出，正如社会区分为三种

① 《18世纪法国哲学》，462页，北京，商务印书馆，1963。

人：统治者、军人和生产者一样，一个人身上也区分为理性、意志和情欲；正如统治者把生产者统治好一样，一个人身上的理性就应把情欲节制好。他认为一个人用理性把情欲节制好就是自己做了自己的主人。他说：我认为“人的灵魂里面有一个较好的部分和一个较坏的部分，而所谓‘自己的主人’就是说较坏的一部分自然受较好的一部分控制……但是当一个人由于坏的教养或者和坏人来往而使其中较好的同时也是较小的一部分受到较坏的也是较多的一部分的统治时，他便要受到谴责而被称为自己的奴隶和没有节制的人了。”① 后世把没有肉体关系的恋爱叫作“柏拉图式的恋爱”，即精神恋爱。鼓吹禁欲主义的还有犬儒学派、斯多葛学派，而使禁欲主义取得统治地位的则是中世纪的教父哲学。《圣经》鼓吹原罪说，认为人生来就是有罪的，而这个原罪就来自男女的情欲，所以必须节制甚至禁绝情欲，人才能皈依上帝，重返天堂。中世纪的教父哲学更是把禁欲主义发展到高峰。教父哲学的著名代表奥古斯丁认为物质享受不是真正的幸福，只有爱上帝爱基督才是真正的幸福，而且是至高无上的幸福。这种幸福“决不是邪恶者所能得到的，只属于那些为爱你而敬重你、以你本身为快乐的人们”。② 这里的“你”指上帝或基督。另一个著名代表托玛斯·阿奎那鼓吹世俗的理智和美德也是不可取的，达不到至善，“普遍的善只有在上帝身上才能找到。因此，除上帝之外任何东西都不能使人幸福并满足他的一切愿望。”③ 禁欲主义在中世纪不仅是一种说教，而且是束缚、迫害教徒甚至教士的思想工具。文艺复兴时期

① 《古希腊罗马哲学》，226页，北京，三联书店，1957。

② 奥古斯丁：《忏悔录》第8卷，7页，北京，商务印书馆，1963。

③ 《阿奎那政治著作选》，68页，北京，商务印书馆，1982。

的思想家们尖锐地批驳了禁欲主义的理论与表现，如薄伽丘的《十日谈》对禁欲主义的残酷与虚伪作了无情的淋漓尽致的揭露与批判，禁欲主义后来又遭到启蒙运动思想家们的批判，因而除教会以外影响不大。

3. 幸福主义人生观。快乐主义和禁欲主义都是幸福主义，快乐主义以物质欲望的满足为幸福，禁欲主义以摆脱物质欲望为幸福，此外还有各种幸福主义，它们都以追求幸福作为人生的目标，但对幸福的理解各不相同，这里我们评述一下快乐主义与禁欲主义以外的其他各种幸福主义。

古希腊政治家梭伦最早提出了功利主义的幸福观。他认为人生的意义在于追求幸福，幸福就是生活安定、富裕、健康、受人尊敬、有名有利。近代功利主义的主要代表是边沁，他对功利原则作了明确的规定。他认为趋乐避苦是人的本性，“所谓功利，意即指一种外物给当事者求福避祸的那种特性，由于这种特性，该外物就趋于产生福泽、利益、快乐、善或幸福……或者防止对利益攸关之当事者的祸患：痛苦、恶或不幸。”① 因此，“功利原则指的就是：当我们对任何一种行为予以赞成或不赞成的时候，我们是看该行为是增多还是减少当事者的幸福；换句话说，就是看该行为增进或者违反当事者的幸福为准。”② 后来的实用主义哲学也主张人生的意义在于适应环境。杜威认为人的实践不过是一种生物有机体的行为，即所谓生活，其基本公式是“刺激—反应”，它所追求的是效果，因此，有用就是真理。

① 周辅成编：《西方伦理学名著选辑》下卷，210页，北京，商务印书馆，1987。

② 同上。

实用主义实际也是一种功利主义。

亚里士多德也认为人生的意义在于追求幸福，但什么是幸福呢?他根据人是政治动物的观点，反对把幸福看成快乐，而认为实践美德才是幸福，而追求知识是最大的幸福，人生的意义就在于行德和知德。他认为最重要的美德是中道或中庸之道，而不是某种极端。例如鲁莽与怯懦都是极端，勇敢是中道；浪费与吝啬是极端，慷慨是中道；自尊是傲慢与自卑的中道；节制是放纵与苦行的中道等等。他说："过度和不足是恶行的特性，而适中则是美德的特性。"① 他又根据人是理性动物的观点，认为人生的更大的幸福是追求知识。在他看来，为求知而求知，为研究学术而研究学术，从事纯思辨的活动是人生一大乐事，最大幸福。他说："对于人，符合于理性的生活就是最好的和最愉快的，因为理性比任何其他的东西更加体现人的特性。因此这种生活也是最幸福的。"② 亚里士多德的这种观点显然是片面的，事实上也不存在纯粹的为学术而学术，归根到底，学术研究离不开一定的目的性，但在一定条件下，在一定时间内，不考虑学术研究的功利性而仅以其自身为目的，对学术的发展是必要的。亚里士多德的观点对西方科学的发展起了一定的积极的推动作用。

许多思想家都把幸福看作人生意义所在，但他们对幸福的了解又各不相同，除上面几种幸福观（快乐是幸福、禁欲苦行是幸福、行善积德是幸福、追求真理是幸福）外，还有其他的幸福观，如德谟克利特、斯宾诺莎认为以知足求得灵魂的安宁是幸福，但这些远不足以包括全部历史上的幸福观，特别是有许多幸福观是蕴涵在人们的实践中

---

① 《西方哲学原著选读》上卷，156页，北京，商务印书馆，1981。

② 《古希腊罗马哲学》，328页，北京，三联书店，1957。

而不是表现在口头上或文字上，限于篇幅，这里就不进一步论述了。

4. 悲观主义人生观。这种观点认为人的一生是无积极意义的，世界变幻不定，人的一生注定要遭遇各种苦难、悲伤、痛苦，毋宁说是一场悲剧；整个人类社会只有越来越糟。悲观主义一般说来可能与个人的不幸的遭遇有关，但归根到底来说是剥削阶级腐朽没落的反映。历史上的悲观主义思想家并不多，在西方最早起源于古希腊罗马文明衰落时期的怀疑主义、斯多葛学派和新柏拉图主义。怀疑主义者对一切都抱怀疑态度，一个事物存在还是不存在、一种观点是对还是错、一种意见是好还是坏，都很难说，因为他们对一切都抱冷漠、消极、否定的态度，人的一生自然也不例外。近代悲观主义的著名代表是唯意志主义，其创始人叔本华认为人的一生都受着意志、欲望的支配，而意志、欲望实际上是一种痛苦，因为欲望是无穷的，满足不了就是痛苦，满足了又会产生新的欲望，不可能都满足，仍然是痛苦。即使一切欲望都满足了，仍然是痛苦，因为欲望完全满足的结果便是空虚、无聊、厌倦。因此，他说："如果我们对人生作整体的考察，如果我们只强调它的最基本的方面，那它实际上总是一场悲剧，只有在细节上才有喜剧的意味。"① 尼采进一步发挥了这种悲观主义，认为人类社会历史是一个退化、堕落、毁灭的过程。他所说的退化、堕落不是一般人所理解的道德败坏、强者压迫弱者、强权压倒正义，刚刚相反，是被统治者、弱者向统治者、强者要自由、要解放、要平等。因此，他认为只有超人出现才能使人类社会避免毁灭的命运。现代的存在主义也对人的存在，亦即人类社会的存在抱悲观主义的态

---

① 全增嘏主编：《西方哲学史》下册，413 页，上海，上海人民出版社，1985。

度，在克尔凯郭尔、海德格尔、萨特等人看来，人的存在已经到了十分可悲的境地，苦恼、恶心、恐惧、悲伤、死亡——这就是现代人类社会的真实写照。但是，这只是人类社会的一部分情景，比较起来，乐观主义更接近人类社会的整体状况。

5. 乐观主义人生观。乐观主义与悲观主义相反，认为世界诚然是在不断变化，但不是越来越坏，而是越来越好。整个人类历史虽然包含了曲折甚至倒退，但从整体上看是一个前进的进化的过程。乐观主义认为人的生命是可宝贵的、有意义的，困难是可以克服的。他们对人类的前途充满了憧憬和理想。乐观主义往往是一种理想主义。令人感到欣慰的是，历史上的乐观主义流派远远多于悲观主义流派。每个时代都有着与该时代相适应的乐观主义的代表人物，他们不但对社会的前途作了乐观主义的预见，而且力图实现他们的理想。早在公元前8～7世纪赫西奥德就在农事诗《工作与时日》中表达了对黄金时代的向往。柏拉图是奴隶主思想家，但在他的《国家篇》中提出了在奴隶主内部实行公有制的理想，认为只要政治与哲学能够结合起来，出现“哲学王”，理想国就可以实现。最早采用乐观主义一词的是德国哲学家莱布尼茨，他提出的单子论认为世界是由精神性实体——单子构成的，而最高的单子就是上帝，他是最完满的，世界在上帝的主宰下将趋向尽善尽美的和谐。启蒙运动思想家们的人道主义历史观虽然是唯心主义的，然而也是乐观主义的。他们承认历史有一个倒退的阶段，即从平等到不平等的倒退，即从人人平等的自然状态向暴君统治状态的倒退，但经过革命，人类社会就可恢复自由与平等，即实现人民共和国的理想。这就是人道主义历史观的公式：人—人的异化—人的异化的扬弃。例如卢梭在《论人间不平等的起源和基础》中就论述了这样的过程。他认为人是生而自由平等的，人们之间的不平等起源于私有制，在此基础上产生了社会与法律，“它们把新的羁绊给予弱者，把新的力量给予富人，把所有权和不平等的法律永远规定下来，使一种狡猾的霸占成为一种无可挽回的权利，并且为了某些野心家的利益，使全人类从此以后承受着劳苦、奴役和贫困”①。专制君主的暴政使这种不平等达到了顶点。“专制君主只有在他还是强者的时候才是主子；一到人们能够把他撵掉的时刻，他就不能抱怨暴力了。以绞死或废黜一个暴君为目的的暴动，乃是一件与他昨天处置臣民生命财产的那些暴行同样合法的行为。支持他的只有暴力，推翻他的也只有暴力。”② 卢梭呼唤的不是废除私有制的社会主义社会，而是资本主义共和国，但是当时已经出现的空想社会主义已从这个逻辑中引出了人类社会的社会主义前景。17～18 世纪的法国空想社会主义者傅立叶认为土地私有财产是人们的不幸与灾难的根源，因为正是它导致人们思想与行为上的自私自利、互相欺骗敲诈，甚至偷盗抢劫、谋财害命，但在财产公有的社会里，人人平等相处、勤劳生产、公平分配、安居乐业，这样的社会“无疑是人类最大的福利和幸福”③。傅立叶认为要实现这个理想并不困难，他对劳动人民说：“你们的幸福掌握在你们手中。如果你们大家能够协商好，那么你们的解放就完全依靠你们自己。”④ 他对理想社会充满了信心。18～19 世纪的空想社会主义者对人类社会的未来都抱着乐观主义的态度，例如圣西门认为整个人类社会的历史就是一个不断进步的过程，人类的黄金时代在未来。在他们看来，公有制是最符合人性的，是最美好的，因

① 《西方哲学原著选读》下卷，76 页，北京，商务印书馆，1982。

② 同上书，78 页。

③ 傅立叶：《遗书》第 2 卷，116 页，北京，商务印书馆，1960。

④ 同上书，210 页。

而是一定能实现的。马克思主义的创始人由于空想社会主义的影响而转变为社会主义者，他们对人类社会的未来也是很乐观的，但他们在从事革命实践的过程中，经过对人类社会的经济关系的深入研究，逐渐形成了唯物史观并在唯物史观指导下把空想社会主义转变成为科学社会主义，建立了为共产主义奋斗终生的人生观。

以上几种人生观是西方历史上几种主要的人生观，但这只是一种大致的概括，归入某种人生观中的思想家们的观点也是有差异的，各种人生观之间的差异就更大了。但有一点是各个思想家所共同的，即他们的人生观都同他们的世界观、历史观、人学思想有一定的联系，进一步研究这些联系会对我们今天的人学研究发挥一定的启迪作用。

（五）关于科学人学的思想

从以上几点可以看出，西方思想家的人学思想是非常丰富的，但应指出以上一些思想决不是他们的人学思想的全部，而且这些思想都是比较零散的。我们今天研究人学目的不在于给已有的人学思想增添一些新的因素，而是要提供一门科学的人学，即对人进行综合的整体研究的科学。那么，在人学思想史中是何时提出对人进行综合研究，即建立一门以人为对象的科学的任务的呢？

古希腊哲学家很早就提出了“认识你自己”，亦即认识人的任务，但提出建立一门以人为对象的科学的任务却是20世纪的事情。英文中Anthropology应译为“人学”，因为这个词来自希腊文，Anthrops意为“人”，logy意为“学”，是16世纪的人文主义者创造的。但现在这个词一般译为人类学，因为19世纪中叶达尔文的进化论提出后，人们开展了对人类的系统研究，其内容与人学是不同的。现在有人建议创造一个新的名词，即Hominology，来专指与人类学不同的人学。不过在外语中，人们仍然随意使用一些近似的词来称呼人学，除仍用

Anthropology 来指称人学外，还有 Science of man、Human studies、Theory of man、Concept of man、On man 等等。

彼特拉克早在 14 世纪就主张哲学的主要对象是人。18 世纪英国诗人蒲伯最早以“人”来命名自己的作品，这是一首长诗，叫《论人》。康德的“三大批判”可以说是最早的系统的人学著作，但它们只限于人的精神世界——知、意、情。康德还有一本专著《实用人类学》，按其内容讲，应译《实用人学》，因为其中论述的都是人的各方面的问题，与“三大批判”的内容相当，而不是 19 世纪以后才发展起来的“人类学”所论述的内容。不能因为今天我们把 Anthropology 译为“人类学”而把康德的 Anthropology 也译为“人类学”。

今天所说的人类学确实是以人类作为它的研究对象。很多科学都是研究类的，如生物学、动物学、植物学、昆虫学研究的当然是生物、动物、植物、昆虫这些类，人学也是研究人这个类，而不是具体的人，但是人这个类同人类并不是同一个东西。人是一个抽象的概念，是从具体的人概括出来的；人类是一个集合概念，是由全体具体的人集合而成的。因此，尽管二者是难于分开的，但仍可相对地区分开。人类学主要研究人类体质特征、进化历史、人种分类和分布状况、群居关系和文化史，它有三个分支：体质人类学、文化人类学和哲学人类学（人类哲学）。体质人类学建立于 19 世纪下半叶，达尔文是其开创者；文化人类学建立于 20 世纪初，美国学者纪博斯是其创立者；哲学人类学创建于第一次世界大战后的德国，第二次世界大战后盛行于欧洲。德国哲学家兰德曼斯于 1955 年出版《哲学人类学》一书。而今天所说的人学，即对人作综合研究，把人作为整体来研究的科学，是 20 世纪中叶才出现的。马克思早在《1844 年经济学哲学手稿》中就提出过人的科学的概念，但他所说的“人的科学”是关于人的多门科学而不是一门单独的对人作综合研究的科学。他是在谈自然科学与人的科学的关系，认为："自然科学往后将包括关于人的科学，正像关于人的科学将包括自然科学一样"。① 他还认为自然科学与人的科学最终将形成一门科学。因此，尽管马克思有非常丰富的人学思想（这将在本书各章中得到充分的反映），他还没有对人进行整体研究的设想。1944 年德国哲学家卡西尔出版《人论·人类文化哲学导论》是西方第一本系统地研究人的专著，尽管人们不一定同意他的观点。他认为人论，亦即人学或人的哲学"能使我们洞见这些人类活动各自的基本结构，同时又使我们把这些活动理解为一个有机的整体"。② 该书分上下篇，系统地探讨了人是什么的问题，上篇的结论是：人是符号的动物；下篇考察了人的语言、神话、宗教、艺术、科学、历史并从此引申出一个新的结论：人是文化的动物。

强调把人作为整体来研究的是西方马克思主义思潮中的人道主义流派。其中的重要人物之一萨特是从反面提出问题的。在他看来，辩证唯物主义是见物不见人，自然辩证法是见自然不见人类社会。马克思主义的人的实践哲学变成了"无人的哲学"，马克思主义哲学有一个人学的空场。这如果不是攻击，也是一种误解。但萨特并没有正面提出人学的思想体系。加罗蒂虽然也属于人道主义流派，却不同意萨特关于马克思主义哲学存在人学空场的说法，认为马克思主义就是最完美的人道主义，即人学，但他也没有正面提出人学思想体系。另一位西方马克思主义者弗洛姆著有《自为的人》，提出他的人学体系，但他把人学内容限于人的本质，着重探讨人的伦理心理和品格，很难

① 《马克思恩格斯全集》第 42 卷，128 页，北京，人民出版社，1979。

② 卡西尔：《人论》，87 页，上海，上海译文出版社，1985。

说是对人学的完整的理论体系。总之，在西方，建设一种科学的人学的任务虽然提出来了，并未真正走上科学建设的道路。

苏联学者在苏联解体以前对于建设科学的人学做了许多工作，取得了明显的进展。斯大林逝世后，苏联打出了人道主义的旗帜。苏联宣扬人道主义有片面性和错误之处，但这种氛围对人学的科学研究是有利的。20 世纪 50 年代以来，苏联出版了一批人学论著，出现了一批人学学者，如鲁宾斯坦的《人与世界》、洛莫夫的《人学的系统》、弗罗洛夫的《人的远景》、卡卡巴泽的《作为哲学问题的人》等等。多数人都认为在现阶段把各门科学所积累的关于人的知识综合起来，已成为人学研究的重要任务。人的发展的生物因素和社会因素的关系、人在世界上的地位和作用、人的未来、个人的命运与社会的发展、人对环境的依赖和影响都已成为哲学，特别是马克思主义哲学的迫切问题。而这些问题的解决都有赖统一的综合的人学的形成。关于人的各门学科各自为政，研究停留在各自的范围内，许多问题都难于解决。但也有人认为综合的人学形成的条件还不具备。20 世纪 80 年代苏联开展了一次建设综合的人学的争论。一方认为人是有机地联系着的系统，只有把人的各门学科的成果综合成为一个整体，即完整地反映人的内在联系的综合人学，才能说是科学的人学，才能对人的分支学科起指导的作用。另一方认为人的微观研究，即多门人的分支学科的研究还很不够，在这样基础上建立不起真正科学的综合的人学。甚至有人认为对人只能进行种种实证研究，所谓整体研究只能是一种思辨哲学，对理论与实践的发展都没有什么好处。但占优势的是前一种观点。

20 世纪 80 年代苏联人学研究进入蓬勃发展的时期，不仅有大量各门学科的学者从事人学研究，还成立了一些科研机构，举办了一次规模空前的学术会议。1986 年苏联科学院成立了人的问题综合研究学术委员会，在 12 月召开的成立大会上确认了委员会的宗旨和基本任务，决定创办委员会的《年鉴》和《通讯》，确定了人与技术、人的能力和潜力、人的进化等一系列课题。1988 年苏联科学院和苏联科学与工程协会联合发起召开全苏综合研究人的问题科学大会，有苏联各地的哲学家、社会学家、教育学家、心理学家、自然学家、文学家、艺术家等多个学科的专家 800 多人参加，分为六个专题进行了热烈的讨论，它们是：人的哲学问题、人和自然、人和文化、人和技术的相互关系、人的体质和心理健康、人的自然因素和社会因素的关系。最后一天召开了以“统一的人学是否可能”为题的会议。大会明确了苏联人学的现状、人学研究的近期任务和远景，并对政府和有关部门提出了 11 条建议，其中有成立科研机构、在高等院校设置人学课程、培养人学的研究和教学人才、编写系统的人学教材等。后来在苏联科学院内设立了人学研究所，至今仍然存在。但许多建议，由于苏联解体，都搁置起来了。苏联虽然解体了，苏联社会主义虽然失败了，但苏联把人学作为一门科学来建设的思路是应该肯定的。①

四、人学基本问题

（一）人学的研究对象和基本内容

一门科学的形成有最起码的三个要求：一个明确的能与相邻科学区别开来的对象；一系列有关这个对象的范畴和原理；一个由这些范畴和原理构成的有内在联系的思想体系。下面按这个观点来考察人学

① 以上关于苏联 20 世纪 80 年代前人学研究情况，见《人学词典》，833～834 页、845～846 页，北京，中国国际广播出版社，1990。

的这三个方面。

人学的对象当然就是人，但这个“人”是作为整体的人，而不是人的某一部分或某一方面，也不是大于人或多于人的东西。研究人的某一部分或某一方面的是各种人的科学，如人体学、人的心理学、人才学等等，研究大于人或多于人的东西是各种社会科学、历史观、人类学、哲学等等。人学有一明确的对象，就是作为整体的人。但科学的任务不仅仅是描述对象，而且要深入它的内部，揭示其变化发展的规律，因此，我们可以更具体地把人学的研究对象规定为：作为整体的人及其存在和发展的一般规律；把人学规定为：研究作为整体的人及其存在和发展的一般规律的科学。这样说起来，问题似乎很简单，但事实上问题相当复杂。有许多问题要加以阐明：这里的“人”是具体的人、人群，还是人类？作为整体的人怎样才能形成一个完整的整体？人的存在和发展的规律有哪些？哲学人类学也研究完整的人，人学的对象与哲学人类学的对象有什么区别？人的哲学也研究人，人学的对象与人的哲学的对象有什么区别？等等。

我们认为，对人学对象的研究具有如下特征：第一，人学是对一般的个人而不是对由一切个人构成的人类进行研究，虽然这两种研究很难截然分开。第二，它不是对人的某一侧面进行专门研究，而是运用哲学的方法和各门学科的知识，对人的各个不同侧面进行综合研究，借以获得人的完整形象，也就是作为整体的人的图景。因此，它以一切关于人的具体科学而不是某一特定的具体科学为基础，同时又超出具体科学之上，它以哲学为指导，同时又不同于哲学。第三，它对人的研究既是静态的，又是动态的，即不但要揭示人的本质，而且要揭示人存在和发展的规律。换言之，作为整体的人不仅从其横剖面来说是完整的，就其纵剖面来说也是完整的。因此，我们可以把人学的研究对象及性质规定为：它是从各门有关人的科学的相互联系和统一中，研究完整的个人及其存在和发展的一般规律的一门相对独立的综合的科学。

科学的对象决定科学的内容，科学的内容就是科学的对象的如实的系统的反映。人学的对象决定了人学的内容，那么，人学的基本内容有些什么呢？大致有以下三个方面：

1. 人的现代图景

作为整体的人也就是现代科学所提供的人的完整图景，它首先包括人和人赖以产生、生存和发展的前提条件的关系，即自然界和人的关系，社会和人的关系；其次是人的历史；再次是包括人的个人生活和社会生活的各个方面。所有这些方面构成完整的人。

（1）人与自然

人是自然界，更确切地说，是地球长期发展的产物，换言之，地球上为什么会出现人，人为什么具有如此的物质生活和社会生活，都是由地球的各种条件和人的社会实践活动决定的。归根到底，人是自然界的一部分，是自然界的产物，不可能超越自然界。但在人产生的过程中，特别是在人产生之后，人又在不断地作用于自然界，改造自然界，使自然界的变化越来越适应人的需要。从一定意义上说，地球今天的面貌是由人决定的。由于人的实践能力和认识能力的局限，有时还有人的阶级立场或社会集团立场的局限，人们一时看不见或不承认人给自然界造成的一些变化会危害人的生存和发展。这就是生态环境问题，人们今天已认识这个问题，但要根本解决还有很大困难。总之，人与自然界的关系是异常复杂的。

（2）人与社会

人与社会的关系也十分复杂。人类社会是由人构成的，没有人就没有社会，但社会并不是由一定的人们自觉地构成的，像组成一个社会团体、政党那样。人的形成（从猿到人）不是以单个人的形式，而是以社会形式实现的，人类社会出现以后每一个人的存在、成长和发展均以社会为前提，一个人在成年以前生活在怎样的社会中是不以自身的意志为转移的，不是自身自由选择的结果。因此，一个人的生存和发展不能不受他所在的社会的制约。但是，人对社会不是无能为力的，人类社会的历史是人创造的，不能不打上各式各样的人的印记。

人不仅是自发地创造历史，也自觉地创造历史，特别是在马克思主义产生以后，人还有可能以马克思主义的科学思想为指导自觉地群众性地改造社会和创造历史。人对社会具有巨大的能动作用，但归根到底，人是社会历史条件的产物，是时代的产物。

（3）人的历史

人的历史包括类的历史和个体的历史。类的历史不同于人类社会的历史，而是自从人类诞生以来直到今天人的个体所经历的全部活动、变化和发展的抽象。人类社会的历史是从人类诞生以来直到今天人类群体（尽管分化为部落、民族、国家、地区）所经历的活动、变化和发展的总和。二者当然是不可分的，人类社会的历史无疑包括类的历史，但加以适当的区别还是可能的。人学应该描绘人在各个历史时代、各种社会制度下所经历的变化、发展的过程。人的个体的历史，即个人的历史，是个人从生到死的过程，人类社会的历史就是由个人的历史汇集而成的，同时也制约着个人的历史。

（4）人的个人生活

人的存在和发展表现为人的生活。人的生活可以区分为个人生活和社会生活。个人生活是单个人即可以从事的活动，而社会生活是同他人共同从事的活动，由于人的活动离不开社会，个人生活也可以说是社会生活，这里所作的区分只有相对的意义。个人生活又可以区分为物质生活和精神生活。人的物质生活是人的生活的基础部分，是为了满足人的物质需要，以维持其肉体的生存、成长和发展的活动，其中当然包括人的生育活动以及在物质生活中的本能活动和生理活动。人的精神生活包括人的全部心理活动，作为人的生活的一部分，特指为了满足个人精神需要的种种活动。精神生活是物质生活的产物，但其存在具有独立意义，它使人的主观世界日益充实和丰富，使人的自觉性不断提高。人的生活不同于动物的生活不仅在于人有精神生活，而且在于人的精神生活渗透于物质生活之中，使之根本不同于动物的物质生活。

(5) 人的社会生活

人的大部分生活是社会生活。社会生活可以分为经济生活、政治生活和文化生活。人的经济生活包括人的生产活动、业务活动、各种经济交往。生产活动，包括物质生产和精神生产，也就是业务活动，每个适龄的人都通过这些活动而作出贡献和获得享受，实现其义务和权利。此外，由于生活的需要，人们都要参与其他经济活动，如购物、储蓄等等。

政治生活是就其广义说的，即社会公共事务的管理，这种活动无论在什么社会形态，每个人都是必然参与的，不是自觉地参与，就是自发地参与；不是作为主导者参与，就是作为受动者参与；不是作为统治者参与，就是作为被统治者参与；不是作为领导者参与，就是作为群众参与。广义的政治生活包括非阶级性的活动，也包括法律、公安、政党等活动。文化生活十分复杂，十分广泛。从广义说，文化生活包括人的全部生活，这里是就其狭义说的，即物质生活、经济生活、政治生活以外的全部活动。个人精神生活与文化生活很难截然分开，实际包括在文化生活之中。文化生活与其他生活互相渗透，也很难截然分开。任何人不可能没有文化生活，但人们的文化生活却有多少、高低、丰富与贫乏之分，这种差异，除了社会的原因（一个国家、民族、地区的物质文明和精神文明的发展水平）之外，主要是个人的不同的文化水平和文化修养造成的。

根据现代科学提供的材料，就上述几个方面进行描绘，我们当能得出一个关于人的完整的现代图景。

2. 人的本质

人的现代图景所描绘的是人的现象、人的存在，这种描绘是必要的，但不能停留在表层上、平面上，人学研究必须向纵深发展，必须通过人的存在揭示人的本质和规律性。

人的本质问题也就是从本质上讲人是什么的问题，这个问题可以从三个方面来考察，即从人本身讲，从人和自身的条件的关系来讲，从人的将来发展来讲，也就是人的本质、人的地位和人的发展。

（1）人的本质

有三个含义相近的概念必须分辨清楚，即人的属性、人性和人的本质。人的属性是表层的东西，属于存在的范围，前面所描绘的人的图景实际上列举了人的属性，人性和人的本质则属于本质的范围，是更深层次的东西。它们当然也是人的属性，但同其他属性相比，它们能表明人之所以为人而根本区别于其他动物。人性和人的本质是人的根本的属性。人性和人的本质在历史上是不分的，如果把人的木质理解为人的最根本的属性，而人性是人的许多根本属性，则可以澄清许多理论上的混乱。

人的属性可以区分为自然属性、社会属性和精神属性，精神属性也是社会属性。作为血肉之躯，人像其他高等动物一样具有多种自然属性和本能，但不能把人的自然属性和本能等同于其他高等动物的自然属性和本能，因为人的有些自然属性和本能是其他高等动物所没有的，而那些与其他高等动物所共有的自然属性和本能是在社会中表现出来的，不能不带有社会的印记，但单凭自然属性和本能，不能把人和动物区别开来。人的某些社会属性（包括某些精神属性）则能把人和动物区别开来，这种属性实际上就是人性，如思维、说话、审美、社会交往等。人性是多种多样的，历史上关于人性是什么的许多观点都是相容的，而不是互相排斥的。问题在于最根本的人性是什么？最根本的人性即人的本质：它只能是一个。食与性曾被称为人的本质或自然本质，这是不确切的。食与性只是人作为动物的本质，即动物的本质，对于人是不可少的，是人的自然基础，但不能把人和其他动物区别开来，不是人作为人的本质。理性也曾被称为人的本质，这也是不确切的。理性是人区别于其他动物的根本属性之一，是人性之一，但在诸人性中不是最根本的。最根本的是劳动或物质生产，具体说，人的本质是在一定社会关系中使用人自己创造的工具改造物质世界以满足自己的物质需要的活动，正是这种活动产生多种多样的人性，产生人和人类社会。

（2）人的地位

人的地位总是相对于某物而言的，某物就是一定的参照系。人的地位是由人的本质和参照系决定的。人的地位主要指人在自然中的地位、在社会中的地位和在人际关系中的地位。人在自然中的地位具有两重性，从绝对的意义来说，人是自然的产物、自然的一部分，是对自然的依赖者；从相对的意义来说，人是改造自然的活动的主体，是自然的改造者、决定者。人在社会中的地位也具有两重性，一方面，人是构成社会的最基本的分子，没有人就没有社会，没有人的活动就没有人类社会的历史；另一方面，社会是人得以成为人的前提，没有社会，人就不成其为人。因此，从相对的意义讲，是人创造了社会；从绝对的意义讲，是社会造就了人。人在人际关系中的地位就其根本之点来说就是人作为人的地位，也就是说，平等地位。因为每一个人都是人，作为人都是相同的，即平等的，但每一个人都有其特殊性和个性，都有差异，这就是说，又是不平等的。人与人之间的不平等产生于各种差异，生理上、经历上、学习上、工作上、社会关系上的差异都会造成不平等，这是不可避免的，只要不平等不涉及人作为人的平等地位，就是可以允许的。但历史上和今天的许多不平等现象都是侵犯了这种平等地位，这种不平等应该随着历史的前进过程而不断减少。

近年来，我国理论界提出的许多关于人的问题都是人的地位问题，如生态平衡破坏、环境污染问题涉及人在自然中的地位问题；人权、人的权利与义务、人的自我价值与社会价值、人格、人的尊严等问题都涉及人在社会中和人际关系中的地位问题。以马克思主义为指导，完全可以正确地阐明人的地位问题的各个方面。

(3) 人的发展

人的理想状态是人的自由而全面的发展，这是马克思所设想的共产主义社会中的人，是人的最高形态。如何理解自由而全面的发展，是一个需要深入探讨的问题，但有几点应该指出：第一，这个理想状态并不是凝固静止的东西，一旦达到也就终止了。它是一种不断变化的动态，自由与全面的程度随着人类社会的发展而不断发展，不断丰富，永无止境，不存在绝对自由全面的人。第二，马克思所说的自由与全面是相对于资本主义制度下的不自由和不全面而言的。资本主义使人摆脱封建特权的枷锁，却给戴上了金钱的镣铐，人的发展受到种种限制，并陷入畸形和片面化的境地，而共产主义则将彻底打破私有制的束缚，使人可以按其本质和个性的要求自由发展、充分发展，但这并不是说不受任何限制，任何时候人的发展总要受自然条件、社会历史条件、社会的需要和人们的需要的制约，这种制约是限制，也包含着促进。第三，自由而全面发展的人决不是以个人为中心的利己主义者，只管自己的“自由而全面的发展”而不顾社会和人民的发展。他必然把社会和人民的发展摆在第一位，按社会和人民的需要来充分发展自己的潜能、价值和个性，在个人和社会、人民的利益不能兼顾时，能毫不迟疑地牺牲自己。自由而全面的发展只有在共产主义社会中才能达到，不能作为现实的追求目标提出来。但是，人的发展应该得到国家、社会的重视，国家、社会应该创造条件使人尽可能自由而全面地发展。

3. 人的存在和发展的规律

所谓“综合”不是把这些因素简单地排列组合起来，而是要揭示它们之间的复杂的有机联系和相互作用。我们不可能穷尽这些联系，但是可以找出其间主要的基本的联系，特别是那些带有普遍性必然性的联系，即规律或原理。

那么，人的规律有些什么呢？对人的一般规律的研究是人学研究中的一个薄弱环节，迄今还提不出比较成熟的观点，下面只是一些尝试性的意见。

人的规律有三种类型：第一种只适用于人的一生发展，第二种只适用于有人类以来的人的发展，即类的发展，第三种适用于上述二者。它们都是关于人的发展的一般规律，把人的规律构成一个完整的体系还存在一定的困难。下面只列举几个规律：

(1) 人类社会的形成和发展是一个过程，个体的人的形成和发展也是一个过程。初生婴儿只是一个自然人，其体力、实践力和智力是在人类社会的影响下逐渐成长，最后才能形成为人，即社会人。一般把18周岁作为成人的标志。

(2) 人的实践力，即改造自然、改造社会和改造自我的能力是不断增长的。对个体的人来说，人的实践力的增长由于体力和年龄的限制，总是有限的；对作为类的人来说，则是无限的，它只有一个限制，即不可能超越自然。

(3) 随着人类社会的生产力的不断增长和人的实践力的不断增长，人的平均必要劳动时间在日益缩短，从而使人的自由时间日益增加，当然人的平均必要劳动时间不会缩短为零。

(4) 随着人类社会的发展，人的主体地位，人的主体性即自觉性在日益增强，而自发性、盲目性在日益减弱。个体的人亦如此，随着年龄的增加，人的主体地位和主体性也是在日益增强，其自发性、盲目性在日益减弱，但不会减至零。

(5) 人的自然存在（人体）是人的意识的自然基础，但决定人的意识的内容的是人的自然环境、社会环境和社会存在（实践活动、社会因素和各种社会关系），在此基础上的人的意识本身具有相对独立性，即有其继承性和历史性，并对存在发挥着或大或小的反作用。这个规律，历史唯物主义理论早已论述过。

(6) 随着人类社会的发展，随着人民群众的作用的扩大与加强，杰出个人的作用在日益减弱。从根本上讲，人类社会的历史都是人民群众的历史，但在古代历史更多地表现为英雄的历史，而越到近现代，历史越多地表现为人民群众的历史。

(7) 随着人类社会的发展，随着各地区交往的发展，人际关系在日益扩大、加深、多样化、复杂化，人与人更加相互依赖与相互作用，出现日益加强的多样化和复杂化的人际关系网络。

还有其他规律可以提出来。

如果在现代科学的基础上，提出了完整的人的图景和完整的人的规律的系统，那么，一个完整严密的人学思想体系就构成了，科学的人学也就建立起来了。

（二）人学在科学体系中的地位

按照以上对人学的理解，人学在科学体系中占什么地位呢？或者说，人学与其他科学，特别是相邻科学的关系是怎样的呢？这里首先一个问题是科学体系是怎样的？这里介绍一下钱学森同志关于科学技术体系的观点，这个观点在我国是得到多数学者认同的。

他认为整个体系可分为三个层次：最高层次是马克思主义哲学，即辩证唯物主义，确切地说，是辩证唯物主义世界观；第三层次是十大科技部门，即自然科学、社会科学、数学科学、系统科学、思维科学、人体科学、文艺理论、军事科学、行为科学、地理科学①；第二层次是把哲学与十大科学技术部门联系起来的“桥梁”，也就是哲学界所说的应用哲学或部门哲学，即自然辩证法、历史唯物主义、数学哲学、系统论、认识论、人天观、美学、军事哲学、社会论、地理哲学。每一个大的科技部门又可分为三个更细的层次，即基础科学、技术科学、工程技术。这个体系是根据各门科学的对象来安排它们的相互关系和地位的。它把辩证唯物主义世界观摆在科学体系之内，辩证唯物主义世界观同其他科学的区别不在于性质而在于层次，就是说，它们都是科学，只是世界观的层次最高。当然，这个体系的细节还需

① 钱学森同志后来又增加了一个科技部门，即建筑科学，共11个科技部门。

要作进一步研究，这里只谈谈人学应在这个体系中占有怎样的地位。

人学的位置决定于它的对象——人在世界中的位置。人不仅是一种自然存在，而且是一种社会存在，个体的人是人类社会的“细胞”，因此，人学是一种社会科学，是比历史唯物主义（一般社会学）低一个层次的科学，正如细胞学是一种生命科学一样。人学与一般社会学虽有这种层次之分，但由于它的重要性，我们可以把人学与历史唯物主义并列，取代上述科学体系第二层的人天观，把人的科学列入第三层取代人体科学。这样理解的人学实际就是人的哲学。人学与人的哲学是否是一回事，理论界的意见还有分歧，这里我们暂时就如此理解。①

人学在这个科学体系中的位置决定了它和其他科学的关系；我们不可能一一考察人学与一切其他科学的关系，下面考察它与几个相邻科学或关系密切的科学的关系。

首先谈一下人学与哲学的关系。目前有一种十分流行的观点，即认为哲学就是人学，这种观点大致有两个理由：第一，近现代西方哲学有一次“哥白尼式革命”，哲学已从本体论转变为认识论（笛卡儿、康德等）或实践论（马克思），本体论已经过时了，为认识论、实践论所取代了，而实践、认识都是人的实践、认识，因而哲学成了人学。第二，即使哲学作为一种本体论或世界观仍然有意义，它们研究的本体或世界也是人的本体、人的世界，而不是离开人的本体或世界，而日这些研究也是为了人，因而哲学也是人学。这两条根据都是不能成立的。

先谈第一点。从古到今所说的哲学实际上不是一门学科，而是一

① 钱学森同志后来表示他的体系中的行为科学就是人学。

个学科群。不同学科及其内容是由它们的研究对象决定的，哲学按其对象和内容实际上包括了本体论（世界观）、自然观、历史观、认识论、方法论、价值论、伦理学、美学、政治哲学、人学等等，今天的马克思主义哲学也是如此。这些学科何时出现、何时形成、何时盛行，情况是各不相同的，但它们一旦出现，就不会被消灭，除非它们的对象消灭了。所谓“哥白尼式革命”不过是哲学内部重点的转移，历史上发生的不过是研究重点从本体论向认识论、实践论的转移，并没有发生认识论和实践论取代、消灭本体论的事实。如果说在西方哲学史中发生过哲学研究重点从本体论到认识论、实践论的转移的话，那么，在中国哲学史中还发生过哲学研究重点从政治哲学、伦理学向本体论的转移，这就是宋明理学吸收了道家和佛家的本体论思想而掀起的中国哲学史研究本体论的高潮。正如宋明理学没有消灭政治哲学、伦理学一样，西方近现代哲学也没有消灭本体论。逻辑经验主义“拒斥形而上学”，即否定本体论，他们认为形而上学命题如“世界是客观存在的”等是没有意义的，是不能通过经验来肯定或否定的。但他们真正把形而上学排斥了吗？没有，因为他们也不得不回答现实世界是什么的问题，回答是：现实世界是我的经验。这不就唯心主义地回答了本体论问题了吗？

还有人认为“世界是客观存在的”当然是正确的，这已成为常识，还有谁去否定它？再讨论和研究这类问题还有什么意义呢？但实际上，今天仍有不少人在生活和实践中毫不怀疑世界的客观存在，而一谈到理论，则认为世界是否不依赖于我而存在在理论上是说不清楚的。可见本体论并未过时。再说，这不是本体论的唯一问题。就以物质与意识的关系问题来说，有人认为这只是一个认识论或实践论问题，所以近现代哲学转向以来就只研究物质与意识的关系问题而不再研究物质世界本身了。其实，物质与意识的关系问题首先是一个本体论问题，其次才是一个认识论问题。物质世界和意识并不是两个平行的并列的东西，意识是物质世界的产物，而且始终是物质世界的一个很小很特殊的部分，只是为了弄清楚它们之间的关系才把它们并列起来的。它们之间的关系的首要问题实际是谁从属于谁的问题，谁有独立存在的问题，是一个本体论问题，由于意识只存在于社会人的头脑中，这个问题实质是自然界与人类社会的关系问题。把自然界与人类社会并列起来研究，是为了研究它们之间关系的方便，其实人类社会是自然界的产物，是自然界的一个很小很特殊的部分，离不开自然界。不是自然界从属于人类社会，相反，是人类社会从属于自然界，人类社会只在很小的范围内才对自然界有所作为，即社会实践。本体论研究作为整体的物质世界、自然界，当然要弄清楚它的基本组成部分怎样综合而成一个整体，其中包括了研究人和物质世界、自然界的关系，这种关系对人来讲特别重要，因而在近现代成为研究的重点，显然不能以这一问题（即使就其本体论意义讲）来代替本体论的其他问题的研究。如果认为这个关系问题只是认识论问题，那就更不能以之取代本体论。没有本体论为基础的认识论、实践论只能走向唯心主义。总之，要消灭本体论是不可能的。

退万步说，认识论、实践论取代了本体论，也不是人学取代了本体论。认识、实践都是人的，然而只是人的一些方面，人包括的方面很多，有自然的、社会的、精神的方面，而每一方面还有许多小的方面，如社会方面就包括生产、经济、政治、法律、文化等等，人是所有这一切方面的综合体，不能以对一个或几个方面的研究来取代对人的整体研究。

再谈第二点。本体论研究的是现实世界、物质世界，这个世界只能在一种意义下可以说是人的世界，即人所面临的世界。把作为本体论研究对象的世界理解为人所占有的世界、属人世界、依赖于人的世界都是不确切的。人所面临的世界在时空上都是无限的世界，而人所占有的世界则小得很，即小小的地球。人的占有当然会扩大，但有限得很。依赖于人的世界，即人化自然，是人的实践改造过的世界，是人把它变成如此的，它也有限得很，实际就是地球，而且它只在某些方面依赖于人，它的整个存在是不依赖于人的。属人世界词意含糊，指人所占有的世界，还是依赖于人的世界，还是人的感官能感知的世界？前两者已经分析过，至于人的感官能直接感知的世界从范围上看确实异常广大，即宏观物体世界，它的范围远远超出了地球，但还不是全部宇宙；从层次上看限于一定长度的光波、一定频率的声波等等，而不是一切长度的光波、一切频率的振动，而且，光波在眼睛中显现为颜色，振动在耳朵里显现为声音，而光波本身是无所谓颜色、振动本身是无所谓声音的，也就是说，这个五光十色、众响齐鸣的世界只是人的世界。这个世界诚然是依赖于人的，但只限于某些方面，它的整体仍然是不依赖于人的，仍然是物质世界的一部分，而人并不是只研究这一部分，而是要通过人的感官能直接感知的东西把认识的范围扩大，把认识的层次深化，能够认识微观世界和遥远的天体，认识颜色背后的光波和声音后面的振动，尽管这些认识要借助仪器和推理。因此，把人的世界与物质世界分割开来，并把本体论的研究限于人的世界，是难以成立的。退一步说，即使本体论只研究人的世界，也不能叫作人学，因为人学研究人，而不是人的世界。

至于说哲学之所以是人学是因为它是为了人的，这个理由更难成立。请问人们从事的各种研究，那一门学科不是为了人呢？天文学研究遥远的天体，物理学研究物理世界，一切学科都是在人类社会实践的基础上出现和发展起来的，归根到底都是为人服务的。有的学科看似与国计民生无关，但归根到底都是为了人。如果为了人的学科都叫人学，那就一切学科都是人学了，人学还有什么意义呢？

哲学可以包括人学，但决不可等同于人学。前已谈到，哲学是一个学科群，其中最高的是本体论，其次是自然观、历史观、意识论，而每一部门哲学又包括低一层次的部门哲学，如历史观（人类社会观）下又有科技哲学、经济哲学、政治哲学、文化哲学、伦理学、美学等，人学也可以说是它的部门哲学之一，如果把历史观比作生物学，那么，人学可以比作细胞学，人学是人类社会的细胞学。因此，不仅不能把哲学与人学混为一谈，也不能把历史观与人学混为一谈。哲学、历史观是整体，人学是局部，人学研究应该在哲学、历史观的指导之下进行。由于哲学的对象不明确，它不像其他学科那样顾名而知其对象（如历史观研究人类社会历史，生物学研究生物等等），引起了许多歧义，如哲学就是历史观、哲学就是认识论、哲学就是方法论等等，这些都是不确切的。由于世界观（本体论）是哲学的核心部分，说哲学就是世界观当然是可以的。

把哲学与人学混为一谈，既不利于人学的发展，也不利于哲学的发展。如果哲学就是人学，那么，我们研究哲学就可以了，不必把人作为一个明确的对象进行专门的科学的整体的研究了。过去的情况正是这样，人学研究缺乏明确的对象，哲学家们都在研究人学，也都不在研究人学，人学作为一门相对独立的科学始终未能建立起来。这种情况应该改变了。如果哲学就是人学，那么，哲学中那些似乎与人无关的东西就不必研究了，哲学研究限于人的范围之内，这岂不限制哲学的发展，岂不是在人与客观世界之间人为地挖出一条不可逾越的鸿沟？哲学和科学的任务是要使人类的认识和实践向着人类还未达到的领域延伸，画地为牢是不可取的。

把人学和哲学区别开来，决无把二者分割开来之意。它们之间是局部与整体之间的关系，或者说，特殊与一般的关系，二者当然是无法分开的。没有明确的区分，就没有正确的结合。把人学和哲学明确区别开来，它们就可以正确地结合起来。这会使二者互相促进，相得益彰，两利而不致两伤。

其次是人学与人类学的关系。前面已提到过人类学，这里再作一些说明。人类学是 Anthropology 的译名，这个词来自希腊文，按其原意应译为“人学”，“Anthropos”即人。这个“人”是类概念，这个词译为“人类学”当然也可以。但在实际使用中，“人”与“人类”是有明显区别的，“人”主要指个人，而“人类”则指地球上的一切个人构成的人群。自 19 世纪以来，Anthropology 已形成为一种以人类为研究对象的学科，有了比较明确的含义，译为人类学还是确切的。人类学有许多分支学科，它们分为两大类：一类是自然人类学，一类是文化人类学。由于个人与人类的区别非常明显，人学与人类学的区别也应该非常明显。近几十年来，国外兴起一种被称为哲学人类学的学科，它也强调从本质上，即从一般性上去掌握作为整体的人类从而掌握完整的人，弄清楚人类在自然界中的地位。哲学人类学与我们所说的人学很难截然区别开来，但也有一些细微的区别可以谈一谈。第一，哲学人类学家们大都从人类生命的某一现象出发来理解人的本质和完整性，其结果所达到的实质上只是活跃在各个领域中的“完整性”。正如德国哲学家鲍勒诺夫所指出的：哲学人类学，“只是在人的本质和属性的森林中砍出一条小道。虽然建立一些特定人的形象，但他们都是片面的，只有一些被扭曲的画面，因而也就没有确定地达到人的整体性定义。”① 而人学所要达到的人的完整性，是由各门学科所提供的人的各个侧面的综合，是目前科学发展所可能达到的人的完整图景。第二，哲学人类学所描绘的“完整的人”往往是从人和动物的区别上来谈人这个种类（族类或人类）的特征，而把个人只看作是这个类的元素或分子，因此它注重研究人这个类的种种方面（如人类的特征、人类的地位、人类的起源、人类的发展、人类的未来、人类的系统、人类的地理分布、人类的文化等），而对有关个人内容的论述则显得薄弱。人学所研究的人固然是作为类的人，但是，它把人这个类只看作是所有现实个人的抽象，是个人存在的一种理论形式，因此人学更注重研究个人。只有在此前提下，它才考虑有关人类的问题。第三，哲学人类学往往忽视人的实践活动和社会关系的基础作用，而人学则在人的实践活动和社会关系的总和（包括人与自然的关系）的基础上研究“完整的人”。

再次是人学与人的科学的关系。我们把人学看成一门科学，把人的科学看成多门科学，人学是关于人的整体的科学，人的科学是关于人的某一方面的科学，是人学的分支科学。我们把人学的分支科学叫作人的科学，正如我们把自然观的分支科学叫作自然科学，把历史观的分支科学叫作社会科学一样。

从上可知，人学包括了广大的领域，在这个领域中的任何部分只要能同其余部分区别开来，只要有必要，都可以形成一门相对独立的学科，即人学的分支学科。实际上已经形成了若干人学的分支学科，按照对人的属性的区分，人学的分支学科可以区分为三大类：人的自

---

① 鲍勒诺夫：《哲学人类学及其方法论原则》，转引自欧阳光伟：《现代哲学人类学》，254页，沈阳，辽宁人民出版社，1986。

然科学、人的社会科学和人的精神科学，合起来就是人的科学。

关于人的自然属性的研究已经形成了许多独立的学科，例如人体解剖学、人体生理学、人体组织学、人体形态学、人体细胞学、人体胚胎学、人体遗传学、人体病理学、人体医学等等，更低一个层次的还有脑科学、眼科学、口腔科学等等。关于人的社会属性的分科研究落后于关于人的自然属性的分科研究。我们现在已有了许多独立的社会学科，如一般社会学（唯物史观）、经济学、政治学、法学、宗教学等等，这些学科是以整个社会现象和各个不同领域的社会现象为对象的，从理论上讲，如按关于人的自然属性的学科的榜样，以人的社会属性为对象则可形成个人经济学、个人政治学、个人法学、个人宗教学等等，当然，这些社会科学已谈到许多个人问题，人的社会属性的科学要真正形成独立学科还要解决许多具体问题。关于人的精神属性也有这个问题。关于人的精神属性或社会的精神现象已形成许多独立的学科，如认识论、逻辑学、科学学、伦理学、美学、心理学等等，但它们是社会学的分支学科还是人学的分支学科呢？情况比较复杂，不能一概而论，有的明显侧重社会，如科学学；有的明显侧重个人，如逻辑学；有的很难说，如认识论，其中一部分内容是分析个人的认识过程的，部分内容侧重社会，而另一部分内容则兼涉及二者，如能区分开来研究，可能是对认识论研究的一种推动。因此，关于人的精神属性的人学分支学科也有一个建设问题。

把人学分支学科区分为三大类，只具有相对的意义，每一类中各学科的区分也是相对的，它们之间往往不仅具有相互渗透的关系，有的还具有包含的关系，因为它们并不全是并列的，精神属性有其社会基础，社会属性有其自然基础，认识包含思维，认识包含科学等等，因此，分支学科的区分与整合将是一个复杂的问题。无论如何，人学的分支学科将是一个学科群，正如自然科学是关于自然的各个领域的学科的共名，社会科学是关于社会的各个领域的学科的共名一样，人的科学可以成为人学及其分支学科的共名。在人的科学中，人学作为一门关于人的综合性的理论学科，将发挥指导作用，而各门分支学科将成为人学的基础，人学将带领这个学科群加入人类的科学体系，在其中占有不可缺少的一席地位。

总而言之，人学的对象必须有自己的明确的规定性，又应同相近学科对象区别开来。只有这样，才谈得上建立人学的科学体系，使人学真正形成为一门科学。

（三）人学研究的方法

一门科学的对象明确以后，从对象中概括、总结、建构出范畴、原理、规律和理论是一个非常复杂的认识过程，研究成果是否正确、是否丰富、是否深入、是否系统，取决于许多客观条件和主观条件，其中有没有正确的研究方法，是否正确地运用这些方法，其结果就会很不相同。所有科学都如此，人学当然不会例外。

什么是研究方法？任何一个原理当被运用于认识一个新事物或解决一个新问题，从而得出一个新结论，它就是一种方法。原理是很多的，有不同领域的原理，有不同层次的原理，因此，方法也是很多的，有不同领域的方法，有不同层次的方法。研究人学的方法当然也是很多的，有不同领域的方法，有不同层次的方法。同任何科学研究一样，人学研究要运用调查材料和搜集材料的方法，要运用鉴别材料和梳理材料的方法，要运用归纳与演绎、分析与综合的方法，这些是认识方法与思维方法。在涉及相关领域时，人学研究还要运用相关科学的方法；涉及人的自然属性，就要运用物理学、化学、生物学的方法；涉及人的政治生活，就要运用政治学、法学的方法；涉及人的精神生活，就要涉及文学、艺术学、心理学、意识形态学的方法等等。下面仅就这些方法中的两个最根本最重要的方法作些说明。

首先是辩证唯物主义的方法，即解放思想、实事求是的方法。“解放思想、实事求是”是邓小平提出来的，被认为是马克思主义思想路线。什么是思想路线？它就是最普遍的最根本的思想方法，我们的一切认识活动和实践活动都离不开它，违背了它的活动都将是会失败的。我国过去社会主义建设遭受了许多挫折，其重要原因之一就是在许多地方违背了它；20 年来的改革开放和社会主义现代化建设取得巨大的成功，其重要原因之一就是基本上遵循了这条思想路线。这是有目共睹的，因而这条思想路线得到了普遍的认同。但是并不是所有赞同这条思想路线的人都认识到它正是辩证唯物主义的正确的创造性的运用。解放思想就是承认客观世界在变化、发展，人的思想也要随之变化、发展，不要受旧思想的束缚，这正是辩证法的核心思想之一；实事求是就是如实地揭示事物的真实状况及其规律，这正是唯物主义的主要精神。解放思想不是漫无边际，海阔天空，而要脚踏实地，求真求实；实事求是，不是墨守成规，趑趄不前，而是勇往直前，破旧立新、解放思想，实事求是确是马克思主义的精髓，是一切认识和实践的不可缺少的最高指导思想，是一切科学的最根本的方法，也是人学的最根本的方法。

其次是历史唯物主义的方法，即在研究人时遵循历史唯物主义基本观点的指导，例如承认人类社会的历史就是人的社会实践活动的总和，这个过程是人的有意识的活动，又是一个不以人的意志为转移的客观过程；社会存在决定社会意识，社会意识又反作用于社会存在；社会生产活动是社会现象中起最后决定作用的东西；生产力与生产关系的矛盾运动和经济基础与上层建筑的矛盾运动是人类社会发展的根本动力；人首先是环境的产物，又反过来改变环境等等。历史唯物主义之所以成为人学研究的最直接的根本方法，是由人学在整个科学体系中的地位决定的。从前面的论述已经可以看出，每一个人都是人类社会的一个缩影，或者说是一个细胞。正如某一个细胞具有某一种生物体的一切基因一样，每一个人都具有人类社会的一切因素。一个人就是一个微型社会。社会有经济生活、政治生活和文化生活，每个人也有经济生活、政治生活和文化生活；社会有阶级划分，每个人也有其阶级性；有怎样的社会，就有怎样的人等等。人学就是人类社会的"细胞学"。前面所谈到的人的因素和人的规律都是以唯物史观为指导来研究人才揭示出来的。人学研究任何时候都离不开历史唯物主义的指导，离开了历史唯物主义，人学必然会陷入谬误的迷宫。

（四）人学研究的意义

人学研究具有重要的理论意义和现实意义，下面分为四个方面加以论述。

第一，人学研究对于学科基本建设具有重要意义。抽象地说，这个世界中的任何领域，无论大小，都可作为科学研究的对象，都可形成一门科学。甚至一个人、一本书也可能成为一门科学研究的对象，例如马克思学、红学就是这类科学（是否已经形成为一门真正的科学是另一问题）。当然，许多对象没有什么重要性，没有人专门研究它们，就不会出现相应的科学。人作为一种客观事物无疑是可以同其他事物区别开来的，人无疑是很重要的，那么，把人作为一门科学的对象来研究无疑是完全应该的。但正如前面所说的，人学研究还很不成熟，许多问题还不清楚，例如人学和人的科学、人的哲学、人类学有没有区别，如果有，区别何在，都是问题。人学与唯物史观的关系也是一个问题，究竟是人学指导唯物史观还是唯物史观指导人学？人学无疑有些分支学科，关于社会属性、精神属性的分支学科与相应的社会科学、精神科学的区别和联系等都是问题。人在宇宙中虽然是一个很小的领域，但对人自己来说却是非常重要的，人要成功地认识世界和改造世界就得科学地认识自己和控制自己，人学是整个人类科学体系中重要的组成部分。如果人学真正建立起来了，它一方面可以推动人学的分支学科的研究，另一方面也可推动人学的相邻学科的研究，反过来，各分支学科的建立和发展以及相邻学科的建立和发展又可推动人学的进一步成熟和发展。人学及其分支学科是一个科学群，与其他科学有着纷繁复杂的关系，这个科学群的建设将使人类科学体系更加完整、更加严密。

第二，人学研究对于我国社会主义两个文明建设和改革开放具有重要意义。社会主义和共产主义事业是人类历史上最辉煌壮丽的事业，也是最艰巨困难的事业，这个事业只有经过几代、几十代广大人民的辛勤奋斗才能完成。为此，我们的人民不但应该具有工作热情、事业心和牺牲精神，而且应该具有现代科学知识、马克思主义理论武装和创新能力。社会主义事业的质量和速度直接取决于对这种人的培养和他们的主动性、积极性和创造性的发挥。人学的建立将为做人的工作的人提供一个有力的理论武器。在私有制条件下，统治者主要靠金钱，甚至靠枪炮来维持正常的生产秩序、生活秩序和社会秩序。在社会主义制度下才有可能彻底实现人与人之间的平等，真正承认每一个人的独立人格，在市场经济条件下领导者还要靠思想政治工作来调动人们的自觉性，靠民主集中制和法制来解决人们之间的分歧，调整人们之间的关系。在私有制下，人们不得不劳动；在社会主义制度下，人们认识到劳动的必要性而自愿劳动，作为主人来劳动，因而人们应该具有更大的劳动热情。这就给领导者提出了更高的人的工作的要求。如果不能说领导者的主要工作是人的工作，至少可以说，领导者的一半工作是人的工作。

两个文明的建设，从一定意义上讲，都是人的建设。物质文明是人的实践能力的标志，精神文明是人的思想水平的标志。在两个文明的建设中，人以及由人组成的群体是主体，同时也是客体的一部分。因此，两个文明的建设如不落实到人，便会落空。还应指出，精神文明的建设与人的建设有更密切的关系，精神文明虽然也包括文化设施、制度等，但归根到底是人的精神风貌和精神境界，如果忽视人的建设，那就舍本逐末了。体制改革是为了向两个文明建设提供更加适当的形式，推动两个文明建设更加协调、更加迅速地发展，这就要使体制的变化一方面改进社会主义经济政治制度的各个环节，使之能够灵活地运转；另一方面调动人的积极性、主动性和创造性。不要认为只要改变了体制，人的主动性和积极性就能持久地调动起来。实践证明，提高劳动者的物质报酬，只是必不可少的物质前提；不改变人的观念，使人在思想和行动上现代化，要充分地长期地调动人的主动性和积极性也是不可能的。因此，决不能忽视体制改革中的人的作用和人的工作，否则会引发出一系列问题。人学研究无疑会在解决社会主义建设和体制改革中人的问题，培养“有理想、有道德、有文化、有纪律”的一代新人上起指导性作用。

第三，人学研究对于每一个人，尤其是青年，正确选择自己的人生道路，树立科学的人生观具有重要的意义。我们不赞成一个人消极地被动地度过一生，过一天算一天。人应该有理想、有追求、有奋斗，问题在于根据什么原则来选择自己的道路、来确定自己的人生价值。人们在采取行动时不可能没有指导思想，区别仅仅在于用正确的思想还是错误的思想来指导，自觉地还是自发地用某种思想来指导。

例如人生道路的选择，应该首先考虑人民的需要和社会的需要，其次考虑个人的兴趣与爱好，只有这样才能充分发挥自己的潜能，作出最大的贡献。为什么只有这样才是正确的呢？这是由人的本质、人与社会的关系、人与人之间的关系等因素决定的。又如人生观问题也是这样。人生观有自觉的，有自发的；有悲观主义的，有乐观主义的；有消极应付的，有积极向上的；有腐化堕落的、醉生梦死的，有全心全意为人民的、为革命的。最高尚的是共产主义人生观——为人类的美好理想共产主义而奋斗。我们认为共产主义人生观不仅是高尚的，而且是正确的、科学的，因为它是以马克思主义为指导的。马克思主义如何指导人生道路的选择？其中间环节就是马克思主义人学关于人的本质、人的社会价值和自我价值、人生价值等一系列观点。这种人生观根据了人类的历史和人的历史，根据了人的全部属性和全部关系的总和，不是从一个人的成见、兴趣、爱好、想象中得出的。在有的人看来，人生观纯粹是一种信念，没有什么科学性可言，不可能形成科学，这是一种片面观点。人生观诚然是一种信念，但人的信念总是由某种观点、某种看法决定的，而观点、看法当然是有是非可言的，即科学与非科学之分的。共产主义人生观之所以是最高尚的，不仅因为它是美丽的，而且因为它是科学的，即既具有科学的理论指导，又是符合人类社会的发展规律和人的本质的。

第四，人学研究对于坚持和发展马克思主义、克服资产阶级自由化思想具有重要意义。理论研究的根本问题是是非问题，而理论观点的是非则取决于它的事实根据和逻辑论证，不取决于论者的政治立场。人是具有社会性和政治性的动物，人的理论中的分歧不能不既有是非问题，又表现出思想路线和政治立场的分歧；人学研究中的争论不能不既是理论上的争论，又有一定的政治背景。但是，这是从整体上说的。就具体观点而言，即使是错误观点，也很难讲它就是资产阶级自由化思想的表现。因此，在人学理论研究中主要还是分清理论是非问题，要充分贯彻“双百”方针，自由发表和评论各种观点，通过不同观点的交流来解决各种理论问题。即使就世界范围来讲，人学都还处于开创和建立阶段，谁也难讲自己的观点具有多大程度的真理性，这时特别需要创新的思维和自由的讨论，轻率地过早地作出结论，于理论的发展不利。相当长一段时期以来，人学研究似乎成了资产阶级意识形态的世袭领地，现在情况发生了变化，它已是马克思主义与资产阶级意识形态争夺的一块重要的理论阵地，马克思主义不去占领，就只能让资产阶级意识形态去占领，而目前马克思主义还没有完全占领这块阵地。这样，用马克思主义来指导人学研究，坚持和发展马克思主义同反对人学研究中的资产阶级自由化思想就成为一件事情的两面。马克思主义只有全面地系统地科学地回答了新时代所提出的人的问题，才能真正战胜和克服各种关于人的资产阶级自由化思想。

人的发展及其规律*

一、人的发展

人学对人不但要进行静态的横断面的解剖，而且要进行动态的纵剖面的研究，也就是考察其发展。各种人的科学应提供人的各个方面的发展细节，人学则应提供作为整体的人的发展，即人的发展的整体图景，简称人的发展。本文试图对人的发展的整体图景作一次简略的描述。

人的发展包含两种发展，一是个体的发展，一是作为类的人的发展。但不管哪一种发展都离不开人类社会的发展。类人猿演化为人不是单个的猿演化为人，而是猿的社会演化为人的社会。人的社会诚然是由个体的人构成的，没有个人也就没有社会，但历史上并不是先有个人，然后

---

* 本文为陈志尚主编的《人学原理》（北京出版社 2005 年版）的第 17 章，如果说前文主要是对人的整体的静态分析，那么本文则是对人的整体的动态的分析。本文第二部分论述的七条人的发展规律前文中已有所论述，但在内容和顺序上与本文中的七条却不完全相同，这说明人的发展规律问题有一定难度，需要继续深入探索。

再由个人组成社会。个人始终是在社会中出生、发育、成长和发展的。人类社会的发展是人的发展的历史前提。因此，我们首先简略论述一下人类社会的发展。

（一）人类社会的发展

人类社会出现以来发生了翻天覆地的变化和发展，这是有目共睹的。怎样认识这种变化和发展呢？可以从多方面去认识。马克思和恩格斯共同创立的唯物史观强调从生产方式的发展去认识人类社会的发展。他们在《德意志意识形态》中认为与生产力从采集、渔猎、农业、牧业、手工业到工业生产相适应，社会形态经历了从部落所有制（即原始社会）、古代公社所有制、国家所有制（奴隶制或包含奴隶制）、封建所有制、资本主义所有制到共产主义所有制。此外，还有政治制度的发展和精神文化（包括上层建筑）的发展。他们后来基本上坚持了这种发展观，虽然在具体表述上有所变化。这种发展观的大部分内容已为国际理论界所认可，只是在一些问题上存在着分歧。人们不但认可生产力的发展，而且根据现代科技革命的新成果，指出工业生产本身有了巨大的发展，还出现了一些崭新的产业，如信息产业、知识产业，甚至认为信息经济时代或知识经济时代已经到来。原始公社制、奴隶制、封建制、资本主义制和社会主义制等所有制的区别也已得到普遍的认可，争论不仅在于共产主义远景许多人不承认，社会主义制许多人认为是暂时的，终将失败，资本主义制是永恒的，还在于五种社会形态的演化过程许多人认为没有普遍性。至于政治制度、上层建筑和精神文化，其发展是十分显著的，其发展与经济生活的密切关系也是有目共睹的，当然人们的理解中的分歧就更多了。马克思主义关于社会发展的这种理论可以称为五形态论，是马克思根据西方社会历史作出的概括。中国的历史有中国的特点，但生产力的发展过程与西方是一致的，五种所有制在中国的发展过程与西方有颇多差异，如奴隶制与封建制的界限不明显，资本主义制没有成为充分展现的社会形态，较早地出现了社会主义社会形态，但这五种所有制在中国都先后存在过。政治制度与精神文化也是中国的生产方式的一种反映，随着生产方式的发展而发展。

人是随着人类社会的发展而发展的，或者说社会的发展包含了人的发展，人的发展与社会的发展是可以区分的，然而是不可分割的。如果说五形态论完全着眼于社会的发展，那么，马克思的三形态论则是把人的发展与社会的发展结合起来论述的。三形态论是马克思在《政治经济学批判（1857～1858 年草稿）》中提出来的，这段话是："人的依赖关系（起初完全是自然发生的），是最初的社会形态，在这种形态下，人的生产能力只是在狭窄的范围内和孤立的地点上发展着。以物的依赖性为基础的人的独立性，是第二大形态，在这种形态下，才形成普遍的社会物质交换，全面的关系，多方面的需求以及全面的能力的体系。建立在个人全面发展和他们共同的社会生产能力成为他们的社会财富这一基础上的自由个性，是第三个阶段。第二个阶段为第三个阶段创造条件。因此，家长制的，古代的（以及封建的）状态随着商业、奢侈、货币、交换价值的发展而没落下去，现代社会则随着这些东西一道发展起来。"① 1859 年 1 月马克思写的《〈政治经济学批判〉序言》又重申了五形态论："大体说来，亚细亚的、古代的、封建的和现代资产阶级的生产方式可以看作是经济的社会形态演进的几个时代。"② 显然，在马克思那里，五形态论和三形态论是一

① 《马克思恩格斯全集》第 46 卷，上册，104 页，北京，人民出版社，1979。
② 《马克思恩格斯选集》第 2 卷，33 页，北京，人民出版社，1995。

致的，马克思不过是把五形态中的前三形态合为一个形态，即前资本主义（包括原始社会、奴隶社会、封建社会），把它与资本主义和共产主义并列，形成三形态，但五形态也可作另外两种合并：一种是把中间三形态合并为一形态，即阶级社会；一种是把前四形态合并为一形态，即“必然性王国”，而与之相区别的是“自由王国”，即共产主义。这样看来，五形态论也好，三形态论也好，实质上差别不大，只是由于强调的重点不同，对社会发展的分期有所不同。问题还是前面提到的那两个：一个是是否承认社会发展的共产主义前景，一个是这些分期法如何运用于中国。第一个问题后面谈，这里谈谈第二个问题。

五形态理论应用于中国社会主要有两个问题：一个是奴隶社会与封建社会的界限问题，一个是缺乏完全的资本主义社会形态。这里不谈历史问题。只谈中国资本主义问题。

中国从 19 世纪下半叶以来就已经有了现代资本主义因素，但现代资本主义在中国还没有形成一种社会形态就出现了社会主义因素，甚至形成了社会主义社会。也就是说，中国社会的发展跨越了资本主义社会。中国社会的这种发展固然有着人的主观原因，但绝不是某个人或某些人单凭主观的愿望和坚强的意志造成的，而是多种复杂的主客观原因和国内外原因共同作用的结果。赞成也好，反对也好，中国社会只能在社会主义条件下实现它的现代化。这就是以邓小平为代表的中国共产党第二代领导人提出的建设有中国特色的社会主义理论，即邓小平理论所指引的道路。20 多年来，这条道路经历了无数的曲折与坎坷，日益具体，日益成熟，在经济、政治和文化上都取得了伟大的成就。今天它正在乘胜前进，取得了全世界的认可与赞扬。中国社会的发展曾借鉴了苏联的经验教训，与苏联社会发展的模式比较近似，但苏联的社会主义失败了，社会发展发生180度的逆转，而中国社会由于经济改革的成功而坚持了社会主义方向。这样，中国以及其他一些社会主义国家就成了预示人类社会发展前景的样板。由于中国推行了改革开放政策，既主张坚持社会主义制度，又在体制上以市场经济取代计划经济，即建立社会主义市场经济，因而中国究竟向何处去成了世界性的重大问题。改革虽然限于体制，而不是基本制度的改变，但也不能不允许国内外私有经济的存在与发展，于是一种势力就力图使私有制无限度地发展下去，并借以取代公有制，而马克思主义的改革者则主张坚持社会主义基本制度，在公有制为主体的条件下建设充分发展的健康的社会主义市场经济。中国的前景究竟是社会主义还是资本主义在许多人的心目中是一个问题，只能等待实践来解决。但在以公有制为主体的社会主义社会中市场经济的优越性也是可以充分体现出来的，中国社会通过社会主义而不是通过资本主义的基本经济制度实现现代化是完全可能的，究竟能否实现，那就要看人的主观努力了。总之，中国社会跨越充分发展的资本主义阶段是完全可能的。

就全世界而言，自俄国1917年十月革命以来，就出现了资本主义占优势的两种社会制度共同存在的局面；到20世纪中叶社会主义制度一度大量扩展，但仍未改变资本主义的优势地位；20世纪90年代苏联与东欧的社会主义制度均被资本主义所取代，但两种制度共存的局面并未改变。但是，20世纪下半叶，全世界的社会生产力和科学技术却发生突飞猛进的变化。美国经济不但没有受到战争的破坏，而且大发战争财，得以不断繁荣兴旺。加以美国政府采取了比较明智的政治经济政策，缓解了资本主义制度固有的经济危机，推动了科学技术的高速发展，因而美国得以在经济力量上成为第一个超级大国。

欧洲原本发达的资本主义国家和亚洲的日本虽然遭受了战争的破坏，但由于原有基础好也慢慢从战争的创伤中恢复过来，加以美国出于冷战的需要又大力加以扶持，它们的经济力量也大大增长，进入了发达国家的行列。亚洲的一些小国或地区原来虽然落后，由于整个资本主义世界经济的繁荣以及其他内外原因，经济上也跟了上来，如中国的香港和台湾，韩国、新加坡等等。苏联与东欧社会主义国家并没有从资本主义复辟中取得经济上的成功，各国的经济情况虽然有程度上的差别，但总的说来，困难甚多，至今未踏上顺利发展的坦途。中国和一些其他社会主义国家坚持社会主义制度，又采取了与本国国情相适应的改革开放政策，在经济上都取得了不同程度的进展，展现了社会主义制度的顽强的生命力。当20世纪90年代初苏联解体之时，有人盼望发生多米诺骨牌反应，使一切社会主义国家相继变质，经过10多年时间的考验，这种盼望落空了。两种制度共处的局面已经形成。现在的情况看来是，对于现代高速发展的以高科技为主要特征的生产力，只要能采取适当的措施，无论是资本主义制度还是社会主义制度都能较好地适应；如果不能采取适当的措施，就有适应不了而导致失败的可能。高科技的发展（知识经济、信息网络经济、生物经济等实际上都是高科技生产力而不是经济制度）与市场经济相互作用大大促进了经济全球化，毋庸讳言，这种全球化是资本主义性质的，是对发达的资本主义国家更为有利的，而对发展中国家，特别是社会主义发展中国家，是机遇，也是挑战，这些国家必须进行艰苦的努力，才能以较小的代价在这个全球化经济中坚持社会主义并实现现代化。如此说来，全球实现共产主义还有可能吗？

全球实现共产主义是否可能，是否必然，当然最后仍要由实践来检验，今天难作出确定的结论，但加以预测是完全可以的。马克思和恩格斯的共产主义预测之所以是科学的是因为他们不仅有解放穷苦人民的善良愿望，而且提出了一整套以充分的事实为依据的关于社会发展规律、主要依靠力量、实现途径、共产主义目标的理论并以之指导工农群众的革命行动。他们没有料到他们的理想首先没有在资本主义充分发展的国家实现，倒是在半封建半资本主义的不发达国家实现了。列宁看到20世纪20年代初期资本主义国家陷入深重的经济、政治、战争的危机之中，认为资本主义已到了垂死阶段，他没有料到资本主义制度经过第一次世界大战和30年代的经济危机仍然生存了下来。第二次世界大战大大暴露了资本主义制度的弱点，削弱了资本主义国家的力量，出现了一批社会主义国家，但主要资本主义国家仍然坚持了原来的制度。但这些国家除美国外被大战摧残得满目疮痍，在战争所造成的灾难中挣扎，而社会主义国家却正在乘胜前进，蒸蒸日上。这种情况使一些共产主义的信奉者认为资本主义的消灭和社会主义的胜利已经指日可待，共产主义的实现为期不远了。但20世纪下半叶的历史进程并未如此发展下去。社会主义制度经过50年代有了巨大的发展，但60年代以来就表现出停滞不前，缺乏活力，放慢了前进的步伐，而苏联和东欧的社会主义制度甚至终归瓦解。那么，人类社会能否在资本主义制度内解决它固有的那些弊端而永恒地发展下去呢？回答是否定的。

至少有三大难题，资本主义制度解决不了，只有在共产主义社会中才能解决：第一，资本主义制度解决不了国内的两极分化问题，更解决不了全球的两极分化问题。在资本主义世界中，虽然全世界的平均生活水平比过去在不断提高，但两极分化现象始终存在，不可能根本解决，达到共同富裕，因为资本主义制度的基础就是少数人剥削多数人，财富集中在少数人手中。第二，资本主义制度解决不了普遍的持久和平问题，杜绝不了战争现象。战争现象最初只发生于部落之间，在阶级和国家产生以后，战争不但在国与国之间发生，也用来镇压被剥削被压迫人民的反抗，人民也用战争来推翻暴君和专制制度的统治。只要阶级存在，战争就难以消灭，更不用说军火商还要靠战争来维持和扩展军火的市场。第三，资本主义制度无法根本解决人类生态环境被破坏的问题。全球性的生态问题主要是由富国造成的，但它们只努力改善自己的环境，对全球性环境的整治不但不承担主要的责任，而且还在继续加重破坏全球环境，由于资本主义生产发展的需要，它们也不能不如此。在资本主义制度下，要根本解决可持续发展问题是不可能的。

这三大世界性问题在20世纪下半叶均有所缓解，但均谈不上根本解决，谁也说不上没有恶性大爆发的可能。只有在共产主义条件下才有可能根本解决这些问题，因为只有公有制才能达到共同富裕，只有阶级的消灭才能导致消灭战争现象，只有全球性的通力合作才能实现全球性的可持续发展。当然，由于客观上和主观上的原因，由于问题的复杂，共产主义的实现决不是原来想象的那样轻而易举，但历史发展的事实说明，人类有足够的理智来妥善处理地球上的问题，而不至于把事情弄到不可收拾的地步。可以说，共产主义不仅是可能的，而且是必然的。

从以上论述来看，五形态也好，三形态也好，二形态也好，人类社会的发展总是一个从低级到高级、从野蛮到文明、从自发到自觉、从必然到自由的过程，这个过程就是人的发展的社会背景。人的发展是离不开这个背景的。人的发展可区分为人的个体的发展和人的类的发展。

（二）作为个体的人的发展

个人的存活一般几十年，最多100多年，是一个发展过程，即从胚胎、诞生、成长、衰老到死亡的过程。这个过程包含若干方面，它是人的身体的发展过程，也是人的实践活动的发展过程和人的精神活动的发展过程。下面分别加以论述。

1. 人的身体的发展

人的一生是一个从生到死的发展过程，除诞生与死亡呈现出明显的界限以外，人的身体发展的整个过程都是一个逐渐变化的过程，但也呈现出一定的阶段性。最简单的做法是把人的一生区分为三大阶段：一是发育成长阶段，即从出生到成熟，亦即儿童少年阶段；二是成熟阶段，即从成熟到衰老，亦即成人阶段，许多国家都把18岁作为成熟的标志；三是衰老阶段，即从衰老到死亡，亦即老年阶段。2000年在阿根廷召开的第五届全球老龄大会主张把老年阶段区分为低龄老人段（65～85岁）和高龄老人段（85岁以上）。

刚出生的婴儿，从外形上看已经是一个人，但从其生理机能来讲，只是具备了人的基因和相应的器官。许多器官最初还不具备人的生理机能，例如有人的大脑却不能思维，有人的手却不能劳动。现代分子生物学发现人的基因，即人的遗传密码只有不到2％的基因与猿猴的基因不同，正是这不到2％的基因决定了人与猿猴的生理机能的差别。但人的思维和劳动以及若干其他能力都是在社会环境中逐渐形成的。思维、劳动等能力不是纯粹的生理机能，只是包含了这种生理机能为其自然基础，没有这种生理机能，社会环境无法使之具有人的思维、劳动和其他能力。人的纯粹生物性的生理机能如吃喝和性也有一个从幼稚到成熟的过程，例如性的特征在10岁以前是不明显的，后来男女的性的特征便逐渐显露出来，并日趋成熟。当然，这些生物性的生理机能也由于社会环境的影响而呈现出一定的社会性，但这些机能离开社会也会日益成熟的。人体在成熟前的变化明显而且快速，几乎一年一个样，因此，人们对这个阶段的分期也比较细。一个人在成年以前可分为新生儿期（出生后28天内）、婴儿期（28天至1周岁）、幼儿期（1周岁至6、7岁）、儿童期（6、7岁至11、12岁）、少年期（11、12岁至14、15岁）和青年早期（14、15岁至18岁）。18岁至60岁为成人阶段，其分期比较长。18岁至30岁为青年中后期，青年期跨越成年前后；30岁至40岁为壮年期；40岁至60岁为中年期；60岁或65岁以后为老年期。人到成年身体发育成熟，容貌、肢体、器官的发育较长期地稳定下来，只是随着年龄的增长而逐渐有所改变，50岁以后逐渐苍老，最后导致死亡。不管怎样，人体在一生中都在发生变化，是一个过程。人体变化过程的分期是相对的，人与人均有所不同，不存在统一的明显的界限。

2. 人的实践活动的发展

人的身体的发展离不开人的实践活动的发展，但身体的发展毕竟只是生理上的，而人作为人，即作为社会的人，其发展的本质却是人的实践活动的发展，因此，有必要专门论述一下人的实践活动的发展。

人有各种活动，根据我们对本质的理解，人的最基本的活动是实践活动。实践活动是一种综合性的复杂的活动，既包含各式各样的物质因素，又包含各式各样的精神因素，其本质是自觉地改造世界的活动，最基本的实践活动是改造自然的活动，即生产劳动，其次是改造社会的活动，即各种社会活动，是社会交往活动、经济活动、政治活动、阶级斗争等。其他还有生活实践、教育实践、科学实验、艺术实践等等。人的实践活动有一个相对稳定的核心是实践的能力，简称实践力，它是人的实践的凝聚，因而也可以区分为各式各样的实践力。实践力有一个从萌芽到成熟并不断发展的过程。

新生儿有人的实践的器官，但还没有任何实践能力。或者说，新生儿只具有实践的潜能。实践能力萌芽于幼儿的游戏之中，决不能把幼儿的游戏看成毫无意义的活动，它是实践力最幼稚的阶段。同时，幼儿已开始有了最简单的生活实践，如吃饭、穿衣、走路、学习等。入学学习是人的实践力发展的第二阶段，这个阶段一般从六七岁上小学算起，长达数年或十几年。学校教育的本意就在于用最集中最有效的方式培养人的实践能力。人的成熟的实践能力是人类在至少几十万年的实践活动中形成的，这种形成是世世代代的积累，不是一个人完成的，学校教育把几十万年的实践活动压缩成十几年的教育活动，使少年儿童和青年的实践能力在十几年内基本上达到现代人的水平。严格讲，学习还不是真正的实践，而是实践的准备，其中包含品德的培养、知识技能的传授、反复的实习。当然，没有上学的人在成人之前也有这样的准备阶段，不过，这种准备是在家庭和社会中完成的。即使在校的学生也有相当部分的实践准备是在家庭和社会中完成的。以成人作为人的实践能力的成熟的标志是相对的，人们之间有很大差异，有的人在成人之前就工作了，有的人在成人之后还在深造。人的实践能力在成熟之后还会不断提高，达到更加成熟或更高的水平。人到老年之后，其实践能力会逐渐减弱，世界各国规定的退休制度是与此适应的。

实践能力是一个综合概念，它可以分析为几个构成因素，主要有：价值标准、指导思想和操作能力。实践是人的自觉的有意识的活动，必然是有目的的、有方法的。决定目的的是主体的价值标准，宽泛点说，即善恶标准、为什么人的标准、美丑标准。决定方法的是主体的知识系统，在实践中知识转化为方法，即指导思想。指导思想是多层次的、多学科的，实践对象不同就需要不同层次的方法、不同层次的思想、不同学科的知识，世界观的指导是最高层次的方法。正确的价值标准和指导思想是有效的实践能力的前提，没有这些前提，一个人就不可能有有效的实践能力，更不可能有高超的实践能力，但如果仅有这些前提而没有实际操作的能力，这些前提也不过是空洞抽象的道德教条与理论知识而已。操作能力就是动手的能力，包括技术，但不仅仅是技术，宽泛一点讲，操作能力是处理问题、解决问题的能力，特别是处理新问题、解决新问题的能力，也就是根据价值标准、结合实际情况灵活地运用多种学科知识和技术改造世界的能力。显然，价值标准和指导思想是实践能力的指导因素，操作能力是其基础因素。

人的实践活动是人的实践能力的体现，同时也是人的实践能力的培养与提高。人的一生的经历就是他的实践活动的总和。在这个总和中有大量实践活动只是人的实践能力的简单表现，也就是种种实践的简单重复，但实践活动的积累和实践能力的提高都会使这个实践活动总和成为一个从低到高的发展过程，其中包含了或多或少的创新因素。成人以前的实践活动是比较幼稚的，即低的，成人以后的实践活动是比较成熟的，即高的，到了老年，实践活动又开始下降。人到了老年，也许在思想上更趋成熟，但由于身体的衰老，其操作能力、活动范围、实践效率不可能维持壮年时期的水平。但这绝不是说，老年人的实践活动就停滞了，不会有新的贡献、新的创造了，它仍在发展，只是速度慢了。从整体上看，人的实践活动是一个不断上升的过程，虽然在这个过程中也有挫折、失误和曲折。

3. 人的精神活动的发展

人的精神活动是人的主观世界中的活动，它与实践活动的根本区别在于它限于主观世界之内，即大脑之内，而实践活动则超出了主观世界而涉及外部世界，并在或深或浅的程度上改变了外部世界。实践活动是主体的自觉的活动，显然，实践活动离不开精神活动，从而外部世界由于实践活动造成的改变也离不开精神活动，但如果只看到精神活动对实践以及外部世界的作用，则是片面的。精神活动归根到底讲是外部世界和实践的产物，其内容和内容的发展都是外部世界通过实践决定的。实践是外部世界和精神活动的桥梁。

一个人的精神活动的生理基础——大脑及其机能是天生的，是由其父母遗传给他的，但他的精神活动只有在实践的基础上才能真正萌芽、形成和发展。人的精神活动是十分复杂的，但最主要的是两种精神活动，即认识活动和评价活动。人的自觉的实践活动有两个不可缺少的前提，一是决定实践目的的评价标准，一是决定实践方法的知识，所以在实践过程中主体同时进行着认识活动和评价活动。人的精神活动的萌芽、形成和发展的过程，也就是人的知识系统和评价标准系统的萌芽、形成和发展的过程。人从婴儿开始就萌发了认识和评价，在会说话以后，通过成年人传授和自己的实践活动，认识和评价标准就日益丰富起来，并在逐渐形成自己的认识系统和评价标准系统。少年儿童，甚至青年的认识系统和评价标准系统都是不稳定的，家庭的熏陶、学校的教育、社会风气的影响、传统文化的作用和个人的生活经历都在不断丰富、完善、改变、调整甚至部分地或根本地改造他的认识系统和标准系统。成年只是身体上的成熟，精神上思想上基本定型大致要到30岁，孔子说“三十而立”可能说的就是这种情况。真正成熟大致要到40岁，也就是孔子说的“四十而不惑”。所谓

"定型"、"成熟"指的就是一个人的认识系统和评价标准系统的定型和成熟，当然定型与成熟之后还会改进、发展、变化，遇有特殊情况也有可能根本改变。

认识系统是非常复杂的，可以按照不同标准区分为不同种类。按其获得的方式可以分为内省的知识和外求的知识；按其获得的途径可以分为直接知识和间接知识；按其严格的程度可以分为日常生活知识（即常识）和科学知识；按其对象可以分为自然知识、社会知识和精神知识以及哲学知识，从严格意义上讲，哲学知识就是一般知识，或曰整体知识，等等。一个人头脑中的这些知识大部分是正确的，否则这个人不可能生存和发展，但一定包含若干错误的知识，因此，这些知识构成的知识系统是有内在联系的，也一定是自相矛盾的。一个人的知识，随着他的年龄的增长、学业的进步、阅历的增多，一定不断丰富、日益严密，当然不会绝对地完美无缺。知识系统也就是方法系统。方法不是天生的，而是由知识转化而来的。任何一条知识都可以转化为方法，任何一种方法都有一条知识作为它的根据，没有知识作为根据的方法一定是错误的方法，只能导致失败。方法是知识的应用。但是，并不是知识越多的人方法也越多越能干，这首先要看他对知识掌握得准不准，对知识理解得深不深，还要看他对知识运用得对不对、活不活。如果把知识看成教条，不能把知识转变为方法在实践中运用，则这种知识是死知识。哲学（世界观知识）是最一般的知识，由哲学知识转变而成的方法是最一般的方法，这种方法具有最一般的意义，我们一般称之为思维方式。

评价标准系统，或称价值系统，也是十分复杂的。价值是从人的角度讲的，一物的价值就是一物对人的价值，即对人的意义，因此，没有人就无所谓价值。如何评定价值的有无，如何衡量价值的多少，如何区分价值的种类，均有赖于评价标准。人有多种价值标准，传统的观点认为有三种价值，即知、意、情，因而有三种评价标准，即真、善、美。这种观点失之笼统含糊，并不完整，而且人们理解各异。从现代科学的发展来看，价值有许多种类，如经济价值、道德价值、审美价值、感情价值，等等，而评价标准则相应地有利害标准、善恶标准、美丑标准、好恶标准，等等。传统所讲的“知意情”忽视了经济价值，即利益或物质利益，把认识混同于评价，把审美混同于好恶。首先应把认识与评价区别开来。二者当然有共同之处，它们同是人的活动，都有主体与客体，同一主体可以对同一客体进行认识活动和评价活动，但这两种活动的性质是不同的。认识要解决的问题是主体是否符合客体，而评价要解决的问题是客体对主体有什么价值。前者的结果是真或假，后者的结果是利或害、善或恶、美或丑、好或恶。评价活动有多种，首先就是利益评价。一个人为了生存和发展，必须随时进行这种评价活动，鉴别自己所接触的人和物对自己有利还是不利，才可能生存和发展下去。当然，利益的种类也很多，主要的利益是物质利益。其次是道德评价。道德评价的客体是人的涉及他人的行为，自然现象无所谓善恶。道德评价实际是对如何处理人际关系的评价，这也是经常发生的，因为人总是生存和发展于人际关系中，即社会关系中的。再次是审美，即美丑评价。美丑评价的对象可以是自然物，可以是人及其产品，可以是人的活动。这种评价活动往往伴随着其他活动，也可以单独发生，那就是人的鉴赏活动或欣赏活动。最后是好恶评价或爱憎评价。这种评价活动主要是伴随着实践活动、认识活动、其他评价活动而发生的，但也可以单独发生，那就是爱情。爱情诚然会伴随着其他活动发生，但也会单独发生。至于传统观点所谈的意志，其实不是一种独立的活动，而是实践活动、认识活动和评价活动的坚决程度的抽象。

马克思主义认为，存在决定意识，社会存在决定社会意识，就人来讲，人的主观世界是在人的生理机能的基础上由自然存在和社会存在决定的，也就是由人的外部世界，特别是人的实践活动决定的，当然，主观世界又反过来影响、作用于外部世界，同时主观世界内部的各个组成部分又相互影响，形成一个整体。主观世界的组成部分是复杂的，大致说来，它由两大部分组成，即认识活动和评价活动，或者说，知识领域和价值领域，用今天流行的话来说，即科学与人文价值。我国学术界很少有人认为二者是互相割裂的，问题在于由二者形成的主观世界谁居于主导地位。一种意见认为二者互相补充，缺一不可，难分伯仲，应该密切联系起来，形成一个完满的整体。另一种意见认为科学是人的科学，为了人，离不开人，从某种意义上讲，也是一种人文价值，因此，这个整体的基础是人文价值。但是，人文价值，或者说，人据以判断客体的价值的标准又是从哪里来的呢？无疑，它们的来源是多种多样的，社会历史传统，家庭、学校和社会的教育，风俗习惯，个人经历都会有意无意地在一个人的头脑中形成各式各样的价值判断标准，但归根结底，这些标准都来自实践，而对实践的成败起决定作用的是认识正确与否，甚至实践目的的规定也有一个正确与否的问题。因此可以说，价值标准归根结底来自人对客体的认识，特别是世界观或宇宙观。因此，我们认为在科学与人文价值构成的主观世界中，科学起主导作用，当然，这个“科学”不仅是狭隘的功利主义的科学，而且是作为对外部世界和内部世界之正确反映的科学。至于人的主观世界的发展，根据上述关于主观世界与客观世界的关系、主观世界与实践的关系的论述，无疑也取决于客观世界的发展和实践的发展，主观世界内部知识的发展也对整个主观世界的发展起主导作用。

（三）作为类的人的发展

作为个体的人的发展的时间过程一般几十年，少数人可延续100多年，但作为类的人的发展的时间过程则是很长的，自有人类以来就开始了，至今还未结束。作为类的人的发展不同于人类的发展：人类的发展是人类社会的发展，而作为类的人的发展则是体现在一个个个人身上的发展；人类的发展是人类学的内容之一，而作为类的人的发展则是人学的内容之一。当然，二者关系十分密切，无法截然分开。

1. 作为类的人的身体的发展

人的身体是从猿的身体演变而来的，如果把猿作为人的起点，从猿到人的演变大致经历了四个阶段。阶段的区分以及每个阶段的时间界限，学者们的说法不尽相同，以下所说不过是一个粗略的轮廓，很不精确。

（1）猿的阶段，约300万年以前。猿还不是人，但与人相似，所以又称为类人猿。类人猿包括灵长目的猩猩科和长臂猿科。它们在外貌、体型（手足开始分工）、身体内部结构（特别是比较发达的大脑）上与人非常相近。

（2）猿人阶段，300万年前至10万年前。猿人是从猿到人的过渡时期，延续了漫长的时间。猿人较之类人猿，身体上有了许多变化，最主要的是手足分工逐渐完成，实现了直立行走，手逐渐从行走中解放出来，转向专门劳动；脑腔增大，大脑容量增多，从几百毫升增至1000毫升以上；喉头日益发达，能够发生复杂的声音。著名的北京猿人是进化程度较高的猿人，生活于65万年前，脑量达1075毫升，约为现代人脑量的80％。

（3）智人阶段，生活于10万年前至1万年前。智人可以说是从猿过渡到人的完成，意为有智慧的人。其主要的体质特征是：手足分工完成，完全直立行走，前肢完全摆脱支撑和行走的功能，成为专门从事劳动和抓握的器官；有很大的大脑，脑重量在1100～1550毫升之间，平均1350毫升，有较强的思维能力；语言器官和语言日益发达。智人可分为两个小的阶段，即古人和新人，或称早期智人和晚期智人，他们之间只有程度上的差别。

(4) 现代人阶段，生活于1万年前直至今天。1万年来人的体质基本上没有大的变化，比较稳定，故通称现代人，显然，这种现代人不是从文化上讲的。现代人的体质是人从猿到人过渡的最后完成，只有人种的不同，分为黄种人、白种人、黑种人和棕种人（澳洲土著），但人种之间体质上的区别都是次要的，如皮肤的颜色、眼睛的颜色、头发的颜色、面形、体毛、身高、体重等都有区别，其劳动器官、感觉器官、思维器官（大脑）、语言器官等为人所特有而区别于动物，并无优劣高下之分，如平均脑量均为1350～1400毫升。种族主义者把人种从体质上分优劣，甚至把民族从体质上分优劣，完全是杜撰的，没有科学根据的。

2. 作为类的人的实践的发展

如果说，类人猿变成人以后，人在体质上基本上没有变化的话，人在实践上的变化则是很大的，而且变化越来越快。人的最基本的实践是劳动，劳动的发展具体体现为劳动方式的变化和劳动效率的提高，其标志则是劳动工具的发展。

类人猿已经有了劳动的萌芽，主要劳动方式限于采集和渔猎，已能使用工具，但工具仍然是未经加工的适用于辅助双手劳动的自然物，如木棍、石块等。生产能力很低，只能满足个体和子女的温饱。猿人的劳动能力逐渐提高，出现了原始的畜牧业和种植业，经过初步加工的工具也出现了，其中最主要的是石器。考古学把人类以石器为主要工具的时代称为石器时代，石器时代很长，自约 300 万年前至约 5000 年前。石器时代可分为旧石器时代和新石器时代，前者为约 1 万年前，后者约为 1 万年前至 5000 年前。因此，从劳动工具看，旧石器时代包括了猿人和智人，新石器时代的人已经是现代人了。新石器是经过打磨制造出来的比较锐利的石器，是耕种和进行其他劳动的有力的工具，依靠它实现了真正的农业和畜牧业。与此同时，陶器、编织品也出现了，相应地出现了手工业。石器的材料是现成的，但其质地粗糙，易碎，很难用它进行精细的加工，青铜的冶炼和青铜器的出现使人类加工自然物的能力大大提高了一步。以青铜器作为主要生产工具和武器的时代被称为青铜时代，就世界范围来讲，大约是 5000 年前至 3000 年前，比新石器时代短得多。青铜器比石器锐利和坚固，在它的基础上农业、畜牧业和手工业就更加发达了，同时有了文字。不久，价廉而又锐利的铁器取代了青铜器的地位而成为人类的主要工具和武器，人类社会进入铁器时代，这大约是在 3000 年前。钢的出现与使用大约开始于 2000 年前。直至今天，钢铁仍然是生产工具的主要材料。但是自 18 世纪产业革命以来，人的生产能力有了根本性的变化，人们把 18 世纪前称为农业时代，人们的生产主要是利用越来越强有力的工具改造自然物，向自然界索取人们所需要的东西，这些自然物是打上了人的烙印的人化自然物；把 18 世纪后称为工业时代，人们的生产归根到底也是改造自然物，但许多产品是人们根据科学所揭示的规律按照人的需要创造出来的，这些产品是自然界中根本没有的，可以称之为人工自然物。

一般认为，工业时代的 300 年间经历了三次产业革命：第一次是 18～19 世纪，人们的生产从手工劳动转向机器生产，动力从人力、畜力转向蒸汽力，机械制造、钢铁冶炼、煤炭、铁路迅速发展起来；第二次是19世纪末到20世纪中叶，这个阶段的主要变化是生产过程在机械化的基础上实现了电气化，发电机、电动机、电报、电话、无线电和各种电气系统的出现和广泛应用、石油的开采与加工以及汽车、飞机的出现和发展，大大提高了人的生产能力；第三次是20世纪下半叶，这次产业革命的主要特征是生产过程信息化、电脑化和综合自动化，以信息的采集、传播和系统开发为特征的信息产业的兴起，在此基础上的电子产业、机电产业、新能源产业、新材料产业和其他新兴产业的迅猛发展以及传统的第一、二产业的改造和第三产业在整个产业中比重的显著加大。有人认为这个时代是知识经济时代，或曰信息时代，或曰高科技时代。有人把产业革命称为科技革命。这个过程是人的劳动能力的提高过程。如果说，工具的制造与使用是延伸和扩大了人手的作用，增强了人的劳动的效率，提高了人的劳动能力；机器的制造与使用再次延伸、扩大甚至代替了人手的作用，大大地增强了人的劳动效率，提高了人的劳动能力，那么，电脑的制造和使用则延伸和扩大了人脑的作用，甚至可以代替部分人脑的劳动，极大地增强了人的劳动效率，提高了人的劳动能力。

在人的劳动的发展的基础上，人的其他实践也发展了，实践能力也发展了，其中最主要的是改造社会的实践，也可以说是人的交往实践。人的存在与发展离不开他人，即离不开社会，人与人之间无时无地不在进行着直接的或间接的交往。交往实践凝结为人际关系，某种人际关系普遍化、规范化并相对地稳定下来就成为制度。制度是多种多样的，有经济制度、政治制度、法律制度、道德制度、教育制度等等。制度往往是自发形成的，然后经过人们的认可成为自觉的制度。有的制度是人们根据需要和认识而自觉地制定的，例如社会主义经济制度。人际关系和制度是交往实践的产物，而交往实践实际上也离不开人际关系和制度，总在一定的人际关系和制度中进行。人际关系与制度必须适应生产的需要和交往实践的需要，当它们不适应或有所不适应时就必须改变——一定程度地改变或根本改变。这就是居于第二重要地位的实践即改造社会的实践。这种实践也有一个发展过程，即与生产实践的发展相适应的从简单到复杂、从狭窄到宽阔、从低级到高级、从小到大的过程，也就是人类各种社会制度及其人际关系的发展过程，这个问题我们在前面已经谈到，这里就不再赘述了。

3. 作为类的人的主观世界的发展

人类社会的发展包括人类社会的文化的发展，亦即精神生活的发展，这具体表现为每一个现实的人的精神世界的几十年的发展，也表现为作为类的人的主观世界的几千年的发展。前面我们已论述过一个人精神活动的几十年的发展，主要考察了人的两种精神活动，一是认识活动，一是评价活动。实际上，这两种活动也是作为类的人的两种主要的精神活动。

人的认识活动的发展是同人类社会的认识史或科学史一致的，但认识史或科学史是人类社会在不同历史时期所达到的最高或最新的认识或科学成果的延续，这当然不是说，某一历史时期中的每一个地区、每一个人都达到同一水平。不同的人在同一历史时期的认识水平是极不平衡的，个别的或少数人由于离群索居，与世隔绝，他们的认识水平有可能大大落后于他人或其他地区的人。但是，由于世界各地的联系随着时间的推移越来越密切，特别是近代以来，世界历史逐渐形成，当代经济全球化趋势日益明显，后来历史时代的人的平均认识水平总是高于以往历史时代的人的平均水平。例如一个古代的或近代的人的平均认识水平，远远低于一个现代人的平均认识水平，尽管这个古代人或近代人是一个伟大的思想家或科学家，而这个现代人是一个普通人。

评价活动的发展表现为评价标准的发展，评价标准的发展也是一个从简单到复杂、从低级到高级的过程，但这一过程的向上性不像认识过程的向上性那样明显，现代的评价标准，或者说，现代人的价值观水平，例如就道德而言，现代人的道德水平，是否高于古代人，就是一个争议很大的问题。很多人认为就道德水平而言，今不如昔，"世风日下，人心不古"是许多人对资本主义社会中或市场经济条件下那种惟利是图、贪得无厌的风气的叹息。资本主义在其向全球扩展的过程中所表现出来的血腥暴行，其规模之大，手段之毒，是古代不能望其项背的。此外，在历史长河中，道德水平整体下降，甚至全面倒退的时期也是时常出现的，例如一个王朝，其衰败时期的道德水平一般都大大低于其兴盛时期。然而，从整个人类社会历史来说，从平均水平来说，应该承认人的道德水平仍然是一个从低到高的发展过程，其他评价活动及其标准也是一个从低到高的发展过程，这是同生产力从低到高、生产方式从低到高、社会制度从低到高的发展过程一致的。还是以道德水平的发展为例，最高的道德水平应该是个人利益与人类利益高度结合的集体主义。历史上统治阶级的群体主义所强调的群体只是一些小集体，而且往往陷入重群体而轻个人的片面性；历史上的个人主义则陷入重个人利益而轻群体利益的片面性。把二者密切结合起来的集体主义就是共产主义。在共产主义社会中，每个人都是自由发展的个体，人权、人格、人的尊严得到充分的尊重与保护，但那时全人类的利益是最高利益，在个人利益与全人类利益发生冲突时，个人利益将无条件地自觉地服从全人类利益。从整体上说，人的道德水平总是在向这种集体主义，即共产主义接近。其他评价活动，其他精神活动莫不如此。

总之，同作为个体的人的发展一样，作为类的人也经历了且经历着从简单到复杂、从低级到高级的发展过程。

二、人的发展的规律

一切事物的发展都不是杂乱无章的，都是有规律的，人的发展当然不会例外。但是人的发展有些什么规律，在人学研究中是一个十分薄弱的环节。人的许多具体学科的规律，即人的局部的规律，特别是人的自然属性的规律，已经研究得很细致很深入了，但关于人的总的规律，涉及人的社会属性的总的规律，则研究得很少。由于人之所以为人主要在于其社会属性，我们这里把关于人的社会属性的规律也看成人的一般规律。下面我们谈人的规律主要谈的是社会人的规律，不包括自然人的规律，即不包括人的自然属性的规律。现在首先要解决的是研究人的一般规律的思路问题。这里有三个问题：

第一，人的规律的特征。人的规律与自然规律的区别比较明显。一般说来，自然规律中不包含人的意识的作用，是不以人的意识为转移的，而人的规律则包括人的意识的作用，但也具有客观性，即也是不以人的意识为转移的。争论往往在这里发生：既然有人的意识的作用，怎么又不以人的意识为转移呢？但如果它是以人的意识为转移的，也就无规律可言了。其实社会规律也如此，既有人的意识的作用，又不以人的意识为转移。这两个“人的意识”是不同的，前者是任何人的意识，后者仅指实践或认识的主体。后面具体谈到人的规律时，就可看出其中既有人的意识的作用，但其存在又不依赖于主体的意识。人的规律与社会规律的区别比较明显。人的规律是关于人的，社会规律是关于社会的，但它们都具有意识性和客观性，这是相同的，甚至有的规律既是人的规律，也是社会规律，但有的规律则可以区别开来。除此之外，人的规律比起社会规律来具有更多的意识性，即意识的作用更强一些，但没有强到否定客观性的程度，否则就无人的规律可言了。

第二，研究人的规律的指导思想。指导思想也就是方法。既然人的规律是一种规律，研究规律的一般方法，如调查与研究、归纳与演绎、分析与综合等等，都是研究人的规律的方法，即指导思想。这里我们只想指出指导人的规律研究的最直接的思想，即最直接的方法，就是唯物史观。唯物史观是关于人类社会及其历史发展规律的科学，人学是关于人及其发展规律的科学，人是人类社会的细胞，人学与唯物史观的关系正如细胞学与生物学的关系，生物学是细胞学的最直接的指导学科，唯物史观是人学的最直接的指导学科。

第三，人的规律的理论框架。如何制定人的规律？人的规律有哪些？怎样构成人的规律的框架？这是一个有待开拓的人学新领域，这方面的成果很少。我曾经提出过七条人的规律①，但我一直认为这只是一种尝试，很不成熟。经过反复推敲，我把这七条作了增删和修改，其结果仍然是七条，但内容与排列顺序都有较大区别。制定人的规律的理论框架的主要原则是：

1. 制定人的规律的最直接的指导思想是唯物史观，当然，辩证唯物主义也是其指导思想，是更高层次的指导思想。

2. 人的规律应区分为作为个体的人的发展规律与作为类的人的发展规律，此外，还有关于作为个体的人与作为类的人的关系的规律。这里所谈的人的规律限于人的社会属性，至于关于人的自然属性

---

① 黄枬森：《人学的足迹》，66～68页，桂林，广西人民出版社，1999。

的规律暂时从略。

3. 规律都是具有普遍性、必然性的关系，人的规律自然不能例外。

4. 规律的排列大体上遵循从简单到复杂、从外到内、从个体到类的原则，其结果，最初三条是关于个体的，最后三条是关于类的，中间一条是关于个体与类的。第一条是人与环境的相互作用的规律，环境是人的生存与发展的首要前提，故先谈二者之间关系的规律。其次就是人本身的规律，而人的本质是实践，故第二条是人的实践和其他活动之间相互作用的规律。人的活动的结果就是人的存在和人的意识，故第三条是人的社会存在与意识的相互作用的规律。这三条都是关于个体的人的规律。第四条是个体发展的有限性和类发展的无限性相互蕴含的规律，这条涉及个体发展与类发展的最一般特征，既是对个体发展的一个总结，又是对类的发展的一个先导。第五、六、七条都是关于类发展的重要对立特征的相互消长的规律，这三对重要特征就是人的自发性与自觉性、个人的作用与人民群众的作用、人的自由的全面的发展与人的不自由的片面的发展，因此，第五条是人的实践的自发性逐渐减少和自觉性逐渐增多的规律，第六条是特殊个人的作用逐渐缩小和人民群众的作用逐渐扩大的规律，第七条是人的发展的不自由性、片面性逐渐减少和自由性、全面性逐渐增多的规律。这三条的顺序排列是由其因果关系决定的：第五条是因，第六条是果；第六条（包括第五条）是因，第七条是果。

以上是人的七条规律的理论框架，下面分条加以说明。

（一）人和环境相互作用的规律

这个规律的具体内容是：人首先是环境的产物，然后才能改造环境，也就是说，环境对人的作用是第一性的、基础性的，人对环境的作用是第二性的、从属性的。

这里所说的环境主要是社会环境，其内容是十分复杂的。自从类人猿成为真正的人以后，人就主要靠自己的双手来求得自己的生存和发展，人对自然界的依赖的程度也随人类社会的发展而不断降低。至于个体的人则是从出生以后就依赖于社会。所谓社会，包括父母、家庭、家族、氏族、部落、部族、国家、区域，乃至包含人类，还包括这些人或人群的各种活动和关系、各个层次的制度，这些活动、关系和制度大致可以分为经济（生产）的、政治（管理、法律）的和文化（思想、观念、价值标准）的三大类。人一旦出生下来，就生存和发展于社会之中，受当时社会及其历史的哺育、教育、影响、塑造。一个时代的人就是这个时代的人，不可能是那个时代的人。农业封建时代的人当然是人，但其形象、知识、技能、思想、感情、价值观、行动不可能是工业资本主义时代的人的，不能要求古代人和近代人具有现代人的品质。但是反过来，我们可以问：社会又是谁改变的或创造的？是人创造的，或确切点说，是在原有的基础上由现时的人创造的。这似乎出现了一个怪圈，人是社会环境的产物，社会环境又是人的产物，究竟是谁创造了谁就弄不清楚了。其实，这并不是什么怪圈，而是人与环境的相互作用，但在相互作用中，有一方面处于基础地位、根本决定地位，即社会环境，而人处于从属地位、非根本决定地位。因此，社会环境的面貌一方面是前社会的延续，另一方面又表现出人的痕迹，特别是一些杰出人物的烙印。杰出人物也是社会环境的产物，他可以在某些方面在一定程度上超越他的时代，但不可能在根本上超越他的时代，成为一个将来时代的人。他可能坚强有力，让社会按他的设想发展，但他的设想也是当时社会环境的产物，受当时社会条件的制约，如果他的设想符合社会发展的需要，就会促进社会的发展，如果他的设想与社会发展背道而驰，就会阻碍社会的发展。当然，无论是哪一种情况，历史都会打上他的烙印。究竟是时势造英雄还是英雄造时势？英雄史观只看见英雄造时势，而旧唯物主义只看见环境的作用，这都是片面的，所以，马克思在批评旧唯物主义的片面性时说："关于环境和教育起改变作用的唯物主义学说忘记了：环境是由人来改变的，而教育者本人一定是受教育的。"① 又说："人们自己创造自己的历史，但是他们并不是随心所欲地创造，并不是在他们自己选定的条件下创造，而是在直接碰到的、既定的、从过去承继下来的条件下创造。"② 中外古今的历史充分证明了这些道理。

从整体上说，没有一个杰出的历史人物不是时代的产物，中国古代影响中国历史最大的思想家孔子也是这样的人物。尊孔的人说孔子是"天纵之圣"，其实没有春秋时代的经济、政治、文化的发展也就没有孔子。春秋战国时代是中国社会从奴隶制向封建制过渡，从领主制向地主制过渡的时代，"礼坏乐崩"，诸侯互相征伐和兼并，贵族地位不稳，变动频繁，孔子家族从贵族沦为平民，孔子本人作为破落贵族却有较深文化素养。他一心想当官，恢复其贵族地位，于是广收门徒，率领他们游说诸侯。他一生虽然也作过几次高官，但基本上是一个教师。当时中国已有相当丰富的文化积累，但十分分散，孔子在教学中"述而不作"，只是对这些分散的文字典籍进行整理，形成《诗》、《书》、《易》、《礼》、《乐》、《春秋》，他个人的言论被编成《论语》，这些典籍被历代君主尊为"经典"，他本人被尊为"圣人"，甚至被尊为"王"。这使儒家创始人的思想统治了中国社会两千多年。

---

① 《马克思恩格斯选集》第 1 卷，55 页，北京，人民出版社，1995。

② 同上书，585 页。

这种统治地位虽已在“五四运动”后被根本推翻了，但其影响至今犹在。决不能忽视，更不能否定孔子对中国历史的影响。尽管如此，我们仍可明显看出，无论历史上的孔子还是后来历代王朝所塑造的孔子，都是古代的孔子，都是时代的产物，不是天生的，其思想有鲜明的时代性，具有很强的时代局限性。没有中国古代的经济、政治、文化，就不会有孔子。

“千古一帝”秦始皇绝不是“受命于天”，也是时代的产物。秦始皇之所以能开创中国统一的格局，固然有其个人的原因。他雄才大略，英明果断，敢于铲除奸佞，任用贤能，这些是他能统一六国的主观条件，但更重要的是在诸侯互相征战中领主制逐渐为地主制所取代，为大一统提供了经济基础。加以秦国僻处西隅，历代君主贤明，统一西秦后远离中原战乱。这些条件加上秦国策略正确巧妙，将士用命，终将六国各个击破，统一全国。秦始皇在战胜各国的同时逐渐推行大一统的战略——废除分封制，实行郡县制，车同轨，书同文，这些措施以及其他措施，打下了中华帝国两千多年经历了反复的分与合而不解体的大一统基础。对于中国今天这个历史最悠久的统一大国，秦始皇功不可没，但这个大国之所以能形成并绵延至今并非秦始皇一人之功。秦始皇之为秦始皇，首先是时代的产物，然后才是秦始皇的主观作用。秦始皇也是有其历史局限性和阶级局限性。他在统一全国之后，为了巩固他的统治，对被征服国家的人民和贵族施行严刑峻法，残酷统治，不惜焚书坑儒，禁止私学，五次巡游全国，兴师动众，劳民伤财，大兴土木，建筑阿房宫和骊山陵，穷奢极欲，致使国力日虚。不仅如此，他还妄想长生不老，派人四处寻求仙药，也妄想从他开始，二世、三世绵延下去，千世万世，永世不绝。结果，他的残暴统治激起人民反抗，死后不过 3 年便被陈胜、吴广的农民大起义和刘邦、项羽反秦战争所推翻。

法国历史上有两个拿破仑皇帝，即拿破仑一世和拿破仑三世，一世是伯父，三世是侄儿，一世就是一般人口头上的拿破仑，他虽然最终失败了，死于囚禁中，历史仍然公认他是一位了不起的英雄。因为他在短短二十多年间（1793～1815）发动了一系列战争，横扫欧洲，重重打击了封建制度，大大推动了欧洲资本主义的发展，黑格尔赞美他是“骑在马上的绝对精神”。他的帝位是被推翻的，他死时拿破仑三世13岁，并没有继承他的帝位。拿破仑三世登上帝位的过程同一世相似，都是先被选为总统，然后由总统登上帝位。一世之所以能登上帝位，是由于他的赫赫战功和至高无上的威力，而三世却是个庸才。他没有他伯父的才能，却野心勃勃，想利用伯父的余威成为法国皇帝。他搞了多次武装暴动，都失败了，直至1848年法国革命，他利用革命形势攫取了总统宝座，不久便实现了他的皇帝梦。这样一个野心家、阴谋家为什么能步拿破仑一世的后尘成为法国皇帝呢？从根本上说，这不是由于他有了不起的能力，而是由于他适应了法国农民的需要，他也是时代的产物。马克思对此事作过一些分析，他说：“黑格尔在某个地方说过，一切伟大的世界历史事变和人物，可以说都出现两次，他忘记补充一点：第一次是作为悲剧出现，第二次是作为笑剧出现。”① 他举的例子中就有这一对伯父和侄子。他指出拿破仑之所以能当上皇帝，就是因为法国当时的农民需要一个皇帝。“他们不能以自己的名义来保护自己的阶级利益，无论是通过议会或通过国民公会。他们不能代表自己，一定要别人来代表他们。他们的代表一定要同时是他们的主宰，是高高站在他们上面的权威，是不受限制

① 《马克思恩格斯选集》第1卷，584页，北京，人民出版社，1995。

的政府权力，这种权力保护他们不受其他阶级侵犯，并从上面赐给他们雨水和阳光。”① 拿破仑三世就是靠农民的选票当上总统的，两年多后又靠农民的支持发动政变，解散议会，恢复帝制。那么，拿破仑一世的英雄业绩是不是单靠个人的雄才大略创造的呢？否，他也是时代的产物。他之所以节节胜利，固然同他的卓越的军事才能有关，但更深刻的原因是他对欧洲各国的反动封建王朝的打击适应了资本主义发展的需要，受到各国人民的欢迎。但当他被胜利冲昏头脑，权力欲无限膨胀，具有进步意义的拿破仑战争逐渐演变成为侵略战争时，他的厄运也就来临了，以一世之雄也难逃全军覆没，身为俘虏的命运。

马克思说：“关于环境和教育起改变作用的唯物主义学说忘记了：环境是由人来改变的，而教育者本人一定是受教育的。因此，这种学说一定把社会分成两部分，其中一部分凌驾于社会之上。”② 这话一般被理解为关于人和社会的相互作用的观点，这不能说错，但马克思这里的重点是批评旧唯物主义者把人分成教育者与被教育者（英雄杰出人物与人民群众），而教育者凌驾于社会之上，即人民群众之上。杰出人物在社会发展中起决定作用，而社会只能被他们牵着鼻子走，这是一种唯心史观，即英雄史观，而马克思主义的唯物史观当然承认人和社会的相互作用，但起决定作用的是社会、历史、时代，人首先是时代的产物，然后才谈得上反作用于时代的改变。马克思曾具体地分析了人和社会的这种关系，他说：“历史不外是各个时代的依次交替。每一代都利用以前各代遗留下来的材料、资金和生产力；由于这个缘故，每一代一方面在完全改变了的环境下继续从事所继承的活

① 《马克思恩格斯选集》第1卷，677～678页，北京，人民出版社，1995。

② 同上书，55页。

动，另一方面又通过完全改变了的活动来变更旧的环境。”① 这就是说，这一代人总是现成的社会环境的产物，然后他们才能进一步改变这个环境。而唯心史观则把事情歪曲成似乎既然历史就是人的活动，那么杰出的人物的活动就是决定性的，而杰出人物只能是天生的，其非凡的才能是神或某种神秘的力量所赋予的。唯心主义历史观是片面的不科学的，而马克思的辩证唯物主义历史观是全面的科学的，符合人类社会历史的客观过程的。

（二）人的实践活动和其他活动之间相互作用的规律

这个规律的具体内容是：人的三个主要活动，实践活动是基础，认识活动和评价活动是实践活动的产物，又反作用于实践活动，实践活动与认识活动、评价活动之间存在着互相作用的关系。认识活动与评价活动之间也存在着互相作用的关系，但认识活动占基础地位。

人的生活、生命就是人的活动，离开了活动，人不复存在。人当然首先有生理活动，这是人的自然基础，但这种活动都是本能活动，与动物的活动没有本质的区别，而我们这里要谈的是人之所以为人而异于动物的活动，那么，人主要有哪些活动呢？

我们这里谈的也就是人的自觉的活动，即社会人的活动。以社会为坐标，人的活动可以概括为三大类：经济活动、政治活动和文化活动；以自觉性为坐标，人的活动也可以概括为三大类：实践活动、认识活动和评价活动；从人学的角度，后三大类活动的关系是不能不研究的。

西方传统哲学把人的自觉性活动区分为认识、实践、审美，即知、意、情，其成果为真、善、美，康德的“三大批判”分别研究这

---

① 《马克思恩格斯选集》第1卷，88页，北京，人民出版社，1995。

三种活动。但康德狭隘地把实践等同于道德实践，而把最基本的实践，即劳动或物质实践忽略了。其实，道德活动基本上是一种评价活动，其基本性质与审美活动是相同的。马克思和恩格斯创立马克思主义时就是从揭示实践的真正内涵，确立其在人的全部活动中的基础地位开始的。前面对这三种活动的含义、内容和发展已作过论述，这里专门谈谈它们之间的关系。

劳动是最基本的实践活动，劳动创造了人，创造了人的一切。从这种意义讲，人的一切活动，除生理本能活动而外，都可以说是劳动的因素，或说是实践的因素。人的一切活动都包含在实践之中，认识活动和评价活动都是实践的因素，但它们具有相对独立性，可以把它们同实践活动区别开来，研究它们与实践活动之间的关系。

什么是实践活动？实践活动就是人的自觉地改造世界的活动，这里最核心的因素是改造世界，世界包括自然界、人类社会和人的精神世界，但它不是盲目地改造世界，而是自觉地改造世界，其自觉性表现在它是有目的的和有思想指导的。例如农民种田就是一种实践活动，其目的是生产粮食，其中包含了主体的评价标准和对粮食的评价活动；其指导思想是农业知识以及其他相关知识，其中包含了对世界的认识和认识的运用（指导）。显然，实践活动中包含了不能缺少的评价标准和认识，没有评价标准和认识就没有自觉的实践。这样说来，人似乎必须先有评价标准和认识，然后才有实践活动，那么，评价标准和认识又是来自哪里呢？唯一正确的回答只能是来自实践。评价标准与认识都不是天生的，而是在改造世界的过程中逐渐形成的，即从自发到自觉。人的实践从其具有一定目的与思想指导而言，是自觉的，但同时还包含自发的一面，即目的不明确和指导思想不全面、甚至错误的一面。只有在实践过程中，目的才更加明确起来，指导思想才更加全面准确起来。因此，实践活动与评价活动、认识活动之间是一种互相依存和互相作用的关系，从时间上无法肯定地讲实践在先，还是评价标准与认识在先；如果从人类活动的整体上讲，从一个人一辈子的活动来讲，归根结底来讲，实践在先，因为实践是整体，评价标准与认识是它的局部；实践是源头，评价标准与认识是它的产物；实践是基础，评价标准与认识是它的上层建筑。实践在先之“先”也许可以说是本体论的“先”。总而言之，人的活动是在实践活动的基础上由于实践活动与认识活动、评价活动的互相推动而不断前进的。

认识活动与评价活动也是互相依存和互相作用的，不可分割的，因为人的实践活动如只有目的而没有思想的指导就是盲目的，达不到目的；如只有思想指导而没有目的，更是难以设想。在这里，目的占主导地位，认识是手段，为目的服务。目的是由主体的价值标准决定的，显然评价活动与认识活动比较，评价活动占主导地位。但从一个人的整个评价标准和整个认识比较，认识则处于基础地位。主体在实践中必须有一个目的，目的是由价值标准决定的，而价值标准的形成，认识起了很大作用。评价标准的性质比较复杂，有的主体性很强，是一个人的家庭、经历和习惯形成的，如对怪味食品的爱好、生活癖好、偏见等。但多数评价标准虽然都有主体性，客体性也很强，正常人的很多评价标准都是共同的，如身体上的健康标准、食品上的卫生标准、人权上的平等标准、政治上的自由标准、经济上的富裕标准、法律上的犯罪标准、道德上的善恶标准等等。这些标准的客体性的程度当然也不同，在阶级社会中往往带有阶级性，很难得到所有正常人的认同，但应该承认这些标准都有较强的客体性，都是以一定的正确的认识为基础的，因此，我们除了承认认识活动与评价活动、认识与评价标准互相作用和互相推动而外，还要承认认识对评价标准的基础作用。

（三）人的社会存在和意识相互作用的规律

这个规律的主要内容是：人的意识归根到底是人的社会存在决定的，又反作用于人的社会存在，二者相互依存、相互作用，由此推动人的发展。

前面谈了人的主要活动的规律，这里谈的是人的活动的淀积，即人的存在。人的活动是动态的人，人的存在是静态的人。人的活动必然产生很多成果，这些成果沉淀下来，又积累起来，就是某一活动时段的人或人的存在。人的存在的具体内容是什么呢？具体分析起来，人的存在不外乎三种存在：自然存在、社会存在和精神存在。自然存在即人的身体，社会存在即人在活动中所产生的各式各样的社会关系以及受社会关系制约的社会性质，精神存在也包括在人的社会存在之内，由于它可以与社会关系区别开来，为了叙述和研究的方便而不再称之为存在，而称之为意识。社会关系包括人与人的关系、人与人群的关系、人群与人群的关系、人与社会的关系、人群与社会的关系，其内容是非常复杂的。人际关系有家庭关系、经济关系、政治关系、法律关系、文化关系等等。人群指的是由多人组成的组织、机构、团体，它们之间、它们与个人（包括其成员）之间也具有各种关系。社会当然包括人类社会，但在当今世界分为大大小小的主权国家的条件下，社会分为大大小小的国家的社会，因此，这里谈的社会是一个比较笼统的概念，指的是一个国家的人和人群的整体，社会与人、人群，社会与社会之间也存在多种关系。人的社会性质也属于人的社会存在的范畴，但它们要受社会关系制约。人的社会性质是非常复杂的，但由于这些性质都是社会的，就离不开社会关系。人的性质可以区分三大类：经济性、政治性和文化性，各类又包括很多性质，但都离不开社会关系，例如人在阶级社会中的阶级性离不开阶级关系，人的独立性离不开人的平等关系，人的道德性离不开伦理关系，等等。

人的意识就是人的主观世界，主观世界是客观世界在人脑中的反映，而这个客观世界就是包括主观世界在内的自然界和人类社会，因此，意识不外乎两大类：关于自然的意识和关于社会的意识，关于意识的意识包括在社会意识之内，就其特殊性来说，它可以说是第三大类。

按照唯物主义反映论原理，自然意识应该是自然界的反映，社会意识应该是社会的反映，关于意识的意识应该是意识的反映，为什么我们笼统地说，人的意识是人的社会存在决定的呢？反映论谈的是反映的对象与反映的内容的关系，意识内容是对象的反映，而我们这里所谈的是意识这种功能发生的根源。意识这种功能的产生是由人的实践活动决定的，即由人的社会存在决定的。这就是说人之所以能反映客观世界，其根源就在于人的社会实践，在于人的社会存在。人在实践中，尤其是在劳动中，首先就必须反映自然界。劳动就是改造自然的活动，如果不反映自然界，劳动如何进行呢？如何能获得成功呢？在社会实践、社会存在中产生出来的意识不仅反映人类社会，也反映自然界，就是从这个意义讲，整个意识都是社会存在决定的。不但意识离不开社会存在，社会存在也离不开意识，正如前面所说，不但评价活动和认识活动离不开实践活动，实践活动也离不开评价活动和认识活动。社会存在与意识处于相互依存，相互作用，共同前进，共同发展之中。但是，社会存在与意识的互相推动，是以社会存在为基础而不是完全并列的，因为新的发展总是首先萌芽于社会存在中，由意识把这种新的发展明确起来之后，再反作用于社会存在。

这个规律的内容与马克思的著名论断“不是人们的意识决定人们的存在，相反，是人们的社会存在决定人们的意识”[①] 有密切的联系，这个人学规律可以说是这个论断在人学中的运用和引申。马克思的论断是一个历史观论断，其坐标是人类社会；这个规律是一个人学规律，是在历史观指导下做出的。从这个论断的上下文可以看出，他谈的是人类社会的客观存在，他谈的意识是整个社会的意识，我们在这里谈的则是个人的社会存在，个人的意识。整个社会的存在和意识不是个人的社会存在和意识的机械相加，但都离不开个人的社会存在和意识，所以马克思的论断引申到个人身上是符合事实的，也是符合逻辑的。

（四）人的个体发展的有限性和类的发展的无限性相互蕴涵的规律

这个规律的主要内容是：由于个体生命的延续是有限的，人的个体的发展也是有限的；由于类的繁衍是无限的，类的发展也是无限的。但是，由于类的发展由个体的发展构成，类的发展又蕴涵着个体的发展；同时，个体的发展也以浓缩的形式蕴涵了类的发展。

前面谈的三个规律都是关于个体的发展的。个体的各种活动能力和社会存在的发展都是由低级向高级发展。尽管这种发展中包含曲折、循环、倒退，但其整体是一个前进的过程，所以，每一个正常人的发展总是从幼稚走向成熟，从少能走向高能。从低智走向高智，从简单走向丰富，这是一个社会的过程，但这个过程受到自然过程的限制，当个体的自然过程，像任何生物体一样从成熟走向衰老的时候，这个社会过程也就放慢了或陷于停滞，最终随同肉体的死亡而终止。但是，就类来说，这个发展过程并未终止，而是在年轻个体的身上延

① 《马克思恩格斯选集》第 2 卷，32 页，北京，人民出版社，1995。

续下去了。前人在发展过程中淀积下来的经济的政治的文化的成就不会由于前人的自然死亡而全部消失，会有相当大的部分作为后人发展的起点或有分析地继承的基础而融入后人的发展过程之中，如此一代一代地延续下去，就形成了类的发展。毋庸赘言，除了前人与后人之间的延续而外，还有同时代人之间的纷争与交融。纵的延续与横的交融就形成了类的发展。只要地球不毁灭、人类不毁灭，类的发展就不会停止。地球总有一天是要毁灭的，人类的发展是否能够达到摆脱地球毁灭的命运而继续发展下去的水平今天还难下结论，在地球毁灭之前人类是否会由于自己的原因而导致毁灭今天也难讲。但从今天的情况看，人类有足够的理性来避免自我毁灭，而地球的毁灭还是很遥远的事，可以不予考虑，因此，今天我们可以说，人作为类的发展是无限的没有顶点的。

可以明显看出，类的无限性与个体的有限性是不同的，但二者又不能分离，是相互蕴涵的，相互过渡的。个体的有限性中蕴涵着类的无限性，类的无限性寓于个体的有限性之中，因此，个体的有限性才能过渡到类的无限性。反过来说，类的无限性是由个体的有限性组成的，类的无限性蕴涵着无限的有限性，因此，类的无限性才能转化为无限多的有限性。这就是个体与类、有限性与无限性的辩证规律，它告诉我们个体的无限发展是不可能的，而类的无限发展是可能的，而由于个体的有限性中蕴涵着类的无限性，个体的有限发展也就融入了类的无限发展之中。从这种意义讲，有限的个体也就实现了自己的无限性。

下面我们就来探索类的无限发展的一些规律。

（五）人的实践的自发性递减与自觉性递增的规律

这个规律的主要内容是：人的实践的自觉性萌芽于类人猿，形成于人猿过渡到人的阶段；人的自觉性随着实践能力的提高和人类社会历史的发展而逐渐提高；人的自发性仍然存在，但随着自觉性的增多而不断减少；人的自发性不会减少为零，人的自觉性不会增多到无限。

什么是人的自觉性？人的自觉性是相对于人的本能而言的。人作为动物具有多种本能，本能是由上一代遗传下来、不学而能的生理机能，如人体各部分的生理作用、饥而觅食、性的冲动等，有些本能能为人所意识，如饥、渴；有些本能不为人所意识，如体内器官的活动。人的自觉性的生理基础——大脑和神经系统是遗传的，但人的自觉性不是遗传的，而是在劳动和实践活动中获得的，其具体内容有二：一是目的，二是指导思想，它们都是人所意识到的。人的实践活动都有一定的目的（为了什么），还有指导他达此目的的手段（知识和外化了的知识——工具）。但人的实践所产生的结果不一定完全与原来的目的一致，人在实践中还应具备的知识不一定都具备了，这些就是人的实践中的自发性，也是与自觉性相对的，这种自发性经过多次实践会为人所认识，这时自发性就变成了自觉性。例如在资本主义发展初期，机器逐渐取代手工工具成为主要的生产工具，手工工人大批失业，这引起了手工工人砸坏机器的行动。按照上面的解释，这种行动当然不是本能活动而是人的自觉活动，因为它有明确的目的——阻止机器取代手工工具，它有思想指导——机器的使用是手工工人失业的原因。但这种自觉性是很肤浅的，这种实践中还有深藏的自发性——阻止工人失业的目的达不到、机器的使用是阻止不了的。因此，就工人的最后解放来说，我们把这种斗争称为自发的斗争。工人阶级在先进知识分子的参与下，通过实践与认识的互相推动，逐渐认识了社会发展的一般规律，制定了科学的社会革命理论，这就是马克思主义。我们一般把马克思主义的产生作为工人运动从自发到自觉的标志。但是处于自觉阶段的工人运动并不是就没有自发性了，因为在实践过程中总还有许多因素是实践主体还没有认识到的，实践主体总带有一定程度的自发性。

在人类社会历史过程中，人的实践活动的自发性总是在不断地转化为自觉性，但这一层次的自觉性总包含着更深层次的自发性，这种自发性又会转化为自觉性，如此循环往复，以至无穷。因此，在任何历史时代，自觉性和自发性总是同时存在的，不过早期社会形态中自觉性比晚期社会形态中自觉性低，而自发性在早期社会高于晚期社会。这种状况与人类社会的科学史、认识史是一致的，科学史或认识史的过程就是对客观世界的认识越来越多、越广、越深的过程，也就是自觉性越来越高的过程，一般说来，这个过程应该是无限的，但一旦某种认识涉及人的利益时，认识的发展就会受到某些难以逾越的限制，这就是认识的主体性的限制，特别是主体的目的性的限制。

一般说来，主体性对自然认识的限制比较小，也比较易于超越，但在一定场合，当这种认识触犯了人的利益，也会遇到强烈的压制。例如伽利略由于支持日心说，触犯了一贯主张地心说的教会的权威，就受到迫害，哲学家布鲁诺甚至献出了生命。对自然认识的限制主要来自认识本身，即已经形成并固定化了的认识，亦即成见、偏见、甚至错误观念，只要没有利害因素掺杂进去，还是较易突破的。

社会认识的情况就不同了，除了认识本身的原因外，利害因素在一定程度内对能否获得科学认识具有决定性的作用。这就是立场问题，在阶级社会就是阶级立场问题。不能认为不同阶级对同一社会现象不可能有共同的认识，因为社会现象是一种客观现象，不同阶级的人都是认识的主体，当然都有可能达成真理性的认识，但如这种认识直接涉及利害关系时，立场（包括阶级立场）就会对认识起促进或阻碍的作用。一位立场鲜明的资产阶级学者可以比较顺利地承认人类社会从原始社会，经过奴隶社会、封建社会而进入资本主义的过程。一来这有大量事实可以证明，二来他的阶级立场对于认识这个过程也有推动作用，但要他承认资本主义将为社会主义所取代就非常困难。在他看来，资本主义才是符合人性的，不可能为“不符合人性的”社会主义所取代。只有少数人，由于种种原因，才能摆脱阶级偏见，面对客观现实，而认同资本主义的社会主义前景。至于解放前的中国知识分子，由于社会制度的改变，在新中国成立后多数都改变了自己的立场，这就大大推动了他们对社会制度发展规律的认识。除了由于社会现象比自然现象复杂而外，主要由于人的利益更大地制约着人对社会的认识，所以自然认识更早地形成为自然科学，得到不同阶级的人们所认同，而社会认识虽然随后也形成为一些社会科学，但这些社会科学中意见分歧，争议很大，难以达成共识。至于跨越自然科学与社会科学的哲学更是观点各异，流派纷呈，更加难以达成共识。

正是由于这种区别，人的自觉性就自然认识而言在人类社会历史的长河中是逐渐增多的，而就社会认识而言虽然也是逐渐增多的过程，却可以区分为明显的两个阶段，在共产主义社会中自觉性才充分实现了，而在共产主义社会以前，则是自发性处于主导地位，恩格斯因此把共产主义社会称作“自由王国”，把共产主义社会以前称作“必然王国”。他是这样讲的：“一旦社会占有了生产资料，商品生产就将被消除，而产品对生产者的统治也将随之消除。社会生产内部的无政府状态将为有计划的自觉的组织所代替。个体生存斗争停止了。于是，人在一定意义上才最终地脱离了动物界，从动物的生存条件进入真正人的生存条件。人们周围的、制约着人们的生活条件，现在受人们的支配和控制，人们第一次成为自然界的自觉的和真正的主人，因为他们已经成为自身的社会结合的主人了。人们自己的社会行动的规律，这些一直作为异己的、支配着人们的自然规律而同人们相对立的规律，那时就将被人们熟练地运用，因而将听从人们的支配。人们自身的社会结合一直是作为自然界和历史强加于他们的东西而同他们相对立的，现在则变成他们自己的自由行动了。至今一直统治着历史的客观的异己的力量，现在处于人们自己的控制之下了。只是从这时起，人们才完全自觉地自己创造自己的历史；只是从这时起，由人们使之起作用的社会原因才大部分并且越来越多地达到他们所预期的结果。这是人类从必然王国进入自由王国的飞跃。"① 恩格斯讲的是共产主义社会中的每一个人，而不是说共产主义社会以前没有这种人，相反，从马克思、恩格斯开始的一大批马克思主义革命家就是这种人，最初他们是少数人，正是在他们统率下人民群众根据社会发展规律为实现共产主义而进行艰苦卓绝的斗争，必然王国才有可能转化为自由王国。

这是不是说，在共产主义社会中，人的自觉性已经达到顶峰了呢？否，人的自发性不会完全消灭，自觉性也不会成为无所不知、无所不能的无限智慧。宇宙的发展是无限的，人类社会的发展也是无限的，新事物层出不穷，人类的认识也是无限的。因此，人们在实践中，不管目的多么明确合理，指导思想多么正确，使用的手段和工具多么先进，其中总有一些人们不掌握的东西，总有风险，总有失败的可能，总有自发性，总有从自发向自觉转化的过程。如果实践是创造

---

① 《马克思恩格斯选集》第3卷，633～634页，北京，人民出版社，1995。

性、冒险性的活动，其风险就更大了。共产主义社会是自由王国这一论断，是相对于阶级社会的必然王国而言的，自由王国的自觉性是相对的，不是绝对的。

（六）特殊个人的作用递减与人民群众的作用递增的规律

这个规律的主要内容是：随着类的自发性的日益减少和自觉性的日益增多，特殊个人对人民群众的影响越来越小，而人民群众通过民主集中制的形式对社会事务的作用越来越大。

这里所说的特殊个人包括杰出人物，但不等于杰出人物，它指那些通过多种方式拥有极高的权势、财富或地位的与人民群众不同的人物，包括优秀的、平庸的、奸恶的人物，他们中有帝王将相、才子佳人、英雄豪杰、人民领袖，总之，对人类社会的现状与未来产生过重大作用的人物，不管是好的作用还是坏的作用，推动的作用还是阻碍的作用。

英雄史观认为历史是这些特殊人物创造的，历史的面貌和走向都是这些人决定的，而占人口绝大多数的人民群众则是在这些特殊人物的指挥和支配之下默默无闻地顺从地完成着他们的使命。这种观点从根本上说是肤浅的错误的，因为它没有看见归根到底这些特殊人物是当时社会的产物，而社会是由全体人民群众构成的，而人民群众的活动形成了不可抗拒的历史发展的动力。不仅如此，人民群众的活动又形成了有规律的不以人的意识为转移的过程，不是任何个人的力量所能扭转的。但是，相比较而言，历史的发展呈现出特殊个人的作用从古到今日益缩小的趋势，人民群众的作用日益增大的趋势。大体说来，封建社会及其前的时代特殊个人的作用极大，近代减弱，现代更弱。下面作点具体分析。

特殊个人不外乎两类，一类是靠个人能力，白手起家，成为帝王将相、高官显爵、科学巨匠、艺术大师、亿万富豪，另一类是靠祖宗福荫，血统渊源，或裙带关系，成为名门显贵，甚至君临天下，或独霸一方。在封建时代，影响历史发展进程最为显著的莫过于拥有最高权势的帝王将相，有的凭借个人的杰出才能和敢冒大险的坚强意志，适应形势的发展和人民群众的需要，开辟一个王朝，甚至一个时代。例如中国历代的开国之君或中兴之主和他们的谋臣武将，都是这种人物。秦始皇虽是靠继承关系而不是靠个人能力登上秦王宝座的，却是开辟了中华大一统局面的千古一帝，但对于秦王朝的覆灭，他也起了明显的作用。这在前面我们已作了介绍。汉高祖刘邦统一中国之后，采取了与民“休养生息”的政策，让大批部队解甲归田，减免赋税徭役，解放家庭奴婢，鼓励农业生产，借以稳定社会秩序，恢复被前朝的重赋税、重徭役、重刑罚以及连年战争所破坏了的经济。这种“无为而治”的政策为后来的文帝、景帝所继承，中国社会出现了几十年的繁荣，史称“文景之治”，避免了秦朝二世而亡的命运。从此以后，中华帝国进入了合久必分，分久必合；治久必乱，乱久必治的循环，有两千年之久。在这两千年中，人们但见这些帝王将相和敢于造反的英雄豪杰活跃在历史舞台上，其中不乏优秀的杰出人物，也有不少大奸大恶之徒，但在帝王中除了开国之君、中兴之主和胡作非为的亡国之君而外，多数是平庸之辈，全靠祖宗打下的基业比较牢固才能把统治维持下去。甚至出现慈禧太后这种人物，她毫无治国才能，仅凭皇帝生母的身份和满脑子阴谋诡计，竟能掌握中国最高统治权达 47 年之久，成为封建顽固势力的最大代表，大大阻碍了中国社会的发展。这不过是 100 年前的事情，按今天的情况来看，慈禧太后这种人物竟能占据最高统治权如此之久，确是难于思议！这种现象不能单单以个人的品质来解释，而只能以时代的发展水平来解释。中国封建社会史上似乎都是些特殊个人在活动，正是因为人的自觉性低，通过种种手段而跃居高位的人就似乎能主宰一切了。正如恩格斯所说："如果说它在我们看来终究是恶劣的，而它尽管恶劣却继续存在，那么，政府的恶劣可以从臣民的相应的恶劣中找到理由和解释。当时的普鲁士人有他们所应得的政府。"① 这里的"它"是黑格尔时代的普鲁士政府。

在 20 世纪，世界各国的发展水平各不相同，人民群众的自觉性也各不相同，因此，特殊个人在各个国家的作用的大小也各不相同。就资本主义国家而言，发达国家的民主制度比较健全，国家领导人替换比较正常，例如美国总统任职最多不超过 8 年，任满退位，由新选出的总统接任。其他发达国家的最高领导人的更换也都能和平地进行，没有人利用、也没有谁敢利用自己的军政大权强行继续执政。但发展中国家的领导人的更换往往要通过政变的途径甚至通过残酷的战争才能实现，显示了特殊个人的更大的作用。这只能用这些国家的社会发展水平的高低来解释。应该指出，资本主义制度对于发挥人的自觉性具有不可克服的限制，那就是统治者与被统治者的关系从根本把广大人民群众排斥于国家事务之外。

按照社会发展水平，社会主义国家中人的自觉性应该高于资本主义国家，因而在国家事务中人民群众的作用应该比特殊个人为显著。马克思在 130 年前描绘的巴黎公社可以说是社会主义国家的雏形，在公社的公共事务中活跃的是广大人民群众，而不仅是少数特殊人物。他指出：巴黎公社"实质上是工人阶级的政府，是生产者阶级同占有者阶级斗争的产物，是终于发现的可以使劳动在经济上获得解放的政

① 《马克思恩格斯选集》第 4 卷，215 页，北京，人民出版社，1995。

治形式。”[①] “公社是由巴黎各区通过普选选出的市政委员组成的。这些委员是负责任的，随时可以罢免。其中大多数自然都是工人或公认的工人阶级代表。公社是一个实干的而不是议会式的机构，它既是行政机关，同时也是立法机关。警察不再是中央政府的工具，他们立刻被免除了政治职能，而变为公社的负责任的、随时可罢免的工作人员。所有其他各行政部门的官员也是一样。从公社委员起，自上至下一切公职人员，都只能领取相当于工人工资的报酬。从前国家的高官显宦所享有的一切特权以及公务津贴，都随着这些人物本身的消失而消失了。社会公职已不再是中央政府走卒们的私有物。”[②] 巴黎公社只是社会主义国家的一个雏形，本身还不是十分完善的，不一定适应于所有的社会主义国家，后来的苏联、中国及其他社会主义国家有选择地采取了它的一些原则，我们所关注的是，在像巴黎公社这种社会主义制度中人民群众的自觉性远远高于资本主义制度，特殊个人的作用也不像在资本主义制度中那样显著了。我们完全有根据设想，在共产主义社会中，每个人都有可能得到自由而全面的发展，其自觉性可以提高到很高的水平，对社会的发展发挥着十分明显的作用，而特殊个人的作用就不会比一般个人超出多少。

以上所谈这个规律的表现是就人类社会发展的一般情况讲的，但各国的发展是非常复杂和曲折的，例如中国，在过去一个世纪里就从封建社会过渡到了社会主义社会，中间经历了半封建半殖民地社会和新民主主义社会，超越了充分发展的资本主义社会，这就使人的发展的规律在中国表现为纵横交错、多姿多彩的现象，如何认识这些现

① 《马克思恩格斯选集》第3卷，59页，北京，人民出版社，1995。

② 同上书，55页。

象，还须作进一步研究。

（七）人的发展的不自由性、片面性递减和自由性、全面性递增的规律

这个规律的主要内容是：每个人的自由而全面的发展是人的发展的理想状态，这只有在共产主义社会中才能基本达到。与这种状态相对立的是不自由的片面的发展，人的发展是这两方面相互消长的过程，亦即与社会发展过程相适应，积极方面逐渐增长、消极方面逐渐减少的过程。

人的自由而全面发展的思想是马克思提出来的。《共产党宣言》中的名言："在那里，每个人的自由发展是一切人的自由发展的条件"，"那里"就是共产主义社会，所以马克思又把共产主义社会称作"自由人的联合体"。他有时也提人的全面发展，最完整的提法是人的自由而全面的发展，认为它是个人在共产主义社会中的主要特征。

什么是人的自由而全面的发展呢？显然，不能作绝对的理解，把自由的发展说成绝对自由的发展，想怎么发展就怎么发展；把全面的发展说成绝对全面的发展，无所不知，无所不能。人的发展都是相对的，总是一个过程，没有任何限制的自由发展和最后的绝对全面发展是不存在的。共产主义社会中人的自由发展是相对于过去社会中人的发展不自由而言的。在过去社会中，人的发展首先受到为生计而劳动所限制，其次为阶级剥削和阶级压迫所限制（剥削对剥削者也是一种限制），第三为社会传统、家庭影响、个人经历中形成的错误观念、偏见、成见所限制。这就是对人的发展的三大限制：生产力、社会制度和思想观念。人的全面发展是相对于过去社会中人的片面发展而言的。人的发展不全面是由于人的发展的不自由造成的，人们经常谈到的人的发展的片面性有：人的素质的片面性、人的分工的片面性、人的思想行为的片面性。人的素质的全面发展是人的德智体美劳的全面发展。劳即劳动，广泛一点讲，就是动手、实践的能力。这五种素质，对每个人讲，缺一不可。旧式分工往往把一个人限制在一种行业、一种专业，甚至一个工种，但分工上的全面性不是要求一个人无所不能，行行精通，而只是使他或她能够根据个人的愿望或社会的需要易于转移自己的行业或工种。思想行为的片面性造成许多思想怪僻、行为乖张、甚至反社会、反人类的人们。共产主义社会中的理想人格则是自由全面发展的人，他们具有共产主义自觉性和德智体美劳的全面素质，而且随着共产主义社会的发展，这些品质也将不断发展，使人的发展的自由性与全面性发展到更高的水平。

对于自由而全面发展的人的大批出现，共产主义社会的实现是其现实的必要的前提，但历史的前提，即自有人类以来人的发展的自由性与全面性的逐渐增加和不自由性与片面性的逐渐减少，也是必要的。人之所以达到自由而全面的发展可以说是由于人类社会几十万年以来在实践基础上经过艰苦卓绝的努力而逐渐积累的结果。动物是没有任何自由发展可言的，人的自由发展开始于人对自然界的最初的有意识地改造，例如利用自己制造的工具从事采集和渔猎，这种活动使人发展了最幼稚的智力、技能和语言以及其他素质。但这时人的改造自然和认识自然的水平是很低的，这就限制了人的发展，因此，生产力水平提高也就提高了人的发展的自由性和全面性。几十万年的人类社会历史中，生产力也有停滞、甚至倒退的时候，但从整体上讲，它始终是一个不断前进的过程，因此，就人与自然的关系讲，人的发展也是一个越来越自由、越全面的过程。

就人与社会的关系而言，人的发展也是一个越来越自由越全面的过程。人之所以为人与其社会性是分不开的，人的实践活动总是社会性的。人类社会在其出现之初规模狭小，关系简单，主要社会组织是部落、部族、公社，人的活动范围很小，社会交往很少。随着生产力的发展，特别是产品交换开始以来，人们之间的交往才日益扩大。国家的出现，特别是大国的出现不但扩大了国内交往，而且出现了国际关系。资本主义出现以后，各国交往由于市场的作用日益频繁，致使马克思提出世界历史的概念，今天世界理论界提出全球化的概念。人的日益扩大复杂频繁的交往具有两面性，既有交流、互助、合作，也有冲突、斗争、战争；既有推动社会发展的一面，也有阻碍社会发展的一面；就人的发展而言，既有推动人的自由全面发展的一面，也有限制人的自由全面发展的一面。某种社会制度在一定条件下对人的发展起严重的阻碍作用是经常发生的，例如几种剥削制度在其没落时期对人的发展的阻碍作用是很明显的，当代西方马克思主义的一些学者强烈谴责资本主义制度把人变成单向度的人、甚至畸形的人是很有道理的。但是从整个过程来说，人类社会的发展总是促进了人的自由全面的发展，因为生产力的发展不仅推动了人对自然界的认识，而且推动了人对社会的认识，推动了认识史、科学史的发展，从而使人在改造自然和改造社会时提高了自觉性。

就人对自己的认识而言，人的发展也是一个越来越自由越全面的过程。人对世界的认识，就对象而言，开始和发展得最早最快的是自然界，其次是人类社会，对人自己的精神现象的认识最晚也最慢，因为精神现象无影无形，难以捉摸。人的精神现象包括思想、感情、价值观等等，十分复杂。随着人类社会的发展和科学的发展，人的主观世界也在发展，日益丰富，日益自由和全面，虽然其中也有不少错误的或过时的东西，不少成见和偏见，这些东西也阻碍着人的自由而全面的发展。

剥削制度对于人的自由全面发展起什么作用，是一个有争议的问题。有的人认为它只有阻碍作用，单向度的人、片面的人、畸形的人就是剥削制度的产物。这种观点不是毫无根据，但剥削制度在人类社会历史发展的过程中有其不可替代的作用，即推动作用，从而也对人的自由全面发展有不可抹杀的积极作用，例如没有奴隶制就不会有古代的文明；没有资本主义，就没有现代的文明。当然，它们的作用也是有局限的，只有在共产主义社会里，人的自由而全面的发展才能真正实现。

中国是一个发展中的社会主义国家，其经济政治制度比起资本主义国家来更有利于人的自由全面发展，但它的生产力和科技水平还大大落后于发达的资本主义国家，特别是在世界范围内资本主义制度还处于主导地位，再加上资本主义文化对我国的包围与渗透，所有这些都极大地限制我国人民的自由而全面的发展。但这绝不是说，我国的先进分子中不可能出现自由而全面发展的人，我国的共产党员、干部和先进分子不能以自由而全面发展的人作为自己追求的目标。江泽民同志在《在庆祝中国共产党成立八十周年大会上的讲话》中多次提到“我们要在发展社会主义社会物质文明和精神文明的基础上，不断推进人的全面发展。”他明确指出共产主义社会的三个最主要的特点，他说：“共产主义社会，将是物质财富极大丰富，人民精神境界极大提高，每个人自由而全面发展的社会。”这三个特点是同“三个代表”的思想一一相应的：物质财富极大丰富就是先进生产力的发展要求，人民精神境界极大提高就是先进文化的前进方向，每个人自由而全面的发展就是共产主义社会中最广大人民的根本利益。前二者是易于理解的，如何理解第三条呢？我们认为最广大人民的根本利益是与时俱进的，在社会主义初级阶段，最广大人民的根本利益就是建设现代物质文明；在达到中等发达的水平之后，最广大人民的根本利益就是建设现代精神文明；在共产主义社会，物质利益与精神利益都充分满足了，人民需要的就是自由而全面的发展了。“我们是最低纲领与最高纲领的统一论者。”（江泽民）社会主义初级阶段是共产主义的开端，共产主义社会是社会主义建设的长远目标，它们是一脉相承的。我们不能等共产主义社会到来了才谈自由而全面的发展，现在就应该向这个方向走去。新中国成立以来，中国共产党的领导人没有明确提过人的自由而全面的发展，改革开放以后马克思的这个思想受到马克思主义理论界的广泛的关注和阐发，这与邓小平提出的“有理想、有道德、有文化、有纪律”的社会主义新人的观点是一致的，是同党中央提出的建设社会主义精神文明一致的，是与教育界提出的全面素质教育的思想一致的。江泽民同志作为党和国家最高领导人，第一次向全国人民提出人的自由而全面的发展的追求目标，这是有重大的理论意义和现实意义的。

关于“以人为本”的若干理论问题*

一、为什么人们对于以人为本原则争论不休？

以人为本原则是于2003年党的十六届三中全会上第一次出现在党的文件上，引起了理论界极大关注。自此以后，阐明这一原则的科学内涵及其在马克思主义理论体系中的位置，对建设中国特色社会主义社会的作用的文章大量涌现，它们除表示赞同而外，在一系列问题上也发表了不同的甚至针锋相对的看法。最大的分歧是如何估计以人为本在马克思主义理论体系中的位置，说得确切点，问题在于：以人为本是不是马克思主义社会理论的最高原则？这是毫不为奇的，实际上这场争论已经延续了近一个世纪，短时间内是不会停息的。

---

* 本文发表于《中共中央党校学报》2007年4月，把理论界关于“以人为本”的分歧概括为6个问题，并一一表明了作者的观点。作者把以人为本原则摆到马克思主义发展史中来考察，把它同20世纪80年代初那场关于人道主义的讨论联系起来考察，认为应该把以人为本理解为一种价值取向，不应该理解为历史发展的基础；它是价值观，不是历史观。

大家知道，马克思和恩格斯青年时期是人道主义者，他们当时的共产主义是人道主义共产主义，后来他们创立了唯物史观，便不再用人道主义而改用唯物史观来建立他们的共产主义理论，亦称科学社会主义。直到20世纪20年代马克思和恩格斯均被认为是社会主义革命导师，从没有人认为他们是人道主义者。马克思主义阵营关于马克思主义是不是人道主义的争论开始于1923年卢卡奇的《历史与阶级意识》的发表，而大盛于1932年马克思的《1844年经济学哲学手稿》出版之后，因为马克思在其中明确地表达了自己的人道主义思想。这就是西方马克思主义的人道主义思潮。苏联和中国的马克思主义对这一思潮抱完全排斥的态度，坚持对人道主义的批判。斯大林逝世后，赫鲁晓夫完全放弃了原来对人道主义的态度，大肆宣扬“一切为了人”的原则，苏联理论界则大力从事把马克思主义人道主义化的活动，直到戈尔巴乔夫提出民主的人道的社会主义理论。中国在“文革”后恢复了实践标准的权威，双百方针真正贯彻了，20世纪80年代初爆发了关于人道主义的大争论。这场争论的积极成果是：对历史上的人道主义应该具体分析，既不能全盘否定，也不能全盘肯定。人道主义可区分为两方面，一是处理人际关系的原则，即人人平等原则，一是解释人类社会发展的基本理论，即人道主义历史观。马克思创立了唯物史观，否定了人道主义历史观，但并未否定处理人际关系的人道原则。我们不能因否定人道主义历史观而否定人道原则，也不能因肯定人道原则而肯定人道主义历史观。处理人际关系的人道原则也就是今天我们所说的人本主义价值观。这个结果是人道主义史上一次重大突破，具有重要的历史意义和现实意义。但是，中国学者中仍有不少人不同意这一结果，20多年来争论不断。

我为什么要重提关于人道主义的争论呢？因为在我看来，人道主义就是人本主义，人本主义就是以人为本思想，关于以人为本的争论实际是关于人道主义争论的继续。有的同志认为以人为本与人本主义不是一回事，以人为本思想是马克思主义的，而人本主义有马克思主义人本主义和非马克思主义人本主义之分。我认为要说清楚以人为本不是人本主义是很困难的，人本主义是一个词，这个词表达了一种思想，什么思想？当然是以人为本的思想，说不清楚二者的区别。人本主义包括马克思主义人本主义和非马克思主义人本主义，以人为本思想也包括马克思主义以人为本思想和非马克思主义以人为本思想。20世纪90年代我曾为文研讨过一些外国大公司提出的以人为本的企业管理思想①，难道这种管理思想也是马克思主义的？关于以人为本的争论经常涉及人本主义或人道主义，经常涉及社会主义，经常涉及历史观，回避这些问题无助于讨论的深入，反之，如果我们能坚持唯物史观，坚持科学社会主义，坚持科学地对待历史上的人本主义或人道主义，或许有更多的问题易于得到澄清。下面我们就提出一些问题来讨论。

二、如何理解以人为本中的“人”？

历史上有两个类似的提法：“以人为本”、“以民为本”，在现代也有两个类似的提法：“以人民为本”、“以人为本”，它们有区别吗？

在中国历史上，以人为本与以民为本的含义是完全相同的，没有区别。据陈志尚教授的考证，管子用过一次“以人为本”，多次“以民为本”。《书经》上有“民为邦本”。孟子说过“民为贵，君为轻”。

① 《企业管理中以人为本思想的探讨》，见《理论与实践》1998（6），后收入《黄枬森自选集》，北京，学习出版社，2005。

《史记》上有“王者以民人为天”。唐太宗也说过“国以人为本”。司马光说过“国以民为本”。说这种话的不是政治家就是思想家，他们都是站在统治者的立场上讲老百姓（被统治者）是国家的根本，即统治的基础，应该予以高度重视。所以中国历史上的人本思想或民本思想谈的是两个阶级之间的关系，以人为本实际是指君以民为本，或统治者以被统治者为本，这同我们今天谈的不是一个问题。今天赞成以人为本的中国学者，没有一个人把“人”理解为被统治者，因为今天的中国已是社会主义国家，如果还有被统治者，那也是为数甚少的敌对分子。那么，中国理论界究竟如何理解“人”呢？

人是一个具有高度概括的概念，其具体形态是非常多的。人的基本形态有三：个体（个人）、群体（人群）和总体（人类），每一基本形态的具体形态则数不胜数（人类当然只有一个）。张三、李四、王五等等是个体；男人、女人、未成年人、成年人、工人、农民等等既可以是个体，也可以是群体；民族、阶级、阶层、群众、人民、军队、党派、组织、团体等等是群体。因此，当学者们谈论以人为本时，他们所说的人往往是不同的。

较多的人认为人就是人人、每一个人，就一国讲就是全体国民，在一定条件下可以引申为全人类，如人与环境的关系中的以人为本，就包含以全人类为本。与这种人相对立的就是物或神。

第二种观点认为人只是人民，以人为本就是以人民为本，只有这样理解，以人为本才是马克思主义的，第一种理解的以人为本是抽象人本主义。与这种人（人民）相对立的是非人民，人民具有历史性，其具体组成随时代的不同而有所变化，但其主体是劳动人民，这是不变的。

第三种观点认为人就是个体的人，即个人，或现实的个人，否则以人为本就会落空。

可见，人是一个抽象概念，有多种具体形态，以人为本可以理解为以所有的人为本、以人民为本。不能说这些理解都是错误的，但在我看来，每种观点都有一定的局限性。第一种理解难于与抽象人本主义划清界限，第二种理解是马克思主义的。但既然把人理解为人民，何不直接采用“以人民为本”的提法呢？第三种理解显然是个人主义的。因此，我认为，应把这三种理解综合起来，以人为本中的人应理解为所有的现实的人，其主体是人民。如此理解的以人为本就不是抽象人本主义，而是马克思主义人本主义，是符合唯物史观原理的人本主义。

三、如何理解以人为本的“本”？

以人为本中的“本”在日常用语中有多种含义。“本”为树木的根本，即根和主干，引申为根据、本原、基础、主体（主要部分）、核心、中心、本位、价值目标等含义。就科学发展观中的以人为本来讲，我认为有争议的主要有以下两种理解：以人为社会发展的基础还是以人为社会发展的价值目标？我们谈的是以人为本，其完整的内涵或者是以人为人类社会的根本、基础、主体，或者是以人为人类社会的价值目标、价值取向。第一种理解是历史观的理解，第二种理解是价值观的理解。如不深究，这两种理解似乎都是正确的，但是加以深究，事情并不是这样简单。

我们先讨论一下第二种理解。人类社会的存在和发展要以人为本，就是说，要满足人的物质文化需要，要满足人的根本利益，即以人为人类社会生存和发展的价值取向。这就是说，一切社会活动归根结底都是为了人，为了所有的人。为什么要这样呢？因为在人类社会中每一个人都享有人的基本权利，即人权，以人为本就是人权的实现，这也是最基本的人道主义。诚然，在阶级社会中，社会分裂为统治者和被统治者，被统治者的权利被统治者所剥夺，社会发展的价值取向首先应该是人民，马克思主义要为解放人民而奋斗，但不能到此为止，马克思主义还有更高的目标，即当阶级消灭了，社会发展的价值取向就扩大到所有的人，即全人类。因此，把以人为本的“本”理解为价值取向，理解为社会发展的价值目标是很正确的。其实，这是易于理解的。价值的有无与大小固然与事物的客观性质有关，但起决定作用的还是人，人是唯一的评价的主体，是价值的坐标系。

那么，第一种理解能成立吗？能说人是社会发展的基础吗？能说社会等于人的总和吗？这正是一个有争议的问题。这是关于人和社会的关系问题。大家知道，社会是由人构成的，没有人就没有社会。人们由此引申出这样的观点：社会是由人决定的，人怎么想，怎么行动，社会就怎么发展。这就是历史上最流行的社会观，一种素朴的唯心史观，唯心史观哲学就是这种观点的系统化和精细化。马克思和恩格斯在哲学史上作出的第一个划时代的贡献就是把唯物主义原则贯彻于人类社会，创立了唯物史观，这同时也是他们个人哲学思想发展过程中的质变。马克思在《1844 年经济学哲学手稿》中的人学思想已开始改变，不再把人的本质理解为理性、思想、感情等精神因素，而把它理解为劳动、实践，这就从唯心史观向唯物史观前进了一步，但他仍然是用人的变化发展来解释人类社会的变化发展，把资本主义社会看成人的本质的异化，把社会主义的实现看成异化的扬弃，这就是他的异化劳动论。这种理论仍然属于人本主义的理论范畴，即唯心史观。唯物史观的基本理论体系是在《关于费尔巴哈的提纲》，特别是《德意志意识形态》中建立的，在其中马克思和恩格斯不再是以人解释社会，而是以社会解释人。这种颠倒在《关于费尔巴哈的提纲》中已经颇为明显。马克思指出以费尔巴哈为代表的唯心史观在规定人的本质时把人看成脱离社会的一个个孤立的个人，而人的本质是这些孤立个人的共同性，这种做法是错误的。马克思并不根本反对通过抽象人的共同性去寻求人的本质，但必须把人的本质摆到一定社会关系的总和中去寻求，只有如此找到的才是现实的人的本质。因此，马克思说："费尔巴哈把宗教的本质归结为人的本质，但是，人的本质不是单个人所固有的抽象物，在其现实性上，它是一切社会关系的总和。"① 马克思在这里并不是在给人的本质下定义，只是在批判费尔巴哈的方法，并提出了寻求人的本质的正确方法，根据这种正确方法马克思已经在《1844年经济学哲学手稿》和《关于费尔巴哈的提纲》中把人的本质规定为劳动、实践②。在马克思和恩格斯关于人的本质是实践的观点中蕴涵着他们关于人与社会的关系的观点。

没有人否认人与社会的相互依存和相互作用的关系，社会是由人构成的，每一个人都生存于社会中，社会离不开人，人离不开社会，社会作用于人的发展，人也作用于社会的发展。问题在于：在人与社会共同存在和发展的过程中，何者是根本，何者是枝叶与花果？何者是基础，何者是上层？何者是起最后作用的？马克思和恩格斯没有直接明确地提出和回答过这个问题，但在他们的思想发展过程中是提出和回答过这个问题的，因为他们有一次从唯心史观到唯物史观的转变，而这一转变的具体理论形态就是从人本主义（以人为基础）到新

① 《马克思恩格斯选集》第1卷，56页，北京，人民出版社，1995。

② 《马克思恩格斯选集》第1卷，46、47、56页，北京，人民出版社，1995。马克思和恩格斯在以后的著作中坚持了这一观点。

唯物主义（以社会为基础）的转变。马克思说：“旧唯物主义的立脚点是市民社会，新唯物主义的立脚点则是人类社会或社会的人类。”①

旧唯物主义即费尔巴哈唯物主义，它的历史观是人本主义，其社会基础是市民社会，即资本主义社会，即他所理解的由孤立的个人组成的社会；新唯物主义即马克思和恩格斯的唯物史观，其社会基础是工人阶级，其前景是未来的社会主义社会，真正的人类社会。人本主义把人看成社会的基础，唯物史观把社会看成人的基础。在《德意志意识形态》中他们指出：“历史不外是多个世代的依次交替。每一代都利用以前各代遗留下来的材料、资金和生产力；由于这个缘故，每一代一方面在完全改变了的环境下继续从事所继承的活动，另一方面又通过完全改变了的活动来变更旧的环境。”② 这里谈的是每一代（人）同（社会）历史的关系问题。诚然，每一代人都改变了（社会）环境，但他们首先要受旧的社会环境的制约，这就是说在人与社会的相互作用中社会是根本，是基础，是起最后作用的方面。马克思后来也表述过类似的思想，例如他说：“人们自己创造自己的历史，但是他们并不是随心所欲地创造，并不是在他们自己选定的条件下创造，而是在直接碰到的、既定的、从过去承继下来的条件下创造。”③ 马克思是想以此说明，拿破仑三世这个庸才之所以像拿破仑一世那样被选上总统，又成了皇帝，并不是由于他具有卓越的才能并刻意模仿他伯父的结果，而是因为法国农民需要一个皇帝。拿破仑三世首先是时代的产物，然后才能作用于时代。

---

① 《马克思恩格斯选集》第 1 卷，57 页，北京，人民出版社，1995。

② 同上书，585 页。

③ 同上书，88 页。

这里实际上牵涉到以人为本原则的性质问题，它仅仅是一个价值观命题，还是既是价值观命题又是历史观命题？在我看来，以人为本只能是一个价值观命题，如果它同时又是历史观命题，那么，马克思主义社会主义就将成为人本主义社会主义，而不再是科学社会主义了。

四、以人为本原则在马克思主义理论体系中居于什么位置？

弄清楚了以人为本原则的性质，它在马克思主义理论体系中的位置以及它和其他马克思主义原则的关系也就清楚了。

马克思主义是一个理论体系，它究竟包括哪些组成部分呢？原来的观点是它有三个组成部分，即哲学、政治经济学和科学社会主义，这当然是正确的，因为马克思和恩格斯的《共产党宣言》、恩格斯的《反杜林论》、列宁的《卡尔·马克思》等著作都是综合论述马克思和恩格斯所创立的马克思主义理论的基本内容的，都可以区分为这三个组成部分。有人因此产生误会，认为马克思主义只有这三个组成部分，其实，三者只是主要组成部分。如果按照学科对象分类和马克思主义理论著作内容，我认为马克思主义理论大致包含以下组成部分：

第一层次：世界观；第二层次：社会历史观；第三层次：经济学、政治学、文化学；第四层次：社会主义论。

这仍然是主要组成部分，而且每一组成部分中又包含若干小的组成部分。如社会历史观中除经济、政治、文化等学科而外，还有实践、认识、科学技术、法律、美学、伦理、宗教、人学等学科，也包括价值观。以人为本是一个价值观原则，应该属于价值观。价值观属于社会历史观，但价值观并不是历史观。为什么呢？前面已经谈到过，马克思主义历史观是唯物史观，它是马克思和恩格斯在批判和克服了费尔巴哈和空想社会主义的历史观，即人本主义历史观之后创立的，显然，他们的历史观不可能是人本主义的。但他们并未抛弃人本主义价值观。各家各派的共产主义理论的价值取向都是全人类，马克思主义共产主义当然不例外，整个运动的最终目的都是为了解放全人类。马克思主义与其他流派不同的是认为必须首先解放工人阶级和以劳动者为主体的人民，然后才能解放全人类。不仅如此，马克思主义根据自己的科学社会主义理论除了指出整个运动是为了人民和人类而外，还提出要依靠人民，人民要自己解放自己，这就是说整个运动都是为了人民，要依靠人民，人民要自己解放自己。可以说，这三点就是马克思主义人本主义价值观的主要内容。这种价值观贯穿了从马克思、恩格斯到列宁、毛泽东、邓小平的思想，一脉相承，至今不变。但是一百年来，理论家们并没有对这种思想冠以人本主义或人道主义之名，这可能是由于历史上马克思和恩格斯批判过人本主义之故。其实，他们虽批判了人本主义历史观，并未批判过人本主义价值观，不仅如此，他们实际上是肯定、改造、发扬了人本主义价值观，并使之成为马克思主义理论体系组成部分。人本主义在马克思主义体系中不是历史观，而是价值观，那么，它和历史观有什么关系呢?

这应该取决于价值观与历史观的关系。价值观与历史观都是马克思主义理论体系的组成部分，但它们不是一个层次的，历史观具有更大的范围，因而居于更高的层次。价值总是就人而言的，是人对对象能否满足其需要和满足程度的评估。对象必须具有某种客观性质才能满足人的需要，但单单这种性质还不是价值，只有当它能在一定程度上满足人的需要，它才有价值。因此，价值离不开人。按照马克思主义观点，人总是社会人，单个的自然人不是真正的人，或者说，不可能成为人，人的生存与发展离不开社会，人的一切活动都离不开社会，都是社会活动，评价活动自然不能例外，因此价值现象是一种社会现象。以价值现象作为研究对象的科学叫作价值论，或曰价值哲学。什么叫价值观？在日常用语中含义不太明确。有人把它看作价值论的同义词，也有人把它看作种种评价标准的总和，例如，以人为本价值观指的不是整个价值论，而是一个价值取向，即评价标准。当我们说，社会发展应该贯彻以人为本原则，就是说社会发展应当符合人的利益，在这里我们是以人的利益为标准来衡量社会发展。显然，它是社会发展的指导原则之一，但它不是唯一的指导原则，也不是最高的指导原则，更高的指导原则是更高层次的原理，即唯物史观的原理。因此可以说，以人为本价值观不是历史观，但由于价值论从属于历史观，以人为本价值观以较低层次的身份从属于唯物史观。

五、以人为本原则在马克思主义中国化最新成果中居于什么位置?

科学发展观和构建社会主义和谐社会理论是以胡锦涛同志为总书记的党中央在现阶段推进中国特色社会主义建设过程中取得的最新理论成果，也就是以中国化马克思主义指导中国社会主义现代化事业取得的最新理论成果。这两项理论成果均明确提出以人为本原则。2003年10月党的十六届三中全会通过的《中共中央关于完善社会主义市场经济体制若干问题的决定》提出："坚持以人为本，树立全面、协调、可持续的发展观，促进经济社会和人的全面发展。"这是党中央的文献上第一次提出"以人为本"的原则。这个发展观当然是马克思主义发展观，后来大家公认的规范的称呼是科学发展观。这个发展观的最根本的指导原则是什么？既然是科学发展观，其最高原则当然是科学性，即解放思想、实事求是、与时俱进的马克思主义思想路线，或者说辩证唯物主义的世界观原则，其中包括历史观。以人为本无疑也是它的指导原则之一，即价值观，指明社会发展为了谁、依靠谁、由谁享有。2006年10月党的十六届六中全会通过的《中共中央关于构建社会主义和谐社会若干重大历史问题的决定》也明确指出以人为本是构建社会主义和谐社会的指导原则之一，并具体阐明了它作为价值观原则的丰富内涵，《决定》说：“必须坚持以人为本。始终把最广大人民的根本利益作为党和国家一切工作的出发点和落脚点，实现好、维护好、发展好最广大人民的根本利益，不断满足人民日益增长的物质文化需要，做到发展为了人民、发展依靠人民、发展成果由人民共享，促进人的全面发展。”至于构建社会主义和谐社会的最根本的总指导原则，《决定》在“构建和谐社会主义的指导思想、目标任务和原则”的标题下首先指出：“我们要构建的社会主义和谐社会，是在中国特色社会主义道路上，中国共产党领导全体人民共同建设、共同享有的和谐社会，必须坚持以马克思列宁主义、毛泽东思想、邓小平理论和‘三个代表’重要思想为指导，坚持党的基本路线、基本纲领、基本经验，坚持以科学发展观统领经济社会发展全局……”如果说，第一个《决定》对以人为本的价值观性质和它在科学发展观中的地位没有作出明确的界定的话，第二个《决定》则明确阐明了它的具体内涵，因而澄清了它的价值观性质和它在构建社会主义和谐社会理论中的地位。可以说，对于科学发展观和构建社会主义和谐社会理论，它不是最根本的总的指导原则，然而，确实是一个必要的重要的指导原则，是须臾不可离的。

六、党中央提出“以人为本”原则的时代背景是什么？

尽管我们在整个革命和建设的漫长而复杂的过程中，犯过不少损害人民利益的错误，但在理论上、纲领上、政策上一直是坚持以人民为本这条原则的，那么，今天有什么必要明确提出以人为本呢？前面我们已经从理论上分析了以人为本和以人民为本这两个原则的区别和联系，这里我想谈谈我们有什么必要在坚持以人民为本的条件下明确地提出以人为本。

我认为提出或者说承认以人为本是理论上的必然发展和时代的现实要求。

先简单谈一下理论上的必然。马克思主义当然应该强调首要的目标是解放人民，强调以人民为本，如果只提以人为本而否定以人民为本，那无疑属于资产阶级意识形态。但马克思列宁主义的最终目标还是解放全人类，使每一个人都能得到自由而全面的发展，所以仅仅强调以人民为本是不够的，还要承认以人为本。前面已谈到在马克思主义发展过程中，在苏联和中国有很长一段时间只讲以人民为本，完全否定以人为本的人道主义。这种片面性的出现是由于在革命时期首先是要解放人民，实现最广大人民的根本利益，但即使在革命时期在理论上明确承认以人为本也是应该的。由于有这种理论上的原因，以人为本或人本主义、人道主义迟早都会被提出来。苏联在斯大林逝世之后出现承认人道主义的形势，但由于赫鲁晓夫对斯大林完全否定，把对人道主义的承认引向了另一个极端——以人道主义历史观取代了唯物史观。中国在改革开放开始之后也出现了这种形势，由于坚持了马克思主义的正确立场，得出了区分人道主义的两方面含义的正确结论，一方面改变了原来完全否定人道主义的态度，承认人道主义价值观，另一方面坚持了唯物主义历史观，摒弃了人道主义历史观。当时没有把有关的偏向全部都纠正过来，但却开始了纠正这一偏向的过程。

紧接着的是对人权的肯定。我国在民主革命时期是讲人权的，但革命胜利之后就不讲了，直到20世纪80年代人权仍被认为是资产阶级概念。由于人道主义讨论中区分了两种人道主义，人权概念也被承认有积极的方面，被承认有普遍性，当然也有特殊性，人权的阶级性就是特殊性之一。

然后是承认人性以及公平、正义等抽象概念的双重性质，从而承认这些概念不是资产阶级的专利，对工人阶级也具有一定的意义，在此基础上，人学也开始了作为一门科学来研究。90年代初，人学的研究逐渐得到人们的承认，不再把人学与人道主义混为一谈。

然后是以人为本原则的提出。首都钢铁厂很早已在大门口的墙上写上以人为本的大标语，90年代北京有许多大企业提出以人为本的原则作为企业文化中的重要原则，慢慢地有许多单位如机关、学校、街道等都把以人为本看作自己工作的指导原则之一。

最后就是2003年党的十六届三中全会把以人为本原则规定为科学发展观的指导原则之一，第一次写入党的文件中，2004年宪法修订时人大把“国家尊重和保障人权”第一次写入宪法，2006年党的十六届六中全会又把以人为本作为构建社会主义和谐社会的指导原则之一写入党的文件中。

从以上情况可以明显看出，中国从以人民为本价值观向人道主义价值观的扩展过程，是符合马克思主义从解放人民向解放全人类发展的逻辑的。但是，不像苏联在50年从全盘否定人道主义的极端转向全盘肯定人道主义的极端，而是从全盘否定人道主义转向肯定人道主义价值观和否定人道主义历史观，而且，这一转变过程是逐渐的。为什么这一转变过程发生在这20多年间呢？

中国社会当然还远没有达到共产主义的自由王国的阶段，但中国一直是在向着这个目标前进，特别是20世纪以来全人类利益已逐渐成为一种现实存在，而不仅是一种抽象的概念，特别是在中国进入中国特色社会主义建设阶段以后。有许多问题涉及的都不仅是人民而是所有的人，在这里略举数端。首先是工农业生产的高度发展使人与自然的关系极端紧张起来。由于资源的大量消耗和生态平衡的严重破坏，整个社会难以继续发展。显然，这里所说的“人”当然不限于人民而是所有的人。其次是生产的发展和市场经济的发达大量增加了社会财富，也使财富的分配差别越来越大，东西部的差别、城乡差别、贫富差别也从而越来越大。这些差别威胁着国家和社会的稳定和发展。这里涉及的也不仅仅是人民而是人人。第三是世界经济全球化和各地在政治、文化、日常生活上的交往日益频繁和密切，互相影响，包括积极的和消极的影响，也越来越多越大，这里涉及的也不只是人民而是一切的人。如果喜欢，我们还可以举出好些涉及所有的人的事。在这种情况下，我们当然不能抛弃以人民为本的价值目标，但仅仅这个目标显然是不够的，以人为本的价值目标正是适应了这种形势而逐渐获得了人们的认同。这就是党中央提出以人为本价值观的时代背景。

以人为本，同任何一个原理一样，都有它的度，偏离了一定的度，真理就会成为谬误。

正确认识和对待全球化，促进人的全面发展*

和平与发展是时代的主题，全球化是近十多年来围绕这个主题而出现的世界性大潮流，如何正确认识和对待全球化，借以促进人的全面发展，是人学研究工作者面对的时代性课题，我想对此谈一些粗浅的想法。

一、促进人的全面发展是社会主义现代化建设中的一项现实的任务

每一个人的自由而全面发展是马克思主义创始人马克思和恩格斯对共产主义社会的一种理想，有的人就认为在共产主义实现以前，人的自由而全面的发展根本无从谈起。其实，人的发展随着历史的前进步伐越来越自由和全面是人类出现以来的一种总的趋势。随着人类社会的发展，随着人的认识世界和改造世界的能力的发展，人也在发展。人的发展总有一定自由度，否则无从发展。人的发展总是

* 本文是作者2005年在北京交通大学召开的《全球化与人的发展》国际理论研讨会上的发言，曾发表于《南通大学学报》2006年第2期。

人的素质在广度和深度上的发展，总是从少面到多面、从片面到比较全面的发展。在人类社会历史发展的长河中，从总体说，人总在经历着一定的自由和一定的全面发展。可以说，人的一定程度的自由和全面的发展是一种规律性现象。然而这绝不是说，人的发展的自由度和全面度总是在增加而没有减少的时候，人的发展没有曲折和倒退的时候。马克思和恩格斯发现人的发展遭遇了不少的阻碍，其中阶级的出现对人的发展虽也有推动的一面，但也有阻碍的一面，特别是资本主义社会及其分工更是一种极大的阻力，甚至导致人的片面的畸形的发展，造成了不少“单面人”、“畸形人”。有鉴于此，他们提出了关于在共产主义社会实现每一个人的自由而全面的发展的主张。那么，在建设社会主义的过程中，即实现了社会主义改造但远未达到共产主义的社会中，能否提出人的全面发展作为现实任务呢？根据中国的经验，我们不仅应该、可以，而且实际上已经提出这一任务并努力加以实现。当然，每一个人的全面发展还不能作为现实任务提出来（至于人的自由发展，只要对自由度有一个合理的要求，当然也是可以提的，这里暂不涉及）。

我国社会主义改造完成后，毛泽东就提出了全面教育的方针，他说：“我们的教育方针，应该使受教育者在德育、智育、体育几方面都得到发展，成为有社会主义觉悟的有文化的劳动者。”[①] 这就是人的全面发展思想在教育方面的体现，这个教育方针是得到我国人民普遍认同的。改革开放之后，邓小平提出了培育“四有”新人的思想，他说：“我们提出要教育人民成为‘四有’人民，教育干部成为

① 《毛泽东文集》第7卷，226页，北京，人民出版社，1999。

‘四有’干部，‘四有’就是有理想、有道德、有文化、有纪律。”① 这就是人的全面发展思想在改革开放时期的具体体现，这个思想也是得到我国人民普遍认同的。20世纪90年代教育界针对我国普通教育中“应试教育”的片面性弊病提出了加强素质教育的思想，得到了全国人民的赞许和支持。素质教育实质上就是全面素质教育，是人的全面发展思想在反对应试教育中的表现。江泽民在2001年直接提出促进人的全面发展的任务，并进一步论证了人的全面发展与社会发展的辩证关系，他说：“推进人的全面发展，同推进经济、文化的发展和改善人民物质文化生活，是互为前提和基础的。人越全面发展，社会物质文化财富就会创造得越多，人民的生活就越能得到改善，而物质文化条件越充分，又越能促进人的全面发展。社会生产力和经济文化的发展水平是逐步提高、永无止境的历史过程，人的全面发展程度也是逐步提高、永无止境的历史过程。这两个历史过程应相互结合、相互促进地向前发展。”②

我国党和国家领导人如此一贯地强调人的全面发展不是偶然的，这是因为和平与发展是时代的主题，我国是发展中国家，社会和国家的发展都需要并能促进人的全面发展，人的全面发展反过来将促进社会和国家的发展。

二、全球化要求并促进了人的全面发展，同时也阻碍着人的全面发展

全球化首先是在经济领域出现的，最初是随着资本主义制度的繁

---

① 《邓小平文选》第3卷，205页，北京，人民出版社，1993。

② 江泽民：《论“三个代表”》，180页，北京，中央文献出版社，2001。

荣与扩展而萌芽的。马克思和恩格斯在《共产党宣言》中即已指出过这一世界性趋势。二战结束以来，由于科学技术和工业生产的空前发展、国际贸易、金融交往的日益频繁和跨国公司的大量涌现，加以社会主义市场的瓦解，20 世纪 90 年代经济全球化作为一种明显的经济潮流席卷全球。这个经济潮流的性质显然不是中性的，而是资本主义性质的，是发达的资本主义国家的经济势力向全球扩张的结果，是人类社会市场化、现代化的产物，这就使它对于发展中国家的发展具有正负两面的作用，作为最大的发展中国家的中国自然不能例外。

经济全球化的生产带有高新科学技术性质，这就把高新科学技术带进了发展中国家，并要求其国民能够适应高新科技的要求，不断提高其科学技术水平。不仅如此，经济全球化还把复杂的大规模的经济管理经营方法带进了发展中国家，并使这些国家的国民提高了经济管理经营水平。这些又会带动国民的思想道德和文化水平的提高。这就是人的全面发展。这就是说，经济全球化要求人的全面发展，从而促进了人的全面发展。

但是，这种全球化毕竟是资本主义性质的，资本主义经济运作的最终目标是利润的最大化，人的发展只是一种手段。它在一定的条件下促进人的全面发展，是因为人的全面发展有利于它追逐利润，而当资本主义的劳动分工把工人置于机械的单调的劳作中时，它是不会关怀人的全面发展的。发展中国家内的资本主义因素，包括国内和国外的，为了高额利润，把广大工人，特别是农民工，造成“单面人”、“畸形人”，阻碍人的全面发展，这就是马克思所说的资本主义制度中人的异化现象。经济全球化对人的全面发展的两面效应，是与它对发展中国家的社会发展的两面效应一致的。

在经济全球化的潮流中的中国，人的发展也面临着这种正负两方面的影响。中国的改革开放最初是为了解决自己社会发展的问题，同时也是适应了世界形势的发展。在改革开放中，特别是在建设社会主义市场经济的活动中，中国同外国，包括发达国家的经济交往逐步密切起来，外国的商品、技术、管理经营方法、资本不断进入中国，每年都有很大的增长，尤其在中国加入世贸组织之后，增长势头更加猛烈。这就需要大批具有现代科学知识、技术、管理经营能力的人才。不说别的，单是外商投资企业和港澳台投资企业就需要成百万的科研、技术和管理人才。据国家统计局统计，截至 2002 年底，就业于外商企业的职工达 367.56 万人，就业于港澳台企业的职工达 352.95 万人，两项合计达 720.51 万人。这种需要是我国 20 多年来留学潮长盛不衰的强大动力。经济全球化对人的发展的推动当然不限于科学、技术、管理能力方面，对政治、法律、道德、文化品质的提高也会发挥明显的作用，这就是政治全球化与文化全球化对人的发展的积极作用。

是否存在政治全球化与文化全球化是一个有争议的问题。在我看来，如果经济全球化是事实，政治全球化与文化全球化就是不可避免的，因为经济是政治的基础，而经济和政治又是文化的基础。西方的政治制度和政治思想、西方的各种文化形态对中国政治和文化的影响和冲击也是不争的事实。政治全球化与文化全球化的性质也是资本主义的，但是全球化只是一方面，同时也存在反全球化的力量和活动。经济全球化给发展中国家带来了多方面的进步，同时也加强了发达国家对发展中国家的压榨和剥削，限制了它们的发展。发展中国家不能不凭借国家的主权独立地发展自己，尽可能减轻发达国家对自己的限制和损害。这就是经济上的反全球化因素，在政治上表现为多极化，在文化上表现为多元化。

政治全球化与文化全球化对人的发展同样具有积极的与消极的两

方面的作用。发达国家，特别是美国，一直在利用经济全球化来推进政治全球化和文化全球化，力图把西方政治制度和自由主义政治思想强加于世界各国，把西方文化和抽象人道主义文化思想推进于世界各国，使自己成为凌驾于世界各国之上的世界国家，建立少数发达国家乃至一国的世界霸权，从经济、政治、文化上完全控制世界。对于发展中国家的人民来说，一方面这当然会给他们带来无穷的经济上政治上文化上的灾难，导致各个领域的异化现象的出现和增多，阻碍他们的全面发展，但另一方面，这也是一种机遇，这些国家的人员包括官员和一般工作人员，在自己主权国家政府的支持下同发达国家的有关人员通过对话和协商共同合理处理涉及全人类利益或双方共同利益的事务，并于此过程中分辨西方政治、经济、文化中的好的东西和坏的东西，拒绝其坏的东西，吸收其好的东西，从而也就磨炼了和发展了自己。

全球化是一股不可抗拒的历史潮流，在任何地方对人的发展都具有积极的推动的一面，也具有消极的阻碍的一面，对发展中国家来说，如能正确地认识和正确地对待全球化潮流，其积极方面将是主要的，否则其消极方面将是主要的。

三、正确认识和对待全球化，促进人的全面发展

怎样正确地认识和对待全球化，并从而促进人的发展是一个新问题，我国理论界研究不多。我谈一点粗浅的想法。第一，我认为最主要的是要有正确的指导思想，我指的是辩证唯物主义和历史唯物主义，其中直接有关的是以经济发展为基础的全人类社会的有规律发展的思想，即历史唯物主义。全球化是一种社会现象和历史潮流，它的出现不是偶然的，是全人类社会的各个组成部分相互作用和长期发展的结果。全球化中的种种复杂问题只有运用唯一科学的一般社会理

论——历史唯物主义为指导才能、也一定能研究清楚。离开辩证唯物主义和历史唯物主义的指导，我们就认识不清全球化的本质，就会在全球化中迷失方向，特别是应引起我们警惕的是以抽象人道主义思想来指导我们认识和对待全球化。“全球化”很容易被引导走向抽象人道主义，抽象地强调“全人类利益高于一切”，认为全球化是超越阶级、超越国家、超越制度的，是中性的，是为一切人服务的。抽象人道主义在苏联社会主义失败中所起的作用是前车之鉴。但是我们又决不能由于全球化的资本主义性质而对之采取消极的甚至是抵制的态度，这将使我们丧失社会发展和人的发展的一次历史机遇，从而放慢我们现代化的速度，推迟我们现代化的时间。

其次，在坚持以正确的态度认识和对待全球化之后，还要采取一些相应的措施和步骤来促进人的全面发展。促进人的发展不仅是一个自发的过程，即只要社会事业发展了，从事社会事业的人自然也会发展，而是自觉地利用全球化的机遇，有计划地大批地培育人，大胆地放手地使用人，严格地规范人，使全面发展的人在各种国际事务中大量快速地成长起来。这样，我国就会涌现出大量各行各业熟悉国际国内情况、眼光远大而又有坚定爱国思想、技术精湛而又有高尚道德的优秀人才。

第三，全球化对于人的发展的作用不限于从事国际事务的人，它对所有的人的发展都会有影响，包括好的影响和坏的影响。问题在善于引导，使全球化的影响促进人的全面发展而不是阻碍人的全面发展。例如在经济全球化过程中，发达国家把简单加工的劳动转移到拥有丰富廉价劳动力的发展中国家，如果这些国家的大部分工人长期从事一些简单重复劳动，他们的知识和技术长期停留于低水平，这就阻碍了他们的全面发展。又如西方文化随着经济全球化而大量涌入发展中国家，其中有许多先进的现代化的科学的东西，这些东西是有益于人的全面发展的，但也有不少腐朽的落后的反科学的东西，这些东西是阻碍人的全面发展的，前面提到的抽象人道主义，还有唯心主义、有神论、极端个人主义、金钱至上思想、享乐至上思想、西方中心思想，对马克思主义、社会主义、唯物主义、无神论的偏见，对东方文明，特别是中国传统文化的歧视等等，这些东西应该是被拒绝的，但由于它们在西方有很大的市场，在发展中国家，在中国也大行其道，被盲目崇拜西方文化的人们奉为至高无上的金科玉律。改革开放以前，中国的教条主义曾错误地全盘否定西方的文化，这一历史教训成了他们今天盲目推崇西方文化的口实。一百年来的历史告诉我们，对西方我们当然是要认真系统地学习的，但也要学习东方，要尊重自己的传统（包括古代的近代的和革命的传统），一切都要通过自己的头脑，都要从实际出发引出结论，都要实事求是，都要以科学为皈依。因此之故，中国共产党自建立以来，都强调走自己的路，强调独立自主、突破、创造、创新，最近党中央提出的建立自主创新型国家的方针，可以说是这一思想的集中体现。与这一思想相应，在参与全球化活动中，我们需要培养大批自主创新型人才，他们就是全面发展的人。党和政府已经在文化、教育、科学以及其他一切部门都这样做了，希望做得更加自觉、更加系统，而且坚持下去。

第四，人学工作者应该系统地开展如何使全球化潮流促进我国国民全面发展、如何培养大批适应全球化潮流的全面发展的人的理论研究工作。应该说，这一研究领域还未引起人学工作者足够的重视，这方面的成果还很少，2005 年北京交通大学召开的《全球化与人的发展》理论研讨会可以说是这种研究的开始，我希望这方面的科研成果能够逐渐多起来。

马克思主义文化理论与中国社会主义文化建设*

一、以马克思主义为指导研究文化的理论与实践问题

文化现象是人类社会现象的重要组成部分，文化建设是我国社会主义建设的重要组成部分，文化生活是每一个人的日常生活的重要组成部分，因此，每一个我国的社会主义建设者，特别是青年学子，都应该对文化问题有正确的认识，都应该积极地自觉地参与文化建设，都应该合理地过好自己的文化生活。一般说来，这也是设置高中《文化生活》课的目的所在。为了帮助教师教好这门课，我们

---

* 在20世纪90年代我国理论界的文化热过程中，作者曾就文化理论和中国文化建设问题写过几篇文章，后来在这些文章的基础上写成《文化的基本问题与中国社会主义文化建设》一文，刊载于《世界经济文化年鉴》（1997～1998），2005年被收入《黄枬森自选集》（学习出版社）。2007年作者为了给普通高中思想政治课——《文化生活》提供一篇导论，特将此文补充修改为《马克思主义文化理论与中国文化建设》（载于《普通高中思想政治课程导论》，人民教育出版社）。收入本书时又有所修改。本人根据马克思主义基本观点，特别是唯物史观系统地论述了文化基本理论问题和实践问题，对文化热中的问题有极强的针对性。

这个报告将给教师提供一个关于文化的理论与实践的基本问题的介绍作为参考。

为了保证对文化问题有一个科学的理解，首要的前提就是要有一个正确的指导思想，这就是马克思主义，更确切点说，就是唯物史观或称辩证唯物主义历史观。文化是一种社会现象，唯物史观是关于人类社会的普遍观点，以唯物史观为指导来研究文化现象，显然是顺理成章的。那么，怎样以唯物史观的基本观点为指导来研究文化呢？

辩证唯物史观的基本观点很多，首先是社会及其规律的客观性的观点，用这个观点来指导研究文化就是要寻找文化现象的客观性和规律性。其次是社会存在决定社会意识，社会意识反作用于社会存在的观点，用这个观点来研究文化现象，就要寻求文化现象的客观根源和它对社会存在的作用。第三是社会发展基本规律的观点，即生产力与生产关系、经济基础与上层建筑的矛盾发展规律的观点，用这个观点研究文化现象就要研究文化怎样表现了社会发展基本规律的作用，文化与生产力、生产关系、经济基础、上层建筑的关系。第四是阶级和阶级斗争的观点，即原始公社瓦解以来人类社会分裂为阶级、主要阶级的斗争推动社会发展的观点，用这个观点研究文化就要研究文化与阶级的关系、文化的阶级性与非阶级性。第五是实践观点，即社会实践是人类社会的本质和基础，一切社会现象均有其实践的根源的观点，用这个观点研究文化就是要弄清楚文化与实践的关系，寻求一切文化现象的实践根源。辩证唯物史观的所有观点对于研究文化都具有指导作用，因为辩证唯物史观是关于人类社会的一般理论，而文化是一种社会现象。人们研究文化不可能没有任何思想指导，区别只在于自觉还是不自觉。不自觉地用科学的历史观，即辩证唯物史观来指导，就可能用其他历史观来指导，而其他历史观就其整体上说都是非科学的。非科学的历史观主要有自然主义历史观和唯心主义历史观，前者把人类社会的一切因素归结为人的自然基础，即认为人的一切因素都是作为有血有肉的动物的人与生俱来的，然后由人的因素形成社会的因素；后者把人类社会的一切因素归结为人的与生俱来的理性、智力、思想，然后由人的因素形成社会的因素。可以明显看得出来，这两种历史观是相通的，都主张人的因素是与生俱来的，不同之处在于前者强调人的自然性或动物性，而后者强调人的精神性。用这些观点自觉地或不自觉地来指导文化研究，是不可能对文化问题作出科学结论的。

应该进一步指出，即使自觉地应用辩证唯物史观来指导文化研究，也只解决了一般方法问题，并不能保证结论的科学性。应用科学方法来研究任何问题，都有一个会用不会用，正确应用与错误应用的问题。最容易出现的错误应用是把一般观点强加于具体现象，并通过逻辑演绎引出结论而不管具体现象的特点。正确的应用只是以一般观点为指导具体分析具体现象，再从中得出与具体现象一致的结论。用辩证唯物史观指导文化研究也是如此，切忌单凭一些一般观点逻辑地引申出若干结论，这样做不是得出空洞的抽象的结论，就是得出错误的结论。

二、文化的内涵与外延

要研究马克思主义文化理论无疑首先要弄清楚文化这个概念。要弄清楚一个概念的含义必须从内涵与外延两个方面着手。一个概念的内涵主要是通过它的定义来明确的，而定义必须揭示这个概念所指该类事物的本质。文化是一类社会现象，那么，它是哪一类社会现象呢？不管人们对文化的定义有多少，若只问它是哪一类社会现象，人们的看法还是比较一致的。几乎各种论著都指出，文化的含义有广义与狭义之分，广义的文化现象等同于社会现象，狭义的文化现象就是精神现象，不包括客观现象或物质现象。这里我们只举《中国大百科全书》的社会学卷和哲学卷来说明这点。社会学卷说："广义的文化是指人类创造的一切物质产品和精神产品的总和。狭义的文化专指语言、文学、艺术及一切意识形态在内的精神产品。"① 哲学卷说："广义的文化总括人类的物质生产和精神生产的能力、物质的和精神的全部产品。狭义的文化指精神生产能力和精神产品，包括一切社会意识形式，有时又专指教育、科学、文学、艺术、卫生、体育等方面的知识和设施，以与世界观、政治思想、道德等意识形态相区别。"② 这两个定义基本上是一致的，不同的只是后一个定义把精神产品又分为两类，一类是意识形态，一类是非意识形态，认为更狭义的文化指非意识形态的精神产品。那么，在这广狭两种定义中有没有一个为人们更多地使用呢？这两卷都没有提出和回答这个问题，但社会学卷曾指出，从词源上讲，在西方，文化（culture）的含义是从农作物的培育引申出来的，指人的品德和能力的培养；在中国，与文化相并列的是武功，文化即文治教化之意，并说："文化一词的中西两个来源，殊途同归，今人都用来指称人类社会的精神现象"，但是"历史学、人类学和社会学通常在广义上使用文化概念。"③ 我认为，应该指出，对文化作狭义的理解是具有更广泛性的趋势，而且从文化理论和文化

① 《中国大百科全书》社会学卷，409页，北京，中国大百科全书出版社，1991。

② 《中国大百科全书》哲学卷，924页，北京，中国大百科全书出版社，1987。

③ 同上。

建设来讲，应该使用狭义的理解。狭义的文化是严格意义的文化，即人类的精神现象和精神产品。为什么这样说呢？

把文化与经济、政治并列起来使用，已经成为一种相当普遍的趋势。应该说，在过去广义的文化被更多地使用。而20世纪以来，经济、政治和文化就经常被并列起来使用了。例如英国著名历史哲学家汤因比的文明形态理论认为人类社会表现为各种文明形态，而文明包括三个组成部分，即经济、政治和文化。又如近年来在国际理论界引起很大争议的美国学者亨廷顿的文章《文明的冲突》也是把文化与经济、政治并列。还应指出，在日常用语中，文化一词常常有更狭义的使用，如文化工作指文学艺术、新闻出版、博物馆、图书馆、文化馆等项工作，文化程度指教育程度，文化水平指知识水平等。

文化一词在马克思主义经典作家的著作中多次出现，但不是一个特定的术语，其含义是比较广泛的。他们没有把经济、政治和文化三者并列起来说明社会结构。他们用以说明社会结构的术语是社会存在与社会意识、生产力和生产关系、经济基础（生产关系总和）和上层建筑，上层建筑包括政治和意识形态。如果把文化与经济、政治并列起来，显然文化与意识形态不能相等，文化包括意识形态，比意识形态更广。一般马克思主义哲学教科书创造了“意识形式”一词用以称呼包括意识形态在内的全部意识，但也没有用“文化”一词。毛泽东在《新民主主义论》中提出了经济、政治和文化三者并列的社会结构理论，并规定了三者之间的关系。其他马克思主义者也常常采用社会结构三分理论来阐明一些问题，例如江泽民同志也把三者并列说：“有中国特色社会主义的经济、政治、文化，是有机统一、不可分割的整体。”① 他在中国共产党第十五次全国代表大会报告中又进一步把社会主义建设区分为这三个方面。不管人们如何理解三者的关系，只要把三者并列，就是承认文化不是经济、政治，而是经济、政治以外的东西，即精神活动及其产品。这就是前面提到的狭义的理解。有了这个共识，我们就可以进一步弄清它的内涵，即它的本质。

在这个问题上，唯物史观和文化史观的观点是根本对立的。唯物史观认为，文化作为精神活动及其产品是经济、政治的反映，经济是物质活动及其产品，政治不是物质活动，但也是改造社会的客观活动，由于它是经济的集中表现，因而在经济与文化之间起着中介作用，因此，文化是经济与政治的反映，而归根到底是经济的反映。但是，文化还具有相对独立性，因而能给予伟大反作用于经济和政治，其本身也具有传承性和稳定性，是人类社会结构不可缺少的一部分。文化水平的高低也是衡量一个社会文明程度的标准之一。文化史观夸大文化的地位和作用，亦即夸大精神活动的地位和作用，认为文化不是来自人类的物质活动，而是人生来就具有的精神活动的能力及其产品；认为人的一切活动都由人的精神来支配，因而它是人类活动中最根本的活动，决定着人类社会的一切，决定着人类社会的经济和政治。这两种观点的对立和争论实际是唯物主义与唯心主义的对立和争论，这里暂不讨论这个古老而又常新的问题。本文所遵循的是唯物史观关于文化内涵的观点，因此，本文对文化内涵的回答就是：文化是人类的精神活动及其产品，是经济和政治的反映，归根到底是人类物质活动的反映。这也就是文化的本质。

---

① 江泽民：《在庆祝中国共产党成立七十周年大会上的讲话》，1646 页，见《十三大以来重要文献选编》下，北京，人民出版社，1993。

弄清楚了文化的内涵，还必须弄清楚它的外延，否则我们对文化的理解仍然是抽象的。文化的外延不是很容易弄清楚的。我们无法把文化所具有的具体的分子一一指陈出来，唯一的办法只能是根据其内涵来分门别类地列举其各个组成部分。这样做，有两个不可少的前提：第一，经济、政治和文化包括了人类社会全部现象，三者之外就是社会之外的自然界了。第二，经济、政治和文化三者尽管有互相渗透和互相包含的关系，但从概念上是不相容的，也就是说，有明确区别的。这样，我们就可以把文化的外延表述为若干类文化现象。

首先应该指出的是作为经济之直接反映的精神活动及其产品。经济活动可以分为两个方面，一是生产活动，一是生产交往，即生产关系。

第一类文化现象就是科学技术（这里指的主要是自然科学技术），它是一个社会的物质生产水平的直接反映并直接推动生产的发展。

第二类的文化现象是经济思想和经济理论，它是经济制度的直接反映并直接推动和指导经济制度的变化。

第三类文化现象是政治法律思想和理论，它诚然是一个社会的政治活动的反映，但首先却是社会经济制度的反映。

第四类文化现象是语言文字，语言文字是人类文化的重要组成部分，是人类生产劳动和全部社会实践的产物，服务于全部社会实践，贯穿于人类社会的一切领域。

第五类文化现象是道德伦理观念、善恶标准和道德伦理理论。道德伦理现象是文化的重要组成部分，也是观念上层建筑的重要组成部分。

第六类文化现象是宗教现象。从理论上讲，宗教与马克思主义唯物主义是不相容的，但它作为人类传统文化的重要组成部分已深深地生长在现代社会中，成为现代文化的重要组成部分。

第七类文化现象是文学艺术。文学艺术是具有最广泛群众性的文化现象，可能没有人不欣赏文学艺术，因而文学艺术对于人的观念、思想、情感具有最强大的感染作用。

第八类文化现象是哲学和社会学说。哲学和各种社会学说（包括前面所说的经济理论和政治法律理论）也是文化的重要组成部分，它们的性质比较复杂，一方面是知识，因而可以成为科学，一方面是意识形态，表现了一定的阶级利益。因此，在这个领域，一方面有百家争鸣问题，一方面存在着意识形态斗争。

第九类文化现象是教育和教育思想。以上八个文化领域彼此可以相对地分开，但作为文化的一个重要领域的教育却无法与这些领域分开。教育行动本身诚然是一种特殊的文化活动（知识、技能的传授与学习、品德的陶冶与修养、身体的锻炼等），但教育的内容却离不开上述各个领域。因此，教育在文化中具有综合性、代表性，教育水平的高低能够代表一个国家的文化水平的高低，要提高文化水平，加强教育是根本途径。

第十类文化现象是新闻出版事业。新闻出版事业是另一个具有综合性的文化因素。新闻工作以报道各种当前发生的重要事件为主，实际上无所不包，出版工作当然更加如此。新闻出版运用语言、文字、图像、广播、电视、电脑各种传播工具反映和沟通整个世界，影响及于每一个人，在文化领域处于十分重要的地位。

第十一类文化现象是公共文化设施及其活动，它是由政府或社会设立的面向社会大众的文化设施及其活动，例如图书馆、博物馆、文化宫、文化活动室等等及其活动。这也是一种综合性的活动，是不可缺少的文化活动。

第十二类文化现象是民间文化。民间文化也是一个具有综合性的文化领域，即自发地流行于民间的通俗的素朴的文化，缺乏自觉性、理论性、系统性，然而为广大群众所喜闻乐见，对群众具有潜移默化的作用，有强大的影响力。其具体内容甚为复杂，难以尽述，例如民间文艺活动、节日活动、旅游活动、娱乐活动、风俗习惯、时尚、流行音乐等。

以上所谈十二个领域都是作为现实的经济、政治之反映的文化现象，除此之外，当然还包括从古代遗留下来的文化因素，即传统文化因素和从国外传播进来的文化因素，特别是西方文化因素。

那么，以上十二个领域是否包括了经济、政治以外的全部社会现象呢？当然没有。至少还有两个领域没有涉及，一是卫生，一是体育。它们无疑是物质活动，因为它们都是改造人体的活动，而人体是一种物质。它们无疑包含着丰富的文化因素，即精神因素，如医药学、医疗道德、体育学、体育艺术等。也许把卫生、体育归属于文化现象更合适一些。文化的外延问题是一个需要进一步研究的问题，以上意见只是一孔之见，提供讨论而已。

三、文化在人类社会中的地位和作用

文化在人类社会中的地位问题实际是人类社会的各个组成部分的关系问题，而由于经济、政治与文化是人类社会的三个主要组成部分，因此，这个问题就主要成为经济、政治和文化的关系问题，说得更具体一点，就是：经济、政治和文化三者中哪一个是最根本的，起最后决定作用的？是经济还是文化？这里存在着两种截然相反的论点：文化史观认为文化是人类社会的最根本的起最后决定作用的东西，是它最后决定了一个国家、一个民族、一个地区的基本面貌，是它的不同类型区别了不同的国家、不同的民族、不同的地区；而唯物史观认为是经济，而不是文化。下面举几个例子来说明。

梁漱溟在《东西文化及其哲学》中提出了一种颇为典型的文化史观。他认为世界上有三种基本文化，即西方文化、中国文化和印度文化，三种文化决定了三种社会。西方文化的核心是科学技术，中国文化的核心是伦理道德，印度文化的核心是宗教。在他看来，科学技术社会是人类社会发展的低级阶段，伦理道德社会是它的高级阶段，宗教社会是它的最高阶段。中国社会和印度社会并未经过科学技术社会阶段，处于早熟状态，因此国力孱弱，备受欺凌，而西方社会尚处于低级阶段，虽国力强大，但人们生活弊端甚多。他从这种观点出发提出了中国现代化的道路就是要把三者结合起来，即以儒家思想为本，吸收西方文化成分，复兴中国文化，真正达到人类社会发展的高级阶段，进一步再过渡到宗教社会阶段，即人类社会发展的成熟的最高阶段。显然可见，梁漱溟把文化看成是一种精神性的东西，它是决定人类社会发展的根本力量，是区别不同社会类型的根本标准。这种观点是与唯物史观根本不同的文化史观。

英国现代历史学家汤因比在他的代表作《历史研究》中提出了另一种文化史观，即宗教史观。他认为人类社会的单位不是国家，而是文明，文明包括三个组成部分，即经济、政治和文化，其中文化是文明的核心和精髓，而文化中最根本的是宗教，“宗教是文明生机的源泉”，不同类型的宗教决定了不同类型的文明。因此，他根据不同类型的文化，确切点说，根据不同类型的宗教，把世界区分为 20 多个类型的文明，如基督教文明、东正教文明（俄罗斯和东亚的基督教）、伊斯兰文明、印度文明、远东文明（中国、朝鲜、日本等）。在他看来，人类社会史就是文化史或宗教史。

美国学者亨廷顿的文章《文明的冲突》对世界的现状和前景提出了许多观点，引起了很大的反响，我国学者也发表了不少评论文章。我这里只想评论一下它的理论基础——一种文化史观。他认为“文明是一种文化的实体”，“文明是人们的最高文化凝聚物”，这同汤因比的观点是一致的；认为“以文化和文明划分这些国家集团远比以政治经济制度或经济发展水平来进行划分有意义”。在他看来，“文明间的差异不仅是现实的差异，而且还是基本的差异”，而文明间的差异主要是思想观念上的差异，“不同文明的人们既在权利和义务、自由和权威、平等和等级的关系何者更重要有分歧，也在神人关系、个人与集体关系、市民与国家关系、双亲和孩子关系、夫妇关系等方面持不同看法。这些差异作为历史的积累非短期所能消除，它们比政治意识形态和政治权利间的差异更为根本。”因此，人类社会的历史实质上就是文化史或思想观念史。他把世界划分为七种或八种文明，“它们包括西方文明、儒教文明、日本文明、伊斯兰文明、印度文明、斯拉夫—东正教文明、拉美文明以及可能的非洲文明。未来最大的冲突将沿着分隔这些文明的断裂带进行。”①

从以上举例，我们可以概括出文化史观或文明形态历史观的几个特点：第一，划分世界不同地区的主要标准不是经济发展水平或经济政治制度，而是文明或作为文明的核心的文化。第二，文化与经济、政治共同组成人类社会，属于人类社会的精神领域。第三，文化在整个人类社会中起最后的决定作用，是人类社会中最根本的东西。

同文化史观相反，唯物史观认为人类社会的基础、根基是经济，政治是经济的产物；经济和政治又是文化的基础、根基，文化是经济

① 以上引文均见《现代外国哲学社会科学文摘》1994年第8期。

和政治的产物，而经济、政治和文化又通过直接和间接的、简单和复杂的相互作用形成一个有机的立体网络，文化的作用是巨大的重要的不可缺少的，但决定整个社会面貌的最后的根基、推动整个社会前进的最后的动力是经济，这是不能含糊的。所谓“经济”当然不仅是经济制度，它首先是一定水平的社会物质生活，即人类的经济生活，然后才是建立在物质生产上的经济制度。所谓“文化”当然不仅是意识形态或思想上层建筑，它首先是直接反映物质生产的精神因素如科学知识、语言等，然后才是反映经济制度、政治活动的思想上层建筑。马克思主义经典作家没有系统地论证过经济、政治和文化的关系，但这些思想已包含在他们关于社会基本矛盾，即生产力与生产关系、经济基础与上层建筑的矛盾的理论之中。毛泽东正是根据唯物史观的基本观点在《新民主主义论》中系统地论证了经济、政治和文化的关系，确认了文化的重要地位。他说：“一定的文化（当作观念形态的文化）是一定社会的政治和经济的反映，又给予伟大影响和作用于一定社会的政治和经济；而经济是基础，政治是经济的集中的表现。这是我们对于文化和政治、经济的关系及政治和经济的关系的基本观点。”接着他就引证了马克思的话来说明他的观点的理论根据就是马克思主义，并指出，“我们讨论中国文化问题不能忘记这个基本观点。”毛泽东运用这个基本观点来分析中国文化的过去、现在与将来，认为中国的旧文化是封建文化，当时的文化是殖民地、半殖民地、半封建的文化，而中国要建立的新文化应该是新民主主义的文化，也就是人民大众反帝反封建的文化，是民族的科学的大众的文化。对毛泽东的文化理论有一个正确理解问题，它有可能使人误认为经济只包括经济制度，即唯物史观所说的经济基础，不包括生产及其他经济活动；文化就是意识形态（观念形态）或唯物史观所说的上层建筑，不包括那些非意识形态的东西如自然科学、语言等，这不是毛泽东的本意。毛泽东讲新民主主义文化是民族的科学的大众的，显然包括那些全民族的科学的东西，而不仅是占统治地位的意识形态或上层建筑。总起来看，唯物史观认为：人类社会可以区分为经济、政治、文化三个组成部分，这一点是与文化史观一致的；经济、政治、文化三者中最根本的或起最后决定作用的是经济，不是文化；划分世界各个地区、国家的主要标准是经济（包括生产发展水平和经济制度），而不是文化。这后两点是与文化史观相反的。

文化史观把文化看成是人类社会的最后决定的最根本的东西，而文化或文化的核心是精神、观念、思想，所以文化史观是一种唯心史观。文化无疑是人类社会的一个重要组成部分，在人类社会中具有不可缺少的巨大的作用，在某些条件下发挥了决定性作用，也是不同国家、不同民族、不同地区相区别的重要标志之一，而且不同地区的文化上的差异是经过长期社会生活和历史的积累而形成的，具有相对的独立性和稳定性，对于一个国家、一个民族是一种强大的凝聚力，是决不可忽视的。文化史观强调文化的重要地位和巨大作用，具有一定的合理性，因而它对文化问题的分析和论证往往具有重要的启发作用；但它毕竟是一种唯心史观，是片面的，从整体上说是不科学的。

根据辩证唯物史观来处理文化与政治、经济的关系问题，就能正确理解文化在人类社会中的作用。我们既不能像庸俗经济主义那样低估它的作用，也不能像文化史观那样夸大它的作用，这对认识文化在人类社会中的重大作用，对于建设我国现代文化都是至关重要的。

四、文化的分类与类型

前已谈到对文化外延的理解有赖于如何分析文化的类型，而文化类型是多种多样的，所以这里首先有一个分类标准的选择问题。可以选择任何标准来分类，但有些标准并不是本质的东西，按照它们来分类只能有某些方面的意义，没有根本的意义。例如人，可以按照性别分为男人和女人，或按照年龄来分为婴儿、儿童、少年、青年、中年和老年，或按肤色分为黄种人、白种人和黑种人，或按地区分为亚洲人、欧洲人、非洲人、美洲人和澳洲人，或按国别分为中国人、俄国人、英国人、法国人、德国人、美国人、日本人等等，或按职业分为哲学家、科学家、文学家、艺术家、政治家、军人、公务员、律师、医生、演员等等，或按阶级关系分为工人、雇员、资本家、农民、地主、个体劳动者等等。这些分类的意义显然是不同的。

对文化分类也有一个选择标准问题。文化可以按时代分为古代文化、近代文化、现代文化，也可以按地区分为亚洲文化、欧洲文化、非洲文化、美洲文化、澳洲文化，或东方文化、西方文化，也可按国别分为中国文化、印度文化、日本文化、埃及文化、俄国文化、英国文化、法国文化、德国文化、美国文化等等，也可按宗教分为基督教文化、犹太教文化、印度教文化、伊斯兰教文化、佛教文化、儒家文化（严格讲，儒家并不是宗教）等等。当然，我们还可以提出其他标准，对文化的类型进行其他划分。问题在于这些划分有什么意义？我们采取某种划分有什么意义？

仔细推敲，上面有的划分是很笼统的、空洞的，如果不加以具体化，很难说有多大意义。例如东方文化与西方文化，如果仅仅指地区的不同，东方文化就是亚洲文化，西方文化就是欧美文化，究竟这两种类型的文化有什么重要的区别并不清楚，所以人们都在努力寻求一种更有意义的区别，即各自不同的特色，特别是那种根本性的区别。前面提到过几种观点都是对于西方文化与东方文化或中国文化的根本区别的回答。梁漱溟认为区别在于西方文化的核心是科学技术，印度文化的核心是宗教，中国文化的核心是伦理道德。但是，汤因比和亨廷顿却把宗教看成一切文化的共性而不仅是印度文化的特色，并以不同的宗教来区分不同的文化。而中国的一些学者，包括一些外籍华人学者，则以不同的哲学思想，即天人合一与天人对立，来区分中国文化与西方文化。这些学者还未像梁漱溟、汤因比、亨廷顿那样明确提出文化类型问题，没有说人类文化有两大类型。但既然如此规定中国文化与西方文化的特色，实际上就是以关于天人关系的哲学思想为标准来区分文化类型。有的学者还预言东方文化将在世界历史舞台上再度辉煌，并取代西方文化近代以来所占有的支配地位。但我认为以上几种观点并未找到区分文化类型的最根本的东西，这个问题的解决有赖于唯物史观的指导。

那么，根据唯物史观，应该怎样来区分文化的类型呢?

前面已谈到文化与经济、政治构成社会的整体，文化是由经济、政治决定的，既然如此，文化的类型应该是同社会的类型一致的，即应该按照社会的类型来划分。唯物史观把人类社会的主要类型划分为五种，文化的主要类型也应该划分为五种，即原始公社文化、农业奴隶制文化、农业封建制文化、工业资本主义文化和工业社会主义文化，每一种类型的名称都包括了生产力水平和经济政治制度的内容。可以看出，生产力水平在第二、三类型是接近的，在第四、五类型也是接近的，但经济制度在这几种类型中的区别是比较明显的。

文化类型的这种区分不过是对文化本质的抽象把握，各种类型文化的实际存在是具体的，因而是十分复杂的、多种多样的、丰富多彩的。分析起来，其复杂情况大致有三种：一是每种类型均有其特殊的表现形式，如美国文化和西欧文化同是工业资本主义文化，即在本质上属于同一类型，但其具体表现各有不同特色，例如英美哲学偏重于经验主义，西欧大陆哲学偏重于理性主义，等等。二是各种类型文化的相互渗透，你中有我，我中有你，例如中国文化与美国文化按其基本性质来讲，属于不同类型，一是工业社会主义文化，一是工业资本主义文化，但这两种类型文化之间相互影响是很多的。工业资本主义文化即一般所说西方文化，大量涌进中国社会，影响十分明显，而现代资本主义国家也吸收了很多社会主义文化因素，如对自由市场进行适当的国家调控的思想、缓和贫富对立的尖锐性的思想、适当提高人民群众的福利的思想等等。至于现代资本主义文化中还存在着古代封建制度文化的因素，甚至奴隶制文化的因素，也是很常见的。三是中间类型或混合类型的存在。人类社会的类型除五种常规的类型而外，还存在着由于多种原因而出现的多种中间的或混合的社会类型，例如从一种类型向另一种类型过渡的时期往往出现具有两种类型的基本特征的社会，或者由于内外原因而出现混合类型的社会，因而其文化也出现多种非常规的类型。这两种情况在中国历史上都出现过。春秋战国时代的中国社会制度一般认为是从奴隶制到封建制的过渡时期，但这个时期很长，长达五六百年。两种社会制度的交错导致两种类型文化的交错，奴隶制的思想与封建制的思想不仅在社会上同时存在，甚至在一个流派或一个人的思想中存在，例如儒家的思想就很复杂，包含了这两种文化的因素。不仅如此，由于文化的积累作用，有许多原始社会文化的因素也在儒家的思想中存在。19 世纪中叶以来，中国社会逐渐沦为半殖民地半封建社会，这种社会就是一种混合类型的社会。有人认为半殖民地是一个政治概念，半封建和半殖民地无法结合在一起。其实，半殖民地或殖民地是一个政治概念，半殖民地本身的经济制度可能大部保持其原有形态，但从整体上说，它已纳入资本主义或帝国主义的经济体系之中，并必然有外国资本主义进入其中，正如封建制不仅是一个经济概念（地主所有制），而且是一个政治概念（君主专制或军阀专制）一样。半殖民地不仅指政治上的部分独立性的丧失，而且指经济上的部分资本主义性的存在。半殖民地半封建实质上是封建主义和资本主义经济政治制度的混合。这种混合类型的社会产生了混合型的文化，即半殖民地半封建文化。毛泽东在《新民主主义论》中说当时中国社会是殖民地半殖民地半封建社会，其文化是殖民地半殖民地半封建文化，即一种混合的文化，这种观点是科学的，符合当时的实际情况。当然，还应指出，当时的中国还有着原始公社的和奴隶制的文化因素，这些是中国历史长期发展所积累下来的。

五、不同类型文化的个性与共性

同任何其他事物一样，任何文化均有其共性与个性，文化的类型正是由文化的共性造成的，同类型的文化具有一定的共性。研究文化的共性与个性的最主要的方法就是比较不同类型文化的共性与个性。在文化类型问题的研究中，中西文化比较是一个讨论十分热烈的问题。中西文化比较研究就是研究中国文化与西方文化有什么共同之处和差别，即中西文化的共性和个性。除中西（或中外）比较而外，还有古今文化比较，如中国古代文化与现代文化比较，这种比较不大为人们重视，其实也是很重要的。

文化无疑是具体的历史的多姿多彩的，但它也有共性。文化的共性，或曰普遍性、一般性，又分为若干层次，否定共性是不对的，只承认地区文化的共性，否定人类文化的共性也是不对的。当然，共性是什么也是要进一步研究的。那么，人类文化的共性是什么呢？

要回答这个问题，可以有多种方式，最一般的方式就是从各地区、各时代的文化现象中寻求其共同点，但这样找到的共同点不一定是最根本的，因为文化现象十分复杂，极其多样化，很难归纳。另一种方式是从其根源去寻求，也就是以唯物史观为指导，把文化看成在经济、政治的基础上产生的社会现象，不能离开社会实践，就文化谈文化。

人类社会的历史告诉我们，人和人类社会都是人的社会实践的产物，所谓历史归根到底不外是人的社会实践的总和。人类社会的文化，作为与经济、政治并列的人类社会的三大组成部分之一，其根源也是人的社会实践。因此，文化的共性与个性是由社会实践的共性与个性决定的。那么，社会实践的共性是什么呢？

实践的最根本的共性是实践的本质，即自觉地改造自然、改造社会和改造自我的活动。一是改造，二是自觉。所谓自觉不仅是有意图、有目的，而且是有思想指导，即多多少少的规律性认识的指导。有自觉而无改造，即无实际行动，谈不上实践；有改造而无自觉，则是动物式的活动，也谈不上人的实践。一个民族、一个国家、一个社会的生存和发展，都是以它的成员的自觉改造活动为基础。不管哪个地区的社会，不管哪个时代的社会，都是如此，无一例外。文化既是以社会实践为其产生和发展的根源，它的共性就应该是社会成员的自觉改造的思想。这种自觉改造世界的思想是任何地区、任何时代的任何民族、任何国家、任何社会都必然具有，而且不能不有的，否则它就只有萎缩、凋零、消灭。

诚然，在人类历史上，思想家们真正科学地认识到自觉改造世界活动在社会中的地位和历史上的作用是很晚的事情，即在马克思和恩格斯大约150年前创建马克思主义的时候。由于体力劳动和脑力劳动的分离，历史上思想家们绝大多数都是轻视劳动的，从而也是轻视实践的。但是，既然实践活动是人类社会生死存亡所系的活动，怎么可能没有思想家对它有所认识呢？而且，一个人即使对实践活动的意义毫无认识，在实际行动中也不能不对世界进行自觉的改造。试想，人类在进行采集、渔猎、畜牧、农业、工业生产活动的漫长过程中怎么可能不按照一定的规律性认识来指导自己的改造活动呢？这种活动怎么可能不反映到自己的头脑里并影响自己的文化活动呢？回答是肯定的。我们可以从历代各国的文献中摘引大量言论来印证这种推断。

按照这种观点，自觉改造世界的思想应该是世界上从古到今一切类型文化的根本的共性，也是中国文化与西方文化的根本的共性。有一种颇为流行的观点认为中国传统文化的精髓就是天人合一思想，这导致科学技术不发达，但天人（自然与人）关系和谐，而西方文化的精髓是主客二分思想，这导致科学技术发达，但天人关系紧张。这种观点是难以成立的。

“天人合一”在中国思想史上有多种含义，其中包含的神秘的封建的含义暂时不予考虑，这里只谈其中包含的合理思想。第一，天人合一是指人与自然是一体，人不能存在于自然之外，人自始至终是自然的一部分。这当然是对的，也是有意义的，可以防止我们去做超越自然的蠢事。第二，天人合一是指自然与社会的和谐，即人们所熟知的生态平衡，但所谓“和谐”、“平衡”都是从人的角度来说的，是以人类为中心的和谐与平衡，人类保护自然资源、保护动植物、治理环境污染、维持生态平衡，并不是因为自然界有什么权利，完全是为了人类自己。人与自然的和谐状态就是最宜于人类居住、生存和发展的状态。自然界本身是无所谓和谐不和谐的。因此，要达到人与自然的和谐，只能采取自觉地改造自然的办法，而决不能抛弃科学技术、停止自觉地改造自然，让自然界回到人类出现时的原始状态。不存在是否要改造自然的问题，只存在怎样改造自然的问题：是把自然界改造得更宜于人类的生活，还是只顾局部利益与眼前利益而把自然界改造得越来越不宜于人类的生活，这才是问题的关键。如此理解的“天人合一”，不但与改造自然不冲突，而且正是人类自觉改造自然的积极结果。

“主客二分”当然也有一个理解问题。有的人把主客二分理解为主客对立，理解为作为主体的人对作为客体的自然贪得无厌、肆无忌惮地索取和掠夺，而且把生态平衡的破坏归罪于主客二分的思维方式，并把它说成是西方文化的共性，似乎它不是中国文化的共性。这完全是对主客二分的误解。合理地理解的主客二分，不过是指人在实践与认识的过程中把自己与客观世界相对地区别开来，这是人类生存与发展所必需的，是不可避免的。只要人类不毁灭，人类永远要把自己看成主体，而把世界看成客体。至于人如何处理主客关系，是第二个层次的问题，不能因为主客关系处理不好就根本否定主客关系，那不是因噎废食吗？

主客体的区分，人把自己从混沌的世界里区别出来，是在类人猿变成人的过程中发生的，是在劳动和实践的过程中发生的。从逻辑上说，首先是实践的主体与客体的区分，然后是认识的主体与客体的区分，还有评价的主体与客体的区分，这种区分将与人类相终始。主客二分从空间上讲是普遍的，不仅西方那里有主客二分，中国这里的主客二分一点也不少。人的活动只要是自觉的活动，人就是作为主体来活动。西方唯心主义哲学家把区分主客的唯物主义叫作二元论，那完全是一种歪曲和诬蔑。

主客二分并不排斥主客统一，主客统一也是首先在劳动和实践的过程中发生的，也就是改造世界的成功，是主体目的的实现。主客统一在认识活动和评价活动中也时时出现。上面讲的天人合一从一定意义讲也就是主客统一。因此，主客二分与天人合一，如果给以合理的解释，实际是人类实践活动的两个侧面，不仅是不冲突的，而且是相互依存的，互补的，谁也离不开谁。只有主客统一而无主客二分，那就没有人类及其活动；只有主客二分而无主客统一，那就会使人类无法生存和发展下去。主客二分与主客统一反映在文化上就是自觉改造世界的思想，它是文化的本质，没有主客二分的文化和没有主客统一的文化都是不可能的，不仅如此，偏重一个方面的文化也是不可能长期存在的。如果中华民族偏重主客统一，而不与天斗、与地斗、与人斗，它能绵延存在到今天而且日益兴旺发达吗？如果西方各国偏重主客二分，它们能创造出高度的现代文明吗？

那么，各民族、各地区、各国家的文化是否各自有其共同的特色呢？这当然是有的。人类文化的共性只能通过多种文化的特殊性、个性表现出来。这些特殊性、个性对于各自文化来讲，也是普遍性、共性。把“天人合一”看成中国文化的共同特性，把“主客二分”看成西方文化的共同特性，我认为是难以成立的；即使说中国文化偏重于主客统一，西方文化偏重于主客二分，也是难以成立的。你可以在中国思想家中找出许多强调主客统一的话，我也可以在中国思想家中找出同样多的强调主客二分的话；你可以在西方思想家中找出许多强调主客二分的话，我也可以在西方思想家中找出同样多的强调主客统一的话。但是，这并不是说，各种文化没有任何共同的特性。中国理论界除了以主客统一与主客二分来区分中西文化之外，还提到另外一些中西方文化的区分，如中国文化强调把整体摆在第一位（整体主义），西方文化强调把个人摆在第一位（个人主义）；中国文化重视伦理道德，西方文化重视宗教；中国文化强调精神享受，西方文化强调物质享受；中国文化重视经世致用，西方文化重视系统研究，这些都是有道理的。但是有些说法不见得能成立，除了上面提到的主客统一与主客二分而外，有人认为中国哲学以“和为贵”、“仇必和而解”，而西方哲学，特别是被他们认为包括在西方范围内的马克思主义则主张斗，“仇则仇到底”，这是不符合实际的。无论中西，思想家们都是讲和多，强调斗的毕竟是少数。西方文化当然讲斗，但中国文化中斗的纪录决不次于西方。有人讲过二十四史就是一部相斫书，几千年不但斗争不断，而且战争频繁，这是符合历史事实的。马克思主义在革命年代当然强调斗争，但在从革命过渡到建设时，和即统一，就成了主旋律。毛泽东讲斗也讲和，邓小平强调和平与发展是当代世界的两大主题，但也没有忘记斗争，这些是大家都很熟悉的。

人类文化的共性与个性、普遍性与特殊性，各民族、各地区、各国家的文化的差别与比较是一个大题目。为了创建 21 世纪的文化，为了各种文化互相取彼之长，补己之短，应该广泛而深入地研讨文化的共性与个性问题，但是无论如何不要忽视整个人类文化的共性——自觉地改造世界的思想。如果没有这个根本的共性，各种文化的互相学习和互相吸取将成为不可能。我们经常听到世界各种文化要融合，特别是中国文化与西方文化要融合的主张，如果人类文化没有共性，这种融合也是不可能的。不仅如此，21 世纪的文化将是在人类历史新阶段，亦即人类社会实践新阶段的基础上来建立的，它更加离不开人类文化的根本共性——自觉地改造世界的思想。

六、文化的进化与不同类型文化的互相影响

不同类型的文化可以在同一地域或不同地域先后存在，也可以在

不同地域同时存在，不管是哪种情况，多种文化都有运动变化和相互影响。文化的运动变化不外两种情况：一是在内外原因的推动下自身的进化运动，一是由于不同文化之间的相互影响而发生的变化，下面分别作些说明。

一种社会形态为另一种社会形态所取代，即五种社会形态中的前一种形态为后一种形态所取代，是一种合乎规律的过程，与此相应，一种文化类型为另一种文化类型所取代，即五种基本文化类型中前一种类型为后一种类型所取代，也是合乎规律的过程。这种过程是一种进化，是循着从低级到高级、从简单到复杂、从单一到多样的前进运动，但是前进运动不限于这五种类型的循序前进，如果由于内外原因，发生了跳跃式或中断式的运动，也是一种前进或进步。例如中国封建社会由于外国势力的侵入而逐渐演变为半殖民地半封建社会，其文化从而也逐渐由封建文化演化为半殖民地半封建文化，尽管其间付出了丧权辱国、人民惨遭杀戮的代价，仍然包含了前进的意义。而且正由于中国的半殖民地半封建性质，它才有可能过渡到社会主义社会，从而建立起社会主义文化，中国社会和文化的发展可以说是跨越了作为一种完整的社会形态的资本主义社会，也可以说是通过半殖民地半封建社会（一种畸形的资本主义社会）从封建社会演变为社会主义社会，这也是历史的进步，在文化上也是如此。又如西藏社会，本是一个农奴制社会，由于社会主义制度在全国范围内的建立，便经过和平民主改革直接从农奴制过渡到社会主义，其文化也如此，这也是历史的进步。

在今天的地球上，历史上曾经出现过的文化类型都或多或少同时存在，尽管资本主义文化占据着绝对的优势。因此，这些文化类型之间便产生了相互影响，不仅先进的文化影响着后进的文化，后进的文化也在多方面影响着先进的文化，使现代社会的文化呈现出丰富多样的姹紫嫣红的色彩。先进文化影响后进文化是易于理解的，似乎是理所当然的，后进文化何以也能影响先进文化呢？这是因为在人类文化中积累了许多永久性、普遍性的因素，这些因素对于任何时期和任何地域都是适用的，即或者是有益的、或者是无害的。许多哲学思想、科学思想、价值观念都具有普遍性，例如按照自然规律而不是随意地贪婪地改造自然的思想、所有的人应友好相处的思想、勤劳节俭的品德、各种科学的观点和理论、积极向上的人生态度等等都具有永恒的普遍的价值，任何类型文化都是应吸收的。针刺治疗是中国古老的医疗技术，在现代医学空前发展的今天仍然具有重要的价值，在美国已得到政府和医学界的承认，在全世界得到广泛的赞赏。自有人类以来，特别是今天各地区交往方便而频繁，各种文化之间的影响是很明显的，而且是无法阻止的。

这种相互影响无疑有负面的消极的作用，但从整体上看，从长远看，其作用是积极的正面的。这种作用不仅使各种文化更加丰富多彩，而且可以扩大与加深人类的智慧与才能，提高人们的品德与趣味，推动整个社会和文化的发展。因此，我们应该推动并正确引导文化之间的交流与相互影响，避免不利的影响，扩大与加深有利的影响。

七、中国传统文化的逐渐变化与现代文化的逐渐形成

如果按照历史学的一般划分，中国历史在鸦片战争（1840 年）以前为古代，鸦片战争至中华人民共和国的建立（1949 年）为近代，新中国以后为现代，那么，就可按照年代的划分把中国文化史划分为古代文化、近代文化和现代文化。这样，就有一个为这三个时代的文

化定性的问题。根据以上关于文化的一般观点，我们就可以把中国古代文化定性为封建主义文化（秦汉以前暂不考虑），其生产力基础是农业；近代文化为半殖民地半封建文化，同时也有部分殖民地文化，其生产力基础基本上是农业；现代文化基本上是社会主义文化，其初期也有部分新民主主义文化及其他文化。中国文化史是一个复杂的问题，应该开展专门的研究。从近年来的讨论来看，大家最关注的是传统文化与现代文化的关系问题，下面就这个问题谈些看法。

我认为传统文化指两千多年来逐渐形成的相对稳定的文化，即封建文化，亦即中国古代文化。传统文化在鸦片战争后开始变化，在五四运动后，开始急剧的变化，也随着反帝反封建革命形势的发展开始了向现代文化的过渡。中国现代文化十分复杂，各种文化因素均处于变化发展之中，但就其最后形成的相对稳定的文化类型而言，它应是社会主义文化，其生产力基础基本上是工业。

两千多年以来，中国的生产水平一直停留在手工农业的水平，而经济政治制度则是封建主义。封建主义的经济制度近百多年来由于暴露出它阻碍中国生产发展和综合国力的提高的严重弱点，受到各种批判，成为一个纯粹的贬义词。但中华几千年灿烂文化正是在这种制度上创造出来的。农业封建主义文化包含着糟粕，也包含着丰富的具有永恒价值的精华，它已成为人们的共识。当人们要消灭封建制度的时候，对封建文化采取了过激的态度，这是难于避免的。革命完成之后就应予以有分析的公正的评价。现在是在这样努力了，已经取得巨大的成果，这种努力还要大力进行下去，但这并不是否定它的农业封建主义的本质。

中国传统文化的内容十分丰富和复杂。现在有一种流行观点，认为传统文化就是儒家文化，这是不很确切的，儒学诚然是中国传统文化的精神支柱，即最主要的指导思想，但决不能以此来抹杀其他文化因素在传统文化中的重要作用。首先不能轻视诸子百家思想在中国文化中的地位，特别是道家、法家的思想。反孔的思想家历代都有，实际上儒家思想在其漫长的形成和发展的过程中吸收了诸子百家以及反孔各派的大量思想。其次应看到儒家本身也有许多门派，儒学并不是一个结构严谨、思想一贯的理论体系，其中不仅主观唯心主义与客观唯心主义并存，甚至唯心主义与唯物主义同在。第三，尤其不能忽视的是我国古代各族人民在改造自然的物质生产活动中积累的生产经验、作出的创造发明、提出的科学理论、写出的科学著作，以及他们在同自然的斗争中培养出来的勤劳、勇敢、节约、自强不息等优良品德，正是这些智慧、才能与品德使中华诸民族在这片自然条件不很好而又多灾多难的土地上几千年子孙繁衍，生生不息。但是，这些文化因素却被排斥于儒家的视野之外，轻视劳动和劳动人民成为儒家的一贯思想。第四，也是万万不能忽视的是中国古代各族人民在反抗剥削压迫和外来侵略的斗争中所培养出来的不畏强暴、不怕牺牲、坚忍不拔的斗争精神，热爱和平、团结统一、宽容大度的广阔胸怀和济困扶危、舍己为人、大公无私的高贵品质，正是这些精神因素使中国古代人民能够对己和、对敌狠，前仆后继去争取胜利而岿然独立于世。这些因素在儒家思想中有所反映，但由于儒家阶级性的局限，没有占据主要的地位。中国传统文化非常丰富而复杂，如果把它归结为儒家思想，又把儒家思想归结为天人合一、以人为本、和为贵等思想，就未免片面了。

中国传统社会及其文化真正发生变化是从鸦片战争开始的。

中国传统社会在历史上曾经有过非常辉煌灿烂的时期，但近三四百年来逐渐大大落后于西方，鸦片战争的失败是它的落后性的大暴露。从此中国成为强国欺凌侵略的对象。中国需要赶上西方国家，用后来的话讲，就是要现代化。中国的落后最明显表现在经济方面，经济要现代化的内部阻力主要来自传统的政治和文化，而文化又是政治变革的主要阻力。在经济、政治和文化的这种错综复杂的相互作用之中，有识之士先后提出过实现中国现代化的种种主张，掀起了各种运动，如洋务运动、维新运动、民主革命运动。这些主张的提出是受西方文化的影响，也反映了中国社会现代化的需要，这就意味着中国传统文化在悄悄地发生变化。

辛亥革命的胜利从政治上动摇了中国传统文化的根基，但中国传统文化第一次遭到的真正的冲击是五四运动前后的新文化运动。由于儒家思想是中国传统文化的精神支柱，新文化运动的矛头直接指向儒家思想，提出“打倒孔家店”的口号，从当时看这是无可厚非的，也是难以避免的。当然，应该看到，新文化运动对孔子及其学派的思想的批判有许多过激之处，今天必须加以纠正。当时更重要的问题是：新文化是什么？具有不同观点的人有不同的回答，大体上有三种回答：全盘西化派主张的西方自由主义文化、新儒家主张的传统文化的现代化和共产党人主张的新民主主义文化，即毛泽东所说的作为新民主主义经济政治之反映的民族的科学的大众的文化。这三派都是在中国传统文化演变过程中产生的，都主张向西方学习，都属于新文化运动。现代新儒家并不是复古派。这三派的区别在于以什么思想为指导：西方自由主义、儒家思想还是马克思主义？

中国封建统治阶级在文化问题上对资本主义侵略的反应，最初就是要在继续保持传统文化的条件下，发展现代工业，用坚船利炮武装自己，这就是主张中学为体、西学为用的洋务运动。洋务运动之后兴起的改良主义的维新运动对中国传统文化采取了一定的批判态度。民主革命运动则进一步主张以西方的经济、政治、文化来取代中国传统社会，在民主革命运动影响下陈独秀 1915 年创办《新青年》，掀起专门的文化运动——批判旧文化、创立新文化的新文化运动，它的核心就是后来得到广泛认同的“科学与民主”。俄国十月革命的胜利大大影响了中国新文化运动，使它发生了分化，陈独秀、李大钊等人转为马克思主义派，胡适等人转为西化派。西化派与马克思主义派有许多共同之处，它们都主张向西方学习，都主张科学与民主，都对传统文化持批判态度。但它们之间存在着根本性的分歧。首先一个分歧是对马克思主义的态度，西化派想把西方工业资本主义文化全盘搬到中国来，反对马克思主义，而马克思主义派则反对资本主义，而赞成作为资本主义批判者的马克思主义。对西方文化，马克思主义派虽然也主张加以吸收，但赞成采取分析的态度，从工人阶级和社会主义的立场出发加以取舍，或加以重新理解。例如科学与民主的旗帜，马克思主义者也是主张高举的，认为科学是应该充分吸收的，而民主则不应该是少数人的民主，而应该是真正的彻底的民主，是包括工人阶级在内的人民的民主。西化派对传统文化基本上抱虚无主义态度，而马克思主义派则主张加以批判地继承，例如抨击当时的尊孔复古思潮最有力的李大钊主张以今日的标准对孔子思想进行取舍，说：“孔子之道有几分合于此真理者，我则取之；否者，斥之。”现代新儒家不是尊孔复古的顽固派，而是一些具有现代西方文化素养，赞成科学与民主的学者。以梁漱溟来说，他原本是赞成西化的，由于看见西方资本主义社会的各种弊端，才转向佛学，又转向儒家，于 1917 年进入北大讲学时第一次明确发表了后来被称作现代新儒学的这一思路。现代新儒家的特色在于坚持以儒家思想为核心来形成现代中国文化，或者说，把中国传统文化现代化，借以实现中国社会现代化。从时间上讲，尊孔复古的顽固派早于新文化运动，而现代新儒家是在新文化运动中出现的，稍晚于西化派，差不多和马克思主义派同时出现。现代新儒家容易被误解为尊孔复古派，但实际上它是跟着西化派的现代化道路前进的，决不想保持封建文化。相反，它也反对这个传统文化的经济政治基础，只是鉴于资本主义社会的各种弊端而主张以儒家思想来加以补救。因此，从实质上讲，它所设想的文化是自认能够克服资本主义弊端的资本主义现代文化。

总之，中国传统文化之所以受到新文化运动的冲击而逐渐演变，其原因不在于传统文化本身，而在于它的经济政治基础在逐渐演变。新文化运动正是适应了中国经济政治基础中的变化才兴起的，因此它才能如此波澜壮阔地凯歌前进。当然，新文化运动的兴起、扩大与深入大大加速了中国传统文化的演变，对此，新文化运动中的三个基本派别都是发挥了积极作用的，其中马克思主义派起了突出的领导的作用。新文化运动的倡导者和主要代表最初都属于西化派，但后来转变成为马克思主义派的是其中起主导作用的一些人物，如陈独秀、李大钊等，而这些人在新文化运动中最活跃、最坚决、影响最大。

中国传统文化的演变过程中包含了现代文化因素的不断增加。中国现代文化的形成过程很难定出一个完成的时间，当它有一定的经济政治基础，有一定的确实的内容的时候就可以说形成了。

我认为它的经济政治基础形成于1949年至1956年之间。从生产力来说，中国仍然是一个农业国家，现代工业产值在整个国民经济中比重仍很小。在经济制度方面，中国经历了各种经济成分并存的新民主主义经济制度（社会主义、资本主义和个体经济），已过渡到社会主义。在政治制度方面，中国经历了新民主主义政治制度，已过渡到了人民代表大会和多党合作的人民民主专政。现代文化的主体正是建立在这样的基础上，其内容是这样的基础的反映。由于这个基础1956年后仍处于不断变化的过程中，这个文化也在不断地变化，特别是改革开放以来，变化更大，但其主体，即主流文化的性质并没有改变，仍然是社会主义的。但是中国现代社会的文化的内容是十分复杂的，其非主流文化的性质是非社会主义的。

首先，主流文化的核心或指导思想无疑是马列主义、毛泽东思想、邓小平理论，这是社会主义经济政治制度及其发展要求的反映，又是为这个制度服务的。

其次，在这个文化中也保留了许多传统文化因素和革命传统因素。传统思想十分复杂，是长期积累而沉淀下来的，具有相对的独立存在，不易随着旧经济政治基础的消失而消失。这些传统思想包括封建时期的思想，也包括民主革命时期的思想；既包括传统文化的精华，也包括传统文化的糟粕；既包括用文字传下来的，也包括口头相传或潜藏在人们头脑中而在人们的实际活动中起作用的思想，即所谓“无意识”或“潜意识”。这些传统文化因素的来源都不是社会主义经济政治，但其中有一部分与社会主义制度是相容的，已融入社会主义主流文化之中，因此具有社会主义性质。

第三，在这个文化中也存在着许多外来的东西。外来的思想也十分复杂，是通过各种传媒或中外人士的直接间接接触而传过来的。特别是改革开放以来，由于市场经济的发展，外来思想，尤其是西方思想蜂拥而至，进入中国文化之中。其中不少科学的东西，如高精尖的科学技术思想、科学的管理思想、积极进取创新的思想、文学艺术哲学中的合理思想等等。也有许多消极的东西，如极端个人主义、金钱至上思想、极端享乐主义、非理性主义等等。经济全球化趋势的出现又进一步促进西方文化对中国文化的渗透。外来文化因素一部分本来具有社会主义性质，一部分可以融入社会主义主流文化之中，因而具有社会主义性质。

第四，中国现代主流文化的主要部分是直接反映中国当前经济政治的精神因素。一是反映中国现代生产水平，即科学技术管理水平的思想和理论，其中有很现代化的，也有比较落后的。二是直接反映中国当前经济政治制度的思想和理论。中国基本经济制度是以公有制为主体的多种经济成分共存的制度，经济体制正处于从计划经济向社会主义市场经济体制转变的过程之中。中国基本政治制度（国体）是工人阶级领导下的人民民主专政，政治体制（政体）是人民代表大会制度和中国共产党领导的多党合作和政治协商制度，这种制度既不同于西方的多党制，也不同于前苏联的一党制，而是在长期政治实践中逐渐形成的适应中国国情的特殊的民主制度，这种政治体制目前正处于不断完善和发展之中。直接反映这种经济政治制度的经济思想和政治思想是中国现代文化的重要组成部分。三是间接或直接反映这种经济政治基础的文化因素，具体讲就是语言、文学、艺术、宗教、道德、哲学、教育、体育、卫生、风俗习惯、社会风气、礼仪等等中融入社会主义文化的那一部分。就整个社会而言，这些文化因素中既有社会主义的，也有资本主义的，还有中性的或可融入社会主义文化的；既有积极的，也有消极的；既有精华，也有糟粕。

中国现代社会中的文化，作为一个整体，不仅是多因素的、多侧面的、多样性的、多层次的，而且是多元的，其多元性表现在它的多种来源、多民族性、以多种经济成分为基础、多阶级性。但是，主流文化是一元的，它是我国社会主义经济建设、政治建设的主要推动力量，不仅如此，那些非社会主义性质的文化因素，有些也可以在主流文化引导下对社会主义经济建设、政治建设和文化建设发挥积极的推动作用。这就是说，中国现代社会的文化有一个统一的指导思想，这个指导思想一般说来就是马克思主义、列宁主义、毛泽东思想、邓小平理论和“三个代表”重要思想。此外，科学发展观也对文化建设起统领作用。

八、中国社会主义文化建设

在中国经过近一个世纪成千上万人民前仆后继、英勇顽强的艰苦奋斗，已经基本建立起工业社会主义社会及其文化，它是现代人类社会的一部分，而由于它原来的历史基础十分落后及其达到现时状态的曲折道路，它在许多方面都还没有达到现代社会的先进水平，即没有实现现代化，因而它还有现代化的任务。所谓社会主义建设，就中国而言，其具体内容就是通过社会主义实现中国的现代化。毛泽东及其战友提出的四个现代化的任务就是为了实现中国社会的现代化。邓小平理论就是一个建设现代化中国的理论。江泽民在党的十五大报告中指出：“最大的实际就是中国现在处于并将长期处于社会主义的初级阶段”，“社会主义初级阶段，是逐步摆脱不发达状态，基本实现社会主义现代化的阶段”，其具体内容包括我国社会的一切方面。报告指出：“全党要毫不动摇地坚持党在社会主义初级阶段的基本路线，把以经济建设为中心同四项基本原则、改革开放这两个基本点统一于建设有中国特色社会主义的伟大实践。……根据这个理论和基本路线，围绕建设富强民主文明的社会主义现代化国家的目标，进一步明确什么是社会主义初级阶段有中国特色社会主义的经济、政治和文化，怎样建设这样的经济、政治和文化，是必要的。”报告就这三方面的建设作了详细的规定。对于文化建设的任务，报告说：“建设有中国特色社会主义的文化就是以马克思主义为指导，以培育有理想、有道德、有文化、有纪律的公民为目标，发展面向现代化、面向世界、面向未来的，民族的科学的大众的社会主义文化。”为了实现这个任务，我认为应该正确处理以下一些问题：

(一) 中国社会主义文化建设的指导思想

中国文化建设的指导思想应该是什么，自五四运动以来，一直是一个争论激烈的问题。

争论中主要有三个思想体系，即马克思主义、儒家思想和西方自由主义思想。究竟应该以哪种思想作为建设中国未来文化的指导思想呢?

现代新儒家认为是儒家思想，其理由主要有二：第一，儒家思想是中国本土思想，土生土长，源远流长，两千多年来成为中国文化的根本，最适应中国社会生存与发展的需要。第二，儒家的若干基本思想诚然是古代的东西，但加以现代化就可能成为中国现代文化的核心，用于指导实现中国社会的现代化。人们谈得较多的儒家思想有：天人合一思想（人与自然应保持协调与和谐的关系）、人文精神（从人的需要，按人的标准来考虑一切问题、从事一切活动）、整体利益原则（把一个集团的整体利益摆到个人利益的前面，个人利益应服从整体利益）、中庸哲学（不趋极端，不为已甚，力求适中）等等。

我认为儒家思想要成为中国未来文化的指导思想是不可能的，有三个主要理由：第一，中国传统文化已经解体，儒家思想体系已为历史所否定，其根本原因是由于其经济政治基础已经崩溃，除非恢复传统社会和传统文化，儒家思想的权威是不可能恢复的。第二，现代社会远比古代社会为复杂，儒家思想作为一个思想体系无法适用于现代社会，80 年前新文化运动的领袖已作过这种评价，时至今日就更加如此了。第三，儒家思想中有许多合理因素，这些因素在今天是有价值的，例如上面所说的那些思想，此外还有很多别的思想今天都是有价值的，但是，且不说这些思想是不是中国传统文化所独有的，这些思想也只能起一定的积极的作用，而不能起根本的指导作用，而且即使这种一定的积极的作用，也不是儒家思想作为一个体系来发挥的。

西化派认为西方自由主义应是中国未来文化的指导思想，把传播这种思想视作“新启蒙”运动。这种观点的理由有三：第一，西方发达国家从整体上说是现代社会发展的最高水平，现代化实际就是西方化，自由主义思想是现代西方社会和西方文化的指导思想，理应成为中国社会和文化的现代化的指导思想。第二，中国正处于从计划经济向市场经济的转变过程之中，市场经济与私有制是不可分的，市场经济发展下去，终将走向资本主义，自由主义是资本主义的产物和资本主义文化的核心。第三，中国奉行开放政策，向西方学习，西方生活方式和西方文化大量涌入，渗透进从科学技术、经济思想、政治思想到文化娱乐、文学艺术、宗教、哲学等等各个领域，实际上发生了全盘西化的过程，自由主义正是这个过程的指导思想。

这种观点无疑有一定事实根据，但是它所预言的后果是违背中国人民根本利益的，是不可能实现的。第一，现代化不等于西化，更不等于全盘西化。中国社会在各个方面都要吸收西方的合理的东西，但绝不是照搬。在科学技术方面学得很多，但在经济制度和政治制度方面只吸收从社会主义角度看来可以吸收的东西，文化方面更是如此。在此情况下，自由主义根本不能发挥指导作用。第二，在中国有的人不相信社会主义可以同市场经济相结合，有的人希望社会主义通过市场经济而转化为资本主义，但从改革开放 20 多年的经验来看，建立正常而有效运转的社会主义市场经济是完全可能的，因为近 20 多年来中国经济体制实际上已处于转变之中，市场经济的发展既推动了中国经济的高速发展，又保证了公有制的主体地位。实践证明，只要改革的措施正确，执行得力，公有制企业完全可以成为市场活动中强有力的主导力量，保证市场经济的社会主义性质。第三，只要社会主义公有制的主体地位能够确保，自由主义在中国文化中就将完全丧失其用武之地，起不到任何指导作用。西方文化中那些健康的积极的合理的因素将为中国文化所吸收，而成为马克思主义指导下的中国文化的有机组成部分。

唯一可能而且实际对中国文化建设起指导作用的只有马克思主义。文化建设的指导思想问题实质上是整个国家和全体人民的实践活动的指导思想问题。马克思列宁主义能否成为指导中国社会发展的根本思想是一个老问题，即马克思列宁主义是否适合中国国情的问题。马克思列宁主义刚传入中国时争论过这个问题，近一个世纪过去了还有争论。在有些人看来，马克思列宁主义不是本土的东西，而是舶来品，它的传播导致民族文化传统的失落和断裂。中国现代文化的核心只能是本土的东西，即儒家思想和其他本土的思想。这就否定了源于西方的马克思主义与中国传统文化有任何共同之处或相通之处，然而，近一个世纪的实践证明，马克思主义的理论体系总体上是对于东西方有普遍意义的东西，只要能找到它们在中国的具体作用形式，它们就是与中国国情相适应的。毛泽东思想、邓小平理论与“三个代表”重要思想就是这种形式，即中国的马克思主义，它们是马克思主义的普遍原理与中国社会实践相结合的产物，来自中国实践又成功地指导了中国实践，这就证明了马克思主义的普遍原理是适应中国国情的，是唯一科学的中国社会革命和建设的指导思想，唯一科学的中国文化建设的指导思想。毛泽东思想、邓小平理论与“三个代表”重要思想又是中国特有的思想体系，它们深深植根于中国土壤之中，是中国优秀文化传统的继承与发展，是中国现代文化的精髓，正如儒家思想曾是中国封建文化的精髓一样。它们是地地道道的国产，而不是舶来品。不仅如此，中国现代文化是一个庞大的复杂的精神系统，其主要部分（主体）当然是本土的，外来的因素只能是局部，起指导作用的马克思主义也只是局部。马克思主义是文化因素，不是中国现代文化的整体。作为指导思想，马克思主义不是以其纯粹原有的形态起作用，而是通过其中国化的形态即毛泽东思想、邓小平理论与“三个代表”重要思想起作用。中国文化仍然是中国文化，它没有变成德国文化，也没有变成苏联文化或俄国文化。它仍然是中国传统文化的继续和发展。由于中国历史发展的复杂性和曲折性，今天当然存在着对中国传统文化的重新认识和评价问题，重新分析和吸取问题，但这也离不开马克思列宁主义的指导，离不开毛泽东思想、邓小平理论与“三个代表”重要思想的指导，根本不存在由于马克思列宁主义的传入而出现的中国民族文化传统的断裂问题，有的只是中国封建文化的断裂，或说中国殖民地、半殖民地、半封建文化的断裂，这是不可避免的，也是不可逆转的；今日中国存在着对儒家思想的重新认识和重新评价，根本不存在，也不可能存在恢复儒家思想的权威地位问题。

从正面说，马克思主义之所以能成为中国现代文化建设的根本指导思想有以下原因：第一，马克思主义本身的科学性和实践性。马克思主义包含着科学的宇宙观和历史观，是人们自觉改造自然与社会的普遍指导思想，对于人类任何自觉的认识活动和实践活动都是必要的和有效的，中国建设社会主义文化当然不能例外。正如前面谈到文化研究的方法时所说，唯物史观具有更加直接和重要的意义，文化建设如无唯物史观的指导必将事倍功半，甚至走到相反的道路上去。第二，中国已经在马克思主义指导下进行了长期的革命和建设，其中包括文化上的争论、斗争和建设，尽管发生过重大的偏差和错误，如“文化大革命”。但总的说来，马克思列宁主义的指导还是成功的，特别当它正确地同中国国情创造性地结合起来，形成适应中国社会发展需要的理论，其指导作用尤其显著。中国今天正在这些理论指导下阔步前进，有什么理由抛弃它的根本理论基础——马克思主义的指导呢？第三，文化的基础是经济政治，中国在工业上已经达到相当高的水平，经济制度坚持了公有制为主体，正在建立社会主义市场经济体制，政治制度坚持了人民民主专政的国体和人民代表大会、共产党领导的多党合作和政治协商的民主制度，在这样的基础上建立的文化只能是社会主义的，亦即只能是以马克思主义为指导的文化。第四，如果马克思主义的指导在“文化大革命”中曾被歪曲，实际上是被糟蹋的话，那么，新中国成立以来的长时期中，特别是在改革开放以后，马克思主义的指导对于文化建设所起的积极作用则是有目共睹的。邓小平及其他领导人努力在文化建设中贯彻马克思主义的指导，党中央两次制定关于精神文明建设的方针政策，这些方针政策的贯彻执行都卓有成效，这就在实践上证明了马克思主义指导的必要性和合理性。

（二）正确处理中国传统文化与文化建设的关系

五四运动以来，“孔家店”是被打倒了，中国传统文化是否被消灭了呢？应该说，由于马克思列宁主义的传入和西方文化的冲击，特别是由于经济政治的变革，从整体上讲，中国传统文化已不复存在，但它的各种因素，包括积极的和消极的，精华和糟粕，还大量存在，在个别地方甚至占有优势。这些因素短时间内不可能消逝。其精华还将永远保留下去，造福于中华民族的子孙万代。

有一种观点认为，五四运动以来，中国文化失落了，这对于弘扬爱国主义、树立民族自信心和增强民族凝聚力是不利的，应该加以恢复，但也不是简单地恢复，而是加以现代化。我认为这是把中国传统文化与中国文化混为一谈了。中国传统社会和传统文化已经成为过去，不必要也不可能加以恢复。传统文化立足于传统社会之上，现代文化立足于现代社会之上，传统文化与现代文化之间存在着中断与继承的关系，不能只承认传统社会与现代社会之间的中断而否定其间的继承，也不能只承认传统文化与现代文化之间的继承而否定其间的中断。传统文化失落不等于中国文化失落，难道中国现代文化不是中国文化？

应该指出，“文革”结束以前虽然毛泽东和中国共产党对传统文化一直采取了批判与继承的正确的方针，但实际上在理论工作中重视批判而忽视继承，甚至在“文革”中发展到对孔子和儒家思想的全盘否定。这种片面性近十多年来逐渐得到了纠正，开始对传统文化采取了实事求是的态度。但由于西方文化和西方生活方式的冲击，中国传统文化以及整个中国历史传统在许多人心目中日益淡薄，有的人甚至耻为中国人。有鉴于此，近年来党和政府加强了全民的爱国主义教育，号召和支持文化界整理和研究中国传统文化，弘扬中国优秀文化传统，这是完全正确的，这个工作正在开始，还须继续加强。但这决不是要把中国传统文化完整地恢复起来，而是对传统文化采取实事求是的科学态度，取其精华，弃其糟粕，使传统文化的精华更充分地融入中国现代文化之中，这也就是批判与继承的方针的真正贯彻。中国传统文化的精华将有机地融入中国现代文化之中。

显然，在建设我国现代文化的过程中，必须妥善地处理对待传统文化的态度问题，民族虚无主义与复古主义都是错误的。中国传统文化是中华各民族在世世代代的改造自然与改造社会的斗争中逐渐形成起来的，深深植根于中国的历史传统之中，其影响虽然也有负面的，但也有许多正面的东西，于今天仍有重要意义，是不应抛弃的，而且也不可能抛弃。但是，如果要一成不变地加以保留，或者要把它作为一个整体来取代现代文化，即所谓“中学为体，西学为用”（实际是完整地保留中国传统文化，但物质生活是西方的），既是不应该的，也是不可能的。批判与继承是对传统文化唯一正确的态度。

（三）正确处理西方文化与中国文化建设的关系

西方文化主要指西方发达国家的文化，即资本主义文化，对中国影响最大的当然是西方现代文化。中国近几百年来落后了，其具体含义就是中国的经济政治文化落后于西方。西方已经步入现代，而我国还在许多方面停留在近代，甚至中世纪的水平。前面我们已经谈到，俄国十月革命以前，在一般人看来，中国要现代化也就是要在经济政治文化上赶上西方，现代化实际上就是西方化。这是以前的情况。那时主张现代化的人主要分成两派，一派是中学为体、西学为用的改良派，即主张保持中国传统文化，但在经济上学习西方；另一派是全盘西化派，即主张经济政治文化全面学习西方的自由派，这两派都失败了。十月革命后出现的马克思主义派主张向俄国革命学习。改良派演化为后来的现代新儒家，它同自由派实际上都主张中国走资本主义道路，马克思主义派主张中国走社会主义道路。由于国际国内历史现实主观客观的种种原因，社会主义道路走通了。有的人把中国共产党领导的中国革命的道路称为“俄化”，这是很不确切的。中国现代革命诚然是大量吸取了俄国革命的理论和经验，但中国革命的根本指导思想是马克思主义、列宁主义，而具体指导中国革命的则是马列主义与中国革命实践相结合的毛泽东思想。而所谓“俄化”则是脱离中国实际照搬俄国经验，这曾经发生过，并给中国革命造成了重大损失，中国革命的胜利正是抵制了这种错误倾向并创造性地贯彻了马列主义指导的结果。

现代新儒家没有使中国实现现代化，且不说其他原因，理论上的致命的弱点，就足以导致它的失败，这就是颠倒了文化与经济政治的关系。文化只有与经济政治相适应，才能对经济政治的发展起积极的推动作用，用新儒家思想来指导则是要用古代的文化来指导现代的经济政治，尽管戴上现代的桂冠，但毕竟是古代的东西，怎么能对远比古代为复杂的现代经济政治的发展起积极的推动作用呢？

比较起来，倒是全盘西化派没有这个毛病，但他们完全否定中国传统，特别是不管中国国情，主张照搬西方经济政治文化，其失败也是不足为奇的。

我们既不应全盘否定传统文化，也不应全盘否定西方文化，中国文化建设与西方文化之间有着密切而复杂的关系。中国社会和中国文化建设离不开西方文化。不仅西方高度发达的科学技术管理的思想和理论是必须吸取的而且已经大量吸取了，经济政治的思想和理论也有许多值得学习和借鉴之处，实际上已对中国建设产生了巨大的影响。社会主义经济政治思想也是西方社会的产物，资本主义与社会主义的关系是十分复杂的，中国过去对社会主义认识不清楚，与对资本主义认识不清楚有关，西方文学、艺术、道德、教育、宗教、哲学中当然都有许多值得借鉴之处。西方文化同中国传统文化一样有精华，有糟粕；有积极因素，也有消极因素。总之，我们对西方文化也应采取分析的态度，取其精华，弃其糟粕，以我为主，洋为中用。当然吸取西方文化的精华也要与中国实际相结合，而不能生搬硬套。

（四）中国的现代文化就是有中国特色的社会主义文化

我们要建设的现代的中国文化是怎样的呢？按照以上对文化在人类社会中的地位的理解和对中国现代社会的认识，现代的中国文化应该是现代化的中国社会的一部分，而现代化的中国社会就是邓小平所指明的有中国特色的社会主义社会，因此，现代的中国文化就是有中国特色的社会主义文化。它将随着中国现代化建设的发展而逐步形成，成为有中国特色的社会主义社会的一个重要组成部分。具体说，我认为它有以下几个特点：现代的中国文化的现实基础是中国特色的社会主义经济政治。它首先包括高度发达的生产水平和科技水平；其次是与生产水平相适应的以公有制为主体的基本经济制度和充分发达的社会主义市场经济体制；第三是与这种经济制度相适应的具有中国特色的完善的社会主义民主制度，即人民代表大会制度和中国共产党领导的多党合作和政治协商制度的进一步完善，它就是中国的人民民主专政。与西方那种表面上热热闹闹，实际上为少数人所控制的资产阶级民主制度相比较，这种民主制度将是人类历史上出现过的最真实最广泛最有效的民主，是中国人民对人类政治制度史的独特贡献。这样的经济政治是中国现代经济政治之进一步发展和完善，要经过长期的艰苦努力才能充分建立起来。

现代的中国文化的思想来源除其指导思想——马克思主义而外，还有中国传统文化以及西方文化、东方文化和苏联的社会主义文化。关于它与中国传统文化、西方文化的关系前面已经谈到，这里谈谈它与苏联和东欧文化、东方文化的关系。苏联和东欧各国的社会主义虽然都失败了，但它们都创造了灿烂辉煌的社会主义文化，其中有许多因素对于建设中国现代文化是有很大的参考价值的，它们失败的教训也是一种有价值的文化因素。东方各国文化虽然在整体上也落后于西方发达国家，但近年来若干国家和地区的文化在一定程度上已赶上西方，而且由于同属东方，它们与中国有更多的共同之处，过去也有过更多的交流，因此，它们的文化中可借鉴的东西也是不少的。当然对于它们，如同对西方文化那样，我们也应采取分析的态度。

社会主义文化因素在整个现代中国文化中占主导地位。中国经济政治中存在多种成分，这决定了中国文化中存在多种成分，这种状况在实现了社会现代化之后也不会消逝，但与经济政治中社会主义因素占主导地位相适应，文化中也必然是社会主义因素占主导。因此，中国现代文化必然是为人民服务的、为社会主义服务的文化。无论在文学、艺术中，还是在教育、伦理中都应该是如此。例如在人们的价值取向中，由于私有制还存在，个人主义是不会消逝的，但社会主义集体主义又不能不占主导，如果让个人主义占了主导，这样的文化将不再是社会主义文化，经济政治上的社会主义就难以坚持下去了。

现代中国文化是实践的具体的活生生的文化，它必然体现在现实的人身上，否则它就只是空洞的理论，有理想、有道德、有文化、有纪律的社会主义“四有”新人的大量涌现是中国社会的现代化的必然体现，也是中国现代文化建设的集中体现。

马列主义、毛泽东思想、邓小平理论与“三个代表”重要思想是现代的中国文化建设的指导思想。全盘西化派、现代新儒家和马克思主义派在中国文化建设问题上的分歧实际上是指导思想上的分歧，即用资本主义思想，还是儒家思想，还是马克思主义来指导？既然现代中国文化就是有中国特色的社会主义文化，它的指导思想当然只能是马克思主义。以资本主义思想来指导，只能建立资本主义文化，从而只能为资本主义的经济政治开辟道路。以儒家思想来指导，即使它是“现代化”了的，也只能通过改良道路来建立资本主义文化，从而也只能为资本主义开辟道路。它们实际上走的是自由化的道路，而绝不是社会主义现代化的道路，而自由化，历史已经证明，是不可能在中国实现社会的现代化的。马克思主义的指导并不排斥文化上的多样化，相反，中国现代文化必然贯彻“百花齐放、百家争鸣”的方针，多种文学艺术形式，多个学术流派，只要是有益于社会主义的文化因素都可以得到存在和发展，共同促进中国现代文化的繁荣。江泽民同志在十五大报告中不仅把经济、政治、文化建设作为中国整个社会主义现代化建设的三个不可分割的任务提出来，而且对这三项任务作了具体的规定。他对文化建设的任务作了一个精练而全面的概括，他说：“有中国特色社会主义的文化，是凝聚和激励全国各族人民的重要力量，是综合国力的重要标志。它渊源于中华民族五千年文明史，又植根于有中国特色社会主义的实践，具有鲜明的时代特点；它反映我国社会主义经济和政治的基本特征，又对经济和政治的发展起巨大促进作用。建设有中国特色社会主义，必须着力提高全民族的思想道德素质和科学文化素质，为经济发展和社会全面进步提供强大的精神动力和智力支持，培育适应社会主义现代化要求的一代又一代有理想、有道德、有文化、有纪律的公民。这是我国文化建设长期而艰巨的任务。”① 为了完成这个任务，全国人民都要进行艰苦的奋斗，尤其是从事文化工作的知识分子更具有不可推卸的责任。这个任务，我相信是可以同整个社会主义现代化事业一起完成的。

九、坚持中国先进文化的前进方向

21 世纪我国进入全面建设小康社会、加快推进社会主义现代化的新阶段。在新阶段，随着经济建设、政治建设的前进步伐，我国社会主义文化建设在理论上和实践上又有了新的发展，这就是坚持中国先进文化的前进方向和构建社会主义和谐文化。下面分别谈谈我对这

---

① 《江泽民文选》第 2 卷，33 页，北京，人民出版社，2006。

两个发展的理解。

“三个代表”重要思想是当代中国马克思主义，是马列主义、毛泽东思想和邓小平理论的继承和发展，中国共产党“始终代表中国先进文化的前进方向”是这一重要思想的重要组成部分。前面我们曾提到江泽民同志对社会主义文化建设理论的独特贡献，坚持先进文化的前进方向是他提出的又一文化建设理论重要成果。这里有几个理论问题需要阐明：

（一）如何理解先进文化和它的前进方向

先进文化的存在逻辑地蕴涵了落后文化的存在，因为没有落后文化，也就无所谓先进文化。那么，先进与落后的标准是什么呢？江泽民同志在2001年“七一”讲话中说：“在当代中国，发展先进文化，就是发展有中国特色社会主义的文化，就是建设社会主义精神文明。”显然，他是以时代的发展水平为标准来区分先进文化和落后文化的，而时代发展水平又主要是以社会制度为标准来划分的。这就是说，社会主义文化比资本主义文化先进，比封建文化更先进。但是一个国家的具体文化现象是复杂的，而不是纯而又纯的。社会主义文化与社会主义社会文化不能等同。现代中国社会文化除了有反映社会主义经济、政治制度的先进文化，即社会主义文化，还有落后文化，即反映资本主义制度、甚至封建主义制度的文化。中国文化之所以是先进文化，在于它的主流文化是社会主义文化，并不是说它是纯粹社会主义的。不仅如此，文化中还包含非意识形态的因素，发达资本主义国家文化中的非意识形态因素（如科学技术、文化设施）则比发展中社会主义国家文化中的非意识形态因素更为先进。中国文化中的科学技术就远不如发达资本主义国家的科学技术先进。而且，即使就意识形态因素而言，社会主义文化只是就整体上讲比资本主义文化先进，而在局部上则未必如此，例如在文化管理技术上。中国的先进文化是中国特色的社会主义文化，“中国特色”就准确地表明了这种复杂性。这是由中国社会主义尚处于初级阶段造成的。

在2001年“七一”讲话中，江泽民同志对什么是先进文化的前进方向作了明确的回答，那就是“面向现代化、面向世界、面向未来的，民族的科学的大众的社会主义文化”，这就是说，这是中国现代文化所指向的前景，并不完全是现实。这个前进方向是由中国的先进的经济和政治决定的。具体分析起来，这个方向具有三个特点：一是社会主义性质和因素将得到不断增强，这是首要的基本之点。先进的经济包括先进的生产力和社会主义的经济关系，先进的政治包括社会主义的国体和政体，就是这样的经济和政治决定了中国先进文化的前进方向是社会主义成分的不断加强，而不是停滞不动甚至不断削弱。尽管中国文化中包含的非意识形态因素不一定比发达的资本主义文化中的非意识形态因素先进，如科学技术；社会主义社会的文化中包含的非社会主义文化因素也不一定比发达的资本主义文化先进，如仍然存在的封建主义文化因素、不发达的资本主义文化因素，但是，由于先进生产力的不断发展，由于社会主义市场经济的不断健全，由于以社会主义公有制为主体的基本经济制度的不断成熟，由于社会主义政治制度的不断完善，中国先进文化的主旋律，即社会主义旋律无疑也将日益壮大。二是“三个面向”。未来的世界是一个现代化的世界，未来的中国更是一个现代化的中国，中国先进文化必须同这个未来的现代化的世界相适应。三是民族性、科学性、大众性。但“三性”的内容是不断发展的，中国先进文化的前进方向具有更加突出、更加鲜明的民族性、科学性、大众性。笼统点说，先进文化的前进方向也就是中国特色的社会主义文化的兴旺发达和繁荣昌盛，也就是中国特色社会主义文化建设的不断前进。

（二）如何实现中国先进文化的前进方向

根据江泽民同志关于新中国成立以后文化建设的经验和教训的论述，根据改革开放以来理论界的研究，我认为处理好以下几个关系是我们实现先进文化的前进方向的必由之路。

1. 文化的源与流的关系。文化的源头是各式各样的社会实践，是改造自然的实践、改造社会的实践、人的自我改造的实践，是广大人民群众在实践活动中的创造。而各式各样的文化，包括中外古今的文化都是流，都是社会实践的产物。因此，正如江泽民同志在“七一”讲话中所说，繁荣社会主义文化要立足于建设有中国特色社会主义的实践，“同时，必须结合新的实践和时代的要求，结合人民群众精神文化生活的需要，积极进行文化创新，努力繁荣先进文化，把亿万人民紧紧吸引在有中国特色社会主义文化的伟大旗帜下。”①总之，一定要使文化适应社会主义建设的需要，为社会主义服务。如果忘记了这点，只是在文化范围之内谈文化建设，只是研究各种文化的关系，只关注不同文化的交流与交融，就会迷失文化建设的根本方向。文化之流是很重要的，但更根本的是文化之源，必须正确地处理源与流的关系。

2. 马克思主义与中国传统文化、西方文化的关系。“马”“中”“西”的关系问题一直是文化建设中有争议的问题。对这个问题我们在前面已作过详细的分析，这里不再细述。简单说，中国现代社会是经过民主革命、社会主义改造和建设、社会主义改革开放形成的。中国传统文化固然是现代文化的历史来源之一，但传统文化毕竟是农业

① 《江泽民文选》第3卷，278～279页，北京，人民出版社，2006。

社会封建主义文化，如何能与中国现代的经济和政治相适应呢？现代西方文化就是资本主义文化，也不可能适应中国社会主义经济和政治发展的需要。离开马克思主义思想指导的文化不能成为中国先进文化，即社会主义文化。因此，江泽民同志在“七一”讲话中明确指出建设中国先进文化，必须“坚持以马克思列宁主义、毛泽东思想、邓小平理论为指导”。① 就是说，不仅不能以西方思想或儒家思想的指导来取代马克思主义的指导，也不能以这三种思想来共同指导，不能以多元化指导来取代马克思主义的一元化指导。但是，我们强调马克思主义的一元化指导决不是盲目排斥西方文化和中国传统文化。中国传统文化与西方文化都是繁荣中国先进文化不可缺少的，都是应该借鉴的，但借鉴不是照抄照搬，而是把它们看作文化建设的思想资料，并在马克思主义指导下，立足社会主义实践，对它们进行鉴别、分析和吸收。所以，在发展中国先进文化的过程中，社会主义实践是基础，马克思主义是思想指导，中国传统文化与西方文化都是有分析地吸收的对象。这就是“马”、“中”、“西”的正确关系。对此，江泽民同志在“七一”讲话中也有明确地论述：“发展社会主义文化，必须继承和发扬一切优秀的文化，必须充分体现时代精神和创新精神，必须具有世界眼光，增强感召力。中华民族的优秀文化传统，党和人民从‘五四’运动以来形成的革命文化传统，人类社会创造的一切先进文明成果，我们都要积极继承和发扬。”

3. 正确处理指导思想的一元化与文化内容多样化的关系，认真贯彻“百花齐放，百家争鸣”的方针。中国社会的经济成分中有非公有制成分，政治观点中有非马克思主义观点，文化中也有非社会主义

① 《江泽民文选》第3卷，276页，北京，人民出版社，2006。

成分，其具体表现就是社会主义文化、资本主义文化因素和封建主义文化因素同时存在。由于中国社会是社会主义社会，尽管非社会主义文化因素的存在是一个事实，但马克思主义不能不发挥指导作用，如果搞指导思想多元化，那就会损害马克思主义的指导地位。指导思想的一元化与多元化是互相排斥的，但文化的多样化与文化指导思想的一元化则不是互相排斥的而是互补的。任何事物都是共性与个性、整体与部分、一元性与多样性的统一。任何一个统一的整体都是由多种多样、丰富多彩的内容构成的，愈加多种多样就愈加丰富多彩。社会主义文化不能只有马克思主义的指导思想而没有具体的生动的万紫千红的内容，社会主义文化要求有比资本主义更加多姿多彩的内容。要做到这点，就离不开认真贯彻“双百方针”。没有百花齐放、百家争鸣的局面，就会声音单调、色彩灰暗、观念僵化、思想停滞，这样的“社会主义文化”决不是社会主义建设所需要的，决不是广大人民群众所欢迎的。

（三）中国共产党如何始终代表中国先进文化的前进方向

江泽民同志“七一”讲话中专门论述了中国共产党如何始终代表先进文化的前进方向，这里我谈几点体会。

1. 党要大力加强对社会主义文化建设的领导，使之适应社会主义经济和政治的发展而全面地繁荣起来。文化的内容远比经济和政治复杂，部门众多，细分起来，大致有科学技术、语言文字、道德、宗教、文学艺术、教育、哲学、社会科学、新闻出版、民间文化、大众文化、体育、卫生等等。现实中，有的部门较受人们重视，有的部门则受人们忽视，例如，重科学技术，轻哲学社会科学就是现在一种比较普遍的偏向。对此，江泽民同志在 2001 年 8 月 7 日会见部分专家代表时专门论述了哲学社会科学与自然科学同样重要。又如，道德建设在社会上也不像法制建设那样受重视，尽管法制建设的问题也很多，这也是一种偏向。对此，江泽民同志把以德治国提到与依法治国同等重要的高度，后来党中央又颁布了《公民道德建设实施纲要》。总之，文化建设中的一些偏向的纠正都有赖于党的领导。

2. 党要大力加强对文化建设的领导，使社会主义文化的主旋律以及科学的健康的积极的高尚的思想、情操、风格得到弘扬，使那些落后的腐朽的文化因素受到抵制。中国传统文化和西方文化都具有积极的和消极的两个方面，国际国内的经济政治形势反映到文化上也有积极的和消极的两个方面，这都需要通过党的领导指明航向来弘扬积极的方面，排斥消极的方面。正如江泽民同志在“七一”讲话中所说：“要在全社会倡导爱国主义、集体主义、社会主义思想，反对和抵制拜金主义、享乐主义、极端个人主义等腐朽思想”。①

3. 党要大力加强对文化建设的领导，使文化建设落实到人的建设，落实到人的优良品质的全面提高，落实到人的全面发展。人是社会的细胞，文化建设如没有落实到人，这种建设的效果是不会牢固的。因此，江泽民同志在“七一”讲话中指出：“发展社会主义文化的根本任务，是培养一代又一代有理想、有道德、有文化、有纪律的公民。要坚持以科学的理论武装人，以正确的舆论引导人，以高尚的精神塑造人，以优秀的作品鼓舞人。”② 如果没有大量的“四有”公民，许多人都是口是心非，人前一套、人后一套，由这些人的精神状态构成的文化是经不起愚昧落后、腐朽败坏的文化的侵蚀的。

4. 党要始终代表先进文化的前进方向，还必须加强党自身的建

① 《江泽民文选》第3卷，278页，北京，人民出版社，2006。

② 同上书，277页。

设，特别是每个党员自身文化素质的提高。如果党员都达不到“四有”公民的要求，怎么能要求非党人员成为“四有”公民呢？如果党员都没有代表先进文化前进方向的思想，党怎能代表先进文化的前进方向呢？党的十五届六中全会的决定提出了“八个坚持，八个反对”的要求，这将极大地提高广大党员的素质包括文化素质，全面推进和加强党的自身建设，自觉实践“三个代表”重要思想，真正把“三个代表”思想落到实处。

十、建设中国社会主义和谐文化

（一）建设中国社会主义和谐文化是构建社会主义和谐社会理论题中应有之义

“建设和谐文化”的思想是2006年党的十六届六中全会通过的《中共中央关于构建社会主义和谐社会若干重大问题的决定》中提出来的，为了说明这个思想的重要意义，有必要先说明一下构建中国社会主义和谐社会的思想。

江泽民同志曾在2002年党的十六届代表大会报告中论述在本世纪头20年全面建设小康社会要达到的六大目标时说，“集中力量，全面建设惠及十几亿人口的更高水平的小康社会，使经济更加发展、民主更加健全、科教更加进步、文化更加繁荣、社会更加和谐、人民生活更加殷实。”[1] 即把社会和谐与经济、政治、文化等因素并列起来考虑。2003年党的十六届三中全会提出的科学发展观也包含了社会和谐的内容，以人为本、全面、协调、可持续发展以及“五个统筹”都具有社会和谐的内涵。2004年党的十六届四中全会第一次明确提

① 《江泽民文选》第3卷，543页，北京，人民出版社，2006。

出“社会主义和谐社会”的概念。2005年胡锦涛同志在中共中央举办的省部级主要领导干部专题研讨班上对构建社会主义和谐社会理论作了详尽的分析和论证，指出在党的十六届四中全会上“我们党明确提出构建社会主义和谐社会的重大任务，就是要求全党同志在建设中国特色社会主义的伟大实践中更加自觉地加强社会主义和谐社会建设全面发展。这表明，随着我国经济不断发展，中国特色的社会主义事业的总体布局，更加明确地由社会主义经济建设、政治建设、文化建设三位一体发展为社会主义经济建设、政治建设、文化建设、社会建设四位一体。”① 这是以胡锦涛同志为总书记的党中央继科学发展观之后对中国特色社会主义理论的又一次发展，是马克思主义中国化的最新成果，这不仅表现在创造性地提出构建社会主义和谐社会的目标，还表现在社会主义建设总体布局从三位一体发展为四位一体。三位一体布局的客观根据是社会现象不外乎经济、政治、文化三大类现象，此外并无第四类社会现象。现在提出四位一体布局，是不是意味着把社会现象分为三类不周延，新发现了第四类现象呢？现在理论界有两种看法，一种看法认为，“在理论上，用经济、政治、文化三分法来规定‘社会’的外延，具有不周延性。”② 我持另一种看法，即认为四位一体的布局的提出并不是因为经济、政治、文化不周延，而是由于经济、政治、文化三大类社会现象具有一种共同因素，这种因素有必要区分出来与三大类并列起来进行建设，这样便成了四位一体的布局。那么，这一因素是什么呢？对此又有两种观点。

---

① 《人民日报》2005年2月19日。

② 毛惠彬、孟杰：《建设更加和谐的社会主义社会》，载《中国井冈山干部学院学报》，2006（1）。

一种观点认为社会指由非政府组织、社区、社会群众举办和从事的活动及其关系，如社区活动、社会保障、社会救济、慈善事业等等。这些活动与经济、政治、文化是交叉的，但也可以与它们相区别而自成一类。这种观点当然不能说错，但似乎过于狭窄。按照我的理解，社会建设就是社会关系建设。构建和谐社会实际就是通过调整、协调使社会关系和谐，和谐本来就是关系的定语，只有关系才有和谐不和谐的问题。从胡锦涛同志所指称的和谐社会的具体内容也可以明显看出，和谐指的就是社会关系："我们所要建设的社会主义和谐社会，应该是民主法治、诚信友爱、充满活力、安定有序、人与自然和谐相处的社会。"① 其中包含的都是关系，不外乎个人与个人、个人与人群、人群与人群的关系，还有自己与自己的关系，当然还有人与制度、制度与制度的关系，这些都可以说是社会关系。其中还有人和自然的关系，这好像不是社会关系，而是社会与自然的关系，但这种关系实质上仍然是社会关系，即这部分人和那部分人、部分人和全人类、今天的人和子孙后代的关系，因为所谓"和谐"、"生态平衡"都是以人为参考系，而自然本身始终处于大演化过程之中，无所谓平衡不平衡。可以说，经济建设、政治建设、文化建设中都包含协调各种社会关系的内容，由于全面建设小康社会的需要，把三大建设中都具有的社会关系的建设，即构建和谐社会关系，区别出来与三大建设并列，这就是构建社会主义和谐社会，从而形成四位一体的总体布局。如此理解，并不意味着过去所说三大建设不周延。这样进行布局是实际工作中的一种常见的现象，例如现在经过改革的高中思想政治课程的总体布局是经济生活、政治生活、文化生活和生活与哲学，并不意

① 《人民日报》2005 年 2 月 19 日。

味作为思想政治课程，前三者不周延，而是由于教育的需要，把哲学从三者中抽出来与前三者并列成为四位一体，如有必要，我们也可把伦理道德从文化中抽出来，或把法律从政治中抽出来，形成五位一体或六位一体。由此可见，建设和谐经济、和谐政治、和谐文化是构建社会主义和谐社会的题中应有之义。还可以看出建设和谐文化尤其重要，因为和谐归根到底是人与人之间的关系，这种关系直接受人的精神状态支配，首先在人的思想情感中表现出来，而文化不外乎是人的精神状态及其产品。中央明确提出和谐文化建设不是偶然的。

（二）关于建设和谐文化的几个理论问题

党的十六届六中全会的《决定》在说明建设和谐文化时首先指出："建设和谐文化，是构建社会主义和谐社会的重要任务。社会主义核心价值体系是建设和谐文化的根本。"① 紧接着便说明了这一任务的六项具体内容，那就是：（一）坚持马克思主义在意识形态领域的指导地位；（二）牢牢把握社会主义先进文化的前进方向；（三）弘扬民族优秀文化传统；（四）借鉴人类有益文明成果；（五）倡导和谐理念，培养和谐精神；（六）进一步形成全社会的理想信念和道德规范，打牢全党全国各族人民团结奋斗的思想道德基础。《决定》把这些任务分为四个方面作了阐明。为了深入理解建设和谐文化的任务，我想就以下几个理论问题谈谈我的看法。

第一，和谐文化性质问题。关于和谐社会的性质问题，理论界曾经有过讨论。主要问题在于：它是一种社会形态还是一种社会状态？社会形态是社会的类型，不同社会形态之间的区别比较深刻、比较长

---

① 《中共中央关于构建社会主义和谐社会若干重大问题的决定》，载《求是》2006（20）（以下《决定》均引自此文）。

久，如封建社会、资本主义社会、社会主义社会，其区别源于经济政治制度，一旦形成有较长时间的稳定性；社会状态是社会的状况、情况，如治世与乱世、战争与和平，其间的区别比较表面，稳定性也比较低。当然，中国现阶段的和谐有着中国特色社会主义制度的根源，正如《决定》所说："和谐社会是中国特色社会主义的本质属性"，但和谐社会状态与社会主义社会形态仍然有着明显的区别，社会和谐不是中国特色社会主义的唯一本质属性，也不是社会主义社会独有的属性，社会主义社会还有人权普及、社会民主、分配公平等属性，非社会主义社会也有一定程度的社会和谐。弄清楚了和谐社会的性质，和谐文化的性质也就清楚了。

和谐文化也是文化的一种状态，即文化内部各个成分之间或社会内各个类型文化之间形成了和谐关系，而不是一种文化形态。文化形态的产生有着复杂的原因，但归根到底是由社会形态决定的。资本主义社会产生资本主义文化，社会主义社会产生社会主义文化，西方社会产生西方文化，东方社会产生东方文化。文化形态与文化状况的区别应该是与社会形态与社会状况的区别一致的。从语言表述的习惯来看，呈现和谐状况的文化亦称和谐文化，也可以说是一种文化，即文化的一个类型，但从实质上看，我们所要建设的不是某种特殊的文化，而是文化的一种状况，即文化的各种成分之间和各种文化之间存在的和谐关系。

第二，和谐文化与社会主义先进文化的关系问题。《决定》把"牢牢把握社会主义先进文化的前进方向"作为建设和谐文化的指导思想之一，这就原则地说明了和谐文化与社会主义先进文化的关系。我们要建设的和谐文化是中国社会主义社会的和谐文化，其中的主流文化无疑属于社会主义先进文化的范畴，但中国特色社会主义文化是中国社会主义社会的文化，还包括一些非社会主义文化，它们是历史上遗留下来的，或者是外来的，当然也有当代非社会主义经济政治的反映和一些非意识形态的东西。因此，和谐文化与先进文化不相等，先进文化是和谐文化中先进的主流文化。

先进文化与和谐文化之间有互动关系。和谐文化的建设或文化中的和谐关系的形成当然会大大利于文化之间的交融与互相学习，以彼之长补己之短，推动各种文化的发展，其中包括先进文化的发展，而先进文化作为主流文化对整个和谐文化发挥着指引我国文化发展的前进方向的作用。

第三，建设社会主义和谐文化的方法问题。如何建设和谐文化才能收到事半功倍之效就是方法问题。而首先应指出的最主要的方法就是坚持最根本的指导思想，那就是马克思主义、列宁主义、毛泽东思想、邓小平理论和“三个代表”重要思想的指导，亦即社会主义核心价值体系的指导，这个问题后面将作较详细的论述。

其次应指出其具体实现和谐关系的方法。中国社会主义文化不仅是多样的，多种类型的，而且是多元的，多元不仅源于多个来源、多个民族，而且源于多种制度、多个阶级或阶层，这样不仅一个文化的各个组成部分之间存在着各式各样的差异，而且各种文化之间存在着更多更大的差异。差异不一定是矛盾，但差异如不予以适当的协调就会导致矛盾，而且不少差异本身就是矛盾，甚至导致冲突。因而协调差异，构建其间的和谐关系就成为十分必要的了。那么，如何协调呢？协调文化中或文化间的差异的首要前提就是百花齐放、百家争鸣，即使其间的差异以及共同之点、真理与谬误、各自优点和缺点能充分显露出来，彼此以共同之点为出发点使差异缓和、化解、解决，各得其所，使真理、优点为双方所接受，谬误为双方所摒弃，缺点为双方所纠正，这样就可以营造出文化上的和谐状况，导致文化繁荣，整个建设事业兴旺发达。

再次还应对腐朽文化及其因素采取正确的方法来对待。在一个具体社会中会有一些消极的、无法协调的东西，这就是腐朽文化。正如和谐社会中会有少量的反国家反社会分子必须绳之以法一样，一个具体社会的文化中也会有一定数量的无法协调的文化因素，即腐朽文化因素，如邪教、封建迷信、色情文化、反国家反社会反人类文化等等，也必须尽可能限制之、铲除之。只要我们能及时正确处理腐朽文化，它就不会蔓延开来，阻碍和谐文化的建设，破坏整体上的文化和谐状态。

（三）社会主义核心价值体系是建设和谐文化的根本

社会主义核心价值体系是马克思主义在中国当代的具体化，是建设中国和谐文化的根本指导思想，也是中国社会主义现代化建设的根本指导思想，有必要对其内涵和作用做一些专门的阐发。

何为核心价值？我认为它就是根本的或最高的价值标准。人们的实践活动都在一定程度上是自觉的，虽然也都有一定的盲目性。自觉性表现在有一定的正确的认识和价值标准作为指导。认识和价值标准是很多的，多数是通过前人的实践产生并传给自己的，少数是自己在实践中获得的。其中最根本的认识和价值标准就是核心价值，也就是我们平常所说的世界观、价值观、人生观。核心的认识和价值标准构成的体系就是核心价值体系。一般说来，认识与价值标准是不同的，认识是人们对外部事物的反映，而价值标准是人们具有的衡量实践活动意义的尺度。认识提供实践的方法，价值标准规定实践的目的。传统的核心价值体系就是“真、善、美”，“真”是科学、是认识，不是价值标准，但习惯上人们都把三者看作价值标准，追求“真、善、美”，就是追求最高的三种价值。因此，《决定》把根本的最高的认识和价值标准概括为核心价值是符合这一传统习惯的。但“真、善、美”作为传统的核心价值体系是一般的抽象的表述方式，在不同的社会是有不同的具体内容的，封建社会有封建主义的真善美，资本主义社会有资本主义的真善美，社会主义社会有社会主义的真善美，即《决定》所概括的社会主义核心价值体系：“马克思主义指导思想，中国特色社会主义共同理想，以爱国主义为核心的民族精神和以改革创新为核心的时代精神，社会主义荣辱观，构成社会主义核心价值体系的基本内容。”一共包括四个内容：（一）马克思主义（包括哲学、政治经济学、科学社会主义三个主要组成部分）；（二）中国特色社会主义；（三）中华民族精神与当代时代精神；（四）道德标准。如果一一加以分析，不难看出，主要是两类内容，一是科学观点，一是价值标准。这四项按照从一般到个别、从抽象到具体的逻辑顺序，构成一个体系。

可见，社会主义核心价值体系的内容都是人们所熟悉的，但中央如此加以概括，却是一次理论创新，这将使大家易于掌握和运用，从而大大有利于发挥马克思主义的最高指导作用，大大推动整个社会主义现代化建设的发展。中央在《决定》中特别强调核心价值体系对建设和谐文化的意义，指出它是“建设和谐文化的根本”，这无疑是十分必要的。

社会主义核心价值体系本身就是一种文化因素，是中国特色社会主义文化的根本因素。对中国现代文化中的主流文化，即社会主义先进文化而言，核心价值体系是精髓，是精华，是最高指导思想。对非社会主义文化因素而言，它也具有指导、引导、规范、鉴别的作用。它能否发挥这种作用可以说是能否建设社会主义和谐文化的关键。中国特色社会主义社会的重要特色之一就是其中包含的非社会主义经济、政治因素同时也能对社会主义建设发挥积极的作用，正如其中的非共产党员、非马克思主义者也能成为社会主义建设者一样，文化亦然。尽管中国社会文化从总体上说是社会主义性质的，但其中存在多元文化因素，如果这些多元文化因素各为其经济、政治基础服务，一个和谐文化是难以建立的。但在我国，我们有一个共同目标，那就是社会主义现代化建设，它充当了建设和谐文化的客观基础。正是在这个基础上，中央提出社会主义核心价值体系作为建设和谐文化的根本。有了社会主义核心价值体系，再加上全国人民的共同努力，妥善协调各种文化之间的差异，正确化解、解决各种文化之间的矛盾，改造落后文化，抵制、铲除腐朽文化，我国社会主义和谐文化是可以顺利建设成功的。

黄枬森著作目录

《〈哲学笔记〉注释》（主编，北京大学出版社1981年版，获1987年国家教委优秀教材奖）

《〈哲学笔记〉与辩证法》（北京出版社1984年版）

《问题中的哲学》（主编，广东人民出版社1985年版）

《哲学的足迹》（社会科学出版社1987年版）

《马克思主义哲学史》（3卷本）（主编，北京大学出版社1987年版，获1992年国家教委优秀教材奖）

《马克思主义哲学史》（8卷本）（主编，北京出版社1989～1996年版，其中第六、七卷获北京市1991年优秀成果特等奖；第一、二、三卷获北京市1994年优秀成果特等奖；全书获1997年“五个一工程”奖、吴玉章奖，1999年首届国家社会科学基金项目优秀成果一等奖）

《列宁传》（合著，河南人民出版社1989年版）

《人学词典》（主编，中国国际广播出版社1991年版）

《哲学概念辨析辞典》（主编，中共中央党校出版社1993年版）

《马克思主义哲学史》（主编，高等教育出版社1998年版，获2001年教育部优秀教材二等奖）

《必须坚持辩证唯物主义》（论文，《北京大学学报》1998年第2期，获1999年度“五个一工程奖”）

《人学的足迹》（广西人民出版社1999年版）

《黄枬森自选集》（重庆出版社1999年版）

《有中国特色社会主义文化建设研究》（主编，山东人民出版社1999年版，获2000年北京市优秀成果一等奖、2002年吴玉章优秀成果一等奖）

《人学原理》（主编，广西人民出版社2000年版）

《邓小平理论的哲学基础研究》（主编，中国人民大学出版社2000年版）

《邓小平理论与当代中国哲学》（主编，北京大学出版社、黑龙江教育出版社2005年版）

《黄枬森自选集》（学习出版社2005年版）

《哲学的科学之路》（北京师范大学出版社2005年版）

《人学原理》（合著，北京出版社2005年版）